KB116717

살인의
심리학

ON KILLING
살인의 심리학

데이브 그로스먼 지음 이동훈 옮김

ON KILLING: THE PSYCHOLOGICAL COST OF
LEARNING TO KILL IN WAR AND SOCIETY
by DAVE GROSSMAN

Copyright (C) 1995, 1996, 2009 by David Grossman
Korean Translation Copyright (C) 2011, 2023 by The Open Books Co.
All rights reserved.

Korean edition published in arrangement with the author, c/o BAROR
INTERNATIONAL, INC., Armonk, New York, USA through Danny Hong Agency,
Seoul, Korea.

헌시

가발을 쓴 전차병이 모는 전차를 타고 개선 행진을 벌이며
오랫동안 영광을 누릴 왕자와 성직자가 아닌,
멸시받고 거절당한 창 든 병사들

대대가 괴멸된 뒤에도 죽을 때까지 싸운 병사들
전투의 흙먼지, 소음과 외침에 취해
머리가 깨져 피가 눈 안으로 흘러들어도 몰랐던 병사들

산을 옮긴 병사들은 훈장을 단 지휘관도, 왕의 사랑을 받는 자도
나팔소리와 함께 환희에 넘쳐 열병식에 나간 자도 아니었네.
그러나 누구도 그들에 대해 알 수 없었네.

누군가는 포도주와 부귀와 환희에 취해 노래 부르고
지배자는 비만한 몸을 흔들며 그 위용을 뽐내지만
나에게 주어진 것은 먼지와 찌꺼기, 이 땅의 흙과 쓰레기

그들에게 주어진 것은 음악, 군기, 영광, 부귀
나에게 주어진 것은 한 줌의 재, 한 입의 곰팡이
차가운 빗속에 머무는 불구자와 절름발이와 장님들

내 노래와 이야기는 바로 그들 사이에서 퍼지고 전해지리. 아멘.

— 존 메이스필드, 〈헌신〉

차례

감사의 글

나는 늘 전쟁에 흥미를 느껴 왔다. 위대한 장군이 수행하는 작전 행동으로서의 전쟁이 아니라…… 전쟁의 현실, 실제 살인에 대해 말이다. 나는 아우스터리츠나 보로디노에 병력이 어떻게 배치되었는지 아는 것보다는 한 군인이 어떠한 방식으로 그리고 어떠한 감정의 영향을 받아 다른 군인을 죽이게 되는지 아는 것에 더 흥미를 느꼈다.

— 레프 톨스토이

나는 이 연구를 수행하면서 나와 함께 해주었거나, 혹은 나보다 앞서 이런 연구를 시도했던 많은 위대한 남녀의 도움을 받았다. 이들에게 감사하다는 말을 전한다.

무한정 인내했고 든든하게 지지해 준 아내 잔에게 감사한다. 어머니 샐리 그로스먼에게도 감사한다. 또한 수많은 시간 동안 연구와 개념 형성을 도와주어 이 책을 완성시켜 준 동료인 아버지 듀언 그로스먼에게도 감사한다.

미 육군 최고의 ROTC 대대인 아칸소 주립대학의 인디언 대대, ROTC

간부진 소속의 군인 학자들, 아칸소 주립대학 교직원단과 교수진에 있는 절친한 친구들에게 감사한다. 그중에서도 특히 잔 캠프는 최종 원고를 준비하고 인용문의 인용 허가를 받는 데 많은 도움을 주었다. 그리고 무엇보다 아칸소 주의 나의 젊은 ROTC 후보생들에게 감사한다. 그들을 가르치는 것은 나의 특권이며 그들을 전사의 길로 인도하는 것은 나의 영광이다.

밥 레오너드 소령, 리치 후커 대위, 밥 해리스 중령, 듀언 트웨이 소령(박사), 그리고 불굴의 팀인 해럴드 틸과 엘란투 비오보이드. 그 외에 여러 동료들과 친구들, 그리고 나와 같은 신념을 가진 많은 사람들이 나의 거친 원고를 참을성 있게 읽어 주고, 이 책을 준비하는 나를 돕고 후원하는 데 많은 시간과 노력을 들였다.

저작권 대리인인 리처드 커티스도 큰 공헌을 해주었고, 내가 이 작업을 끝마칠 때까지 오랜 시간을 인내하며 기다려 주었다. 그리고 리틀 브라운 앤드 컴퍼니의 편집자 로저 도널드와 조프 클로스크는 이 책을 믿어 주었고, 긴 시간 동안 열심히 나를 도와주어 이 책의 가치를 높여 주었다. 그리고 홍보 담당 베키 마이클스는 어려운 시간 동안 믿을 수 있었던 진정한 전문가였다.

함께 작업하는 데 자부심을 느꼈던 미국 육군사관학교의 뛰어난 군사 학자 집단, 특히 잭 비치 대령, 존 위텐도프 대령, 호세 피카트 중령, 그리고 PL100 위원회의 사람들에게 감사한다. 그리고 자발적으로 참여해 인터뷰를 수행하고 이 책에서 제시한 이론의 몇 가지를 검증하는 데 여름 한철을 보낸 뛰어난 육군사관생도들에게도 감사의 말을 전한다.

영국 캠벌리의 영국 육군 참모대학의 동료 학생들 덕분에 나는 인생에서 가장 큰 지적 자극을 받으며 훌륭한 시간을 보낼 수 있었다.

또한 많은 훌륭한 군인들에게 감사한다. 그들은 나를 군인으로 만들어 주고, 조언을 해주고, 좋은 친구가 되었으며, 나를 지휘한 사람들이다. 이들은 20년이 넘는 시간 동안 자신들이 쌓은 지혜와 경험을 내게 참을성 있게 전해 주었다. 도널드 윙그로브 일등상사, 카멜 산체스 중사, 그레그 팔리어 대위, 아이반 미들미스 대위, 제프 록 소령, 에드 체임벌린 중령, 릭 에버릿 중령, 조지 피셔 대령, 윌리엄 H. 해리슨 소장, 그리고 내가 너무 많은 빚을 진 셀 수 없는 많은 이들. 그리고 군종 짐 보일, 진정한 친구이자 형제였던 레인저 부대 전우들에게 감사한다. 방금 소개한 사람들의 계급은 현재 계급이 아니라, 내가 가장 그들을 필요로 했을 때의 계급이다.

오스틴 텍사스 대학의 존 워필드 박사와 필립 파웰 박사는 관대하게 그들의 지혜와 지식을 내게 나누어 주었고, 나를 믿고 내 식대로 할 수 있도록 해주었다. 그리고 콜럼버스 대학의 존 루포 박사와 휴 로저스 박사는 역사를 사랑하는 법을 가르쳐 주었다.

나는 패디 그리피스, 그윈 다이어, 존 키건, 리처드 게이브리얼, 리처드 홈스의 훌륭한 근작들을 심도 있게 활용했다. 이들 저자들에게 특별히 감사드린다. 패디 그리피스는 내가 영국에 있는 동안 훌륭한 안내자이자 친구, 동료 노릇을 해주었다. 그리피스와 리처드 홈스, 존 키건 등은 오늘날 이 분야에서 진정한 세계적 대가들이다. 특히 리처드 홈스가 《전쟁 행위Acts of War》에서 압축적으로 보여 준 엄청난 통찰력과 개인적인 체험이 없었더라면 이 연구를 완성하기가 훨씬 더 어려웠을 것임을 언급하고 싶다. 홈스의 위대한 책은 앞으로 오랫동안 인간의 전투 행위를 연구하는 학자들에게 가장 중요한 참고 문헌이 될 것이다. 그와의 대화를 통해서 나는 그가 신사이자, 점잖은 남자였고 가장 뛰어난 군사학자임을 확신할 수 있었다.

그리고 이 연구에서 이용한 가장 가치 있고 특별한 개인적 체험들의 출처는 《솔저 오브 포춘Soldier of Fortune》 지임을 언급하고 싶다. 미국에 돌아와서 침 세례를 받고, 모욕과 멸시를 당하며 큰 충격을 받은 베트남 참전 용사들의 모습은 근거 없는 것이 아니다. 이러한 사건들은 문자 그대로 수천 번이나 일어났다. 밥 그린의 뛰어난 책 《귀향Homecoming》에 기록되어 있듯이 말이다. 많은 사람들이 베트남 참전 용사들을 비난하는 상황에서 많은 베트남 참전 용사들은 《솔저 오브 포춘》 지를 공감대가 형성되고 비판적이지 않은 분위기에서 자신들의 경험을 발표할 수 있는 유일한 전국적 포럼으로 여겼다. 이 잡지를 성급하게 판단해서 여기에 나오는 모든 것을 생각 없는 남성적 우월성에서 비롯된 것이라고 자동적으로 거부한다면, 그 잡지에 실린 체험담들을 먼저 읽어 보기를 권한다. 나는 이 새로운 자료를 권하고, 자신이 가진 잡지들을 빌려 준 해리스 대령에게 큰 은혜를 입었다. 무엇보다 《솔저 오브 포춘》 지에 있는 알렉스 맥콜 퇴역 대령이 인용을 허가해 준 데 특별히 감사드린다. 아직도 장교가 신사로 인정받고, 약속이 반드시 지켜지며, 그 외에 다른 것은 필요 없는 곳이 있다는 것을 알게 된 것만으로도 나는 행복하다.

마지막으로 가장 중요한 사람들, 즉 살해에 대한 반응을 기록했던 유사 이래의 모든 참전 용사들, 그리고 나와 같은 시대를 살아가면서 인터뷰에 응해 주었던 참전 용사들에게 감사의 말을 전하고 싶다. 리치, 팀, 브루스, 데이브, '사지'(멍멍!), 여전히 나와 놀라운 비밀을 나누고 있는 목양견 위원회, 그리고 나에게 자신들의 비밀을 털어놓은 수백 명의 군인들에게 감사한다. 그리고 그들이 그 누구에게도 한 번도 얘기하지 않았던 일들에 대해 말하며 눈물을 흘릴 때 그들 옆에 앉아 손을 붙잡아 주었던 그들의 아내들에게도 감사한다. 브렌다, 낸, 로레인, 그리고 수많은 사람들. 이 모든 사람들은 비밀스러운 생각을 전하는 대신 익명성을 약속받았으나, 내가 이들에게 입은 은혜는 결코 갚을 수 없는 것이다.

이 모든 사람들에게 감사하고 싶다. 나는 진정 거인들의 어깨 위에 올라서 있다. 그러나 이 당당한 높이에서 내보낸 보고서에 대한 책임은 전적으로 내게 있다. 즉, 여기서 제시한 관점은 국방부나 그 부속 기관, 미육군사관학교, 아칸소 주립대학의 입장을 대표하지 않음을 밝힌다.

데이브 그로스먼

아칸소 주립대학, 존스버러, 아칸소

성별 호칭에 관한 간단한 주석

전쟁은 상당히 성차별적인 환경이지만, 죽음은 남녀를 가리지 않고 평등하게 닥친다. 그윈 다이어는 이렇게 말한다.

여성은 남성과 동등하게 게릴라전이나 혁명전쟁을 벌여 왔고, 이들이 사람을 살해하는 능력이 떨어진다는 증거는 전혀 없다. 이는 전쟁을 남성의 문제로 보느냐, 인간의 문제로 보느냐에 따라 불편하기도 하고 그렇지 않기도 한 사실이다.

필자가 인터뷰했던 사람들은 한 명을 제외하고는 전부 남성이었고, 군인을 언급하는 전쟁의 언어는 '그가', '그를', '그의' 등의 남성형 단어로 드러난다. 그러나 '그녀가', '그녀를', '그녀의' 등의 여성형 단어도 쓰일 수 있다. 이 연구에서는 군인을 남성형으로 지칭했는데, 이는 전적으로 편의를 위해서였으며, 결코 좋다고만은 할 수 없는 전쟁의 명예에서 여성을 배제하려는 의도는 전혀 없다.

서문

살해와 과학: 다루기 곤란한 주제

되돌아보면, 사람들은 매해 이맘때쯤에 가축을 도축했던 것 같다. 내 생각에 롤리 혹스테터와 유니스 혹스테터는 워비곤 호수 근처에 살던 마지막 사람들이었다. 그들은 돼지를 길렀고, 날씨가 쌀쌀해지는 가을이 오면 도축을 해서 고기를 저장했다. 어렸을 때, 언젠가 한 번 돼지를 도축하는 광경을 보러 간 적이 있었다. 나는 롤리를 도우러 가는 삼촌과 사촌을 따라나섰다.

요즘은 고기를 얻을 요량으로 도축할 생각이 있으면, 냉동식품 저장소에서 일하는 사람들에게 돈을 주고 시키면 된다. 돼지를 잡는 광경을 보고 나면, 한동안 돼지고기를 먹고 싶은 생각은 싹 사라지고 만다. 돼지들을 보면 마치 아무것도 상관하지 않는 것처럼 보인다. 이들은 다른 돼지들이 붙잡힌 채 영영 돌아오지 못할 곳으로 질질 끌려가는 데도 상관하지 않는다.

아이의 눈에는 대단한 광경이었다. 다른 생명체의 살아 있는 살점과 내장을 본다는 것 말이다. 나는 구역질이 날 거라 생각했지만 그렇지 않았다. 오히려 나는 빨려드는 기분이었다. 가능한 가까이 다가가서 보고 싶었다.

그리고 사촌과 내가 넋이 나갈 정도로 완전히 흥분해서, 돼지우리에 다가가 돼지들에게 돌을 던지며 그것들이 꽥꽥거리고 뛰어다니는 광경을 지켜봤던 기억이 난다. 그런데 느닷없이 커다란 손 하나가 내 어깨를 움켜잡더니 내 몸을 홱 돌려세웠다. 삼촌이었다. 삼촌은 자기 얼굴을 내 얼굴에 바짝 들이대며 이렇게 말했다. "다시 또 이런 짓하다가 내 눈에 띄면 다리몽둥이를 분질러 버릴 테다, 알아들었어?" 우리는 알아들었다.

그때 나는 삼촌이 화를 내는 이유를 알았다. 삼촌에게 도축은 일종의 의식이었고, 그렇게 해야만 하는 일이었다. 의식은 신속하게 이루어졌고, 허튼 짓은 허용되지 않았다. 농담을 지껄이는 자는 없었고, 대화도 거의 나누지 않았다. 사람들은 바쁘게 자신들의 일을 해나갔다. 그들은 자신들이 해야 할 일을 정확히 알고 있었다. 그리고 거기에는 늘 우리의 음식이 될 동물들에 대한 존중이 담겨 있었다. 돼지들에게 돌을 던지는 짓은 그들이 지켜 오던 이러한 의식과 의례를 침해하는 것이었다.

롤리는 자기가 키운 돼지를 직접 도축한 마지막 사람이었다. 어느 해에, 그는 돼지를 잡다가 실수를 했다. 칼이 손에서 미끄러졌고, 상처를 입은 돼지는 풀려나 마당을 가로질러 가다가 쓰러져 죽었다. 그 뒤로 그는 돼지를 기르지 않았다. 그는 자신이 돼지를 기를 자격이 없다고 느꼈다.

그런 시절은 이제 지나갔다. 워비곤 호수에서 자라는 아이들이, 사람들이 도축하는 광경을 볼 기회는 이제 다시는 없을 것이다.

삶과 죽음이 경계에 놓인 상황을 체험한다는 건 정말 놀라운 일이었다.

사람들이 자기 식대로 살아가면서 대지와 신 사이에서 영위하던 삶은 이 땅에서 사라졌다. 그러한 삶은 이 세상에서만이 아니라 기억 속에서조차 영영 사라졌다.

— 게리슨 카일러, 〈돼지 도축〉

왜 살해를 연구해야 하는가? 이는 이렇게 묻는 것과 비슷하다. 왜 성을 연구하는가? 두 질문에는 공통점이 많다. 리처드 헤클러Richard Heckler는 "전쟁의 신 아레스와 사랑의 여신 아프로디테는 신화 속에서 서로 결혼하여 하르모니아를 낳는다"고 지적한다. 성과 전쟁을 철저히 알기 전까지 평화는 오지 않을 것이고, 전쟁을 알기 위해 우리는 최소한 킨제이Kinsey 나 매스터스Masters와 존슨Johnson이 했던 것처럼 부지런해야 한다. 모든 사회에는 시야에 좀처럼 들어오지 않는 사각 지대가 있다. 오늘날의 사각 지대는 살해다. 한 세기 전에는 성이 그 자리에 놓여 있었다.

수천 년 동안 인류는 동굴이나 오두막, 가축우리처럼 지저분한 방 하나에서 온 가족이 모여 살았다. 조부모와 부모, 아이들 등 대가족이 한 공간에 거주하며 추위를 피하기 위해 하나의 불 주위에 옹송그리며 모여 앉았다. 그리고 수천 년간 부부 간의 성행위는 대개 어둠이 내려앉은 밤에 이 북적대는 방 한가운데에서 이루어졌다.

나는 언젠가 아메리카 집시 집안에서 자란 여성을 인터뷰한 적이 있었다. 이 여성은 삼촌과 이모, 조부모, 부모, 사촌, 형제자매들과 커다란 텐트 하나에서 같이 잠을 잤다. 어린 시절에 그녀가 생각하는 섹스는 어른들이 밤에 하는 우습고, 시끄럽고, 다소 성가신 짓이었다.

이런 환경에 개인용 침실이 있을 리 없었다. 아주 최근까지 인류사에서 평범한 보통 사람들에게 침실은 고사하고 침대를 가진다는 것조차 생각하기 힘든 사치였다. 오늘날의 성적 기준으로 보면 이러한 상황이 우스꽝스러울지도 모르지만, 그것은 단점만 있는 것이 아니었다. 우선 아무도 모르는 상황에서 아동에 대한 성적 학대가 일어나는 일은 있을 수 없었다. 온 가족이 암묵적으로 동의하지 않는 한 그것은 절대 일어날 수 없는 일이었다. 이러한 오래된 생활 방식이 가진 또 다른 장점은, 딱히 장점이라고 말하기도 뭣하지만, 태어나서 죽을 때까지 성 행위가 항상 겉으로 드러나 있기 때문에 이것이 사람들의 일상적 삶에서 핵심적인 한 부분을 차지하며 아주 신비로운 일로 이해되는 일도 없다는 것이다.

하지만 빅토리아 시대에 이르자 모든 것이 바뀌었다. 갑자기 평범한 중산층 가정이 여러 개의 방을 갖춘 집에서 살게 되었다. 아이들은 자라면서 이 원초적인 행위를 목격할 일이 없었다. 그러다 느닷없이 성행위는 은밀하고 사적이며 신비스러운 것이 되었으며 심지어 두렵고 더러운 것이 되어 버렸다. 서구 문명에서 성 억압의 시대가 시작된 것이다.

이 억압된 사회에서 여성은 목에서 발목까지 옷으로 감싸고 살아야 했다. 심지어 가구의 다리까지 천으로 덮어 씌웠다. 이 다리의 겉모습이 이 시대의 고상한 감수성을 해칠 가능성이 있었기 때문이다. 하지만 이 사회는 성을 억압한 동시에 성에 대한 강박에 사로잡힌 것처럼 보인다. 우리가 알고 있듯이 이 사회는 포르노그래피를 만개하게 했다. 아동 매춘이 번성했고, 아동을 성적으로 학대하는 일이 수 세대에 걸쳐 파도처럼 넘실댔다.[1]

성관계는 삶에서 자연스럽고 중요한 부분을 차지한다. 성관계가 없다면 사회는 한 세대 만에 단절되고 말 것이다. 오늘날 우리 사회는 성적 억압과 성적 강박이 동시에 존재하는 이와 같은 병리학적 상황에서 벗어나기 위한 느리고 고통스러운 과정을 시작했다. 그러나 우리는 한 가지 부인否認으로부터 벗어났을지 모르지만, 더 위험할지도 모르는 새로운 부인에 빠져 버렸다.

살해와 죽음을 둘러싼 이 새로운 억압은 과거 성을 억압할 당시에 이루어졌던 패턴을 정확하게 따라가고 있다.

유사 이래로 사람들은 늘 죽음과 살해를 가까이에서 직접 체험할 수 있는 환경에 놓여 있었다. 질병이나 아물지 않는 외상, 혹은 노환으로 가족 구성원이 죽을 때, 그들은 집에서 죽음을 맞이했다. 가족은 죽은 자를 집 안으로 들여 장례를 치를 준비를 했다.

〈마음의 고향Places in the Heart〉이라는 영화에서, 샐리 필드는 20세기 초의 작은 목화 농장에서 살아가는 한 여성을 연기한다. 그녀의 남편은 총에 맞아 죽고, 집 안으로 들여진다. 이때 아주 오랜 세월 동안 수없이 많은 부인들이 수행했던 의례를 반복하면서, 그녀는 사랑스러운 손길로 죽은 남편의 시신을 씻기고 눈물을 흘리며 장례를 치를 준비를 한다.

그 세계에서는 가족 구성원 모두가 가축을 죽이고 치우는 일을 했다. 죽음은 삶의 일부였다. 살해는 살아가기 위해 반드시 필요한 행위였다. 전혀 없었다고는 할 수 없지만, 가축을 잔인한 방식으로 죽이는 일은 거의 없었다. 인류는 생명을 가진 존재로서 자신이 처한 위치를 이해했고, 자신이 살기 위해 죽일 수밖에 없는 생물들의 처지를 존중했다. 아메리카 인디언은 자신이 죽인 사슴의 영혼에게 용서를 구했고, 아메리카 농부는 자신이 도축한 돼지들의 존엄성을 인정했다.

게리슨 카일러Garrison Keillor가 〈돼지 도축〉에 기록하고 있듯이, 20세기 후반에 이르기 전까지 동물을 도축하는 일은 대부분의 사람들에게 일상적으로 그리고 계절에 따라 행하는 핵심 의례 가운데 하나였다. 20세기 들어 도시에 사는 사람들의 수가 급속히 늘기는 했지만, 여전히 대다수 사람들은 농촌에 살았다. 가장 발전한 산업 사회라고 해서 사정이 다르지는 않았다. 닭 요리를 식탁에 올리려는 주부는 집밖으로 나가 스스로 닭의 목을 비틀거나 아이들에게 그 일을 하라고 시켰다. 아이들은 일상적으로 이러한 살해 행위를 지켜봤다. 아이들에게 살해는 사람들 모두가 삶의 일부로 행하는 진지하고, 지저분하고, 다소 재미없는 일이었다.

이러한 환경에 냉장고는 있을 리 만무했고, 도축장, 장례식장, 병원도 거의 없었다. 그리고 이 오래된 생활환경에서, 모든 사람들은 태어나서 죽을 때까지 평생 동안 죽음과 살해 행위에 참여하거나 이를 지켜봤다. 죽음과 살해가 핵심적이고 중요하고 보편적인 일상생활의 한 측면임을 아무도 부인할 수가 없었다.

하지만 최근 몇 세대 만에 모든 것이 달라지기 시작했다. 도축장과 냉장고의 등장으로, 우리는 음식으로 쓰기 위해 동물을 직접 죽일 필요가 없게 되었다. 현대 의학은 질병을 치료하기 시작했고, 젊고 창창한 시기에 죽는 일은 점차 드물어졌다. 그리고 양로원과 병원, 장례식장 등은 우리를 노인들의 죽음으로부터 격리시켰다. 아이들은 자신들이 먹는 음식이 어떻게 생겨난 것인지 제대로 알지 못한 채 자라기 시작했고, 갑자기 서구 문명은 살해, 그러니까 그것이 무엇이든 죽이는 행위는 점차 비밀스럽고 사적이며 신비로운, 공포를 자아내는 더러운 짓이라고 결정한 것처럼 보였다.

이러한 변화가 미친 영향은 아주 사소한 것에서부터 기이한 데까지 이른다. 빅토리아 시대 사람들이 다리를 감추기 위해 가구를 천으로 덮어씌웠듯이, 오늘날에는 쥐덫에도 죽은 쥐가 보이지 않도록 덮개가 장착되어 있다. 그리고 동물 권리 운동가들은 동물을 가지고 의학 연구를 수행하는 실험실로 쳐들어가 생명을 살리기 위한 연구를 엉망진창으로 만들어 놓기도 한다. 이들은 수백 년간 동물 연구를 통해 사회가 일구어 낸 의학적 성과를 취하면서도 연구자들을 공격한다. 로스앤젤레스에 본부를 두고 있는 활동가 단체인 〈동물을 위한 마지막 기회Last Chance for Animals〉의 단체장인 크리스 디로즈Chris DeRose는 이렇게 말한다. "생쥐한 마리의 죽음으로 모든 질병을 치료할 수 있다 하더라도, 내 입장에는 전혀 변함이 없다. 생명을 가진 존재라는 점에서 우리 모두는 동등하다."

이처럼 새로이 등장한 감수성은 어떤 살해도 불쾌하게 여긴다. 동물의 털이나 가죽으로 만든 코트를 입고 있는 사람들은 언어 폭력뿐 아니라 물리적 폭력의 대상이 된다. 이 새로운 질서 속에서 고기를 먹는 사람들은 인종 차별주의자racist(또는 인간이 만물의 영장이라는 믿음하에 동물 학대를 조장하는 '종 차별주의자speciest')이자 살인마라고 비난받는다. 동물 권리 운동 지도자인 잉그리드 뉴커크Ingrid Newkirk는 "쥐와 돼지와 아이는 똑같다"고 말하면서 닭을 죽이는 일을 나치 홀로코스트에 비교한다. 〈워싱턴 포스트〉에 기고한 글에서, 그녀는 "강제수용소에서 6백만 명의 사람이 죽었지만, 올 한해에만 60억 마리의 닭이 통닭에 쓰이기 위해 죽을 것이다"라고 말했다.

하지만 이처럼 우리 사회가 살해를 억압하는 동안, 인간에게 폭력을 행사하고 사지를 절단하는 광경을 묘사하려는 새로운 강박도 번성했다. 영화, 특히 〈13일의 금요일Friday the 13th〉, 〈할로윈Halloween〉, 〈텍사스 전기톱 연쇄 살인 사건Texas Chainsaw Massacre〉과 같은 유혈이 낭자한 스플래터 영화 속에서 폭력을 맛보고 싶어 하는 대중들의 욕구와 제이슨과 프레디 같은 "영웅들"의 컬트적 위상, 메가데스Megadeth와 건스 앤 로지스Guns N' Roses 같은 이름을 가진 밴드들이 누리는 대중적 인기, 그리고 살인과 폭력 범죄율이 폭증하는 현상 등은 폭력에 대한 억압과 강박이 동시에 일어나는, 기이하고 병리학적인 이분법의 징후들이다.

성과 죽음은 삶에서 자연스럽고 필연적인 한 부분을 차지한다. 성행위가 없는 사회는 한 세대 만에 사라지고 말듯이, 살해 없는 사회 또한 그러할 것이다. 우리는 매년 수백만 마리의 쥐를 죽이지 않고서는 도시에서 살아갈 재간이 없다. 또한 곡물 저장고를 지키기 위해 매년 수백만 마리의 쥐를 죽여야 한다. 그렇게 하지 못하면, 미국은 세계의 곡창 지대 역할을 하기는커녕 자급자족조차 할 수 없을 테고, 세계 도처에서 수백만 명에 이르는 사람들이 기아에 직면하는 사태가 벌어질 것이다.

빅토리아 시대의 고상한 감수성이 우리 사회에 기여하는 바가 전혀 없지는 않다. 아마도 여럿이 같이 잠자리에 들었던 시절로 돌아가자고 주장할 사람은 거의 없을 것이다. 마찬가지로, 살해에 관한 현대적 감수성을 지니고 있고 이를 지지하는 사람들은 대체로 여러 면에서 우리 인간종의 가장 이상주의적인 특성을 대표하는 온화하고 신실한 사람들이다. 우리가 진지하게 고려할 때 그들이 고민하는 문제들은 엄청난 잠재적 가치를 지니고 있다. 인간을 포함한 생물종 전체를 도살하고 절멸시킬 수 있는 기술의 등장으로, 우리가 억제와 자기 검열을 배우는 것은 매우 중요한 일이 되었다. 하지만 우리는 또한 죽음이 삶의 자연스러운 한 부분임을 유념해야 한다.

성과 죽음, 살해를 자연스러운 과정으로 받아들이지 못할 때, 사회는 그러한 자연스러운 측면을 부인하고 뒤트는 방식으로 대응하는 것으로 보인다. 기술이 현실의 구체적인 측면으로부터 우리를 떨어뜨려 놓게 되자, 우리의 사회적 반응은 도리어 우리가 도망치려 하는 바로 그 기이한 꿈속으로 더 깊이 빨려 들어가는 것 같다. 꿈은 부인이라는 환상으로부터 만들어진다. 우리가 환상이라는 매혹적인 거미줄에 점차 깊게 빠져들수록 꿈은 위험한 사회적 악몽이 될 수 있다.

오늘날, 우리 사회는 성적 억압이라는 악몽에서 깨어났지만, 새로운 부인의 꿈, 즉 폭력과 공포라는 악몽 속으로 빠져들기 시작하고 있다. 이 책은 살해 과정을 과학적 탐구라는 객관적 빛을 통해 조명해 보려는 시도다. A. M. 로젠탈Rosenthal은 이렇게 말한다.

인류의 건강은 기침이나 재채기가 아니라 영혼의 열에 의해 측정된다. 무엇보다 중요한 것은 이 열에 우리가 얼마나 신속하게 대처하느냐이다.

역사에서 부조리는 쉬이 사라지지 않는다 할지라도, 부조리에 대한 방임은 곧 부조리에 대한 탐닉을 불러오고, 부조리에 대한 탐닉은 증오의 승리를 예비하게 된다는 것을 우리는 경험을 통해 알고 있다.

"부조리의 방임은 곧 부조리에 대한 탐닉을 불러온다." 그래서 이 책은 공격을 연구하고, 폭력을 연구하고, 살해를 연구한다. 특히, 이 책은 서구의 전쟁 수행 방식 속에서 일어나는 살해 행위와 전투에서 병사들이 서로 살해할 때 발생하는 심리적, 사회적 과정과 그로 인해 치르게 되는 대가를 탐구하려는 과학적 시도다.

셸든 비드웰Sheldon Bidwell은 그러한 연구에서 "군인과 과학자의 만남은 추파를 던지는 것 이상으로 진전되지 못할 것이기 때문에" 본질적으로 "다루기 곤란한 주제"라고 주장한다. 나는 그 위험한 곳으로 들어가는 길을 찾을 것이고, 단지 군인과 과학자 사이의 진지한 만남이 아니라 잠정적으로 군인과 과학자, 역사학자의 동거를 시도할 것이다.

나는 전투 중 살해라는 이전까지 금기시되어 온 주제를 다루는 5개년에 걸친 연구 프로그램을 수행하기 위해 과학과 역사를 하나로 통합했다. 내 의도는 이처럼 살해라는 금기시된 주제를 낱낱이 해부하여 아래의 내용을 이해시키는 데 있다.

- 인간은 선천적으로 같은 종을 살해하는 데 강력한 거부감을 느낀다는 사실과 수 세기에 걸쳐 이러한 거부감을 극복하기 위해 군대가 개발해 온 심리적 메커니즘.

- 전쟁에서 잔학 행위의 기능과 잔학 행위를 저지른 군대가 얻게 되는 역량의 강화와 이로 인해 빠지게 되는 함정의 메커니즘.
- 살해할 때 느끼게 되는 감정과 전투 살해에서 일어나는 표준적인 반응 단계들, 그리고 살해에 따르는 심리적 대가.
- 군인들이 살해에 대한 거부감을 극복할 수 있도록, 개발되고 적용되어 엄청난 성공을 거둔 현대 전투 훈련의 기술들.
- 베트남 전쟁에 투입된 미군이 역사상 그 어떤 군인들보다 훨씬 더 높은 비율로 살해에 가담할 수 있게 만든 심리적 동인과 모든 전사 사회에 존재하는 심리적으로 필수적인 정화 의례를 부인하게 된 동기, 그리고 서구 역사에서 전례가 없을 정도로 베트남 참전 용사들이 자기 사회로부터 비난과 배척을 받게 된 전말. 그리고 베트남 참전 용사들을 냉대함으로써, 연인원 3백만에 이르는 베트남 참전 용사와 그들의 가족, 우리 사회가 치르고 있는 끔찍하고 비극적인 대가.
- 하지만 무엇보다 중요한 것은 이 마지막 항목일 것이다. 나는 이 연구가, 우리 사회의 균열된 부분들이 미디어와 인터랙티브 비디오 게임이 보여 주는 폭력과 결합하여 무차별적으로 이 나라의 아이들을 살해에 익숙해지도록 길들이는 방식에 대한 통찰을 제시해 주리라고 믿는다. 군대가 군인들을 길들이는 방식과 아주 유사한 방식으로 말이다. 하지만 안전장치는 없다. 우리는 우리 자신이 아이들에게 행하고 있는 짓들로 인해 국가가 치르고 있는 끔찍하고 비극적인 대가를 보게 될 것이다.

덧붙이는 말

나는 20년간 군에서 복무한 군인이다. 제82공수사단 하사관, 제9사단(신기술시험단) 소대장, 제7경보병사단 일반 참모 장교 및 중대장을 지냈으며, 공수 훈련과 레인저 훈련도 받았다. 내 근무지는 북극의 툰드라 지대에서부터 중앙아메리카 정글, 나토 사령부, 바르샤바 조약기구, 그리고 셀 수 없이 많은 산과 사막에 걸쳐 있다. 제18공수군단 하사관학교에서부터 영국 육군 참모대학에 이르기까지 여러 군사학교를 졸업했고, 대학에서 역사학을 전공하여 최우등으로 졸업했으며, 대학원에서는 심리학을 전공해 카파델타파이 학회의 회원이 되었다. 나는 미 베트남 참전용사연합의 전국 지도자 모임에서 웨스트모어랜드 장군과 공동 연설을 하는 영광을 누렸고, 미 베트남 참전용사회의 6차 총회에서 기조 연설을 했다. 중학교 상담 교사에서부터 미 육군사관학교 심리학과 교수에 이르기까지 여러 교직에도 몸담았다. 그리고 현재 아칸소 주립대학 군사학과에서 교수로 재직하며 학과장을 맡고 있다.

하지만 이 모든 경험에도 불구하고, 나는 나보다 앞서 이 분야를 연구한 리처드 홈스Richard Holmes와 존 키건John Keegan, 패디 그리피스Paddy Griffith, 그리고 다른 많은 학자들처럼 전투 중에 살인을 해본 적이 없다. 정서적 고통을 짊어져야 했다면, 나는 아마도 연구에 요구되는 객관성과 공정성을 견지하지 못했을 것이다. 하지만 이 연구에서 증언하고 있는 사람들은 살인을 저질렀다.

그들이 나에게 털어놓은 고백은 대부분 과거에 그 누구에게도 말한 적이 없는 것들이었다. 카운슬러로서, 나는 외상이 될 만한 경험을 누구에게도 말하지 않고 마음속에 담아 두기만 할 때 그것이 큰 피해로 이어질 수 있다는 가르침을 받아 왔고, 또한 그것이 인간 본성의 기본적인 진실이라고 믿어 왔다. 누군가에게 내적인 갈등을 털어놓으면 그것을 거리를 두고 바라볼 수 있는 시야가 생기지만, 갈등을 마음속에만 담아 두면 언젠가 내 심리학 수업을 듣던 한 학생이 표현했듯이, "안에서부터 곪아 터져 죽게 된다." 더구나 이러한 정서적 종기를 짜내면서 일어나는 카타르시스에는 엄청난 치료 효과가 있다. 카운슬링의 본질은 고통을 나누어 가짐으로써 고통을 줄이는 것이고, 연구를 진행하면서 나는 많은 고통을 나누어 가졌다.

이 책의 궁극적 목적은 살해의 역학을 드러내는 데 있지만, 이 연구를 시작하게 된 가장 큰 동기는 마음에 상처를 입은 이들이, 그리고 이들과 같은 처지에 놓여 있는 수백만에 이르는 사람들이 타인과 고통을 나누는 것을 가로막은 살해라는 금기의 장벽을 무너뜨리도록 도움을 주는 데 있었다. 나아가 전쟁을 가능하게 하는 메커니즘과 국가를 파괴할 정도로 범람하고 있는 폭력 범죄의 원인을 이해하는 데 축적된 지식을 활용하고 싶었다. 내 연구가 성공을 거두었다면, 그것은 순전히 내게 자신들의 이야기를 털어놓은 사람들 덕분이다.

이 연구의 초안은 사본을 통해 베트남 참전 용사들의 공동체에서 몇 년간 회람되어 왔고, 많은 참전 용사들이 신중하게 이 초고에 수정과 조언을 해주었다. 이 참전 용사들 가운데 다수가 이 책을 읽고 배우자에게 소개했다. 그리고 그 아내들은 다른 참전 용사들의 아내에게, 이어 그 아내들은 또 자기 남편에게 이 책을 소개했다. 그렇게 이 책의 내용은 퍼져 나갔다. 참전 용사들과 그들의 아내들은 나에게 누차 연락하여, 자신들이 전투 중에 벌어진 일들을 이해하고 소통하는 데 이 책이 많은 도움이 되었다고 알려 왔다. 고통에서 벗어나 이해가 시작되었고, 이해하면서부터 삶을 치유할 힘이 생겨났다. 어쩌면 폭력으로 멍들어 가는 국가를 치유할 힘도 여기서 나올지 모른다.

이 연구에서 인용되고 있는 개인적 체험의 주인공들은 인류의 지식을 넓히는 데 공헌하기 위해 타인을 믿고 자기 경험을 털어놓은 고결하고 용감한 사람들이다. 많은 사람들이 전투 중에 살해를 저질렀다. 하지만 그것은 자기 자신과 동료의 목숨을 구하기 위한 것이었다. 내가 그들에게 보내는 존경과 애정은 진심에서 우러나온 것이다. 존 메이스필드John Masefield의 시 〈헌신〉은 이들에게 바쳐진 최고의 헌사로, 내가 아무리 노력한다 한들 그처럼 쓰지는 못할 것이다. 물론 존경을 받을 자격이 없는 자들도 있다. 나는 이 책의 5부 〈살해와 잔학 행위〉에서 이들에 대해 다룰 것이다.

나는 에둘러 표현하기보다는 임상학적으로 명료하게 의미를 전달하기 위해 "살해자killer"와 "피해자victim"라는 말을 썼다. 혹시 이러한 용어들에 이 책에서 언급하고 있는 개인들에 대한 도덕적 판단이나 반감이 개입되어 있다고 생각하는 독자가 있을지도 모르겠다. 하지만 딱 잘라 단호히 밝히건대, 나에게는 그러한 의도가 추호도 없다.

여러 세대에 걸쳐 많은 미국인들은 우리의 자유를 지키기 위해 엄청난 신체적, 심리적 트라우마와 공포를 견디어 왔다. 이 연구에서 인용된 자들과 같은 사람들은 조지 워싱턴의 대의를 따랐고, 알라모 요새에서 크로켓과 트레비스와 어깨를 나란히 했으며* 노예제라는 엄청난 잘못을 바로잡았고, 히틀러의 무시무시한 악행을 중지시켰다. 그들은 국가의 부

---

* 알라모 전투는 1836년 텍사스 독립 전쟁 중에 벌어진 전투로, 185명의 민병대원들이 6,000명의 멕시코 군에 맞서 싸우다 전멸했다. 미국인들에게는 자유를 향한 투쟁의 상징처럼 여겨지는 전투다.

름에 응하면서도 대가를 바라지 않았다. 일생을 군인으로 살아온 나는 이들이 보여 준 희생과 헌신의 정신에 내가 조금이나마 기여했다는 것이 자랑스럽다. 그렇기 때문에 나에게는 그들의 기억과 명예를 더럽히고 해칠 생각이 전혀 없다. 더글러스 맥아더는 이에 대해 명쾌하게 말한 바 있다. "전쟁 중에 벌어진 일들이 아무리 끔찍할지라도, 조국의 부름에 응해 목숨을 바치는 군인은 고귀한 인간 정신의 정점을 보여 준다."

이 작업의 핵심을 이루고 있는 체험담을 들려준 군인들은 전쟁의 본질을 이해했다. 그들은 《일리아드》의 등장인물들만큼이나 영웅적이지만, 여기서 당신이 읽게 될 언어, 즉 군인들 자신의 언어는 영웅적인 것으로 묘사되는 전사와 전쟁의 신화를 여지없이 무너뜨린다. 군인들은 다른 모든 이들이 실패할 때가 있으며, 정치가들이 저지른 오류들을 바로잡고 "인민의 뜻"을 받들기 위해, 자신이 죽은 전우들의 복수를 감행하고, 싸우고, 고통받고, 죽어야 함을 알고 있다.

맥아더는 이렇게 말했다. "군인은 그 누구보다 평화를 갈구한다. 전쟁이 남긴 상흔으로 가장 고통받는 자들은 바로 그들이기 때문이다." 이 군인들의 말들에는 지혜가 있다. 이 "한 줌의 재, 한 입의 곰팡이, 차가운 빗속에 머무는 불구자와 절름발이와 장님들"이 전하는 이야기들에는 지혜가 담겨 있다. 여기에 지혜가 있다. 그러니 마땅히 그들의 말에 귀 기울여야 할 것이다.

합법적인 전투에서 살해한 자들을 비난하고 싶지 않은 것처럼, 나는 살해하지 않기로 선택한 군인들 역시 심판하고 싶지 않다. 그러한 군인들은 많다. 실제로 나는 많은 역사적 상황 속에서 사선에 선 병사들 가운데 다수가 총을 쏘지 않았다는 증거를 제시할 것이다. 그들과 같은 처지에 놓인 군인으로서, 나는 그들이 대의와 조국, 동료 전우들에게 아무런 도움을 주지 못한 것에 대해 실망스러워하지 않을 수 없다. 하지만 또한 그들의 어깨를 짓누른 짐의 무게와 그들이 치러야 했던 희생을 상당 부분 공명하는 인간으로서, 나는 우리 종을 대표할 만한 그들의 고귀한 성품에 대해 자랑스러워하지 않을 수 없다.

살해라는 주제는 대부분의 건강한 사람들을 불편하게 만든다. 여기에서 다루게 될 몇몇 주제나 분야는 혐오감과 불쾌감을 일으킬 것이다. 이들은 차라리 등을 돌리고 싶은 것들이지만, 카를 폰 클라우제비츠Carl von Clausewitz는 "그것이 지닌 공포의 요소가 혐오감을 불러일으킨다고 해서 문제에 대해 생각하지 않는 것은 헛된 일이고, 나아가 더 큰 이익에도 반하는 일이다"라고 경고했다. 나치 강제수용소에 수용되었다가 살아남은 브루노 베텔하임Bruno Bettelheim은 우리가 폭력을 제어하지 못했던 근본적 원인은 폭력을 정면으로 바라보기를 거부했기 때문이라고 주장한다. 우리는 우리 자신이 때때로 "폭력의 어두운 아름다움"에 매료될 때가 있다는 사실을 부인하고, 그것을 정면으로 바라보며 이해하고 통제하려고 시도하기보다는 공격성을 비난하고 억압한다.

마지막으로, 살해자의 고통에 초점을 두면서 피해자의 고통을 충분히 다루지 못한 데 대해 이 자리에서 사과하고 싶다. 앨런 콜Allen Cole과 크리스 번치Chris Buch는 "방아쇠를 당기는 자는 결코 희생당한 사람만큼 고통을 느끼지 못한다"고 썼다. 살해자가 느끼는 고통의 핵심은 그의 영혼 속에서 영원히 메아리치는 피해자의 고통과 죽음이다.

레오 프랑코우스키Leo Frankowski는 "모든 문화에는 사각 지대가 생겨나는데, 그것은 사람들이 그에 관한 진실을 알기에 생각조차 하지 않으려는 곳에서 발생한다"고 말한다. 이 연구에서 인용된 참전 용사들은 이러한 문화적 사각 지대 안에서 고통을 겪어 왔다. 한 참전 용사가 내게 말했던 것처럼, 우리는 진정 "성행위를 연구하는 처녀들"에 불과하지만, 그들은 그 큰 대가를 치르고 무엇을 배웠는지 우리에게 가르쳐줄 수 있다. 내 목표는 전투 살해의 심리적 본질을 이해하고, 국가의 부름에 응해 살해를 저질렀던 자들, 혹은 살해하지 않음으로써 대가를 치르기로 선택한 자들의 정서적 상처와 흉터를 탐구하는 것이다.

우리는 이제 그 어느 때보다도 혐오감을 극복하기 위해 더욱 노력해야 하고 이해하기 위해 애써야 한다. 사람들이 왜 싸우고 죽이는지를 말이다. 과거에 우리는 이를 결코 이해하지 못했다. 또한 왜 싸우지 않고 죽이기를 거부하는지를 이해하는 것도 마찬가지로 중요하다. 인간 행동의 이 궁극적이고 파괴적인 측면을 이해해야, 우리는 인류 문명의 생존을 보장하기 위한 방식 속에서 그것에 영향을 미칠 희망을 품을 수 있다.[2]

1부
살해와 거부감의 존재
성행위를 연구하는 처녀들의 세계

그러므로 평균적인 건강한 개인, 즉 전투가 가져다주는 정신적이고 신체적인 스트레스를 견딜 수 있는 자는, 사람을 죽여야 한다는 책임을 회피할 수만 있다면 자발적으로 타인의 목숨을 앗아가지 않을 같은 인간을 죽이는 것에 대해 여전히 내면적으로 거부감을 지닌다고 믿는 것이 합리적이다. ……결정적인 순간에 그는 양심적 병역 거부자가 된다.

— S. L. A. 마셜, 《사격을 거부한 병사들Men against Fire》

그러고 나서 나는 조심스레 상체를 일으켜 세워 땅굴에 밀어 넣은 다음 배를 대고 누웠다. 편안해졌을 때, 나는 땅굴 작업을 위해서 아버지가 내게 보내 주신 스미스 웨슨 38구경 권총을 손전등 옆에 놓은 다음, 손전등을 들어 스위치를 켰다. 터널이 환해졌다.

5미터도 안 되는 거리에 베트콩 하나가 앉은 자세에서 무릎 위에 쌀 주머니를 올려놓고 쌀을 한 움큼 꺼내 먹고 있었다. 우리가 서로를 바라보았던 시간은 마치 영원 같았다. 하지만 사실 그 시간은 몇 초에 불과했을 것이다.

다른 누군가를 발견한 데서 온 놀라움 때문이었을까? 아니면 너무나 일상적인 상황 때문이었을까? 아무튼 우리 둘 다 전혀 움직이지 않았다.

잠시 후, 그는 쌀 주머니를 땅굴 바닥에 내려놓고 나에게서 등을 돌린 채 천천히 기어가 멀어졌다. 나는 손전등을 끄고 아래쪽 땅굴 속으로 미끄러져 들어가 입구로 돌아 나갔다.

약 20분 뒤, 우리는 다른 분대가 500미터 떨어진 땅굴에서 출현한 베트콩 하나를 죽였다는 말을 들었다.

나는 틀림없이 그 베트콩이라고 생각했다. 오늘날까지 나는 굳게 믿고 있다. 나와 그 베트콩 병사가 사이공에서 만나 같이 맥주잔을 기울였다면 헨리 키신저가 평화회담에 참석해 할 수 있었던 것보다 더 신속하게 전쟁을 끝냈을 거라고 말이다.

— 마이클 캐스먼, 《삼각주 땅굴 수색대》

살해 연구의 첫 번째 수순은 평균적인 인간이 동료 인간을 죽이는 데서 느끼는 거부감의 존재와 그 정도와 본성을 이해하는 것이다. 이것이 1부의 목표다.

이 연구의 일환으로 참전 용사들을 인터뷰하기 시작했을 때, 나는 신경질적인 태도를 보이는 한 고참 하사관과 전투 트라우마에 관한 심리학 이론들을 화제로 삼아 대화를 나누게 되었다. 그는 가소롭다는 듯이 비웃음을 날리며 말했다. "그 새끼들이 뭘 알아. 섹스를 연구하는 처녀들의 세계나 다를 바 없지. 포르노 영화 몇 편 본 것 말고는 아무 경험도 없으면서 말이야. 섹스하고 똑같아. 진짜로 해본 사람들은 이러쿵저러쿵 말하지 않거든."

어떤 면에서, 전투 중 살해에 대한 연구는 성관계에 대한 연구와 아주 흡사하다. 살해는 엄청나게 강렬한 사적이고 은밀한 사건이다. 이 파괴적인 행위가 심리에 미치는 강도는 성행위가 심리에 미치는 강도와 비슷하다. 살해를 해본 적이 없는 자들이 할리우드 영화에 등장하는 전투 장면과 할리우드가 이해의 기반으로 삼고 있는 문화적 신화를 바탕으로 살해를 이해하려고 하는 것은 포르노그래피 영화를 통해 성적 관계에서 느껴지는 친밀감을 이해하려고 시도하는 것처럼 무익하기 짝이 없는 일이다. 성관계를 가져 본 적이 없는 자들은 청소년 관람불가 영화를 보고서 어떻게 성관계가 이루어지는지를 알 수 있을 테지만, 이러한 성적 경험에서 일어나는 친밀감과 강렬함은 도저히 알 수 없을 것이다.

우리 사회는 성관계에 매혹되어 있는 만큼 살해에 매료되어 있다. 어떻게 보면 성관계보다 살해에 더 매료되어 있는 것으로 보인다. 섹스가 질릴 정도로 노출된 사회에서 살고 있고, 성인이라면 대개 성관계에 대한 경험을 하게 되기 때문일 것이다. 훈장을 단 군복을 입은 나를 볼 때마다 많은 아이들은 바로 이렇게 묻는다. "사람을 죽여 본 적이 있어요?", "몇 명이나 죽여 봤어요?"

이러한 호기심은 어디서 오는 것일까? 로버트 하인라인Robert Heinlein 은 언젠가 삶의 만족감은 "선한 여자를 사랑하고 악한 남자를 죽이는 것"과 관련되어 있다고 썼다. 우리 사회가 살해에 대해 그토록 높은 관심을 가지고 있다면, 그리고 살해가 섹스처럼 인간 본성에서 비롯된 행위라고 생각한다면, 성행위만큼 이 파괴적인 행위가 구체적이고 체계적인 연구의 대상이 되지 못한 이유는 무엇일까?

수 세기 동안 이러한 연구의 초석을 닦아 놓은 몇몇 개척자들이 있었다. 1부에서 우리는 그들 모두를 살펴볼 것이고, S. L. A. 마셜Marshall의 연구부터 살펴볼 것이다. 그는 이들 개척자들 가운데 가장 뛰어날 뿐 아니라 가장 큰 영향을 미친 사람이기 때문이다.

제2차 세계대전 이전에는, 국가와 지휘관이 그렇게 하라고 지시했기 때문에, 그리고 자기 자신과 친구들의 목숨을 지키는 것은 필수적인 일이기 때문에, 일반적인 군인이라면 전투 중에 살해를 하리라는 것이 기본적인 상식이었다. 전투에서 적을 죽이지 못하는 병사는 공황 상태에 빠져 도망치는 군인들뿐이라는 것이었다.

제2차 세계대전 동안 미 육군 준장 마셜은 일반 군인들에게 전투 중에 그들이 한 일에 대해 물었다. 그는 전혀 예상치 못했던 사실을 하나 발견했다. 접전이 벌어지는 동안 사선에 선 100명의 병사들 가운데 오직 15명에서 20명의 병사들만이 "자신이 지닌 무기를 사용했다"는 결과가 나온 것이다. "전투가 하루 동안 벌어지든, 혹은 이틀이나 사흘씩 이어지든" 이 비율에는 변함이 없었다.

마셜은 제2차 세계대전 동안 태평양 전구의 미 육군 역사가였고, 이후에는 유럽 전구 작전을 다루는 미국의 공간 전사가 되었다. 그는 여러 역사학자들과 팀을 이루어 연구를 진행했다. 그들이 내린 결론은 유럽과 태평양에서 전투에 참여한 400개가 넘는 보병중대에서 선발한 수천 명의 군인들을 대상으로 진행된 개별 면접과 집단 면접에 기초해 있었다. 그리고 면접은 그들이 독일군 및 일본군과 근접 전투를 벌인 바로 직후에 실시되었다. 결과는 일관되게 똑같았다. 제2차 세계대전에 참전한 미군 소총수들 가운데 15에서 20퍼센트만이 적군에게 총을 쐈을 거라는 결과가 나온 것이다. 총을 쏘지 않은 병사들이 도망치거나 숨은 것은 아니었지만(많은 경우 이들은 동료를 구출하고, 탄약을 확보하고, 메시지를 전달하는 커다란 위험을 기꺼이 감수하려 했다), 이들은 일본군이 반복해서 만세 돌격을 감행할 때조차 적군을 향해 자신들이 지닌 무기를 발사하려 하지 않았다.[1]

문제는 왜 그랬느냐이다. 왜 이 사람들은 총을 쏘지 못했는가? 이러한 문제를 검토하고 역사학자, 심리학자, 군인의 관점에서 전투 중에 벌어지는 살해 과정을 연구하면서, 나는 사람들이 전투 중 살해를 이해하는 과정에서 놓치고 있는 중대한 요소가 하나 있음을 깨닫기 시작했다. 그리고 그 요소는 앞서의 물음뿐 아니라 많은 것에 대해 말해 주는 것이었다. 사람들이 놓친 요소는 아주 단순하고 쉽게 입증할 수 있는 것이었다. 그것은 바로 대다수의 사람들은 자신과 같은 인간을 죽이는 데 아주 강한 거부감을 느낀다는 사실이다. 그 거부감은 너무나 강렬하기 때문에 많은 경우 전장의 병사들은 그것을 극복할 수 있게 되기도 전에 죽음을 맞이하게 된다.

어떤 이들에게, 이 말은 "하나마나한" 소리처럼 들릴 것이다. 그들은 이렇게 말할 것이다. "당연히 사람을 죽이는 일은 쉽지 않지. 나라면 그런 일은 절대 할 수 없을 거야." 하지만 그들은 잘못 생각하고 있다. 적절한 환경 속에서 적절한 학습을 받으면, 거의 모든 사람들은 살인을 할 수 있고, 실제로 하게 될 것이다. 다음과 같은 반응을 보이는 사람들도 있을 것이다. "전투 중에 자신을 죽이려고 덤비는 자와 맞닥뜨리게 되면 누구라도 살해를 하게 될 것이다." 이들은 더 잘못 생각하고 있다. 왜냐하면 1부에서 우리는 고금을 통틀어 전장에 나간 병사들의 대다수는 자신들의 목숨 혹은 동료들의 목숨이 경각을 다툴 때조차 적을 죽일 생각을 하지 못했다는 사실을 살펴볼 것이기 때문이다.

1

싸우거나 도주하거나,
혹은 대치하거나 복종하거나

갈등에 대처하는 방법은 싸우거나 도망치는 길밖에 없다는 관념이 우리 문화에 깊숙이 들어서 있다. 우리의 교육기관은 이러한 생각에 도전한 적이 거의 없다. 미국의 전통적인 군사 정책은 이러한 생각을 자연 법칙으로까지 격상시켜 놓았다.

— 리처드 헤클러, 《전사의 정신을 찾아서In Search of the Warrior Spirit》

전장 심리학에 대한 오해를 빚은 근원적인 이유들 가운데 하나는 싸움-도주 모델fight-or-flight model을 전장 스트레스에 잘못 적용한 데 있다. 이 모델은 위험에 직면했을 때, 일련의 생리적, 심리적 과정이 일어나 위기 상황에 처한 생명체가 싸우거나 도망칠 수 있도록 예비하고 도와준다고 주장한다. 이처럼 싸우거나 도주한다는 이분법적인 도식은 생명체가 동종이 아니라 이종으로부터 위협을 받는 상황에서는 적절한 선택지가 될 수 있다. 하지만 동종으로부터 공격받는 경우를 고려할 때, 생명체가 선택할 수 있는 반응은 보다 확장되어 대치와 복종을 포함하게 된다. 이 처럼 동물계에서의 동종 간 반응 패턴(즉 싸움, 도주, 대치, 복종)을 인간의 전쟁에 적용하겠다는 생각은 내가 아는 한 전적으로 새로운 것이다.

동종 간에 갈등이 생겼을 때, 생명체의 최우선적인 고려 사항은 도망칠지 아니면 대치할지 결정하는 것이다. 위협을 받는 상황에서 상대편과 대적해 보기로 작정한 비비 원숭이나 수탉은 동종의 공격에 곧바로 적의 목을 향해 몸을 날리는 식으로 반응하지 않는다. 그 대신, 이들은 본능적으로 일련의 대치 행동을 취하는데, 이는 겁을 주기 위한 것이지만 거의 언제나 아무런 해도 일으키지 않는다. 이러한 행동은 자세와 소리를 통해 상대편에게 자신이 위험하고 무서운 적수임을 알리기 위한 것이다.

위협 행동을 통해 동종의 상대편을 설득하는 데 실패할 경우, 이들은 그제서야 비로소 싸울지 도망칠지 혹은 복종할지 결정하게 된다. 싸우기로 작정한 경우에도, 죽을 때까지 싸우는 경우는 극히 드물다. 콘라트 로렌츠Konrad Lorenz가 지적했듯이, 피라니아와 방울뱀은 무엇이든 물어 버리는 공격적인 습성을 지니고 있지만, 그들 사이에서 피라니아는 꼬리를 이용해 서로 치며 싸우고 방울뱀은 서로 뒤엉켜 몸싸움을 벌인다. 아주 제한적인 범위에서 치명적인 손상과는 무관한 싸움을 벌이는 동안, 이들 가운데 한 마리가 보통 상대편의 사나움과 기세에 눌려 복종하거나 도망치게 된다. 복종은 놀라울 정도로 일반적으로 일어나는 반응이다. 싸움에서 진 편은 일단 자신이 굴복하고 나면 상대편이 자신을 죽이거나 더 위해를 가하지는 않을 것이라는 점을 본능적으로 알고 있기 때문에, 승자의 비위를 맞춰 가며 해부학적으로 치명적인 신체 부위를 드러내 보인다. 대치, 모의 전투, 복종으로 이어지는 일련의 과정은 종의 생존을 위해 매우 중요하다. 이러한 과정은 불필요한 죽음을 예방하며, 어린 수컷으로 하여금 싸우기 전에 대치 과정을 거치게 함으로써 몸집이 더 크고 싸움에 능숙한 상대편에게 죽임을 당하는 상황을 피할 수 있게 해준다.

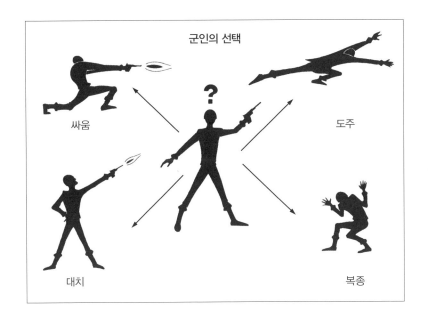

대치 상황에서 상대편에게 압도당하더라도, 어린 수컷은 굴복하여 살아남아 짝짓기를 통해 자기 유전자를 후세에 전할 수 있게 된다.

실제 폭력과 대치는 명확히 구분된다. 옥스퍼드 대학의 사회 심리학자인 피터 마시Peter Marsh는 이러한 구분은 뉴욕의 갱단과 "소위 원시 부족 구성원들과 전사들", 그리고 세계 대부분의 문화에서 확인될 수 있다고 지적한다. 이들은 모두 같은 "공격 패턴"을 지니고 있으며, 모두 "고도로 조직화되고 의례화된" 대치, 모의 전투, 복종으로 이어지는 패턴을 드러낸다. 이러한 의례들은 폭력을 억지하며 상대적으로 무해한 대치와 과시에 초점을 맞추고 있다. 이를 통해 만들어지는 것은 "폭력에 대한 완벽한 환상"이다. 공격성은 존재한다. 경쟁도 존재한다. 하지만 실제 폭력은 "아주 경미한 수준"으로 일어난다.

그윈 다이어Gwynne Dyer는 "실제로 사람을 난도질하기를 바라는 사이코패스들이 이따금 존재한다"고 결론짓는다. 하지만 갈등 상황에 처한 사람들이 관심을 가지는 것은 대개 "지위와 과시, 이익, 손실의 축소"다. 평시에도 그렇듯이, 역사를 통틀어 전장에 나가 백병전을 벌였던 아이들(전통적으로 대부분의 사회는 아이들 혹은 청소년들을 싸우라고 전장에 내보냈다)에게 적을 죽일 의사는 거의 없었다. 범죄 조직들이 서로 싸울 때처럼, 전쟁에서 대치는 본질적인 부분이다.

패디 그리피스의 《남북 전쟁의 전투 전술Battle Tactics of the Civil War》에 나오는 다음과 같은 설명은 남북 전쟁 당시 우거진 숲 속에서 벌어진 윌더니스 전투에서 언어를 통한 대치가 얼마나 효과적으로 이용되었는지를 보여 준다.

> 함성을 지르는 자들을 볼 수 없는 상황이었다. 그래서 크게 함성을 지르면 연대인 양 위장할 수 있었다. 나중에 병사들이 증언한 바에 따르면 "함성 소리"만 듣고 진지를 버리고 도망친 부대들이 많았다.

함성 소리에 놀라 진지를 버린 부대들의 사례에서, 우리는 가장 성공적으로 이루어진 대치의 경우를 볼 수 있다. 상대편이 싸울 생각도 하기 전에 도망치게 만드는 결과를 낳았기 때문이다.

공격 반응에 관한 표준적인 싸움-도주 모델에 이처럼 대치와 복종이라는 선택지를 추가하면 전장에서 벌어지는 행위를 설명하기가 한결 쉬워진다. 공포에 질린 사람은 문자 그대로 전뇌로(즉 인간의 정신으로) 사고하기를 멈추고, 중뇌로(즉 본질적으로 동물의 뇌와 구별되지 않는 뇌의 부위로) 사고하기 시작하며, 동물의 정신 상태 속에서 승리를 거두는 자는 가장 큰 소리를 내거나 몸을 가장 크게 부풀리는 자다.

대치 시의 위협 행위는 고대 그리스 로마인들의 깃털로 장식한 투구에서도 확인될 수 있다. 투구를 씀으로써 그들은 적에게 키가 더 크고 험악하게 보일 수 있었고, 눈부시게 빛나는 갑옷을 착용함으로써 실제보다 몸집이 더 커 보이고 더 활력 넘쳐 보이는 인상을 줄 수 있었다. 근대 역사에서 이러한 장식은 나폴레옹 시대에 최고조에 이르렀다. 병사들은 화려한 제복과 위로 길게 솟은 불편한 샤코 모자를 착용했다. 이러한 의상에는 적에게 더 크고 무서운 존재라는 인상을 주는 것 말고는 별다른 목적이 없었다.

마찬가지로, 위협을 가하기 위해 서로 으르렁거리며 맞서는 맹수들의 모습은 전투 중의 병사들에게서도 그대로 나타난다. 수 세기 동안, 군인들의 함성은 적의 등골을 오싹하게 만들었다. 그것이 그리스 팔랑크스 부대의 함성이든, 러시아 보병대의 "만세"를 외치는 소리든, 스코틀랜드군의 백파이프가 울부짖는 듯한 소리이든, 아니면 남북 전쟁에서 남군 병사들이 높고 길게 질러 댄 우렁찬 외침 소리이든, 군인들은 늘 본능적으로 물리적 충돌에 앞서 비폭력적인 수단들을 이용해 적의 기를 누르려 해왔다. 또한 이를 통해 서로의 기운을 북돋고 자신들이 무서운 존재임을 스스로에게 각인시키는 동시에 유쾌하지 않은 적의 함성을 삼켜 버려 들리지 않게 만들 수 있었다.

우리는 한국 전쟁 당시 지평리 방어전에 참전했던 한 프랑스 대대에 관한 이야기에서 앞서 언급한 남북 전쟁 사례와 유사한 경우가 현대전에서도 벌어지고 있음을 확인할 수 있다.

중공군 병사들은 프랑스 군이 점령한 작은 언덕 일이백 야드 앞쪽에 집결한 다음 진격을 개시해, 호각과 나팔을 불며 착검한 채 달려들었다. 시끄러운 소리가 퍼져 나가자, 프랑스 병사들은 가지고 있던 휴대용 사이렌의 손잡이를 돌리기 시작했고, 분대 하나가 중공군을 향해 함성을 지르며 달려가 수류탄을 전방과 측면으로 투척했다. 양군의 거리가 채 20야드도 안 될 정도로 가까워지자, 중공군은 갑자기 몸을 돌려 반대 방향으로 내뺐다. 상황이 완전히 종료되는 데는 채 1분도 걸리지 않았다.

여기서 다시 우리는 소부대가 성급하게 도망치기보다는 사이렌, 수류탄 투척, 착검 등의 수단으로 위협하기만 해도 수적으로 훨씬 우세한 부대에 충분히 맞설 수 있다는 것을 볼 수 있다.

화약이 등장하면서부터, 군인들은 대치 시에 사용 가능한 가장 훌륭한 수단 가운데 하나를 얻게 되었다. 패디 그리피스는 이렇게 말한다.

여러 문헌들은 남북 전쟁 당시 많은 부대들이 일단 사격을 개시하고 나면 가진 탄약이 모두 바닥나고 열광적인 분위기가 가라앉을 때까지 통제 불능 상태에서 마구 총을 쏘아 대었다는 사실을 전하고 있다. 사격은 아주 적극적인 행위이고, 군인들에게 감정을 육체적으로 분출할 수 있는 대단히 좋은 기회를 제공한다. 따라서 사격을 하는 순간에, 병사들은 훈련을 통해 습득한 교전 수칙과 장교의 경고를 무시하고 본능에 따라 행동한다.

월등한 소음, 즉 대치 상황에서 발휘되는 월등한 힘을 통해 화약은 전장에서 지배적인 위치를 차지하게 되었다. 순전히 살해의 효용성만을 따진다면, 활은 나폴레옹 시대의 전쟁에서도 여전히 유용한 무기로 쓰였을 것이다. 활이 발사율과 정확성 면에서 당대에 사용되던 활강식 소총보다 훨씬 뛰어났기 때문이다. 하지만 똑같이 겁을 집어먹은 상태에서 중뇌로 사고하며 "핑, 핑, 핑" 소리가 나는 활로 싸우는 병사는 "탕! 탕!" 하는 커다란 폭발음을 내는 소총을 가지고 싸우는 병사와 맞서기 힘들다.

총격은 분명히 병사들의 마음속 깊이 자리한 위협의 필요성을 충족시켜 주고, 나아가 적에게 해를 덜 끼치려는 욕구마저 충족시켜 준다. 역사적으로 적의 머리 위로 총을 쏘는 일이 얼마나 빈번하게 일어났으며, 그것이 얼마나 비효율적인 결과를 낳았는지를 생각해 보기만 해도 이러한 사실은 금세 드러난다.

아르당 뒤피크Ardant du Picq는 병사들이 적에게 해를 끼치지 않기 위해 허공에 대고 발포하는 경향이 있음을 최초로 규명한 인물들 가운데 한 명이었다. 뒤피크의 연구는 전쟁의 본질을 규명하려는 최초의 시도들 가운데 하나였다. 그는 1860년대에 프랑스 장교들에게 질문지를 배부했다. 뒤피크가 배부한 질문지에 대한 답변에서 한 장교는 "많은 병사들이 원거리에서 허공에 대고 총을 쐈다"고 상당히 솔직하게 진술했다. 또 다른 장교 하나는 "우리 편 병사들의 상당수가 겨냥도 하지 않은 채 허공에 대고 총을 쐈으며, 그들은 이 급박한 순간에 총 쏘기에 취해 모든 걸 잊어버리려는 것처럼 보였다"고 자신의 목격담을 털어놓았다.

패디 그리피스 또한 뒤피크처럼 전장의 병사들은 적에게 어떤 피해도 끼칠 수 없는 상황에서, 아니 그러한 상황에서 특히 더, 자신이 가진 무기를 쏘려고 사력을 다했다는 점을 밝히고 있다.

블러디 레인, 마리에 고지, 케네소, 스포츠실바니아, 콜드 하버의 악명 높은 학살 속에서도 공격 부대는 적의 방어선 매우 가까이까지 접근해 왔을 뿐 아니라, 때로는 방어선 안에 몇 시간이고, 며칠이고 머물러 있을 때도 있었다. 그러므로 남북 전쟁의 소총 부대는 원거리에서는 밀집한 편제로 대량으로 병사들을 학살할 힘이 없었다. 근거리에서 소총 부대는 많은 병사들을 죽을 수 있었고, 실제로 그렇게 했지만 그 속도가 아주 빠르지는 않았다.

그리피스의 평가에 따르면, 나폴레옹 시대나 남북 전쟁 시대에 통상적으로 200명에서 1,000명 정도의 인원으로 구성된 연대는 평균적으로 30야드 앞에 노출되어 있는 적군 연대에 소총을 발사했을 때 평균적으로 1분에 한두 명의 병사밖에 맞히지 못했다. 이러한 총격전은 "지칠 때까지, 혹은 어두워져 더 이상 싸울 수 없을 때까지 지루하게 이어졌다. 사상자가 많았던 이유는 전투가 너무 오랫동안 지속되었기 때문이지 총격 자체가 특별히 치명적이었기 때문은 아니었다."

나폴레옹 시대와 남북 전쟁 시대의 총격전은 믿기지 않을 만큼 비효율적이었다. 무기의 성능이 나빴기 때문이 아니었다. 존 키건과 리처드 홈스는 《병사들Soldiers》에서 18세기 후반 프로이센에서 실시한 실험에 관해 말한다. 이 실험에서 프로이센 군은 가로 100피트, 세로 6피트 크기의 표적을 적이라고 가정하고, 1개 보병 대대로 하여금 활강식 머스킷 소총을 쏘게 했다. 사거리에 따른 적중률은 225야드(약 205m) 거리에서 25퍼센트, 150야드(약 137m) 거리에서 40퍼센트, 75야드(약 68m) 거리에서는 60퍼센트였다. 이론적으로는, 이것이 프로이센 군 보병 부대의 잠재적 살해 능력이었다. 하지만 현실은 달랐다. 1717년 베오그라드 전투에서 "두 제국군 대대는 터키 군 병사들이 삼십 보 앞으로 다가오고 나서야 사격을 시작했을 정도로 근거리에서 사격했지만, 겨우 32명의 터키 군 병사들을 쓰러뜨린 후에 굴복하고 말았다."

때때로 총격은 아무런 손실도 일으키지 않았다. 벤저민 매킨타이어는 1863년 빅스버그에서 벌어진 야간 총격전을 설명하면서 전투에서 피를 흘린 자는 아무도 없었다고 자신의 목격담을 들려주었다. "1개 중대의 병사들이 채 열다섯 발자국도 떨어지지 않은 곳에 있는 같은 수의 병사들과 일제 사격을 주고받고도 단 한 명의 사상자도 생기지 않는다는 것은…… 쉽게 납득하기 어려운 일이다. 하지만 사실이 그랬다." 흑색 화약 시대의 소총 부대가 늘 이 정도로 비효율적이지는 않았지만, 사례들을 모두 합산해 평균을 내보면, 소총 부대가 일으킨 사상자는 1분에 한두 명에 지나지 않는다.

(제2차 세계대전의 기관총 사격처럼, 야포 사격은 전적으로 다른 문제다. 흑색 화약 시대의 전장에서는 때때로 사상자의 50퍼센트 이상이 야포 사격에 의해 발생했고, 20세기에 들어서도 지속적으로 전투 사상자의 대다수는 이러한 야포 사격 때문에 발생해 왔다. 이는 야포나 기관총이 가진 공격 과정의 집단성, 즉 여러 명이 달라붙어야 사격이 가능하다는 특성에서 비롯된다. 이는 이 책의 4부 〈살해의 해부〉에서 구체적으로 논의할 것이다.)

전장식 머스켓 소총은 사수의 실력이나 무기의 상태에 따라 1분에 한 발에서 다섯 발까지 쏠 수 있었다. 이 시대의 평균적인 전투 거리에서 잠재적 적중률이 50퍼센트를 상회한다는 점을 고려하면, 살상 비율은 1분에 한두 명이 아니라 수백 명은 되어야 했을 것이다. 살해 잠재력과 이러한 부대들의 살해 능력 사이에 상관관계가 드러나지 않는 이유는 군인에게 있었다. 분명한 점은 군인들 대다수가 표적 대신 살아 숨 쉬는 적과 마주하게 되면 대치 상태로 전환해 적의 머리 위로 총을 쏜다는 것이다.

리처드 홈스는 그의 뛰어난 책 《전쟁 행위Acts of War》에서 여러 역사적 전투에서 군인들의 적중률을 검토하고 있다. 1897년 로크스드리프트에서 벌어진 전투에서 일단의 영국군 병사들은 압도적으로 많은 줄루족 전사들에게 포위되었다. 영국군은 아주 가까운 거리에서 밀집해 있던 적군 병사들에게 연속해서 일제 사격을 가했기 때문에, 총알이 빗나갈 가능성은 거의 없어 보였고 적중률은 아무리 적게 잡아도 50퍼센트는 넘어야 정상이었다. 하지만 홈스는 실제로 한 발을 적중시키는 데 대략 13발의 총알이 소요되었다고 추산한다.

마찬가지로, 1876년 6월 16일 로즈버드 샛강에서 벌어진 전투에서 크룩 장군이 이끈 병사들은 총 2만 5천 발을 쏴 99명의 인디언 사상자를 냈다. 한 발을 적중시키는 데 252발의 탄환을 쏜 것이다. 1870년 뷔상부르 전투에서 진지를 지키고 있던 프랑스 군은 개활지를 가로질러 전진해 오던 독일군 병사들을 향해 총 4만 8천 발의 탄환을 발사하여 404명을 적중시켰다. 1명을 맞추는 데 119발의 탄환을 사용한 것이다. (그리고 사상자의 상당수는, 아니 어쩌면 대다수는 포격에 의해 일어난 것이 분명하다. 이를 감안하면 프랑스 군의 살상 비율은 현저히 낮아질 소지가 있다.)

조지 루펠 중위는 제1차 세계대전에서 영국군 소대를 지휘하면서 유사한 상황을 마주하게 되었다. 그는 병사들이 허공에 대고 쏘지 못하게 막을 수 있는 유일한 방법은 칼을 뽑아 들고 참호로 내려가 "병사들의 엉덩이를 두들겨 주의를 환기시킨 다음 총구를 낮추라고 다그치는" 것뿐이었다고 말했다. 그리고 이러한 경향은 적군 병사 한 명을 죽이는 데 5만 발의 총알을 썼던 베트남에서의 총격전에서도 찾아볼 수 있다.[2] 미 해병 1사단 소속 위생병으로 베트남 전쟁에 참전해, 적군과 아군의 빗발치는 탄환을 피해 기어 다니며 부상병들을 치료했던 더글러스 그레이엄은 이렇게 말했다. "정말 놀라웠던 일은 총격전을 벌이면서 쏟아 붓듯이 총을 쏘아 대는데도 다친 사람이 아무도 없었다는 사실이다."

원시 부족민들이 전시에 싸우기보다는 노골적일 정도로 대치에 더 치중했다는 것은 분명한 사실이다. 리처드 게이브리얼Richard Gabriel은 뉴기니의 원시 부족은 사냥할 때에는 훌륭한 궁술을 발휘하지만, 전쟁터에 나가서는 깃털을 떼어낸 부정확하고 쓸모없는 화살로 싸웠다고 말한다. 마찬가지로, 아메리카 인디언은 적을 죽이는 것보다 적 앞에서 용감한 행동을 취함으로써 적의 기를 누르는 행위를 더 중요하게 여겼다.

이러한 경향은 서구적인 전쟁 수행 방식의 기원에서도 찾을 수 있다. 샘 킨의 말에 따르면, 하버드 대학의 아서 노크 교수는 그리스의 도시 국가들이 벌인 전쟁은 "미식축구보다 조금 더 위험했을 뿐이다"라고 말하기를 좋아했다. 그리고 아르당 듀피크는 알렉산더 대왕이 무수한 정복 전쟁을 치르면서 잃은 병사들 가운데 칼에 찔려 죽은 사람은 700명에 불과했다고 지적한다. 그의 적은 훨씬 더 많은 병사들을 잃었지만, 이마저도 대부분 전투 이후에 적군이 등을 돌려 달아나기 시작했을 때 일어난 일이었다. (아마 당시의 전투는 병사들이 거의 죽거나 다치지 않는 밀어내기 게임과 유사했을 것이다.) 카를 폰 클라우제비츠 역시 듀피크와 똑같은 주장을 펼친다. 그는 역사적으로 전투 손실의 대부분은 양편 가운데 한 편이 전투에서 승리를 거둔 이후에 상대편을 추격하는 와중에 일어났다고 지적한다. (이러한 일이 발생하는 이유에 대해서는 이 책의 3부 〈살해와 물리적 거리〉에서 상세히 다루어질 것이다.)

앞으로 살펴보겠지만, 현대적인 군사 훈련 기법은 싸우기보다는 단지 위협하거나 겁을 주며 대치하려는 경향을 일정 부분 극복할 수 있도록 해준다. 사실, 전쟁의 역사는 동료 인간을 죽이는 것에 대한 타고난 거부감을 극복할 수 있도록 병사들을 훈련시키기 위해 더욱 효과적인 방법을 계발하는 과정의 역사로 볼 수 있다. 현대의 숙련된 군인들은 제대로된 훈련을 받아 본 적이 없는 게릴라들과 전투를 벌이는 경우가 많았고,

빈약한 훈련으로 인해 본능적으로 (허공에 총을 쏘는 등) 대치 기제를 발휘하는 게릴라 군은 월등한 훈련을 받은 군인들에게 약점을 노출해 왔다. 로디지아 전쟁에 참전했던 잭 톰슨은 훈련받지 않은 부대와 전투를 벌일 당시 이러한 일을 목격했다. 톰슨은 이렇게 말한다. "로디지아에서 나는 전투 시 항상 배낭을 벗어 던지고 적의 탄막 속으로 돌격하도록 즉각 조치 훈련을 받았다. 게릴라들은 유효 사격을 할 수 없었기 때문이다. 그들이 쏜 탄환은 늘 위로 날아갔다. 우리는 신속하게 총격전에서 우위를 확보했고, 인명 손실도 거의 없었다."

훈련과 살해에 있어서의 이러한 심리적, 기술적 우위는 현대전에서 계속 핵심 요소로 자리하고 있다. 이는 영국군의 포클랜드 침공과 1989년 미군의 파나마 침공에서 확인할 수 있다. 두 전쟁에서 침공군은 엄청난 성공을 거두며 상대편 군대에 비해 압도적인 살상율을 보였는데, 이는 적어도 일정 부분 훈련의 양적, 질적 차이에서 비롯된 것으로 볼 수 있다.

표적에 빗나가게 하는 데는 군이 총구를 높이 치켜들 필요도 없다. 내가 20년간 육군 사격장에서 목격한 바에 따르면, 의도적으로 오조준을 하는 병사라 할지라도 총구를 높이 쳐드는 경우는 거의 없었다. 그럴 경우 관찰자가 그가 의도적으로 오조준하고 있음을 알아 챌 것이기 때문이다. 다시 말해, 의도적 오조준은 그 진실을 가려내기가 아주 힘든 미묘한 형태의 불복종이다.

의도적인 오조준을 보여 주는 최고의 사례들 가운데 하나는 바로 내 할아버지 존의 경우였다. 제1차 세계대전 당시 할아버지는 총살 부대에 배속되었다. 참전했던 시절을 떠올릴 때마다 할아버지는 자신이 총살 부대에 있는 동안에 아무도 죽이지 않았다는 사실을 무척이나 자랑스러워했다. 할아버지는 구령이 "준비, 조준, 발사"로 이어지고, "조준" 구령이 떨어질 때 자신이 죄수를 조준하면, "발사"라는 구령에 맞춰 자신이 조준하고 있던 목표물을 맞히게 된다는 것을 알고 있었다. 할아버지의 대응 방식은 "조준" 구령이 내려질 때 죄수에서 총구를 약간 빗나가게 겨냥한 다음, "발사" 구령이 떨어지면 방아쇠를 당기는 것이었다. 여생을 사는 동안 할아버지는 이런 식으로 군을 속인 것을 자랑삼아 말씀했다. 물론 총살 집행반의 다른 이들이 그 죄수를 죽였지만, 할아버지는 아무런 양심의 가책도 받지 않았다. 이와 마찬가지로, 수 세대에 걸쳐 군인들은 단지 빗맞히는 자신의 권리를 행사함으로써 의도적으로 혹은 본능적으로 권력의 허를 찔러 왔던 것으로 보인다.

빗맞힐 권리를 행사한 군인들에 관한 훌륭한 사례는 또 있다. 한 용병 저널리스트는 니카라과에서 에덴 파스토라(일명 사령관 제로) 휘하의 한 콘트라 반군 부대와 함께 민간인들을 태운 배를 기다리며 매복해 있을 당시의 경험담을 들려준다.

나는 전투에 들어가기에 앞서 파스토라의 장광설을 흉내 내어 수르도가 전 대원에게 했던 말을 결코 잊지 못할 것이다. *"Si mata una mujer, mata una piricuaco, si mata un niño, mata un piricuaco."*

'Piricuaco'는 산디니스타를 얕잡아 부르는 말로, 미친개라는 뜻이었다. 그러니까 수르도가 지껄인 말은 이런 뜻이었다. '여자를 죽이더라도 그것은 산디니스타를 죽이는 것이고, 아이를 죽이더라도 그것은 산디니스타를 죽이는 것이다.' 그리고 우리는 여자와 아이들을 죽이러 갔다.

또다시 나는 매복 작전에 투입될 열 명의 병사들 가운데 한 명이 되었다. 우리는 사격 구역을 확보한 다음 편안하게 자리를 잡은 상태에서 민간인들을 태운 배가 다가오기를 기다렸다. 여인네들이든, 아이들이든, 보트에 누가 타고 있느냐는 중요한 문제가 아니었다.

대원들은 각자 말없이 생각에 잠겨 있는 듯했다. 아무도 이 작전이 어떤 성격을 가진 것인지에 대해 말하려 들지 않았다. 수르도는 우리가 매복한 자리 뒤편으로 몇 미터 떨어진 정글 속에 숨어 긴장한 듯 빠른 걸음으로 앞으로 걷다 되돌아오기를 반복하고 있었다.

……70피트에 이르는 배가 모습을 드러내기 족히 2분 전부터, 강력한 디젤 엔진이 뿜어 내는 커다란 엔진음이 들려왔다. 배가 모습을 드러내자 사격 개시 신호가 떨어졌고, 나는 RPG-7 로켓탄이 배 위로 호를 그리며 날아가 반대편 둑 정글 속으로 떨어지는 것을 보았다. M-60 기관총이 불을 뿜었고, 나는 갖고 있던 FAL 자동소총을 자동 모드에 놓고 스무 발을 쏘았다. 우리 부대가 탄창을 다 비울 때까지 정글의 곤충 떼처럼 두터운 탄막이 쳐졌다. 그러나 모든 총알은 아무도 죽이지 못하고 민간인들이 탄 배 위로 넘어 갔다.

수르도는 무슨 일이 벌어지고 있는지를 눈치 채고는 정글에서 뛰쳐나와 스페인어로 격하게 욕설을 퍼부어 대면서 멀어지는 배를 향해 자신의 AK 소총을 쏘아 댔다. 니카라과 농부들은 비열한 놈들이고, 강인한 군인이기도 하다. 하지만 살인마는 아니다. 나는 뿌듯함과 안도감을 느끼며 소리 내어 웃었고, 우리는 짐을 싸 떠날 준비를 했다.

— 닥터 존, 〈민주혁명동맹에 가담한 미국인〉

이처럼 "모의된 오발"의 본질에 주목해 보라. 한 마디 말도 나누지 않았음에도 불구하고, 또한 총을 쏠 의무를 지고 있고 그렇게 훈련받아 왔음에도 불구하고, 병사들 모두가 마치 훈련이라고는 받아 본 적도 없는 신병 마냥 무능을 가장했다. 앞서 언급한 총살 부대의 부대원처럼, 이 병사들은 내키지 않는 일을 시키는 이들의 허를 찌르는 데서 굉장한 개인적 쾌감을 얻었다.

이처럼 거짓으로 싸우는 척하는 것보다 훨씬 더 놀라운 사실은, 그리고 논란의 여지없이 명백한 사실은 전투에 참여한 군인들 가운데 상당수가 심지어 적의 머리 위로 총을 쏘는 것조차 거부한다는 것이다. 이러한 측면에서, 이들의 행동은 도망치거나 싸우거나 대치하기보다는 상대의 공격성과 결단에 수동적으로 "복종"하는 동물들의 행동과 아주 흡사하다.

우리는 앞서 제2차 세계대전 당시 미군의 사격 비율이 15에서 20퍼센트에 불과했다는 마셜의 결론을 살펴본 바 있다. 마셜과 다이어는 현대전에서 전장의 확산이 아마도 이처럼 낮은 사격 비율을 낮춘 주요인 가운데 하나이며, 이는 사격을 못하도록 제약하는 동시에 가능하게 하는 복잡한 방정식 속의 한 요소임을 지적한다. 하지만 마셜은 여러 명의 소총수가 한 자리에서 함께 진격하는 적을 맞닥뜨리는 상황에서조차 단지 한 명의 소총수만이 사격을 하고, 나머지 소총수들은 통신문을 전달하고, 탄약을 공급하고, 부상자를 돌보고, 목표물을 찾는 것과 같은 '필수' 임무를 수행하려는 경향을 보일 가능성이 높다고 지적한다. 마셜은 대부분의 상황에서 총을 쏘는 병사들은 자기 주위에 총을 쏘지 않는 병사들이 다수 있다는 사실을 인지하고 있었다는 사실을 분명히 밝히고 있다. 행동에 나서지 않은 이 수동적인 병사들이 실제 총을 쏘는 병사들의 사기를 꺾는 효과를 낳지는 않는 것으로 보였다. 반대로, 총을 쏘지 않는 병사들이 있다는 사실은 총을 쏘는 병사들이 계속해서 총을 쏘도록 하는 데 기여하는 것처럼 보였다.[3]

다이어는 미군뿐만 아니라 제2차 세계대전에 참전한 다른 나라 부대들에서도 총을 쏘지 않은 병사들의 비율은 대체로 비슷했을 것이라고 주장한다. 그는 이렇게 말한다. "일본군이나 독일군에서 기꺼이 적을 죽이려는 군인들의 비율이 더 높았다면, 그들이 쏜 탄약의 양은 아마도 같은 수의 미군이 쏜 것보다 세 배, 네 배, 혹은 다섯 배 더 많았을 것이다. 하지만 결과는 그렇지 않았다."[4]

마셜이 관찰을 통해 얻은 결론이 단지 미군이나 제2차 세계대전에 참전한 나라들의 군인들에게만 적용될 수 있는 것이 아니라는 사실을 뒷받침하는 많은 증거들이 있다. 이처럼 두드러지게 나타나는 동료 인간을 죽이는 것에 대한 거부감은 전쟁사 전반에서 나타난 현상이었음을 보여주는 주목할 만한 자료들이 존재한다.

1986년 영국 국방분석연구원의 현장 연구 분과는 19세기와 20세기에 벌어진 100개 이상의 전투에 대한 역사적 연구들을 활용해, 펄스 레이저 무기를 이용해 전투에 참가했던 부대들의 살해 효율성을 탐구하는 실험 연구를 진행했다. 이 분석은 마셜이 제시한 총을 쏘지 않는 병사들의 비율 수치가 제2차 세계대전 이전에 벌어진 다른 전쟁들에도 해당되는지를 확인하기 위해 마련된 것이었다. 과거 전투의 성과를 실험 대상자들(자신의 무기로 상대를 살해하지 않고 적으로부터 신체적 위해를 받지 않은 군인들)의 성과를 비교한 결과, 이러한 상황들에서 살해 잠재력은 역사에서 일어난 실제 사상자 비율보다 훨씬 높다는 사실이 드러났다. 연구자들의 결론은 분명하게 마셜의 결론을 뒷받침하면서, "전투에 참여할 의사가 없는 군인들의 태도"가 레이저 실험실 상황보다 실제 역사에서의 살해 비율이 훨씬 낮게 나온 "주요 요인"이라고 적시했다.

하지만 우리는 많은 군인들이 전투에 참여할 의사가 없었다는 사실을 확인하기 위해 레이저 실험 연구를 하거나 전투를 재연하는 수고를 할 필요까지는 없다. 우리가 들여다볼 생각을 하지 않았을 뿐, 증거는 늘 제자리에 있어 왔기 때문이다.

2
사격을 거부한 역사 속의 군인들

사격을 거부한 남북 전쟁의 군인들

남북 전쟁 당시의 신병을 상상해 보자.

북군이든 남군이든, 혹은 징집병이든 자원병이든, 그는 지긋지긋할 정
도로 반복적인 훈련을 받았을 것이다. 조금이라도 시간이 나면, 아무것
도 모르는 신병들은 끝없이 장전 훈련을 반복하며 시간을 보내야 했을
것이고, 입대한 지 몇 주 지나지 않은 시점에서도 소총을 장전하고 쏘는
일은 조건 반사적으로 할 정도로 숙달되어 있었을 것이다.

지휘관들은 병사들이 대오를 맞춘 상태에서 일제히 사격을 하는 전투
장면을 마음속에 그렸다. 지휘관들의 목표는 병사를 기계 안의 톱니바퀴
처럼 적을 향해 일제 사격을 가하게 만드는 것이었다. 훈련은 전장에서
병사들이 자신의 의무를 다하게 만드는 것을 보장해 주는 지휘관들의
주요 수단이었다.

훈련이 필요하다는 생각은 그리스 방진의 군사적 성공에서 얻은 뼈아
픈 교훈에 바탕을 두고 있었다. 그러한 훈련은 로마인들에 의해 완성되었

다. 그리고 프리드리히 대왕은 사격 훈련에 과학을 도입했고, 나폴레옹은 이를 일반화했다.

오늘날, 우리는 군인들이 미리 주어진 지침대로 조건 반사적으로 임무를 수행하게 만드는 훈련의 엄청난 힘을 이해하고 있다. J. 글렌 그레이Glenn Gray는 자신의 책 《전사들Warrior》에서, 군인들은 "정신이 무뎌진 멍한 상태에 들어서더라도 여전히 "조건 반사적으로 그들에게 기대되는 행동을 취하면서 군대라는 유기체의 세포들처럼 기능한다"고 말한다.

군대가 훈련을 통해 조건 반사를 일으키는 데 성공한 가장 강력한 사례들 가운데 하나는 존 매스터John Master가 쓴 《만달레이 너머 길The Road Past Mandalay》에서 찾아 볼 수 있다. 그는 이 책에서 제2차 세계대전 당시 전투 중에 한 조를 이뤄 기관총을 맡은 군인들의 활약상을 그린다.

기관총 사수는 열일곱 살이었다. 나는 그를 알고 있었다. 부사수는 사수 왼편에 엎드려 머리를 적 쪽으로 향하고 있었고, 사수가 "재장전!"하고 외치면 들고 있던 탄창을 재장전할 준비가 되어 있었다. 사수는 사격을 시작했고, 일본군 기관총 하나가 가까운 거리에서 응사했다. 총탄이 사수의 머리와 목에 명중해 사수는 즉사했다. 그러나 사수는 자신이 엎드린 채 자세를 잡고 있던 총 뒤편에서 죽지 않았다. 그는 오른쪽으로 몸을 굴려 기관총에서 비켜난 다음, 죽어 가면서 왼손을 들어 부사수의 어깨를 두드려 총을 인계한다는 신호를 보냈다. 부사수는 시신을 밀쳐 낼 필요가 없었다. 이미 모든 일은 수습되어 있었다.

사수는 자신이 죽더라도 생명줄과도 같은 자신의 무기가 무인지경에 놓이지 않도록 "인계" 신호를 반복 훈련받은 것이다. 이러한 상황에서 사수가 "인계" 신호를 보냈다는 것은 훈련을 통해 습득한 조건 반사가 얼마나 강력한지 여실히 보여 준다. 그것은 총알에 뇌를 관통당한 병사가 죽어 가면서도 의식적인 사고 없이 마지막 행동으로 인계 신호를 보내게 만들 정도다.

그원 다이어는 문제의 핵심을 정확히 짚으며 이렇게 말한다. "거의 파블로프적인 의미에서의 조건 형성Conditioning이라는 말이 훈련Training이라는 말보다 더 적합할 것이다. 왜냐하면 일반 병사들에게 요구되는 것은 사고가 아니라 전투 스트레스에 시달리는 상황에서도 완전히 자동적으로 자기 소총을 장전하고 쏘는…… 능력이기 때문이다." 이러한 조건 형성은 "정확한 수행 여부에 늘 따라붙는 상벌"과 짝을 이룬 "말 그대로 수천 시간 동안의 반복 훈련"을 통해 달성된다.

남북 전쟁 당시에 쓰인 무기는 보통 전장식의 흑색 화약 강선식 머스킷 소총이었다. 이 무기를 쏘기 위해 군인은 총알과 화약이 들어 있는, 종이로 포장된 탄약통을 챙겨야 했을 것이다. 병사는 탄약통을 입으로 찢어 열고, 탄약통 속 화약을 총신에 쏟고, 총알을 총신에 끝까지 밀어 넣고, 뇌관을 장착하고, 공이치기를 젖히고, 쏴야 했을 것이다. 총신에 탄약을 집어넣으려면 중력이 필요하기 때문에, 이 모든 일은 서 있는 자세에서 이루어졌다. 싸움은 서서 하는 일이었다.

뇌관이 개발되고 탄약통을 기름종이에 싸게 되면서, 습한 날씨에도 무기는 쓰는 데 크게 지장을 받지 않았다. 기름종이는 탄약통의 화약이 젖지 않게 막아 주었고, 뇌관은 확실한 점화를 보장해 주었다. 따라서 폭풍우가 몰아치는 경우를 제외하면, 무기는 화약보다 총알을 먼저 넣거나(군인이 받은 훈련을 생각하면 극히 일어나기 힘든 실수다) 총신과 뇌관을 이어주는 구멍이 막히는 경우(총을 많이 쏠 경우에 일어나는 일이지만, 고치는 게 어렵지는 않았다)에만 제대로 작동하지 않았을 것이다.

총을 이중 장전했을 경우에는 사소한 문제가 생길 수 있다. 뜨거워진 전장의 열기 속에서 병사는 때때로 자신이 장전했는지 안 했는지 헷갈릴 수 있기 때문에, 이미 장전한 상태에서 또 장전하는 경우가 아주 없지는 않았다. 하지만 그럴 경우에도 무기는 여전히 쓰는 데 문제가 없었다. 이런 무기들의 총열은 무거웠고, 상대적으로 흑색 화약의 폭발력은 약했다. 이 시대의 공장 시험과 화력 시범은 종종 다양한 방식으로 다중 장전된 상태에서 실시되었고, 때로는 총열 끝까지 장전한 상태에서 이루어지기도 했다. 그러한 총을 쏘게 되면, 장전되어 있던 첫 번째 총알이 점화되면서 나머지 총알들을 모두 총열 밖으로 밀어 냈을 것이다.

이 무기들은 빠르고 정확했다. 군인은 일반적으로 1분에 네댓 발을 쏠 수 있었다. 강선식 머스켓 소총의 훈련 시 적중률은 적어도 프로이센 군의 활강식 머스켓 소총만큼은 되었을 것이다. 프로이센 군의 적중률은 가로와 세로가 각각 100피트, 6피트인 표적에 사격했을 때, 225야드에서는 25퍼센트, 150야드에서는 40퍼센트, 75야드에서는 60퍼센트였다. 따라서 75야드 떨어진 거리에서, 200명으로 이루어진 연대가 적에게 한 차례 일제 사격을 가할 경우 이론상으로는 120명의 적군을 살상할 수 있었다. 1분에 네 발을 쏜다면, 이 연대는 첫 1분 동안 480명의 적군을 살상할 수 있는 잠재적 능력을 갖추고 있었을 것이다.

남북 전쟁의 군인들이 당시 지구상에서 가장 잘 훈련되고 무장된 병사라는 데는 의문의 여지가 없었다. 바야흐로 전투의 날이 왔다. 그들이 받은 그토록 오랜 고된 훈련과 행군은 오로지 이날을 위한 것이었다. 그리고 그날이 왔을 때, 병사들이 앞으로 일어나리라 마음속에 품었던 선입견과 환상은 모조리 파괴되었다.

처음에, 일렬로 길게 한 줄로 늘어서 일제히 사격을 가할 거라는 병사들의 생각은 생각한 대로 이루어졌을지 모른다. 지휘관들이 병사들에 대한 통제력을 여전히 유지한다면, 그리고 지형이 지나치게 험하지 않다면, 양편 부대는 충격을 주고받으며 한동안 전투를 벌였을 것이다. 하지만 충격을 주고받는 와중에도, 전투는 어딘가 잘못되었다. 아니 소름끼칠 정도로 잘못되어 있었다. 총격전은 평균 30야드 거리를 두고 일어났을 것이다. 하지만 첫 1분 동안 수백 명의 적군을 살육하는 대신, 양편 부대는 1분에 겨우 한두 명만을 죽였다. 그리고 탄환이 빗발치는 가운데 전열이 붕괴되는 대신에, 그들은 서서 몇 시간 동안 쉬지 않고 총격전을 벌였다.

머잖아(대개는 곧바로) 합심하여 일제 사격을 가하던 긴 대열은 무너지기 시작했을 것이다. 그리고 자욱한 연기와 우레와 같은 총성, 다친 자들의 비명 소리 등이 마구 뒤섞인 혼란스러운 상황에서 병사들은 기계의 톱니바퀴 상태에서 벗어나 본능에 따라 행동하는 개인으로 되돌아갔을 것이다. 누군가는 장전하고, 누군가는 무기를 건네고, 누군가는 부상자를 돌보고, 누군가는 명령을 외치고, 도망치는 자와 연기 속에서 헤매는 자, 숨을 곳을 찾은 자들도 있었을 것이다. 그리고 소수, 아주 소수의 병사들만이 총을 쏘았을 것이다.

제2차 세계대전을 다루고 있는 문헌들처럼, 수많은 역사적 기록들은 전장식 머스킷 시대의 병사들 대부분은 전투 중에 다른 임무를 수행하느라 바빴다는 사실을 보여 준다. 예를 들어, 일렬로 늘어서서 적을 향해 사격하는 병사들의 이미지는, 그리피스의 책 속에서 앤티텀 전투를 묘사하고 있는 한 남북 전쟁 참전 용사의 생생한 설명을 통해 허구임이 드러난다. "궁지에 몰려 있다. 병사들과 장교들이…… 한 덩어리가 되어 빨리 쏘기 위해 허둥거리고 있다. 모두가 탄약통을 찢고, 장전하고, 총을 건네거나 쏘고 있다. 병사들이 제자리에 풀썩 주저 않거나 옥수수 알처럼 흩어져 달아나고 있다."

이것이 전투의 이미지이고, 이러한 이미지를 묘사하고 있는 사례는 얼마든지 들 수 있다. 마셜의 제2차 세계대전에 관한 연구와 남북 전쟁 당시 벌어진 전투에 관한 묘사 속에서, 오직 소수의 병사들만이 실제로 적을 향해 총을 쏘고, 다른 병사들은 탄약을 모아 준비하고, 무기를 장전하고 무기를 건네거나 전투의 혼란과 익명의 그늘 속으로 숨어 들어가는 모습을 우리는 보게 된다.

상당수의 병사들이 적에게 직접 총을 쏘는 다른 병사들을 위해 총을 장전하며 사격을 도우려 하는 과정은 예외적이라기보다는 일반적인 현상이었던 것 같다. 총을 쏘았던 병사들, 그리고 이처럼 다른 병사들의 지원을 받았던 병사들은 그리피스가 수집한 이야기들에 셀 수 없이 많이 등장한다. 이러한 이야기들에 등장하는 남북 전쟁 당시의 군인들은 전투에서 100발에서 200발의 탄약을 쐈고, 심지어 400발의 탄약을 쏜 경우도 있었다. 당시 병사 1인에게 지급되는 탄약 배급량은 겨우 40발에 불과했고, 당시의 소총은 40발을 쏘고 나서 소제하지 않으면 상태가 너무 나빠져 쏠 수 없는 상태가 되었다. 배급량을 넘어선 탄약과 머스켓 소총은 틀림없이 총을 쏜 병사들보다 덜 공격적인 동료 병사들이 가져다주고 장전해 준 것이었을 것이다.

적의 머리 위로 총을 쏘거나, 총을 쏘려는 자들의 장전을 도와주고 지원하는 경우 말고도 다른 선택지가 있었다. 듀피크가 "군인을 쓰러뜨리고 사라지게 만든 것이 총알이었는지 진격에 대한 두려움이었는지 과연 누가 알겠는가?"라고 썼을 때, 그는 이를 잘 알고 있었다. 군사 심리학 분야에서 최고의 저술가들 가운데 한 명인 리처드 게이브리얼은 "워털루나 세당처럼 규모가 큰 전투에서 교전 중에 군인들이 총을 쏘지 않거나 공격을 감행하기보다는 진흙탕 속에 쓰러져 죽은 듯 가만히 있을 수 있는 기회는 너무나 많아서 포화 속에서 마음이 흔들린 병사들은 이를 못 본 체하기 힘들었다"고 지적한다. 실제로, 그 유혹은 아주 강렬했을 것이고, 많은 군인들은 틀림없이 그 유혹에 넘어가고 말았을 것이다.

적의 머리 위로 총을 쏘거나(대치), 진격하는 대열에서 도망치거나(도주), 총을 쏘려는 자들의 장전을 돕고 지원하는(제한적인 종류의 싸움) 등의 다른 선택지가 분명히 있었는데도 불구하고, 흑색 화약 시대의 전투에서는 수천 명의 군인들이 총을 쏘지 않고 단지 쏘는 척만 함으로써 적군이나 지휘관에게 수동적으로 복종하려 했다는 증거들이 존재한다. 이러한 경향은 남북 전쟁의 전투에서 회수된 다중 장전된 무기들이 잘 보여주고 있다.

버려진 무기들의 딜레마

《남북 전쟁 수집가 백과사전Civil War Collector's Encyclopedia》의 저자인 F. A. 로드Lord는 게티스버그 전투 이후 전장에서 총 2만 7,574정의 머스켓 소총이 회수되었다고 말한다. 이 소총들 가운데 거의 90퍼센트(2만 4천 정)가 장전되어 있었다. 이 장전된 머스켓 소총들 가운데 1만 2천 정은 두 번 이상 장전되어 있었고, 다중 장전된 소총들 가운데 또 6천정은 총열에 세 번에서 열 번까지 장전되어 있었다. 1정은 무려 23번이나 장전되어 있었다. 그렇다면 전장에서 이토록 다중 장전된 소총들이 다수 존재할 수 있었던 까닭은 무엇일까? 그리고 최소한 1만 2천 명의 군인들이 전투 중 소총을 잘못 장전했던 까닭은 무엇일까?

장전된 소총은 흑색 화약 시대의 전장에서 아주 귀중한 장비였다. 이 시대에 마주 서서 서로 얼굴을 쳐다보며 근거리에서 전투를 벌이는 와중에 장전에 주어지는 시간은 아주 적었을 것이다. 하지만 쏘는 데 드는 시간은 5퍼센트도 되지 않았고, 그 시간의 95퍼센트 이상이 소총을 장전하는 데 쓰였다. 만약 병사들 대다수가 가능한 한 빠르고 효과적으로 살해하기 위해 사력을 다하고 있었다면, 95퍼센트의 병사들은 장전이 안 된 빈 소총을 든 채로 사격 세례를 받아야 했을 것이고, 당연히 이 병사들은 전장에서 다치거나 죽은 병사들의 손에서 떨어진 장전된 소총들을 집어 들어 쐈을 것이다.

적에게 돌진하다가 총에 맞아 죽은 병사들이 다수 있었고, 머스켓 소총의 사거리 밖에서 포격으로 죽은 병사들도 있었다. 이들에게는 자신의 무기를 써 볼 기회조차 없었을 테지만, 이들이 모든 사상자의 95퍼센트를 설명해 주지는 못한다. 모든 병사들이 필사적으로 총을 쏘려 했다면, 이 병사들 가운데 다수가 장전이 안 된 빈 소총을 가지고 죽었을 것이다. 그리고 그 위로 전쟁의 밀물과 썰물이 지나가면서 누군가는 장전이 되어 있는 소총을 집어 들어 적을 향해 쏘았을 것이다.

여기서 추론 가능한 명백한 결론은 대부분의 병사들은 적군을 죽이려는 시도조차 하지 않았다는 것이다. 이 병사들 가운데 대다수는 심지어 적군이 있는 방향으로 쏠 마음조차 없었던 것으로 보인다. 마셜이 관찰한 바대로, 대다수 군인들은 전투 중에 자신이 가진 무기를 쏘는 데 거부감을 가졌던 것으로 보인다. 여기서 중요한 점은 이러한 거부감은 마셜이 이러한 사실을 발견하기 훨씬 전부터 존재해 왔고, 이처럼 다중 장전된 소총들 가운데 다수(대다수는 아닐지라도)가 이러한 거부감에서 비롯되었다는 사실이다.

전장식 소총은 선 자세에서만 재장전이 가능했다는 점, 그리고 이 시대의 장교들은 병사들이 횡대를 이뤄 사격하는 것을 좋아했다는 점을 고려하면 당시의 병사는 마셜이 연구했던 상황과는 달리 자신이 사격을 하지 않고 있다는 사실을 숨기기가 아주 어려운 상황에 처해 있었음을 알 수 있다. 이러한 일제 사격 상황 속에서는, 듀피크가 상관과 동료들의 '상호 감시mutual surveilance'라고 부른 것이 틀림없이 사격을 하게 만드는 강한 압력으로 작용했을 것이다.

이처럼 일제 사격을 하는 중에는 "고립 상태나 분산되어 있는 상태에서 각개 전투를 벌이는 현대전"에서처럼 사격을 하지 않는다는 사실을 숨길 여지가 거의 없었다. 병사들의 행동 하나 하나는 어깨를 나란히 하고 서 있는 동료 병사들의 눈에 띨 수밖에 없었다. 어떤 병사가 쏘지 못하거나 쏘지 않으려 할 경우에 이를 위장할 수 있는 방법은 한 가지밖에 없다. 즉 총을 장전하여(즉 탄약통을 찢고, 화약을 붓고, 총알을 밀어 넣고, 뇌관을 장착하고, 공이치기를 젖히는 일련의 과정을 수행하여) 어깨 위로 올린 다음, 실제로는 쏘지 않은 채 주위에 있던 누군가가 사격을 할 때, 그의 총이 반동하는 동작을 따라하며 총을 쏘는 척하는 것이다.

이것이 성실한 병사의 전형적인 모습이었다. 전장의 혼란과 비명 소리, 연기 속에서 조심스럽고 침착하게 무기를 장전하는 것 말고는 그의 행동에서 상관이나 동료들이 칭찬할 만한 것이라고 생각할 수 있는 것은 아무것도 없었다.

총을 쏘지 못한 이 병사들을 생각할 때 무엇보다 놀라운 점은, 이들이 이 시대에 실시된 지긋지긋할 정도로 반복적인 훈련을 완전히 거스르면서 그러한 행동을 했다는 사실이다. 그렇다면 이들은 왜 그토록 반복적인 장전 훈련을 받고도 지속적으로 교관들을 실망시킨 것일까?

다중 장전이 된 것은 단지 실수로 그리 된 것이며, 이 무기들은 잘못 장전되었기 때문에 버려졌을 뿐이라고 주장하는 이들도 있을 것이다. 하지만 한 치 앞도 분간하기 힘든 전장에서 끊임없이 반복했던 훈련에도 불구하고 실수로 이중 장전을 했다고 치더라도, 어쨌든 병사는 총을 쐈을 것이고, 그럴 경우 처음 장전된 총알은 두 번째 장전된 총알을 밀어 냈을 것이다. 총구가 막히거나 작동하지 않는 드문 상황이 벌어지더라도, 그는 그 총을 버리고 다른 총을 집어 들었을 것이다. 하지만 문제는 그게 아니다. 정말 우리가 물어야 하는 문제는 왜 쏘는 단계만이 여기서 쏙 빠져 있느냐이다. 어떻게 양편 부대에서 적어도 1만 2천 명의 병사들이 똑같은 실수를 저지를 수 있었을까?

게티스버그 전투에서 1만 2천 명에 이르는 병사들이 전쟁의 충격으로 인해 멍해지고 혼란스러워져서 실수로 이중 장전을 한 다음, 그 1만 2천 명 모두가 그 무기들을 쏴 보기도 전에 죽어 버린 걸까? 아니면 1만 2천 명 모두가 어떤 이유로 이 소총을 버리고 다른 소총을 집은 것일까? 기름종이 포장에도 불구하고 화약이 젖었을지도 모른다. 하지만 그렇게 많이? 그리고 왜 6천 정의 총은 거듭해서 장전된 다음, 여전히 발사되지 않은 채로 남아 있는 걸까? 실수로 그랬을 수도 있고, 화약의 질이 나빠서 그랬을 수도 있었을 것이다. 하지만 나는 제2차 세계대전에서 80에서 85 퍼센트에 이르는 군인들이 적에게 총을 쏘지 못하게 막았던 요인이, 바로 여기에서 작용하고 있다고 보는 것이 가장 설득력 있는 설명이라고 생각한다. 남북 전쟁의 병사들이 (훈련을 통해) 총을 쏘게 하려는 강력한 조건 형성을 이겨 냈다는 사실은 강력한 본능의 힘과 도덕적 의지라는 최종 심급이 미치는 영향력을 분명하게 보여 준다.

마셜이 제2차 세계대전에 참전한 군인들에게 전투 후 즉각 질문하지 않았더라면, 아마도 우리는 전장에서 병사들이 얼마나 비효율적으로 사격하고 있었는지에 관해 전혀 알지 못했을 것이다. 마찬가지 이유로, 그 누구도 남북 전쟁 또는 제2차 세계대전에 앞서 벌어졌던 다른 전쟁들에 참전한 병사들에게 질문을 던진 적이 없었기 때문에, 우리는 그들이 얼마나 효율적으로 사격을 했는지 알 길이 없다. 우리가 할 수 있는 것은 이용 가능한 데이터를 가지고 추론하는 일이다. 그리고 이용 가능한 데이터들은 흑색 화약을 쓰던 시절의 전투에서 최소한 군인들의 절반이 총을 쏘지 않았고, 총을 쏘았던 군인들 가운데서도 아주 일부만이 적을 죽이려는 목적으로 총을 쏘았다는 사실을 보여 주고 있다.

이제 우리는 흑색 화약 시대의 총격전에서 연대 규모 부대의 분당 적중률은 한두 명에 불과했다는 패디 그리피스의 발견에 깔려 있는 이유들을 완전히 알 수 있다. 그리고 이 수치가 마셜의 결론을 강력하게 뒷받침하고 있음을 확인할 수 있다. 그 시대 강선식 머스켓 소총의 잠재 적중률은 최소한 75야드에서 60퍼센트의 적중률을 보였던 프로이센 군의 활강식 머스켓 소총만큼은 되었다. 하지만 실전에서는 이보다 훨씬 낮은 수치를 보였다.

제2차 세계대전에 참전했던 소총수들이 그랬듯이, 그리피스가 제시한 수치는 이들 전쟁에서 사선에 선 소총수들 가운데 오직 일부만이 실제로 적을 향해 총을 쏘고 나머지 병사들은 사선에 용감하게 서 있기는 했지만 적의 머리 위로 총을 쏘거나 아예 총을 쏘지 않았다고 가정할 경우에만 완전히 이해될 수 있다.

이러한 데이터를 제시하면, 어떤 이들은 그것은 "한 형제가 싸움을 벌이는" 내전의 특수성 때문이라는 반응을 보인다. 제롬 프랭크Jerome Frank 박사는 자신의 책 《핵 시대의 정신과 생존Sanity and Survival in the Nuclear Age》에서 이러한 견해에 분명하게 답변한다. 이 책에서 그는 통상적으로 내전은 다른 유형의 전쟁들보다 더 많은 피를 흘리게 하고, 더 오래 지속되며, 훨씬 더 무질서한 상태에서 이루어진다고 지적한다. 그리고 피터 왓슨Peter Watson은 《전쟁을 생각한다War on the Mind》에서 "같은 집단에 속한 구성원들의 일탈 행위가 별로 가까운 사이가 아닌 타인들의 일탈행위보다 훨씬 더 충격적으로 느껴지고 더 강력한 보복 행위를 낳는다"고 지적한다. 이러한 사실을 확인하기 위해서는 과거 유럽과 오늘날 아일랜드, 레바논, 보스니아 등에서 서로 다른 기독교 분파들에서 볼 수 있는 강한 공격성, 레닌주의자, 마오주의자, 트로츠키주의자들 사이의 갈등, 르완다와 기타 아프리카에서 벌어지는 부족 간 전쟁이 낳은 참상을 살펴보는 것으로 충분하다.

내가 주장하고 싶은 요지는, 게티스버그의 전장에서 버려진 무기들의 대부분은 전투가 한창 벌어지고 있는 와중에도 군인들이 총을 쏠 수 없었거나 쏘지 않으려 했으며, 이후 죽고, 부상당하고, 패주했음을 드러낸다는 것이다. 그리고 이 1만 2천 명의 병사들 말고도 이와 유사한 비율의 병사들이 틀림없이 똑같이 다중 장전된 소총을 들고 행군해 갔을 것이다.

마셜이 관찰한 제2차 세계대전의 80에서 85퍼센트에 이르는 군인들처럼, 이들은 결정을 내려야 할 순간에 남몰래 조용히 자신이 같은 인간을 죽일 수 없는 양심적 병역 거부자임을 알게 되었다. 이것이 이 시대의 사격이 믿기지 않을 만큼 비효율적이었던 근원적인 이유다. 이것이 게티스버그에서 일어난 일이다. 그리고 조금만 더 깊이 생각해 본다면, 굳이 이러한 종류의 데이터를 가지고 있지 않더라도 다른 흑색 화약 시대 전투들에서도 같은 일이 벌어졌다는 것을 곧바로 알 수 있을 것이다.

콜드 하버 전투 또한 여기에 딱 들어맞는 사례다.

"콜드 하버에서의 8분"

콜드 하버 전투는 주의 깊게 살펴볼 필요가 있다. 이 전투는 남북 전쟁을 건성으로 관찰하는 자들이 80에서 85퍼센트에 이르는 병사들이 사격을 거부했다는 주장을 반박하기 위해 신주단지 모시듯 자주 인용하는 사례이기 때문이다.

1864년 6월 3일 이른 아침, 율리시스 S. 그랜트가 이끄는 4만 명의 북군 병사들은 버지니아 주의 콜드 하버에서 남군을 공격했다. 로버트 E. 리 휘하의 남군은 포토맥 강의 그랜트 휘하 병사들이 이제껏 경험해 온 것과는 완전히 다른 참호와 포병 화력 체계를 주의 깊게 구축해 놓고 있었다. 한 신문 기자가 관찰한 바에 따르면, 이 체계는 "상대편 전선을 직각 방향에서 사격할 수 있게 구축된 전선과 포대가 놓인 전선 등이 전선들 안에 지그재그로 복잡하게 얽혀 있는 전선들"로 이루어져 있었다. 6월 3일 저녁때까지 공격에 나섰던 7,000명 이상의 북군 병사들이 죽거나 다치고 생포된 반면, 훌륭하게 참호를 구축해 놓았던 남군은 경미한 피해만을 입었다.

남북 전쟁에 관한 결정판이라 할 만한 뛰어난 책을 쓴 브루스 캐턴 Bruce Catton은 "콜드 하버에서 참상이 벌어졌다는 것은 재론의 여지가 없을 정도로 분명한 사실이기는 하지만, 어떤 면에서는 남북 전쟁 당시 벌어진 전투들 가운데 이 전투만큼 사실이 왜곡된 전투도 없다"고 말한다.

캐턴은 북군 사상자 수가 크게 과장되었다고 말하면서(통상 2주 동안 전투를 벌이면서 발생한 1만 3천 명의 사상자를 하루 동안의 전투에서 발생했다고 주장하듯이), 7천 명의 사상자(심지어 사상자가 1만 3천 명이라고 말하는 이들도 있다)가 "콜드 하버에서의 8분" 동안 발생했다는 생각은 아주 잘못된 것이라 밝히고 있다. 이러한 믿음은 잘못된 것이라기보다는 지나친 단순화라고 보는 게 맞을 것이다. 고립되어 통신이 두절된 북군 병사들의 진격이 첫 10분에서 20분 동안 주춤했다는 것은 사실과 정확히 일치한다. 하지만 공격군의 여세가 사라지고 나서도 북부 연합 군인들은 도망치지 않았고, 그래서 살상은 끝나지 않았다. 캐턴은 "이 엄청난 전투에서 무엇보다 놀라운 점은 패배한 북군 병사들이 모든 전선에서 후방으로 물러서지 않았다는 사실이다"라고 지적한다. 이들은 물러서는 대신 이 전쟁에서 북군과 남군 병사들이 반복했던 행동을 지속했다. "이들은 남군의 참호선에서 40에서 200야드 떨어진 자리에 머무른 상태에서 최선을 다해 얕은 참호를 만든 후 사격을 계속했다." 남군도 계속하여 그들을 향해 총을 쏘았고, 북군의 측면과 후면에 대고 아주 근거리에서 야포를 쏘기도 했다. 캐턴은 "전투의 끔찍한 소음이 하루 종일 계속됐다"고 말한다. "경험 많은 군인들만이 그 소리를 듣고 그날 늦은 오후 전투의 기세가 북군의 공격이 격퇴당했던 어두컴컴한 새벽녘에 있었던 전투보다 누그러졌다는 사실을 눈치 챌 수 있었다."

남군이 그랜트 휘하의 북군 병사들에게 엄청난 피해를 입히는 데에는 8분이 아니라 8시간이 걸렸다. 그리고 나폴레옹 시대의 전쟁에서부터 오늘날의 전쟁에 이르기까지 대부분의 전쟁이 그렇듯이, 사상자의 대부분을 살상한 것은 보병이 아니라 포병이었다.

포병(가까이서 감독이 가능하고 전우들이 서로 감시할 수 있는 상태에 놓인)이 관여할 경우에만, 살해 비율은 의미 있는 변화를 보인다. (앞으로 살펴보겠지만, 포병대는 표적과의 거리가 더 떨어져 있을수록, 그 효율성이 증가한다.) 마셜이 살펴본 제2차 세계대전 당시의 소총수들처럼, 이전 전쟁들에서 소총으로 무장한 군인들 대다수가 지속적으로 자기와 같은 인간을 죽이지 못하는 심리적 무능력을 드러냈다는 것은 자명해 보인다. 무기는 기술적으로 뛰어났고, 거뜬히 사람을 죽일 수 있는 신체적 능력도 지니고 있었지만, 결정적인 순간이 왔을 때 그들은 진심으로 자기 앞에 서 있는 인간을 죽이지 못하는 양심적 병역 거부자가 되었다.

이 모든 사실은 여기서 모종의 힘이 작용하고 있음을 알려 준다. 이전에는 알려지지 않았던 어떤 심리적 힘이 작용하고 있는 것이다. 그 힘은 훈련을 이겨 낼 정도로 강하고, 동료 집단으로부터 받는 사회적 압력에도 굴하지 않으며, 자기 보호 본능을 넘어서는 힘을 발휘한다. 이 힘의 영향력은 단지 흑색 화약 시대 혹은 제2차 세계 대전에만 미치는 것이 아니다. 당연히 이 힘은 제1차 세계대전에서도 그 모습을 확인할 수 있다.

사격을 거부한 제1차 세계대전의 군인들

제2차 세계대전에 보병 중대장으로 참전했던 밀턴 메이터 대령은 마셜의 의견을 강력하게 뒷받침하는 자신의 몇 가지 경험담에 대해 이야기한다. 메이터 대령은 또한 자신에게 전투에 나가게 되면 총을 쏘지 않는 병사들이 많을 거라고 미리 주의를 주었던 제1차 세계 대전 참전 용사들에 대한 몇 가지 사례들도 제공한다.

1933년 군에 입대했을 때, 메이터는 제1차 세계대전 참전 용사였던 자기 삼촌에게 전투에서 어떤 일들이 있었는지 물었다. "나는 삼촌의 가슴 속에 가장 깊게 각인되어 있는 기억이 '총을 쏘지 않으려 했던 징집병들'이라는 걸 알고 깜짝 놀랐다. 삼촌은 그 일을 이런 식으로 표현했다. '자기들이 독일군 병사들을 쏘지 않으면, 독일군 병사들도 자기들을 쏘지 않을 거라고 생각하더군.'"

제1차 세계대전 당시 참호전을 치렀던 한 참전 용사는 1937년 ROTC들을 대상으로 한 강의 도중에, 자기 경험에 따르면 사격하지 않는 군인들이 앞으로 다가올 전쟁에서 문제가 될 것이라고 메이터에게 가르쳐 주었다. "적의 기동과 사격의 손쉬운 목표가 되지 않으려면 총을 쏴야 하는데, 어떤 병사들은 그렇게 만들기가 아주 어렵다는 것을 이해시키려 그는 무진 애를 썼다."

살해에 대한 거부감이 존재하며, 그러한 거부감은 적어도 흑색 화약 시대 이래로 존재해 왔다는 것을 보여 주는 증언들은 넘치도록 있다. 이처럼 적을 죽이려는 열의의 결핍은 많은 군인들로 하여금 싸우기보다는 대치하고, 복종하고, 도망치도록 만든다. 이는 전장에 강력한 심리적 힘이 존재하고 있음을 의미한다. 그리고 이 힘은 인류 역사의 전 과정에서 인식될 수 있다. 이러한 힘을 적용하고 이해할 수 있게 된다면 우리는 전사와 전쟁의 본질, 그리고 인간의 본성에 대해 새로운 통찰을 얻을 수 있을 것이다.

3

왜 죽이지 못하는가?

왜 지난 수백 년 동안 군인들은 적을 죽이지 않으면 자신의 목숨이 위태로워질 거라는 사실을 알면서도 적을 죽이기를 거부했을까? 그리고 역사의 전 과정에서 이러한 일들이 늘 있어 왔다면, 왜 우리는 이를 충분히 인식하지 못했던 걸까?

왜 죽이지 못하는가?

경험 많은 사냥꾼들이 총을 쏘지 못한 병사들에 대한 이야기를 듣는다면, 그들은 이렇게 말할 것이다. "이런, 사슴열병에 걸렸군." 맞는 말일 수 있다. 하지만 사슴열병의 정체는 뭔가? 그리고 왜 사람들은 사냥을 할 때 소위 사슴열병이라 불리는, 사냥감을 죽이지 못하게 되는 심리적 상태에 빠지게 되는가? (전장에서 적을 죽이지 못하는 것과 사냥에서 사냥감을 죽이지 못하는 것 사이의 관계는 앞으로 더 자세히 다루게 될 것이다.) 이에 대한 해답을 얻기 위해 우리는 다시 마셜에게로 돌아가야 한다.

마셜은 제2차 세계대전의 전 시기에 걸쳐 이 문제를 연구했다. 적에게 총을 쏘지 않은 수많은 군인들의 심정을 과거의 그 어떤 연구자보다 더 깊이 이해했던 마셜은 "평균적인 건강한 개인은…… 사람을 죽여야 한다는 책임을 회피할 수만 있다면 자발적으로 타인의 목숨을 앗아가지 않을 같은 인간을 죽이는 것에 대해 부지불식간에 내면적인 거부감을 지니고 있다"고 결론지었다. 군인은 "결정적인 순간에 양심적 병역 거부자가 된다"고 마셜은 말한다.

마셜은 전투의 메커니즘과 여기서 비롯되는 감정들을 이해했다. 제1차 세계대전에 군인으로 참전했던 마셜은 제2차 세계대전의 참전 용사들에게 전투에서 어떤 경험을 했는지 물었다. 자신도 전장에 있어 봤기에 그는 병사들의 심정을 잘 이해했다. 마셜은 "안전지대로 들어섰을 때 부대 전체를 감싸듯이 밀려 온 깊은 안도감이 잘 기억난다"고 말했다. 그리고 마셜은 이러한 안도감이 "더 안전한 상황에 놓였다는 사실을 깨달아서가 아니라 당분간은 누군가의 생명을 앗아야 하는 상황에 내몰리지 않아도 된다는 사실에 행복감을 느끼면서 생기게 된 것"이라고 믿었다. 마셜의 경험에 따르면 제1차 세계대전에 참전한 군인들의 철학은 "갈 테면 가라, 언젠가 또 보겠지"였다.

다이어도 이 문제를 주의 깊게 연구하면서 지식을 쌓아 갔다. 다이어 역시 "병사들은 부득이하게 적군을 죽이게 되겠지만 — 사람들이 자신들에게 무엇을 기대하고 있는지를 알고, 따를 수밖에 없는 강한 사회적 압력 아래 놓이게 되면 병사들은 하지 못할 짓이 거의 없을 것이다 — 그들 대다수는 타고난 살인자가 아니다"라고 생각했다.

미 육군 항공대(현재 미 공군의 전신)는 바로 이러한 문제에 봉착했다. 제2차 세계대전 당시 공중전에서 전 전투기 조종사들 가운데 1퍼센트도 안 되는 소수가 30에서 40퍼센트에 이르는 적기를 격추시켰다는 사실을 알게 된 것이다. 게이브리얼에 따르면, 대부분의 전투기 조종사들은 "적기를 한 대도 격추시키지 못했을 뿐 아니라 심지어 격추시키려는 시도조차 하지 않았다." 이 조종사들은 두려움 때문에 적을 살해하지 못했다고 주장하는 사람들도 있지만, 이들은 보통 작은 편대를 이뤄 적기를 격추 시킨 경험 많은 조종사의 지휘를 받아 용감하게 사지로 날아갔다. 그러나 죽여야 할 순간이 왔을 때, 이들은 조종석 안에 앉아 있는 또 다른 사람을 보았다. 조종사이자 항공병이며 "하늘의 후예"인 그는 놀라울 만큼 자신과 닮은 자였다. 그러한 사람을 마주하게 되면, 대다수의 사람들은 그를 죽일 수 없게 된다. 전투기나 폭격기를 모는 조종사들은 자기와 같은 부류에 속하는 다른 조종사들과 싸우는 끔찍한 딜레마에 직면했고, 이는 그들의 임무를 어렵게 만드는 핵심 요인이었다. (공중전에서 일어나는 살해의 기제와 미 공군이 조종사 훈련 과정에서 '살인자'를 선별하기 위해 개발한 놀라운 기법들에 관한 문제는 이 책 후반부에서 다루고 있다.)

군인들이 전장에서 느끼게 되는 압박감을 심리학적, 사회학적 연구를 통해 이해하려고 하는 연구자들은, 평범한 병사는 자신이 소중히 여기는 모든 것을 희생하고서라도 살해하지 않으려 한다는 사실을 대체로 무시해 왔다. 눈으로 다른 인간을 바라보고, 독립적으로 그를 죽이겠다는 결정을 내리고, 자신의 행동으로 인해 상대방이 죽어 가는 모습을 지켜보는 일련의 과정은 서로 결합하여 잠재적으로 전쟁 트라우마를 일으킬 수 있는 가장 기본적이고 중요하며 원초적인 사건이 된다. 이를 이해한다면, 전장에서 살인을 하는 데 따르는 공포가 얼마나 극심한지를 이해하게 될 것이다.

이스라엘의 군사 심리학자인 벤 셜리트Ben Schalit는 자신의 책 《분쟁과 전투의 심리학The Psychology of Conflict and Combat》에서 마셜의 연구를 언급하며 "많은 군인들이 적을 향해 직접적으로 사격하지 않는다는 것은 분명한 사실이다"라고 말한다. "이유는 많다. 그 이유 중 하나는 많은 군인들이 직접 공격하는 방식으로 행동하는 것을 꺼리기 때문일 것이다. 그러나 이에 대해서는 이상하리만치 논의되어 오지 않고 있다."

왜 이는 자주 논의되지 않는가? 죽일 수 없다면, 즉 평범한 군인들은 강요와 훈련, 그리고 이를 극복할 만한 기계적이고 심리적인 수단이 주어지지 않을 경우 살해하려 하지 않는다면, 왜 이전에는 이러한 사실을 알지 못했을까?

영국군의 에블린 우드 원수는 전쟁에서는 오직 겁쟁이들만이 거짓말을 필요로 한다고 말한 바 있다. 나는 전투에서 총을 쏘지 않은 병사들을 겁쟁이라고 부르는 것은 아주 잘못된 일이라고 생각하지만, 실제로 총을 쏘지 않은 병사들은 감추고 싶은, 혹은 적어도 그리 자랑스럽지 않기에 훗날 선뜻 거짓말을 하게 될 사실을 가슴속에 품고 있다고 믿는다. 요점은 다음과 같다. (1)강렬하고 충격적이며 죄책감을 유발하는 상황은 반드시 망각과 속임수, 거짓말의 그물망을 만들어 낸다. (2)이러한 상황이 수천 년 동안 이어지면서 단단히 얽힌 개인적이고 문화적인 망각과 속임수, 거짓말에 기반을 둔 제도가 생겨났다. (3)남성의 자아가 선택적 기억과 자기기만, 거짓말을 정당화해 온 두 가지 제도가 존재해 왔다. 그 두 가지 제도는 바로 성과 전쟁이다. "사랑과 전쟁에서 온당하지 않은 것은 아무것도 없다."

수천 년 동안 우리는 인간의 성생활에 대해 제대로 이해하지 못했다. 성관계가 무엇인지는 안다. 우리는 그것이 아기를 만든다는 것을 알고,

성행위가 어떻게 이루어지는지도 안다. 하지만 인간의 성생활이 개인에게 어떤 영향을 미치는지에 대해서는 전혀 몰랐다. 지그문트 프로이트와 20세기의 많은 연구자들이 인간의 성생활을 연구하기 전까지, 우리는 정말로 성이 삶에서 차지하는 역할에 대해 아무것도 모르고 있었다. 수천 년 동안 우리는 성을 진심으로 연구하지 않았고 또한 이해할 수 있다는 희망도 갖지 않았다. 성을 연구한다는 것은 곧 우리 자신을 연구한다는 것을 의미하기 때문에, 이를 공평무사하게 관찰하기는 쉽지 않은 일이다. 성 연구를 특히 더 어렵게 만드는 것은 우리의 자아와 자존심의 너무나 큰 부분이 신화와 오해로 가득한 이 영역에 투여되고 있다는 사실이다.

발기불능이나 불감증 같은 문제를 안고 있는 사람이 과연 이러한 사실을 다른 사람들에게 공공연히 알리고 다닐까? 2세기 전에 결혼한 부부 대다수가 발기불능이나 불감증 때문에 고통스러워했다면, 우리가 과연 이를 알 수 있었을까? 200년 전에는 소위 배웠다는 자들이 이렇게 말했을 것이다. "그들은 많은 아이들을 낳으며 잘 살고 있소. 그렇지 않소? 그렇다면 그들은 할 일을 하고 있는 거요!"

그리고 100년 전에 한 연구자가 사회에서 아동 성학대가 만연하고 있다는 점을 발견했다면, 그러한 발견은 어떤 취급을 받았을까? 이를 발견한 사람은 다름 아닌 프로이트였지만, 그는 단지 그런 일을 언급했다는 이유만으로도 불명예를 뒤집어쓰고 동료들과 사회 일반으로부터 자신의 직업적 전문성을 의심받아야 했다. 100년이 지난 오늘날에 와서야, 우리 사회는 아동 성학대의 심각성을 받아들이고 문제화하기 시작했다.

권위 있고 신뢰할 만한 누군가가 비밀 보장을 약속하고 위엄 있는 태도로 묻기 전까지, 우리는 우리의 문화에서 성적으로 어떤 일이 일어나고 있는지를 인식할 길이 없었다. 그리고 상황이 예전보다 많이 좋아지기는 했지만, 사태를 인식하는 능력을 제한하는 눈가리개를 벗어던지기 위해서 사회 전체는 충분한 대비와 계몽이 필요한 실정이다.

침실에서 무슨 일이 벌어지는지를 알 수 없었듯이, 우리는 전장에서 무슨 일이 벌어지고 있는지를 알지 못했다. 이 파괴적인 행위에 대한 우리의 무지는 성행위에 대한 무지에 못지않았다. 적을 죽이는 일을 의무와 책임으로 부여받은 군인이 전투 중에 이를 하지 못하게 된다면, 그가 이를 공공연히 알리고 다닐까? 그리고 200년 전에 병사들 대다수가 전장에서 자신의 의무를 다하지 못했을지라도, 우리가 과연 이를 알 수 있었을까? 이 시대의 장군은 이렇게 말했을 것이다. "그들은 많은 사람들을 죽였소. 그렇지 않소? 그들은 우리를 위해 싸워 이겼소. 그렇지 않소? 그렇다면 그들은 할 일을 하고 있는 거요!" 마셜이 전투 직후에 해당 병사들에게 묻기 전까지, 우리는 전장에서 무슨 일이 벌어지고 있는지 알 길이 없었다.

철학자와 심리학자들은 오래전부터 지척에서 벌어지는 일들을 자각하지 못하는 인간의 무능에 주목해 왔다. 노먼 에인절 경Sir Norman Angell은 "호기심으로 가득한 인류의 지성사를 연구해 보면, 가장 단순하고 가장 중대한 문제들이 질문의 대상조차 되지 않고 있는 경우가 꽤 있다"고 말한다. 그리고 철학자이자 군인인 글렌 그레이는 제2차 세계대전에서 겪은 자신의 체험을 바탕으로 이렇게 말한다. "우리 자신과 우리가 서 있는 이 복잡한 땅의 참된 진실을 발견할 수 있을 만큼 오래도록 우리의 실제 모습에 매달릴 수 있는 자는 거의 없다. 전장에 나간 병사의 경우 그런 경향은 더욱 심해진다. 위대한 전쟁의 신 마르스는 자기 나라에 들어오는 우리의 눈을 가리려 하고, 떠날 때에는 레테의 강물을 마시라며 관대하게 잔을 건넨다."

직업군인이 자기기만의 자욱한 안개 속을 직시하게 되면, 그리고 자신이 생을 던져 헌신하고자 했던 일을 할 수 없거나 혹은 거느리고 있는 병사들 가운데 다수가 자신의 의무를 다하지 못하고 죽게 되는 냉혹한 현실과 맞닥뜨리게 되면, 그의 삶은 거짓이 되고 말 것이다. 그럴 경우 그는 할 수 있는 한 모든 힘을 쏟아 부어 자신의 나약함을 부인하려 할 것이다. 아니, 모든 군인은 자신의 실패나 휘하 병사들의 실패를 기록하려 하지 않을 것이다. 영웅과 영광의 이야기들만이 기록으로 남겨지게 된다. 예외는 거의 없다.

이 영역에 관한 우리의 지식이 부족한 이유 중 하나는, 전투는 성관계가 그러하듯이 기대와 신화라는 짐을 잔뜩 지고 때문이다. 많은 군인들이 근접전 상황에서 적군을 죽이지 않으려 한다는 생각은 우리가 믿고 싶어 하는 우리 자신의 모습과 배치되고, 수천 년에 걸친 전사와 문화가 우리에게 말해 온 것과 배치된다. 하지만 우리의 문화와 역사가들이 우리에게 전승해 준 지식은 과연 정확하고 오류가 없으며, 신뢰할 만한 것일까?

《군국주의의 역사A History of Militarism》에서 알프레드 바그츠Alfred Vagts는 군의 역사는 정신을 군사화하는 과정에서 큰 역할을 수행하는 제도라고 폭로했다. 바그츠는 군의 역사는 지속적으로 "사회적 사실과는 큰 상관없이 개인이나 군대를 정당화하기 위한 목적으로" 쓰여 왔다고 주장한다. 또한 그는 "대부분의 군 역사는 군대의 권위를 지지할 목적까지는 아니라 하더라도, 최소한 권위를 손상시키지 않고, 비밀을 폭로하지 않으며, 군 내부의 약점과 망설임, 군기 위반 등으로 인한 배신을 막으려는 의도에서 기록되었다"고 말한다.

바그츠는 수천 년 동안 서로를 돕고 후원하며 상호 찬양과 지위 강화를 꾀했던 군대와 사학 기관의 관계를 묘사한다. 어느 정도까지 이는 전쟁에서 살인에 능했던 자들이 역사 속에서 권력에 이르는 길을 잘 헤쳐 나갔던 사람들이었기 때문일 것이다. 아주 최근의 역사를 제외하고는 대부분의 역사에서 군 지도자와 정치가는 동일한 인물들이었으며, 우리는 승리한 자가 역사를 기록한다는 사실을 알고 있다.

역사학자로서, 군인으로서, 그리고 심리학자로서, 나는 바그츠의 견해가 상당히 정확하다고 생각한다. 수천 년 동안 대부분의 군인들은 자신과 같은 인간을 죽이고 싶지 않은 마음을 개인의 비밀스런 영역 안에 감추어 둔 반면, 직업군인들과 기록자들은 자신들의 과실에 대해 우리에게 끝까지 알려 주려 하지 않았을 것이다.

현대 정보화 사회의 미디어는 살인은 쉬운 일이라는 신화를 영구화하기 위해 애써 왔고, 그렇게 함으로써 살인과 전쟁을 미화하는 사회의 기만적인 침묵의 공모에서 일익을 담당해 왔다. 물론 진 해크먼이 주연으로 출연한 영화 〈배트 21Bat 21〉처럼 예외적인 경우도 있다. 이 영화 속에서 한 공군 장교는 여느 때와 달리 근거리에서 직접 살해를 할 수밖에 없었는데, 그는 자신이 저지른 일에 몸서리친다. 하지만 대부분의 경우에 우리는 제임스 본드, 루크 스카이워커, 람보, 인디애나 존스를 통해 아무렇지도 않다는 듯이 무자비하게 수백 명에 이르는 사람들을 죽이는 장면을 보게 된다. 여기서 요점은 우리 사회의 다른 부분들에서처럼 미디어는 살해의 본질에 대해 아무것도 알려 주는 바가 없다는 사실이다.

마셜이 제2차 세계대전의 사례를 통해 폭로했음에도 불구하고, 사격을 거부한 자들에 관한 주제는 오늘날의 군대에서도 불편한 주제다. 미 육군의 가장 유명한 매체인 《육군Army》 지에 기고한 글에서, 메이터 대령은 제2차 세계대전에서 보병 중대장을 지낸 자신의 경험으로 볼 때 마셜의 연구 성과는 상당히 타당하다고 지적하며, 총을 쏘지 않는 군인들의 문제가 제1차 세계대전 당시에도 심각했다고 말한 당대 군인들의 증언들도 언급했다.

그리고 나서 메이터는 씁쓸한 기분으로 이렇게 불평한다. "그 오랜 군복무 기간을 돌이켜 생각해 봐도, 휘하 장병들이 총을 쏘게 될 것이라는 점을 확신할 수 있는 방법에 관한 강의나 토론에 참가한 기억이 전혀 없다. 이탈리아의 전시 보병학교 과정에서부터 1966년 캔자스 주 포트 리븐워스의 지휘 및 일반 참모대학을 포함해 다양한 정규 군사 교육을 받았는데도 불구하고 말이다. 게다가 《육군》 지나 다른 군대 출판물에서 이 주제를 다룬 글을 본 적도 없다."[5] 메이터 대령은 다음과 같이 결론짓는다. "이 주제에 관해서는 침묵의 공모가 있는 것 같다. '이에 대해서는 우리가 할 수 있는 일이 아무것도 없다. 그러니 잊는 게 상책이다'라는 식으로 말이다."

정말 이 문제에 관한 침묵의 공모가 있는 것으로 보인다. 피터 왓슨은 《전쟁을 생각한다》에서, 마셜이 내린 결론은 심리학과 정신의학 분야 등 학계에서 대체로 무시되어 왔지만 미 육군은 이를 중요하게 받아들여 마셜이 제시한 바에 따라 수많은 훈련 과정을 개설했다고 말한다. 마셜의 연구에 따르면, 이러한 훈련 과정에서 일어난 변화들은 한국 전쟁에서 사격 비율이 55퍼센트까지 높아지는 결과를 가져다주었고, 스콧의 연구에 따르면 베트남에서 사격 비율은 90에서 95퍼센트까지 치솟았다. 현대의 몇몇 군인들은 제2차 세계대전과 베트남 전쟁이 사격 비율에서 보인 차이를 제시하며 마셜이 틀렸다고 주장한다. 평범한 군 지휘관들은 전투에서 병사들 대다수가 자기 임무를 수행하지 않는다는 사실을 믿기 어려울 것이다. 그러나 이렇게 의심하는 사람들은 제2차 세계대전 이후 시작되었던 혁신적인 교정 및 훈련 수단의 충분한 효력을 바로 보지 못하는 것이다.

사격 비율을 15퍼센트에서 90퍼센트로 끌어올린 이러한 훈련 기법들은, 내가 인터뷰한 몇몇 참전 용사들의 말에 따르면 '프로그램화programming' 혹은 '조건 형성conditioning'으로 불리고 있다. 이는 이 책의 7부 〈베트남에서의 살해〉에서 상세히 다룰 예정인 고전적 조건 형성 및 조작적 조건 형성(파블로프의 개나 B. F. 스키너의 쥐처럼)의 형식과 닮아 보인다. 군대 훈련 프로그램의 놀라운 성공에 맞물린 이 주제의 불편한 내용은 공식적으로 인정된 적이 별로 없기 때문에 무슨 군사 기밀이라도 되는 것처럼 느껴진다. 그러나 이 주제에 대한 관심의 부족에 책임을 지울 만한 은밀한 마스터플랜 같은 것은 존재하지 않는다. 그 대신, 철학자이자 심리학자인 피터 마린Peter Marin이 말하듯이 "무의식적으로 이루어지고 있는 거대한 은폐 공작"이 존재한다. 이를 통해 사회는 전투의 진정한 본성에서 이러한 주제가 눈에 띄지 않게 만들고 있다. 마린은 전쟁을 주제로 한 심리학 또는 정신의학 관련 문헌들에서조차 "일종의 광기가 작용하고 있다"고 말한다. 그는 "살해에 대한 반감과 죽이기를 거부하는 행동"은 "급성 전투 반응"으로, 그리고 "학살과 잔학 행위"에서 기인한 심리적 트라우마는 "마치 임상의들이…… 경영자의 과로에 대해 말하듯이 '스트레스'라고 불리고 있다"고 지적한다. 한 사람의 심리학자로서, 나는 "정신의학과 심리학과 관련된 그 어떤 문헌도 실제로 일어나고 있는 전쟁의 실제 공포와 그것이 싸우는 군인들에게 미치는 영향을 조금도 다루지 않고 있다"고 말하는 마린의 입장이 아주 정확하다고 생각한다.

이러한 본질적인 문제를 50년 이상이나 기밀로 한다는 것은 불가능할 것이다. 마셜과 마린처럼 이를 이해하는 군에 소속되어 있는 사람들은 목소리를 드높이고 있지만, 아무도 이들의 진실에 귀 기울이려 하지 않는다.

이것은 군대의 음모가 아니다. 실제로 은폐 공작과 "침묵의 공모"는 존재한다. 하지만 그것은 수천 년간 지속되어 온 망각과 왜곡, 거짓말로 이루어진 문화적 공모다. 그리고 우리가 성에 관한 죄책감과 침묵이라는 문화적 공모를 제거하기 시작했듯이, 우리는 이제 전쟁의 진정한 본질을 흐리는 이 유사한 공모를 제거해야 한다.

4

거부감의 본질과 원천

　같은 인간을 죽이는 것에 대한 이러한 거부감은 어디서 비롯되는 것일까? 이것은 학습되는 걸까? 아니면 본능에서, 이성에서, 환경에서, 유전에서, 문화에서, 혹은 사회에서 기인하는 걸까? 아니면 이 가운데 몇 가지 요소들이 결합되어 나타나는 것일까?

　프로이트의 가장 뛰어난 통찰 가운데 하나는 생의 본능(에로스)과 죽음의 본능(타나토스)의 존재와 관련되어 있다. 프로이트에 따르면, 개개인의 내면에서는 초자아(양심)와 이드(각자의 내면에 잠재적으로 도사리고 있는 파괴적이고 동물적인 충동) 사이에 끊임없는 투쟁이 벌어지고 있으며, 이러한 투쟁은 자아(자기)에 의해 중재되고 있다. 이러한 상황은 "폐쇄된 어두운 지하실 안에서 소심한 회계사의 중재하에 벌어지고 있는 섹스에 미친 살인마 원숭이와 금욕적인 늙은 하녀 사이의 투쟁"이라고 재치 있게 표현되기도 했다.

　전장에서 우리는 이드, 자아, 초자아, 타나토스, 에로스 등이 병사들의 내면에서 뒤죽박죽으로 엉켜 있음을 보게 된다. 이드는 타나토스를 몽둥이처럼 휘두르며 죽이라고 자아에게 소리친다. 초자아는 중화되어 나타난다. 권위 있는 당국과 사회가 이제 언제나 악한 일이라고 여겨졌던 행위를 하는 것이 선한 일이라고 말하기 때문이다. 하지만 무언가가 군인이 살인하는 것을 저지한다. 무엇이? 생의 본능인 에로스가 우리가 알고 있는 것보다 훨씬 더 강력하기 때문일까?

전쟁에서 분명히 존재하는 타나토스의 작용으로 말미암아 많은 일들이 이루어져 왔지만, 만약 타나토스보다 더 강한 충동이 병사들 대다수의 내면에 존재한다면 무슨 일이 벌어질까? 모든 인간은 떼래야 뗄 수 없을 정도로 서로 의존하여 살며, 부분을 해하는 것은 전체를 해하는 것임을 본능적으로 알고 있는 어떤 힘이 각자의 내면에 존재한다면?

로마의 황제 마르쿠스 아우렐리우스는 궁극적으로 로마를 파괴시킬 야만인들에 맞서 필사적인 전투를 벌이는 와중에도 이러한 힘이 존재함을 이해했다. 아우렐리우스는 이렇게 썼다. "개별적으로 주어진 모든 것들은 번영과 성공, 나아가 우주를 관장하는 존재의 생존을 가능하게 하는 원인들 가운데 하나다. 우주만물은 모든 것이 치밀하게 맞물려 돌아가기 때문에 그중에 하나라도 빠지면, 사건을 일으키는 원자든 아니면 그 밖에 다른 원자든 상관없이 전체가 손상을 입는다."

홈스는 그 후로 거의 2,000년이 지나고 나서 마르쿠스 아우렐리우스와 같은 생각을 가진 한 참전 용사의 말을 기록하고 있다. 그 참전 용사는 자신과 같이 베트남에 있었던 해병대원들 가운데 몇몇이 전투 후에 어떤 깨달음을 얻게 되었다고 말했다. "그들은 자신들이 죽인 베트남 젊은이들이 개인적 실존이라는 더 큰 전쟁의 동료임을 알게 되었다. 세상의 비인격적인 '그들'에 맞서기 위해 전 생애에 걸쳐 연대하는 젊은이로서 말이다." 이어지는 구절에서 홈스는 미군의 정신 상태에 관한 불후의 통찰을 강력하게 펼쳐 보인다. 홈스는 이렇게 지적한다. "북베트남 병사들을 죽이면서 미군 병사들은 그들 자신의 일부를 죽였다."

아마도 이것이 우리가 진실을 회피하는 이유일 것이다. 살해에 대한 거부감의 규모를 진심으로 이해하게 되면, 이는 곧 인간을 향한 인간의 비인간성을 이해하는 길이 될 것이다. 글렌 그레이는 제2차 세계대전을 치르면서 얻게 된 자신의 죄책감과 번민에 이끌려, 자신의 존재를 되물으며 이 문제를 숙고해 온 군인들이 겪은 고통의 이름으로 이렇게 외친다. "나 또한 이러한 종에 속해 있다. 나는 내가 저지른 짓, 내 조국이 저지른 짓뿐 아니라 인간이 저지르는 모든 짓이 수치스럽다. 나는 한 인간이라는 것이 수치스럽다."

그레이는 말한다. "이것은 군인이 자신의 양심에 거슬러 명령받은 대로 수행했던 어떤 행위를 전쟁 속에서 의문시하면서 시작된 열정적인 논리의 정점이다." 이러한 과정이 지속될 경우, 그때 "양심에 따라 행동하지 못했다는 의식은 자기 자신뿐만 아니라 인간 종에 대한 지독한 혐오로 이어질 수 있다."

우리는 같은 인간을 죽이지 않기 위해 강력하게 저항하게 만드는, 인간 내면에 존재하는 이러한 힘의 본질을 결코 이해하지 못할지도 모른다. 하지만 우리의 존재를 책임지고 있는 그 힘의 실체가 무엇이든지 간에, 우리는 그 힘에 찬사를 보낼 수는 있다. 전쟁에서 이기는 것을 자신의 본분으로 삼고 있는 군 지휘관들은 이러한 힘이 존재한다는 사실 때문에 고통스러워할지 모르지만, 하나의 생물종으로서 우리는 인간의 내면에 이러한 힘이 존재한다는 사실을 자랑스럽게 여길 수 있다.

동료 인간을 죽이는 것에 대한 거부감이 우리 안에 있으며, 그것은 본능과 이성, 환경, 유전, 문화, 사회적 요소들이 강력하게 결합된 결과 존재한다는 사실에는 의심의 여지가 없다. 이러한 거부감은 강력한 힘을 지

닌 채로 존재하며, 그 존재는 그래도 인류에게는 희망이 있다고 믿을 만
한 여지를 남겨 준다.

2부

살해와 전투 트라우마

살해가 정신적 사상자의 발생에 미치는 영향

국가는 '전쟁의 대가'를 관례상 전비, 생산력 저하, 사상자 숫자 등으로 측정한다. 군사 기관이 인간 개인의 고통을 기준으로 전쟁의 대가를 측정하고자 시도한 적은 거의 없었다. 그러나 인간을 기준으로 했을 때, 정신의 붕괴는 전쟁의 가장 커다란 대가로 남게 된다.

— 리처드 게이브리얼, 《더 이상 영웅은 없다No More Heroes》

1

정신적 사상자의 본질
전쟁의 심리적 대가

　리처드 게이브리얼은 "미군이 참전한 20세기의 모든 전쟁에서 적의 포화로 전사할 가능성보다 정신적 사상자psychiatric casualty*가 될 가능성, 즉 군생활의 스트레스로 상당한 기간 동안 심신의 쇠약을 겪을 가능성이 압도적으로 많았다"고 말한다.

　제2차 세계대전 동안 80만 이상의 군인들이 정신적인 이유로 군복무에 부적합한 것으로 분류되는 4-F 등급을 받았다. 정신적으로나 정서적으로 적합하지 않은 자들을 전투에 투입하지 않으려는 이러한 노력에도 불구하고, 미군은 정신적 붕괴를 이유로 50개 사단에 맞먹는 50만 4천 명의 병사를 더 잃어야 했다. 제2차 세계대전 중 특정 시점에는 전장에 새로 투입되는 병사 수보다 정신적 사상자가 되어 후송되는 병사의 수가 더 많기도 했다.

　1973년 중동 전쟁에서, 이스라엘 군 사상자의 3분의 1 정도는 정신적 사상자들이었고, 똑같은 일이 상대편인 이집트 군에서도 벌어졌던 것으

---

*일반적으로 정신 쇠약 때문에 계속해서 전투를 수행할 수 없는 전투원을 가리킨다.

로 보인다. 1982년 레바논 침공 때 이스라엘 군에서 정신적 사상자 수는 전사자 수의 두 배에 달했다.

자주 인용되는 스왱크Swank와 머천드Marchand의 제2차 세계대전 연구에 따르면, 60일 동안 쉬지 않고 지속적으로 전투를 치르게 될 경우 생존한 군인의 98퍼센트가 이러저러한 정신적 손상을 입게 되는 것으로 나타났다. 스왱크와 머천드는 또한 지속적인 전투를 견딜 수 있는 나머지 2퍼센트 군인들의 일반적인 특성, 즉 "공격적인 사이코패스 성향"을 발견했다.

제1차 세계대전에서 영국군은 군인들이 정신적 손상을 입지 않고도 몇 백 일 동안 전투를 견딜 수 있다고 믿었다. 하지만 이는 제2차 세계대전 당시 미군이 군인들을 80일 동안 지속적으로 전장에 머물게 한 것과 달리, 영국군은 정책적으로 군인들을 전장에 투입한 후 12일이 지나면 즉시 전장에서 빼내 4일간 휴식을 취하게 했기 때문에 가능한 일이었다.

병사를 전투 스트레스 속에 몇 개월씩이나 지속적으로 몰아넣는 것은 오직 20세기의 전장에서만 발견되는 현상임을 주목할 필요가 있다. 수년 동안 포위 작전이 펼쳐졌던 20세기 이전의 전쟁은, 무기나 전술의 한계에 따른 것이기는 하지만 병사들에게 충분한 휴식 시간을 제공했다. 병사 개인이 위기에 처하는 시간이 몇 시간을 넘기는 경우는 드물었다. 전쟁과 관련한 문제로 정신적 사상자가 발생하는 일은 늘 있어 왔지만, 전쟁을 지속시키는 물리력과 병참 역량이 전쟁을 버티는 병사들의 심리적 수용 능력을 완전히 능가해 버린 것은 오직 20세기에 들어서면서부터 생긴 현상이다.

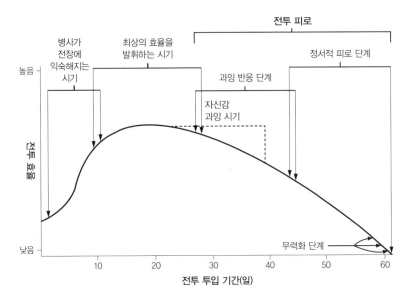

평균적인 군인의 스트레스 및 전투 피로의 발생과 전투 효율과의 관계
(Swank & Marchand, 1946)

정신적 사상자들의 징후

리처드 게이브리얼은 자신의 책 《더 이상 영웅은 없다》에서 정신적 사상자들이 역사적으로 어떤 징후와 증상을 보여 왔는지를 탐구한다.[1] 이러한 증상에는 극도의 피로와 혼돈 상태, 전환 히스테리, 불안 상태, 강박 상태, 성격 장애 등이 포함된다.

극도의 피로

신체적, 정신적 피로는 가장 초기에 나타나는 증상들 가운데 하나다. 군인은 점차 사회성을 잃고 과도하게 짜증스러워하며 동료들과의 그 어떤 활동에도 흥미를 잃고 책임 또는 신체적, 정신적 노력이 요구되는 활동을 회피하려 할 수 있다. 눈물이 북받치고 극심한 불안과 공포감이 폭발하는 경우가 잦아진다. 그리고 소리에 과민해지고, 땀을 많이 흘리고, 심장 박동이 증가하는 신체 증상도 생길 수 있다. 이러한 피로 상태는 이후 더욱 심하게 무너질 위험으로 치닫는 초기 단계이다. 그런데도 계속해서 전장에 계속 남아 있기를 강요받는다면, 병사는 정신적으로 완전히 무너지는 것을 피할 수 없다. 이를 치유할 수 있는 유일한 방법은 후송과 휴식이다.

혼돈 상태

피로는 현실과 급격히 정신증적으로 해리된 상태로 옮아갈 수 있으며 이는 혼돈 상태를 불러일으킨다. 대개 자기가 누구인지, 어디에 있는지를 알 수 없는 상태가 된다. 주변 환경을 견뎌 내지 못하고 그러한 환경에서 자신을 정신적으로 제거해 버리는 것이다. 징후는 섬망, 정신증적 해리, 조울증적 기분 변화 등을 포함한다. 종종 나타나는 반응 가운데 하나는 간저 증후군Ganzer syndrome으로, 이 상태에서 군인은 농담을 하며 어리석은 행동을 보이기 시작하고, 유머와 우스꽝스러운 짓을 하면서 공포를 떨쳐 내려고 애쓴다.

혼돈 상태에서 느끼는 고통의 정도는 단순 신경증에서부터 몹시 심한 정신병 수준에 이른다. 나중에 텔레비전 시리즈물로도 만들어진 영화 〈매쉬M*A*S*H〉에 나타나는 유머 감각은 간저 증후군으로 정신적 고통을 받는 사람들에 대한 훌륭한 사례다. 그리고 다음과 같은 대화는 심각한 간저 증후군이 있는 한 병사의 모습을 잘 드러내고 있다.

"그거 저리 치워, 헌터, 안 그러면 핫소스를 뿌려서 니 입에다 처박아 버릴 거야."

"왜 이래요, 하사님, '허버트'와 악수하고 싶지 않아요?"

"헌터, 이 우라질 자식. 구크gook* 팔을 가져오다니, 정신이 나갔구먼. 만약 이런 거 또 가져오면 추가 보초 설 줄 알아. 그게 어디서 온 건 줄 어떻게 알아. 그걸로 코 파지 마! 헌터, 나가, 나가라고!"

"하사님, '허버트'는 친구가 되고 싶어서 그래요. 옛 친구 '발바닥 씨', '불알 씨'가 없으니 얼마나 외롭겠어요."

"헌터, 이번 주 내내 근무 두 판씩 뛰어. 미친놈아, 잘 가. 즐거운 보초 근무 하라고."

"여러분, '허버트'에게 잘 자라고 말해 주세요."

"나가, 나가라고!"

물론 블랙 유머다. 거친 사내들의 거친 농담. 시간이 지나면 신성한 것은 아무것도 남지 않게 된다. 사랑스런 자기 아들이 지금 무얼 가지고 노는지, 혹은 그들이 자신들의 수지타산을 맞추기 위해 아들에게 무슨 짓을 시켰는지 엄마가 알기라도 하는 날이면……

— 노리스, 〈로디지아의 특공대원들〉

전환 히스테리

전환 히스테리는 전쟁 중에 충격적인 사건으로 인해 발생할 수 있고, 사건이 일어나고 몇 년이 지나고 나서 발생할 수도 있다. 전환 히스테리

---

* 동남아시아인이나 다른 유색 인종을 가리키는 멸시적 호칭.

는 자신이 어디에 있는지, 어떻게 대처해야 하는지 전혀 모르는 모습이나, 명백한 위험을 완전히 경시한 채 전장에서 목적 없이 떠돌아다니는 모습으로 나타날 수 있다. 때로는 기억 상실 증세를 보이면서 기억의 상당 부분을 전혀 떠올리지 못할 수 있다. 때로 히스테리는 전환 발작으로 악화되어 태아처럼 자세를 웅크리고 급격하게 몸을 떠는 모습이 나타나기도 한다.

게이브리얼은 두 번의 세계대전에서 군인들의 팔에 수축성 마비 증상이 오는 경우가 꽤 흔했고, 주로 방아쇠를 당기는 팔에 마비가 왔다고 지적한다. 가벼운 부상을 입거나 근접 폭격으로 큰 충격을 받은 군인에게 히스테리가 찾아올 수 있고, 병원이나 후방으로 이송된 군인들에게도 발생할 수 있다. 후방의 군인에게 히스테리는 전장으로 복귀하지 않도록 방어하기 위한 양상으로 나타날 수 있다. 어떻게 발현되던 간에, 이는 늘 전쟁의 공포로부터 탈출하고 이를 회피하기 위해 정신에서 발생하는 증상이다.

불안 상태

불안 상태는 완전히 기진맥진하여 신경이 곤두선 상태로 수면이나 휴식으로 완화될 수 없고 주의 집중 능력을 떨어뜨린다. 잠을 자게 되더라도 끔찍한 악몽을 꾸고 깨어날 때가 많다. 궁극적으로 죽음에 대한 강박관념에 빠지면서 자신이 실패할 거라는 두려움이나 자신이 겁쟁이라는 사실을 부대원들이 알게 될 거라는 두려움에 사로잡히게 된다. 불안이 일반화되면 쉽게 히스테리로 이어질 수 있다. 불안은 대개 가쁜 숨, 쇠약, 통증, 흐릿한 시야, 현기증, 혈관 신경 계통의 문제, 기절 등과 동반된다.

전투 후 수년간 외상후 스트레스 장애PTSD: post-traumatic stress disorder로 고통받고 있는 베트남 참전 용사들에게 흔히 나타나는 또 다른 반응으로는 정서적 과잉 긴장감이 있다. 이 경우 혈압이 급격히 상승하여 발한, 긴장증 등이 동반될 수 있다.[2]

강박 상태

이 상태는 전환 히스테리와 유사하다. 다만 이 경우 군인은 자기 증상의 병적인 측면을 인식하고 있고, 이것이 자신의 두려움에서부터 파생된 것임을 알고 있다. 그럼에도 떨림과 심장의 두근거림, 말더듬, 틱 등의 증세를 통제하지 못한다. 결국 환자는 신체적 증상에 대한 심리적 책임으로부터 벗어나기 위해 특정 히스테리 반응으로 도피하는 경향을 보인다.

성격 장애

성격 장애에는 특정 행동이나 사물에 고착되는 강박적 성향, 급한 성미, 우울, 불안 등이 동반되며 때로는 자신의 안전에 큰 위협을 가하는 편집 성향, 과도한 민감성과 고립으로 이어지는 분열성 성향, 분노 폭발이 동반되는 간질 발작적 성향, 심하게 극적인 종교적 성향, 그리고 궁극적으로 정신병적 성격으로 악화되는 단계가 포함되어 있다. 여기서 군인의 성격에 근본적인 변화가 일어날 수 있다.

여기서 열거된 징후들은 전쟁에서 일어날 수 있는 모든 정신적 손상들 가운데 단지 몇 가지를 소개한 것에 불과하다. 게이브리얼은 "정신은 무한히 많은 징후들의 조합을 산출하고, 이어 문제를 더욱 악화시킨 다음, 겉으로 드러나는 증상은 더 깊은 곳에 깔려 있는 원인들의 더 깊은 징후들이 드러내는 징후들에 불과할 만큼, 이러한 징후들을 군인들의 정신 깊숙이 파묻을 수 있는 능력이 자기에게 있음을 증명해 왔다"고 지적한다. 정신 질환에 대한 이처럼 장황하기 짝이 없는 설명을 무시하고 반드시 기억하고 있어야 할 핵심만 간단히 말하자면, 그것은 지속적으로 전투를 벌이는 상황에서는 몇 달 지나지 않아 스트레스의 몇 가지 징후들이 전투에 참여하고 있는 거의 모든 병사들에게서 나타날 것이라는 사실이다.

정신 장애의 치료

전투 스트레스에서 발현된 증상을 치료하는 방법에는 여러 가지가 있다. 가장 단순한 방법은 군인을 전장에서 철수시키는 것이다. 베트남 전쟁 이후 외상후 스트레스 장애 사례가 수천 건이나 발생했을 때, 군인들을 정상적인 생활로 돌아가도록 하기 위해 쓸 수 있는 치료법은 이 방법밖에 없다고 생각했다. 하지만 문제는, 군대가 정신적 사상자들이 정상적인 생활로 돌아가기를 바라는 데 그치지 않고 그들이 다시 전장으로 복귀하기를 바란다는 것이다! 그리고 당연한 일이지만 그들은 전장으로 돌아가기를 꺼린다.

후송 증후군evacuation syndrome은 전투 정신의학이 낳은 역설이다. 국가는 전투 중에 정신적 사상자가 된 자들을 돌봐야 한다. 당장에는 전장에서 아무런 쓸모가 없지만(실제로 전장에 이들이 있게 되면 다른 병사들의 사기에 부정적인 영향을 미칠 수 있다), 전투 스트레스에서 회복되고 나면 이들은 전투 경험을 가진 쓸모 있는 보충병으로 다시 활용될 수 있기 때문이다. 그러나 군인들이 제정신이 아닌 군인들이 후송되고 있다는 사실을 깨닫기 시작하면, 정신적 사상자의 수는 급격히 증가하게 된다. 이러한 문제를 해결하는 분명한 방법은 군인들이 전투에서 벗어나 주기적으로 쉬면서 원기를 회복할 수 있도록 순환 근무를 시키는 것이지만(서방 세계의 군대들은 일반적으로 이런 정책을 취하고 있다), 전투 중에 이런 방법을 실행하는 것이 늘 가능하지는 않다.

근접성Proximity(전방 치료)과 기대expectancy는 후송 증후군의 역설을 극복하기 위해 개발된 원칙들이다. 제1차 세계대전 이후에 그 효과가 입증된 이러한 개념들에 의거한 치료는 다음과 같은 방식으로 진행된다. (1) 가능한 최전방에서, 다시 말해 때로는 적 포병대의 사정거리 안에 들 정도로 전장과 최대한 가까운 곳에서 정신적 사상자들을 치료한다. (2) 군부 지도자들과 의료진은 정신적 사상자들과 끊임없이 소통하면서 그들이 한시 바삐 전선에 복귀해 동료들과 함께하기를 기대하고 있음을 알린다. 이 두 가지 요인은 정신적 사상자들이 현재 자신의 문제를 해결하기 위한 유일한 치료책인 긴급히 요구되는 휴식을 취할 수 있도록 해주면서도 정신적 사상자가 된다 해도 전장에서 벗어날 수 없다는 메시지를 아직 정신적 건강을 유지하고 있는 동료 병사들에게 전달한다.

최근에는 회복 과정을 돕기 위해 약물 치료가 제한적으로나마 활용되기도 했다. 왓슨에 따르면, "소위 자백약이 전쟁 신경증을 앓고 있는 군인들의 '정신적 긴장을 풀어 주기 위해' 전방에서 사용되어 왔다." 이스라엘 당국은 이러한 약물을 사용해 정신적 사상자들이 "그들 자신이 보인 반응 — 즉 자신들이 느끼는 두려움을 '억눌러' 막아 다른 장기적인 증후군을 일으키는 것으로 보이는 행위 — 을 이끌어 낸 상황을 자세히 설명하도록" 유도함으로써 상당한 성공을 거두었다고 전해진다.

그러나 전장에서의 약물 사용에 대한 전망이 그리 좋지는 않다. 퇴역 정보 장교이자 현재 상원과 하원 군사위원회에서 고문으로 활동하고 있는 리처드 게이브리얼은 전투 중 발생한 정신적 사상자들에 대한 치료 및 방지 대책이 장래에 소름끼치는 결과를 가져올 수 있다고 지적한다. 그는 서구와 동구의 군 당국이 이 문제에 대한 화학적 해결책을 찾고 있다고 생각한다. 게이브리얼은 "심리적 고갈을 막는 향신경성 약물"이 전투에 앞서 군인들에게 주어지는 일이 마무리된다면 "사회병질자들 sociopaths로 구성된 군대"가 탄생하게 될 것이라고 경고한다.

게이브리얼은 연구의 결론부에서 "자신을 에워싼 공포로부터 탈출하려 애쓰면서 발휘되는 인간 정신의 창의성은 놀랍기 그지없다"고 말한다. 이와 유사하게, 우리는 현대 군대와 국가가 군인들로부터 그들이 가진 모든 능력을 끌어내려 애쓰면서 발휘하는 창의성에도 놀라야 한다. 우리는 인간이 할 수 있는 일들 가운데 가장 소름끼치고 충격적인 행위라는 전쟁의 이미지를 지울 수 없다. 전쟁이라는 환경에 장시간 노출될 경우 여기에 가담한 사람의 98퍼센트는 심리적으로 병들게 된다. 그리고 전쟁으로 인해 미치지 않은 2퍼센트는 전장에 들어서기 전부터 이미 미쳐 있었던 것으로 보인다. 그들은 공격적인 사이코패스인 것이다.

2

두려움의 지배

시간이 있고 당신처럼 전쟁을 연구할 능력이 있었다면, 나는 거의 전적으로 "전쟁에서 실제로 벌어지는 일들", 즉 피로와 배고픔, 두려움, 수면 결핍, 날씨 등이 미치는 영향을 파고들었을 겁니다. ……전술과 전략의 원칙, 전쟁 실행 계획은 정말 부조리하다고 느껴질 만큼 단순합니다. 전쟁을 그토록 복잡하고 어려운 일로 만드는 것은 무엇보다 현장에서 실제로 벌어지는 일들입니다. 하지만 역사가들은 이를 줄곧 도외시해 왔습니다.

— 육군 원수 웨이벌 경, 리델 하트에게 보내는 편지에서

전장에 들어선 군인의 정신 속에서는 무슨 일이 벌어지는가? 오랫동안 지속된 전투에서 살아남은 대부분의 군인들을 결국 정신 이상에 빠뜨리고 마는 정서적 반응과 그 밑바탕에 깔려 있는 과정은 무엇인가?

정신적 사상자가 발생하게 되는 원인을 이해하고 탐구하기 위해 하나의 모델을 틀로 이용해 보자. 이 모델은 일종의 은유 모델metaphorical model로, 두려움, 피로, 죄책감과 공포, 혐오, 의연함, 살해 등의 요인들이 이 모델 안에서 제시되고 통합된다. 이 요인들은 따로 따로 검토된 다음

전체 모델에 통합되어 전투원들의 심리학적, 생리학적 상태를 상세하게 이해할 수 있도록 해줄 것이다.

첫 번째 요인은 두려움이다.

두려움의 지배에 관한 연구

과거의 여러 연구자들은 정신적 사상자들에 관해 지나치게 단순화된 ― 하지만 널리 받아들여지는 ― 설명을 제시했다. 그들은 전장에서 일어나는 트라우마의 대부분은 죽음과 상해에 대한 두려움 때문에 생긴다고 주장했다. 1946년 아펠Appel과 비브Beebe는 전투원들이 겪는 정신의학적 문제를 이해하는 핵심에는, 병사들은 죽거나 다쳐 불구가 될 것을 우려한 나머지 극도의 긴장 상태에 빠져 스스로 무너진다는 단순한 사실이 놓여 있다고 주장했다. 그리고 수년간 전쟁에 심리학과 정신의학을 적용하는 문제를 연구해 온 〈런던 타임스〉 기자 왓슨은 자신의 책 《전쟁을 생각한다》에서 "실제로 죽을지도 모른다는 두려움에서 오는 전투 스트레스는 다른 유형의 스트레스와는 매우 다르다"고 결론짓는다.

그러나 죽거나 다치는 것에 대한 두려움이 정신적 사상자가 발생하는 원인이 된다고 설명하려 한 임상 연구들은 거듭해서 실패해 왔다. 1958년에 미첼 버쿤Mitchel Berkun이 수행한 전장에서의 정신과적 발병의 본질에 관한 연구는 그 한 예다. 버쿤의 연구는 "죽거나 다칠 수 있다고 우려할 만큼 불리한 환경에서 나타나는 반응들 속에서 두려움이 맡게 되는 역할"에 대한 관심에서 시작되었다. 그가 실시한 한 실험에서, 군 수송기에 탄 군인들은 수송기 조종사로부터 불가피하게 곧 불시착을 시도할 것이라는 안내방송을 듣게 된다. 병사들을 공포를 불러일으키는 상황에 빠뜨린 것이다. 오늘날의 기준으로 볼 때는 아주 비윤리적이어서 논란거리가 될 만한 실험이었지만, 어쨌든 인력자원연구소는 "병사들이 이러한 상황으로부터 어떤 영향을 받았는지 알아보기 위해 실험을 전후로 해서, 그리고 다시 몇 주 후에 긴 정신과적 인터뷰를 실시했다. 하지만 이 실험으로부터 영향을 받은 병사는 단 한 명도 없었다."

이스라엘의 군 심리학자인 벤 셜리트는 전투를 막 치른 이스라엘 군인들에게 무엇이 제일 두려웠느냐고 물었다. 그는 "목숨을 잃는 것" 혹은 "전장에서 다치거나 버려지는 것"이라는 대답이 나오리라 기대했다. 하지만 놀랍게도 그들은 셜리트의 기대와 달리 죽거나 다치는 것에 대한 두려움보다는 "다른 사람을 실망시키는 것"에 대한 두려움을 더 많이 표현했다.

셜리트는 전투 경험이 없는 스웨덴 평화유지군에게 같은 조사를 실시했다. 이 조사에서 그는 기대했던 대로 죽음과 부상이 전투에서 가장 두려운 요인이라는 답변을 얻을 수 있었다. 그는 전투 경험이 죽음이나 부상에 대한 두려움을 줄인다고 결론지었다.

버쿤과 셜리트의 연구를 통해 우리는 죽음이나 부상에 대한 두려움이 전장에서 정신적 사상자가 발생하게 되는 주요 원인이 아님을 알 수 있다. 실제로 셜리트는 사회와 문화가 죽음과 부상에 대한 이기적인 두려움이 군인들의 가장 큰 근심거리라고 말할 때조차, 전투가 요구하는 끔찍한 의무를 이행하지 못할 거라는 두려움이 전투원들의 마음을 가장 심하게 짓누르고 있음을 발견했다.

두려움이 전투 스트레스의 핵심 요인으로 일반적으로 받아들여지고 있는 이유 중 하나는 그것이 사회적으로 받아들여져 왔다는 데 있다. 우리는 영화나 텔레비전을 통해 오직 바보들만이 두려워하지 않는다는 말을 얼마나 자주 들어왔는가? 이처럼 두려움을 받아들이는 것은 현대 문화의 일부분이 되었다. 그러나 우리는 여전히 그것이 어떤 종류의 두려움인지 자세히 살펴보기를 회피하는 경향이 있다. 죽음과 부상에 대한 두려움인지, 실패에 대한 두려움인지, 아니면 또 다른 무엇에 대한 두려움인지에 대해서 말이다.

제2차 세계대전 중 미국의 군 당국은 의도적으로 두려움에 대해 관대한 태도를 보였고, 제2차 세계대전을 대상으로 1949년에 수행한 스토퍼Stouffer의 기념비적인 연구는 두려움을 조절하는 모습을 보여 줄 수 있는 병사들은 동료 병사들로부터 일반적으로 푸대접을 받지 않는다는 사실을 발견했다. 실제로 제2차 세계대전 동안 미 육군은 《군 생활Army Life》이라는 팸플릿을 통해 병사들에게 다음과 같은 메시지를 전달하려 했다. "무서울 것이다. 분명히 무서울 것이다. 전투에 들어서기 전에는 불확실성에, 죽을지도 모른다는 생각에 두려움을 느낄 것이다." 통계학자라면 이 문안이 표본을 편향적으로 골랐다고 주장할 것이다.

이 분야의 연구는 장님 코끼리 만지기 식이었다. 누군가는 나무라고, 또 벽이라고, 다른 누군가는 뱀이라고 말한다. 모두 퍼즐의 한 조각을, 진실의 한 조각을 들고 있지만 완전히 정확한 것은 아무것도 없다.

우리는 부지불식간에 사회가 인정할 만한 것을 말해야 한다고 생각한다. 그리고 거대한 짐승을 더듬는 장님들처럼, 우리는 이 동물에 대해 발견할 거라고 이미 예상했던 것들만 보고하고, 불편한 징후는 거부하려는 경향이 있다. 사람들 사이에서 회자되며 편하게 받아들여지고 있는 이 짐승의 이름은 '두려움'이다.

그리고 죄책감이라는 이름의 강력한 대안을 설명하고 다루려 하면서 마음 편하게 느낄 사람은 거의 없다. 두려움은 개인의 마음속에서 일어나는 분명하지만 잠시 동안 머물다가 금세 지나가는 감정이지만, 죄책감은 장기적일 경우가 많고 사회 전체가 구속될 수 있는 감정이다. 자기성찰이라는 곤란한 질문과 다루기 어려운 과제와 맞닥뜨릴 때, 우리는 아주 쉽게 진실을 외면한 채 전쟁 문학과 할리우드 영화, 과학 연구가 강요하는 사회적으로 용인되는 대답만을 하려 한다.

군인의 딜레마에서 두려움이 차지하는 자리

죽음과 부상에 대한 두려움은 전투 중에 정신적 사상자가 발생하는 유일한 원인이 아니며, 심지어는 주된 원인도 아니다. 전쟁에 관한 이 일반적인 이해에 전혀 근거가 없다고 말할 수는 없지만, 진실은 훨씬 더 복잡하고 끔찍하다. 물론 전쟁터의 학살과 죽음이 끔찍하지 않다거나 폭력에 의한 죽음이나 상해에 대한 두려움이 개인에게 트라우마를 일으킬 만큼 충격적인 일은 아니라고 말할 생각은 없다. 하지만 이러한 요인들은 그 자체로 현대 전장에서 일어나고 있는 정신적 사상자들의 대량 이탈 사태를 충분히 설명해 주지 못한다.

전투 중에 군인들이 정신적 사상자가 되는 데는 이보다 더 깊은 밑바닥에 깔려 있는 이유들이 있다. 죽음과 부상에 대한 두려움뿐 아니라 적대적인 대치 상황에 대한 거부감 역시 전장에서 발생하는 트라우마와 스트레스의 원인이 된다. 그러므로 두려움의 지배는 군인의 딜레마에 기여하는 한 요인일 뿐이다. 피로와 증오, 공포가 뒤섞인 두려움, 그리고 이러한 감정들을 느끼면서도 살해를 해야 한다는 도저히 타협이 가능할 것 같지 않은 임무를 부여받는 가운데, 군인은 죄책감과 공포의 진창 속으로 깊이 빠져들다가 결국 정신 이상자가 되고 만다. 정말로 두려움은 이러한 요인들 가운데 중요성이 가장 떨어지는 요인들 중 하나에 불과한 것으로 보인다.

두려움의 지배를 끝내기

살해하지 않는 자들도 살해자들과 똑같이 잔인한 상황에 빈번히 내몰리지만, 그들은 정신적 사상자가 되지 않는다. 전쟁 중에 죽거나 부상당할 위험에 노출되더라도, 살해하지 않는 자는 대개의 상황에서 놀라울 만큼 정신적 손상을 입지 않는다. 이러한 상황에는 전략 폭격으로 인한 민간인 피해자, 포격을 당하는 민간인이나 포로, 전시 군함에 탑승한 수병, 적의 전선 후방에서 정찰 활동을 수행하는 군인, 의무요원, 전시 장교 등이 포함된다.

두려움과 폭격으로 인한 민간인 피해자

이탈리아의 보병 장교 줄리오 두에Giulio Douhet는 1921년 《제공권 Command of the Air》이라는 책을 출판함으로써 세계 최초의 공군 이론가로 인정받았다. 두에는 이 책에서 "마지막 전쟁에 참여한 국가들은 공군력에 의한 소모전을 통해 붕괴할 것이다"라고 선언했다.

제2차 세계대전 이전에, 심리학자들과 두에와 같은 군사 이론가들은 도시에 대규모 폭격을 가할 경우 제1차 세계대전의 전장에서 관찰된 것과 유사한 수준의 심리적 트라우마가 발생할 것이라고 예상했다. 제1차 세계대전 때 군인이 정신적 사상자가 될 확률은 적의 총탄을 맞고 죽을 확률보다 높았다. 이 때문에 각국 지도자들은 도시에 폭탄을 소나기처럼 퍼부으면 수많은 "공포에 떠는 미치광이들"이 도시 밖으로 달아날 거라는 생각을 품었다. 민간인들에게 폭격을 가할 경우, 그 충격은 전장에서 보았던 것보다 훨씬 더 심할 것으로 여겨졌다. 전쟁의 공포가 훈련받고 신중하게 선택된 군인들이 아니라 아녀자들과 노인들을 건드리면, 그 심리적 효과는 너무나 커서 군인들의 경우보다 훨씬 더 많은 수의 민간인들이 정신적으로 무너지리라고 예상되었다.

두에가 확립하고 이후 많은 다른 지도자들에게 메아리처럼 전달된 이러한 이론은 제2차 세계대전 초기에 독일군이 영국을 항복시키기 위해 폭격을 가하고, 이어 연합군이 독일에 똑같은 짓을 저지르기 위해 필요한 이론적 기반을 확립하는 데 핵심적인 역할을 수행했다. 이처럼 인구 밀집 지역에 대한 전략 폭격은 민간인들을 대상으로 전략 폭격을 가하면 대규모로 정신적 사상자들이 발생할 것이라는 꽤 합리적인 기대를 바탕으로 시작되었다.

그러나 예상은 빗나갔다.

제2차 세계대전 당시 독일이 영국에서 수개월 동안 맹폭격을 벌인 결과 나타난 학살과 파괴, 죽음과 부상에 대한 두려움은 최전방의 군인들이 직면했던 것만큼이나 지독했다. 많은 친척과 친구들이 부상당하고 죽어 갔지만, 최악은 그것이 아니었다. 민간인들은 군인들이 결코 맞닥뜨릴 필요가 없는 수모를 하나 겪어야 했다. 1942년 처웰Chrewell 경은 이렇게 썼다. "조사에 따르면 사람들의 사기에 가장 큰 영향을 미친 것은 집이 파괴되었다는 사실인 것으로 보인다. 사람들은 친구나 친척이 죽었다는 사실보다 여기에 더 신경을 쓰는 것 같다."

독일인들이 겪은 상황은 더 혹독했다. 광대한 대영 제국의 힘이 야간 지역 폭격을 통해 독일의 민간인들에게 집중되었다. 마찬가지로 미국은 '정밀' 주간 폭격에 온 힘을 기울였다. 몇 개월 밤낮으로, 심한 경우에는 수년에 걸쳐 독일 사람들은 끔찍한 고통을 겪었다.

수개월 동안 소이탄 폭격과 융단 폭격을 받으면서 독일의 민간인들은 전투 중에 겪게 되는 죽음과 상해의 정수를 맛보았다. 이들은 다른 이들이 살면서 한 번도 겪어 본 적이 없는 수준의 두려움과 공포를 견뎠다. 민간인들에게서 일어난 두려움과 공포의 수준은 대다수 전문가들이 전장에서 엄청나게 많은 수의 군인들이 정신적 사상자가 되게 만든 원인이라고 주장했던 두려움과 공포의 수준 못지않았다.

그러나 놀랍게도 민간인들의 정신적 사상자 발생률은 평시와 아주 유사했다. 정신적 사상자들은 대규모로 발생하지 않았다. 1949년에 발표된 공습이 심리에 미치는 영향에 관한 랜드 재단의 연구에 따르면, "대체로 장기적인" 심리적 장애의 발병률은 평시에 비해 아주 조금 증가하는 데 그쳤다. 그리고 심리적 장애는 대개 "기본적으로 이미 취약 기질이 있는 사람들에서 일어난" 것처럼 보였다. 사실상 폭격은 주로 이를 겪어 낸 사람들의 마음을 단단하게 하고 살해 역량을 높이는 데 기여한 것으로 보였다.

예상이 빗나가자 전후의 심리학자들과 정신의학자들은 전략 폭격을 받고도 독일과 영국의 민간인들에게서 대규모로 정신적 사상자들이 발생하지 않은 원인을 찾느라 바빴다. 마침내 그들은 영국과 독일의 민간인들에게 일어난 일을 설명하기 위한 모델로 병을 통한 이득 이론theory of gain through illness을 이용했다. 그들은 이 이론을 동원해 폭격을 받은 민간인들은 아파 봐야 얻을 게 없기 때문에 발병하지 않았다고 주장했다.

병을 통한 이득 이론을 적합한 설명으로 볼 수 없는 데는 두 가지 이유가 있다. 우선, 전투원들은 정신적 사상자가 된다 해도 얻을 것이 아무것도 없을 때조차 정신적 사상자가 된다. 이는 정신이상의 본질이다. 두 번째로, 전략 폭격을 당한 민간인들은 "현실의 끈을 놓고" 교외로 도피함으로써 얻을 것이 많았다. 다시 말해 보통 전략 폭격의 목표물로부터 멀리 떨어진 곳에 위치해 있던 정신 병원으로 도피하는 게 더 나은 선택이었다.

두려움과 포격 및 폭격을 당한 포로

게이브리얼은 1, 2차 세계대전에 관한 여러 연구들을 보면 전쟁 포로들은 포격이나 공습을 받아도 정신과적 반응을 보이지 않았지만, 감시병들은 정신과적 반응으로 고통스러워했다고 지적한다. 여기서 우리는 전투원이 아닌 자들(포로들)은 죽음과 파괴로 인한 정신적 충격을 받지 않았지만, 그들과 있었던 전투원들(감시병들)은 정신적 충격을 받은 상황을 볼 수 있다. 병을 통한 이득 이론은 이러한 괴리를 설명하는 데 응용되어 왔다. 즉 감시병들이 정신적 사상자가 되면 인근의 정신 병원으로 후송되는 이득을 얻을 수 있지만, 포로들은 정신적 사상자가 된다 해도 얻을 것이 없고 갈 곳도 없기 때문에 정신적 사상자가 되지 않기로 선택했다는 것이다. 하지만 이러한 이론은 신중한 조사 앞에서 여지없이 무너지고 만다.

포위되어 숨을 곳이 없는 군인들은 도망친다고 해서 득이 될 것이 아무것도 없을 때조차 전장으로부터 도피할 것이다. 그 좋은 사례로는 고립된 채 인디언들로부터 이틀 동안 포위당하고 나서 구출된 커스터 장군 예하의 어느 기병 부대가 있다. (리틀 빅 혼 전투에서는 커스터와 함께 있던 자들만 전사했으며, 다른 곳에 있던 리노 소령 예하의 제7기병대 일부 부대는 살아남았다.) 게이브리얼에 따르면, 이들 중 많은 군인들은 의무대로 가기 위해 아프거나 다친 것처럼 위장해 방어 진지를 떠났다. 의무대로 가봤자 안전하다는 보장이 전혀 없었는데도 말이다. 실제로 의무대 역시 적의 사격을 받고 있었고 분명 방어 진지보다 안전하지 못했다. 전투원들이 위험한데도 불구하고 전장, 즉 살인을 요구받는 상황에서 벗어나려한 이 같은 사례는 병을 통해 이득을 본다는 이론에 중대한 하자가 있음을 보여 준다.

게이브리얼은 포격이나 폭격을 받는 포로와 감시병들의 상황을 설명하면서 병을 통한 이득 이론을 버렸다. 그는 포로들은 "자기 생존에 대한 책임을 감시병들에게 넘겨주었다"고 진술하면서 더욱 설득력 있는 설명을 제시했다. 포로들은 실제로 생존의 책임뿐 아니라, 살해의 의무도 감시병들에게 넘겼다는 것이다.

포로들은 무장이 해제되어 있었고, 무력했으며, 이상할 정도로 자신들의 운명에 신경 쓰지 않았다. 그들에게는 사람을 죽일 능력도, 죽여야 할 책임도 없었고, 들이치는 포격이나 폭격을 자신과 관련된 개인적인 문제로 생각할 이유가 전혀 없었다. 반면에 감시병들은 포격이나 폭격을 개인적인 모욕으로 받아들였다. 그들에게는 여전히 싸울 능력과 책임이 있었고, 누군가가 자신들을 죽이려고 하며 자신들도 똑같이 죽여야 할 책임이 있다는 반박할 수 없는 증거에 직면하고 있었다. 감시병들 중에서 정신적 사상자가 발생한 이유는, 같은 상황에 처한 군인들과 마찬가지로, 그것이 군인이라는 그들의 역할에 내재되어 있는 견딜 수 없는 의무로부터 벗어나기 위해 일반적으로 용인된 방법이었기 때문이다.

두려움과 해전을 벌이는 수병들

수천 년 동안 해상 전투는 아주 가까운 거리에서 활과 화살, 노포 ballista*, 대포 등을 쏘며 전투를 벌이다가, 적함을 갈퀴 등을 이용해 붙들어 맨 후 옮겨 타서 퇴로가 없는 상태에서 생사를 걸고 싸우는 격렬한 전투로 이어지는 양상을 보였다. 이러한 해전의 역사는 지상전과 마찬가지로 이러한 형식의 다른 전투에서 볼 수 있듯이 정신적 사상자의 많은 사례들을 제공한다. 해전이 요구하는 정서적 부담감은 지상전이 요구하는 것에 비해 결코 작지 않았다.

하지만 20세기에 들어서서, 해전을 벌이는 동안 정신적 사상자는 거의 발생하지 않았다. 위대한 군의관 모란 경Lord Moran은 제2차 세계대전에서 자신이 군의관으로 승선해 돌보던 병사들 사이에서는 심리적 질병을 앓는 경우가 현저히 적었다고 말했다. 두 척의 함선에서 자신이 체험한 바를 논의하며, 그는 이렇게 말했다. "한 척은 200차례 이상의 습격을 받고 1차 리비아 전투의 전 과정에 참전한 이후에 침몰했다. 또 한 척은 네 차례의 주요 전투에 참전했을 뿐 아니라 바다와 항구에서 수많은 기습 공격을 겪었고 두 차례에 걸쳐 실제 공격을 받았다." 하지만 정신적 사상자는 거의 발생하지 않았다. "두 척의 함선에는 500명 이상의 병사들이 승선하고 있었는데, 이 가운데 단 두 명의 병사만이 자신의 정신적 문제를 상담하기 위해 나를 찾아왔다."

---

*돌을 발사하는 옛날 무기.

제2차 세계대전 종전 이후 정신의학계와 심리학계는 그 이유를 찾으려고 했고, 다시 이들은 병을 통한 이득 이론을 제시했다. 수병은 정신적 사상자가 되어 봐야 얻을 것이 전무했기 때문에 그렇게 되지 않기로 선택했다는 것이다.

현대의 수병들이 정신적 사상자가 되어 봐야 얻을 것이 전무하다는 생각은 아주 부조리하다. 함선의 병실은 전통적으로 가장 안전하고 튼튼한 배의 중심부에 위치해 있다. 탁 트인 장소에서 공격해 오는 항공기를 향해 서서 함포를 쏴야 하는 수병은 상대적으로 안전한 의무실에 있게 되면 얻을 것이 많다. 또한 정신의학적 징후를 보인다고 해서 현재 벌이고 있는 전투에서 완전히 벗어날 수는 없겠지만, 앞으로 닥칠 전투에서 벗어나리라는 것은 거의 확실했다.

그렇다면 왜 이 수병들은 지상에 있는 병사들과 똑같은 정신적 질환을 앓지 않는 것일까? 현대의 수병들도 지상 전투원들이 겪는 것 못지않게 끔찍한 고통에 시달리고, 화염에 휩싸이고, 그리고 죽음에 이른다. 죽음과 파괴는 그들 모두를 덮친다. 그렇지만 이들은 무너지지 않는다. 왜?

해답은 이들 대부분이 누군가를 직접 죽이지 않아도 되며 그 누구도 특정 인물을 개인적으로 대면한 상태에서 죽이고 있지 않다는 데 있다.

다이어의 관찰에 따르면, 포병이나 해병, 폭격기 승무원들은 사람을 죽이는 데 따르는 거부감 같은 것을 가져 본 적이 없었다. 다이어는 그 이유로 "그들이 받는 압력은 어느 정도 기관총 사수들이 계속해서 총을 쏠 때 받게 되는 압력과 다르지 않기 때문이기도 하지만, 훨씬 더 중요한 것은 그들과 적 사이에는 거리와 기계가 개입되어 있기 때문"이라고 말한다. 그들은 그야말로 "사람을 죽이고 있는 것이 아니"라고 주장할 수 있다.

가까이에서 개인적으로 사람을 죽이는 대신에, 현대 해군은 배와 비행기를 죽인다. 물론 배와 비행기에는 사람이 타고 있지만, 심리적, 기계적 거리는 현대의 수병들을 보호한다. 제1차 세계대전과 제2차 세계대전의 함선들은 육안으로는 보이지 않는 적 함선을 향해 발포하는 경우가 많았으며, 그들이 겨냥해 발포한 비행기는 그저 하늘에 있는 얼룩 그 이상도 이하도 아니었다. 이 바다의 전사들은 이성적으로는 자신들이 자기와 다를 바 없는 같은 인간을 죽이고 있고 누군가가 자신들을 죽이길 바란다는 것을 이해했지만, 정서적으로는 이를 부인할 수 있었다.

유사한 현상은 공중전에서도 일어났다. 앞서 지적했듯이, 제1차 세계대전과 제2차 세계대전의 조종사들은 상대적으로 느리게 움직이는 항공기 안에서 적군 조종사를 볼 수 있었고, 따라서 많은 조종사들이 공격적으로 싸우지 못했다. 그러나 1991년 걸프전 당시 사막의 폭풍 작전에 참가한 공군 조종사들은 적을 단지 레이더 화면으로 봤기 때문에 이런 문제들을 겪지 않았다.

두려움과 적 전선 후방에서의 정찰 활동

통상적으로 전장과 관련해 정신적 사상자가 발생하지 않는 또 다른 상황은 적 전선 후방에서 정찰 활동을 벌이는 경우다. 대단히 위험한 임무에 속하기는 하지만, 정찰대가 치르는 전투 유형은 본질적으로 다르다. 20세기에 일어난 전쟁들에서 정찰대의 활동에는 몇 가지 공통적인 특징들이 있었다.

보병 중대장과 레인저 부대원으로서, 나는 여러 상황에 맞춘 정찰 계획의 수립 및 실행에 대해 많은 훈련을 받았다. 정찰 임무의 대부분은 수색 정찰이다. 수색 정찰에서는 경무장한 소규모 부대를 적 진영에 투입하며, 이때 적과는 절대 교전하지 말라는 명령이 내려진다. 이들의 임무는 적을 정찰하는 것이며, 만약 적군을 만난다면 그 즉시 접촉을 피하도록 되어 있다. 수색 정찰의 핵심은 눈에 띄지 않는 데 있고, 정찰을 하는 군인들은 적을 공격하는 데 필요한 충분한 화력도 갖추고 있지 않다.

수색 정찰은 대단히 위험한 임무이고, 정찰을 통해 얻게 된 정보로 인해 많은 적군 병사들이 죽음에 이를 수 있지만, 임무 자체만 놓고 보면 수색 정찰은 아주 온건한 작전이다. 수색 정찰은 적과 대면하거나 적을 살해해야 할 의무도 목적도 없는 임무다. 때로는 적군 병사를 생포해 오라는 임무를 부여받을 수도 있지만, 이런 임무를 수행할 때조차 적과 전투를 벌일 가능성은 비교적 제한되어 있다. 적의 공격을 받게 되면 도망치라는 명령을 받는 것보다 심리적 트라우마를 덜 일으키는 것이 과연 있기나 할까?

정찰대는 수색 정찰 외에도 매복이나 기습 임무를 수행할 수도 있다. 이는 특별히 엄선된 군인들이 사전에 계획한 지점에서 적을 공격하는 전투 방식이다. 수색 정찰대처럼 전투 정찰대도 목표 지점으로 향해 가던 도중, 또는 목표 지점에서 기지로 귀환할 때 적군에게 발각되면 서둘러 도망치게 되어 있다. 매복이나 기습 공격 시의 살해는 특정 지점과 매우 짧은 특정 시간에만 초점이 맞추어져 있다. 정찰대의 작전 성공은 기습이라는 요소에 의해 좌우되므로, 다른 대부분의 시간에 정찰대는 적의 눈을 피해 다닌다.

매복이나 기습 정찰은 신중하고 완벽하게 계획되며, 아군 지역에서 떠나기 전에 연습을 실시한다. 살해가 일어나는 시간은 극단적으로 짧고, 연습에서 실시했던 것과 유사하게 이루어진다. (1) 정확히 알려진 대상을 공격하고, (2) 전투 전에 정확한 연습과 시각화를 실시하는 것(조건 형성의 형태)의 심리적 보호력은 엄청나다. 따라서 이러한 전투 수비대는 그 본질상 무작위적 살해에 가담하게 되는 경우가 드물고, 따라서 정신적 사상자가 발생할 가능성도 적다.

여기서 추가로 고려해야 할 요소는, 다이어가 지적했듯이 살해 능력이 가장 뛰어난 극소수 "타고난 군인들"(스웽크와 마천드가 공격적인 사이코패스적인 성향을 기질적으로 타고난다고 본 2퍼센트에 속하는 자들)은 "대체로 특공대와 같은 특수 부대로 모여 든다"는 점이다. 그리고 바로 이러한 사람들로 구성된 부대가 대개 적 전선 후방에서 전투 정찰을 수행하는 임무를 맡게 된다.

여기서도 병을 통한 이득 이론이 적 전선 후방에서 정찰 활동을 벌이는 동안 정신적 사상자가 발생하지 않는 이유를 설명하는 데 활용되어 왔다. 하지만 논리적 허점은 또다시 드러난다. 전투에 투입된 병사들은 그것이 자신들에게 이득이 되든 말든 상관없이 미치게 된다는 사실은 논외로 치더라도, 정찰 활동을 벌이는 병사들은 정신적 사상자가 됨으로써 얻게 되는 것이 많다.

적의 전선 후방에서 벌이는 정찰 활동은 아주 위험한 임무다. 그래서 정신적으로든, 아니면 어떤 다른 이유로든 간에 임무 수행 도중 한두 명의 사상자가 발생하게 되면 임무 자체가 완전히 취소될 수 있다. 임무가 취소되지 않는다 할지라도, 부상을 당한 자나 임무를 수행할 능력을 상실한 자들은 다른 대원들이 임무를 완수하는 동안 안전지대에 머무르면서 소수의 대원들과 더불어 배낭과 비상식량, 장비 등을 지키며 정찰 수행과 관련된 많은 위험한 상황을 모면할 수 있다. 특히, 정찰 임무 도중 정신적 스트레스 징후를 보인 군인은 이후에 수행할 임무들에서 배제될 가능성이 아주 높다.

적의 전선 후방에서 정찰 활동을 벌이는 군인들은 전략 폭격을 당하는 민간인, 포격이나 폭격을 받는 포로, 현대 해전의 수병과 마찬가지로 일반적으로 정신의학적 스트레스를 겪지 않는다. 그들에게는 전투 스트레스를 야기하는 데 있어서 가장 중요한 역할을 하는 요소가 존재하지 않기 때문이다. 즉 그들에게는 적과 일 대 일로 맞선 상태에서 공격적인 행동을 취해야 할 의무가 없다. 그 임무가 대단히 위험한 것일 때조차, 죽음과 부상에 대한 두려움은 전투 중에 정신적 사상자가 발생하게 되는 주원인이 아니라는 것은 아주 명백한 사실이다.

의무병의 두려움: "그들의 용기는 분노에서 나오지 않았네"

밤중에 나는 그들을 보았네
야간전의 와중에
고함소리와 휘청대는 핏빛 그림자 안에서
이들은 빛처럼 움직였네……

물속 같은 고요함과 정밀한 손놀림으로
침착하고 재빠르게
그들은 상처와 고통의 몸부림을 동여매고
사람들을 일으켜 세우네……

그러나 그들의 용기는 분노에서 나오지 않았네
분노는 달아오른 사람들의 눈을 가릴 뿐이네.
그들의 동정심은 나약함에서 나오지 않았네

그들은 상냥하면서도 현실을 피하려 하지 않았네

그들은 이 지옥을 피하려 하지 않으면서도
관찰자의 시각을 유지하려 애쓰네
그들이 따르는 신념으로
그들이 섬기는 빛으로 순간순간을 견디네

타인에게 진실한 인간
모든 것 위로 흘러넘치는 그의 호의
천둥이 쳐 그의 요새가 전부 무너져도
그의 영혼은 견고히 서 있으리라

그 빛, 무시무시한 혼란 속에서도,
그들은 타인을 섬기고 살린다네
그 어떤 노래로 이들을 찬양하는 것이 어울릴까
이들이야말로 용사 중의 용사가 아닌가?

— 로렌스 빈욘, 제1차 세계대전 참전 용사, 〈치유자들〉

전장에서 살인과 무관한 보직을 맡은 병사들이 죽이는 것을 자신들의 임무로 하는 병사들보다 정신적 사상자가 될 가능성이 현저히 낮다는 것을 보여 주는 증거들은 꽤 있다. 특히 의무 보직을 맡은 자들은 전통적으로 전투 중에 심리적 안정을 잃지 않는 것으로 유명하다.

《용기의 해부Anatomy of Courage》에서 자신이 군에서 체험한 바를 서술하고 있는 모란 경은 두려움이 신체적 징후로 이어진 적은 단 한 차례도 없었다고 밝힌 수많은 사람들 가운데 한 명이다. 그는 극심한 정서적 트라우마를 경험했다. 그는 전투 적격 유무를 판정하는 자신의 일이 "병사들의 사형 집행 영장에 서명하는 것과 다를 바 없다"고 느꼈다. "내가 잘못 판단했을지도 모를 일이었다."

그는 다음과 같이 결론 내린다. "20년이나 지났지만 내 양심은 여전히 괴롭다. ……그 병사들을 참호 속으로 이끈 것이 잘한 짓이었을까? 그리고 그들이 죽었다면 그들 탓일까, 아니면 내 탓일까?" 하지만 온갖 일을 다 겪었음에도 불구하고, 그는 자기 주변의 군인들이 전투의 심리적 짐을 이겨 내지 못하고 무너져 가는 동안 그토록 오랫동안 "버틴" 자신의 능력에 놀라움을 표한다. 모란은 자신이 제1차 세계대전의 참호 속에서 수년간 전투를 벌이고도 정신적으로 멀쩡했던 이유는 군의관으로서 부상당한 병사들을 돌보는 일이 자신에게 무언가 해야 할 일을 부여했기 때문이라고 생각했다. 그는 수년간 계속해서 참호전을 벌이고 나서도 정신과적 증상을 보이지 않았다. 이러한 모란의 판단은 맞을지도 모른다. 하지만 그에게는 다른 사람을 죽여야 할 의무가 없었다는 것이 가장 그럴듯한 이유가 될 것이다.

군에서 의무 보직을 맡고 있는 자들은 분노에서 용기를 얻지 않는다. 그들이 죽거나 부상당할 위험은 다른 병사들과 같거나 오히려 더 크지만, 전장에서 이들이 존재하는 이유는 타나토스와 분노가 아니라 상냥함과 에로스에 있다. 타나토스는 자기 분신의 심리적 건강을 돌보지 않는 가혹한 주인이다. 제1차 세계대전에 참전한 한 시인이 전장에 존재하는 에로스의 본질을 이해하고 〈치유자들〉이라는 시를 통해 그것을 우리에게 알린 반면, 또 다른 참전 시인은 고통스러운 전장에 존재하는 타나토스의 본성에 대해 말했다.

유능하고 완전하고 강하고 용감한 그는 살인을 동경한다.

무력은 그의 힘을 뜨겁게 달아오르게 하고 북극성처럼 그의 의지를 인도한다.

그는 시뻘건 악의를 연마한다. 무력의 하인들은 지칠 줄을 모른다.

피와 불을 쌍둥이 삼는 욕망의 여신을 치장하고자.

— 로버트 그랜트, 제1차 세계대전 참전 용사, 〈초인〉

내가 인터뷰했던 한 뛰어난 참전 군인은 살인자라는 것과 조력자라는 것이 심리적으로 얼마나 큰 차이를 가져오는지를 분명히 보여 주었다. 바스토뉴 공방전에 제101공수사단 하사관으로 참전했던 그는 해외참전용사회 전임 회장이었고, 그들 사회에서 많은 존경을 받고 있었다. 전장에서 살해를 했다는 사실에 아주 괴로워했던 것으로 보이는 그는 제2차 세계대전 이후에 한국 전쟁과 베트남 전쟁에서 미 공군 공중 구조 헬리콥터 의무병으로 근무했다. 추락해 조난당한 조종사를 구조하고 치료했던 힘든 모험들은 상대적으로 짧은 시기에 국한된 것이기는 하지만, 그는 그것이 살인자로서 자신이 경험했던 일들에서 오는 고통을 줄이는 행위이자 아주 강력한 개인적 참회 행위였음을 주저 없이 인정했다.

여기서, 한때의 살인자는 부상당한 군인들을 보살피고 등에 지고 나르는 전형적인 의무병이 되었다.[3]

장교들의 두려움

군의관들과 마찬가지로, 장교들은 심리적으로 보호받는 위치에 있다. 장교들은 살해를 명령하지만 그들이 살해에 가담하는 경우는 매우 드물다. 그들은 명령을 내리지만 수행은 다른 이들이 한다는 단순한 사실에서 살해의 죄책감으로부터 보호받는다. 일어날 가능성이 매우 적은 자기 방어 상황을 제외하고는 장교들 대부분은 전장에서 적군을 쏘지 않는다. 현대의 전장에서는 적군을 직접 쏘는 것은 장교의 본분이 아니라는 생각이 널리 받아들여지고 있다. 특히 대부분의 전쟁에서 일선 장교들의 사상자 비율이 부하들보다 점점 더 높아지고 있는데도 불구하고(제1차 세계대전 당시 서부전선에서 근무하던 영국 장교들의 사상자 비율은 27퍼센트에 달했으나 사병들의 사상자 비율은 12퍼센트에 불과했다), 이들이 정신적 사상자가 될 확률은 현저히 낮다(제1차 세계대전 당시 영국군 장교가 정신적 사상자가 될 가능성은 사병들의 절반 수준이었다).

많은 연구자들은 장교들의 정신적 사상자 발생 비율이 사병들보다 낮은 이유는 이들이 높은 책임감을 가지고 있고, 잘 드러나 보이는 위치에 있으므로 정신적 손상에 따르는 사회적 낙인이 더 가중될 위험이 있기 때문이라고 생각했다. 장교들이 전장에서 벌어지고 있는 일들과 자신의 위치, 그리고 그 중요성에 대해 사병들보다 더 잘 이해하고 있음은 의심의 여지가 없다. 또한 장교들은 제복과 보수, 훈장 같은 군 제도들을 통해 사병들보다 더 많은 인정과 심리적 지원을 받는다.

이러한 요인들 모두가 장교들에게서 정신적 사상자가 덜 발생하는 이유를 구성하고 있을 것이다. 하지만 장교들은 또한 죽여야 할 책임의 짐이 사병들에 비해 훨씬 적다. 핵심적인 차이는 장교는 개인적으로 살해를 해야 할 필요가 없다는 것이다.

두려움의 지배에 대한 새로운 시각

적어도 정신적 사상자 발생의 영역에서 볼 때, 두려움은 전장을 궁극적으로 지배하는 요인이 아님을 알 수 있다. 두려움이 미치는 영향을 절대로 과소평가해서는 안 되지만, 이것은 전장에서 정신적 사상자가 발생하게 되는 유일한 요인이 아니며, 심지어 주요 요인조차 아님은 분명하다.

영국과 독일에서 수개월 동안 폭격을 겪으며 살아남은 자들이 체험한 죽음과 파괴, 두려움은 전장의 군인들이 겪은 심리적 붕괴 현상과 비슷한 무엇을 결코 일으키지 못했다. 앞서 간략히 살펴본 랜드 재단의 연구에서 봤듯이, 조종사들과 폭격수들은 수천 명의 무고한 민간인들을 직접 죽였다는 사실을 거리감만으로도 부분적으로 부인할 수 있었으며, 민간인과 포로 폭격 피해자들, 수병들, 그리고 적의 전선 후방에서 정찰 활동을 벌이는 군인들은 그들이 처해 있는 환경과 거리감으로 인해 증오의 바람Wind of Hate으로부터 보호받을 수 있었고, 누군가가 자신을 직접 죽이려 한다는 사실을 성공적으로 부인할 수 있었다. 민간인들과 포로들의 반격 능력 부재가 스트레스의 원천이 될 수 있다고 생각하는 자들도 있겠지만, 진실은 이와 정반대인 것으로 보인다. 대부분의 폭격기 승무원이나 포병대원들은 궁극적으로 정신적 사상자가 될 가능성이 있었지만, 그들이 공격한 비전투원들은 그렇지 않았다.

제2차 세계대전 동안, 폭격기 승무원들은 연합군 전투원들 가운데 사상자 비율이 가장 높았다. 영국 폭격기 사령부에서는 100명당 24명만이 살아남았다. 이러한 수치만을 놓고 보면 폭격기 승무원들의 정신적 사상자 발생 비율이 아주 높았을 가능성은 충분해 보인다. 이러한 두려움은 약간의 공포감과 상당한 책임감과 뒤섞였다. (베트남 전쟁에 참전했던 한 폭격기 조종사는 비록 멀리 떨어져서 하긴 했지만 민간인들을 죽였던 일 때문에 자신은 술독에 빠져들어 이후 계속해서 너무나 큰 고통을 겪었다고 주장했다.) 두려움은 이러한 특정한 환경에서 지배적인 심리적 적이었을 것이다. 하지만 두려움은 여러 요인들 가운데 하나의 요인일 뿐이고, 정신적 사상자가 발생하게 되는 유일한 원인이 되는 경우는 거의 없다는 것, 이것이 요점이다.

참전 용사들과 전략적 폭격 피해자들이 겪는 피로와 공포의 정도는 서로 비교될 수 있다. 폭격 피해자는 경험하지 않았지만 군인들이 경험한 스트레스 요인은 (1) 살해하리라고 기대받고 있다는 것(죽이는 것과 죽이지 않는 것 사이에서 화해 불가능한 균형 맞추기)과 (2) 잠재적 살해자들을 대면하는 스트레스(증오의 바람)라는 양면적인 책임감이었다.

3
피로의 무게

군인의 첫 번째 자질은 지속적으로 피로와 고충을 견디는 것이다. 용기는 이차적일 뿐이다. 결핍과 박탈, 갈망은 좋은 군인을 만들어 낸다.

— 나폴레옹

훈련 과정의 피로 예방 접종

겪어 보지 않은 사람들에게 극도의 신체적 피로가 미치는 영향을 설명한다는 것은 불가능한 일이다. 완전히 지친 상태에서 진흙탕에 앉아, 주변 늪에서 작은 개구리들을 집어 들어 올려 하나씩 집어삼키고, 수통의 물을 마셔 목구멍으로 넘겼던 기억이 난다. 나는 닷새 동안 먹지도 자지도 못했다. 우리는 8주짜리 미 육군 레인저 학교 훈련의 8주차 과정에 접어들고 있었고, 동기들과 나는 이미 7주 동안 이런 식으로 신체적 결핍을 겪은 상태였다. 그 시점에서 살아있는 개구리를 삼키는 것은 아주 합리적인 행동으로 보였다. 우리는 훈련 초기에는 최상의 신체적 조건을 갖춘 엄선된 장교와 하사관들이었지만, 그때가 돼서는 훈련병들 대다수가 20파운드 이상 살이 빠져 있었다.

양 볼은 홀쭉했고 눈은 퀭했다. 우리는 굶주림에 완전히 지쳐 있었고 훈련병 다수가 반복적으로 환각을 일으켰다. 우리가 멀쩡히 깨어 있는 상태에서 체험한 이러한 환각들은 믿기지 않을 만큼 생생했다. 보통 음식에 관한 이런 환각은 경험해 본 자들에게는 현실처럼 여겨졌다. 우리는 40파운드 나가는 배낭을 메고 조지아 주와 테네시 주의 산맥을 넘고 플로리다 주의 늪을 거치면서 계속해서 전술 훈련을 받고 지휘 능력을 평가받았다. 광기의 낭떠러지 위에서 정신은 시소를 탔고, 누구든지 임무 수행에 실패하거나 자퇴를 신청하면 언제든 그만둘 수 있었다. 우리는 오직 자긍심과 결단만으로 버텨 나갔다. 졸업하고 나서도 몇 주 동안 많은 이들이 한밤중에 극도의 공포감에 짓눌려 혼미한 상태에서 잠에서 깨어나곤 했다.

전 세계에서 온 엘리트 군인들이 이 놀라우리만치 효과적인 통과 의례에 참여하지만, 과정을 끝까지 이수하는 이들은 절반도 되지 않는다. 이곳은 퇴교당해도 아무 불명예가 없는 유일한 미 육군 군사학교일 것이다. "적어도 해보는 배짱은 있었잖아"라고 말할 정도다. 그리고 이 학교의 졸업생들 — 그리고 네이비실Navy SEAL과 UDT, 미 육군 특전단(그린베레), 공수부대, 미 해병대 신병훈련소의 졸업생들 — 은 스트레스 상황에서도 냉정함을 잃지 않는 군인들로 전 세계 군인들의 인정을 받고 있다.

자기에게 채찍질을 가하는 이 놀라운 훈련은 전투 지휘관에게 강도 높은 스트레스를 가해 심리적 트라우마에 대해 내성을 키우는 데 초점을 둔다. 미 육군 중령 밥 해리스는 자신이 베트남으로 가기 전에 레인저 학교에서 이것을 어떻게 배웠는지 설명했다.

특기할 만한 사실은 내가 소대장으로 지내면서 레인저 훈련 경험의 가치를 절대적으로 확신하게 되었다는 것이다. 내가 배운 기법과 기술을 모두 사용해야 하는 경우는 없었지만, 그래도 많은 것을 써먹었다. 가장 중요한 것은 포트 베닝 요새와 북조지아 산맥, 플로리다 늪지대에서 내 스스로 습득한 지식이었다. 나는 내가 받은 훈련에서 한계는 대개 정신적인 문제이며 극복할 수 있다는 것, 그리고 두려움과 피로, 굶주림에 시달리더라도 내가 임무를 계속 수행하며 효과적인 지휘관이 될 수 있다는 것을 배웠다.

전투 피로

눈이 푹 꺼지게 만들고, 개구리를 먹고, 바짝 여위고, 완전히 지쳐 나가떨어지게 만드는 레인저 훈련조차 실제 수개월에 걸쳐 지속적으로 전투를 하며 겪게 되는 전투 피로에 비하면 아무것도 아닐 수 있음을 알아야 한다. 제1차 세계대전, 제2차 세계대전, 한국 전쟁, 베트남 전쟁에 참전한 군인들이 겪은 상황은 바로 이러한 상황이었다. 더글러스 맥아더는 군인들은 "저절로 신음 소리가 날 정도로 걷고, 땀범벅이 되어 싸우고, 으르렁대고 저주하다 결국 죽음에 이르게 된다"고 말했다. 제2차 세계대전에서 정신을 마비시키는 피로를 이해한 미국의 군인 출신 시사만화가 빌 몰딘Bill Mauldin*은 그의 유명한 만화 〈윌리와 조〉를 통해 이를 표현했다. 몰딘은 "수백만 명의 병사들이 위대하고 힘든 일을 했지만, 끝없이 이

---

* 빌 몰딘은 제2차 세계대전 중 미 육군 주간신문 〈성조기Stars and Stripes〉 지 소속 만화가로 참전하여 〈윌리와 조〉라는 한 컷짜리 만화로 미군 보병의 생활상과 전쟁을 풍자했다. 1945년과 1959년 두 차례에 걸쳐 퓰리처상을 수상했다.

어진 168주 동안 온갖 고난과 고통, 죽음을 버텨 내고 살아남은 자들은 단지 수십만에 불과하다"고 적었다.

심리학자 F. C. 바틀릿Bartlett은 전투의 육체적 피로가 심리에 미치는 영향을 강조했다. 그는 "전쟁에서 엄청난 피로를 지속적으로 견뎌야 하는 상태보다 정신병과 신경증을 일으킬 가능성이 더 높은 다른 일반적인 조건은 아무것도 없는 것으로 보인다"라고 썼다. (1) 싸움 혹은 도주 각성 상태로 알려진 상태에 계속 노출된 스트레스에서 오는 생리적 각성, (2) 누적된 수면 결핍, (3) 칼로리 섭취 감소, (4) 비, 추위, 더위, 밤의 어둠 등 군인을 괴롭히는 자연력 등 네 가지 요인이 결합하여 "지속적인 엄청난 피로 상태'를 구성하며 군인들을 공격한다. 이제부터 이 요인들에 대해 간단히 알아보도록 하자.

생리적 피로

그러고 나서 우리 뒤로 포탄이 떨어졌고, 옆에 또 한 발이 떨어졌다. 우리는 허둥지둥 엄폐물을 찾았다. 그 병장과 나, 그리고 또 다른 애송이 하나는 벽 뒤로 숨어들었다. 하사관은 그게 독일군의 88mm포라고 말하고는 "씨발, 또 당했네"라고 말했다.

나는 하사관에게 총에 맞았냐고 물었고, 그는 미소를 지어 보이면서 그게 아니라 방금 바지에 오줌을 쌌다고 말했다. 전투가 시작될 때면 항상 오줌을 쌌다고, 그러고 나면 괜찮아진다는 것이었다. 그는 실례라고 말하지도 않았다. 그러다 나도 뭔가 이상하다는 걸 깨닫기 시작했다. 뭔가 따뜻한 것이 다리 아래로 흘러내리는 것 같았다. 나는 그것이 피가 아니라 오줌이라는 것을 알았다. 하사관에게 이렇게 말했던 것 같다. "저도 오줌 쌌어요." 그랬더니 그가 싱긋 웃으며 말했다. "전장에 들어선 것을 환영한다."

— 제2차 세계대전 참전 용사, 배리 브로드풋의 《6년 전쟁: 1939~1945》에서 인용

전투 스트레스에 대한 신체의 생리적 반응 강도를 이해하려면 우선 교감 신경계에 의한 자원 동원을 이해해야 하고, 그 후에 신체의 부교감 신경계의 반발 반응의 영향력을 알아야 한다.

교감 신경계는 신체의 에너지 자원을 동원하고 활동을 지시한다. 부교감 신경계는 신체의 소화 및 회복 과정을 담당한다.

평소에는 두 체계 간의 신체 자원 요구량이 균형을 이루고 있지만, 극도의 스트레스 상황에서는 싸움-도주 반응이 끼어 들어와 교감 신경계가 생존을 위해 가용한 모든 에너지를 동원하게 된다. 이 때문에 전투에서는 소화, 배뇨 조절, 괄약근 조절 같은 부차적인 활동이 완전히 차단되는 결과가 일어날 때가 있다. 이 과정은 매우 강도가 높아 군인들은 때때로 스트레스성 설사를 앓기도 한다. 또한 확실한 생존을 위해 모든 에너지 자원을 제공하는 과정에서 말 그대로 "배에서 밸러스트(무게 중심추)를 던져버리는" 것처럼 바지에 오줌이나 똥을 싸게 만든다.

군인은 이만큼 강도 높은 에너지 동원 과정의 생리적 대가를 치러야 한다. 또한 무시됐던 부교감 신경계의 요구가 되돌아올 때도 군인의 신체는 이만큼 강력한 반발을 부담해야 한다. 이 부교감 신경계의 반발은 위험과 흥분이 끝나자마자 발생하며 대단히 강력한 탈진과 졸음의 형태로 나타난다.

나폴레옹은 가장 위험한 순간은 승리한 직후라고 말했다. 나폴레옹도 공격 순간이 종결되고 잠시 안전하다고 믿는 바로 그 순간 발생하는 부교감계의 반발에 의해 군인이 얼마만큼 생리적, 심리적으로 무력해질 수

있는지를 잘 알고 있었던 것이다. 이 취약한 시기에 새로운 적군 부대가 반격한다면 아군은 앞서 전투에서 쓰러뜨린 적군의 수를 훨씬 웃도는 인명 손실을 입고 패배할 수도 있다.

기본적으로 이러한 이유 때문에 팔팔한 예비대를 유지하는 것은 전투에서 매우 중요했다. 어느 편이 더 오랫동안 버티고 예비대를 마지막 순간에 전개하느냐가 전투의 향방을 갈랐다. 클라우제비츠는 예비대는 항상 전투 현장이 보이지 않는 곳에 위치하고 있어야 한다고 경고했다. 이러한 기초적인 심리적, 생리적 원리를 알고 나면 역사 속의 뛰어난 군대 지휘관들이 하나같이 공격 성공의 여세를 계속 유지하려 든 이유를 알 수 있다. 패배한 적군을 추격하고 접촉을 지속하는 것은 적군을 완전히 괴멸시키는 데 매우 중요하다. 역사적인 전투에서 대부분의 살해는 적군이 등을 돌렸을 때 발생했기 때문이다. 또한 적과의 접촉을 가급적 오래 계속하면 전투의 불가피한 공백, 즉 아군이 부교감 신경계의 반발에 빠져 반격에 취약해지는 최고점을 일으키는 공백을 그만큼 지연시키는 효과도 있다. 이런 이유 때문에 적군 추격을 마무리 지을 준비가 된 멀쩡한 상태의 예비대는 전투의 가장 파괴적인 단계를 효율적으로 확실히 실행하는 데 매우 중요하다.

계속 전투를 치르게 되면 군인은 끝나지 않을 듯한 아드레날린의 물결과 이어지는 반발 속에서 롤러코스터를 타고, 위험에 대한 신체의 자연적이고 유용하고 적절한 반응은 결국 극도로 비생산적이 되어 간다. 도망칠 수도 없고, 잠시 맹렬하게 싸우거나, 대치하거나, 복종함으로써 위험을 극복하지도 못하는 현대 병사들의 신체는 에너지 동원 능력을 빠르게 소진하여 신체적, 정서적으로 완전히 탈진 상태에 빠진다. 이러한 탈진 상태는 겪어 보지 못한 사람에게는 설명이 거의 불가능한 수준이다. 이 상태의 군인은 신경 피로로 무너지는 것이 불가피하고, 신체는 쇠진된다.

수면 결핍

미 육군 레인저 학교에서처럼, 강도 높은 훈련을 받는 가운데 수면 결핍 때문에 체험하게 되는 환각과 좀비 상태에 대해서는 이미 언급했다. 실제 전투에서 이는 종종 더 심각한 형태로 나타난다. 홈스는 자신의 연구에서 장기간 수면 결핍을 겪는 일은 전투에서 흔히 일어나고 있음을 보여 준다. 한 연구 결과에 따르면, 1944년 이탈리아에 배치된 미군 가운데 31퍼센트는 하루 평균 4시간 이하를 잤고, 그 외에 54퍼센트의 미군이 하루 평균 6시간 이하를 잤다. 이와 같이 수면 결핍에 시달리는 사람들은 또한 정신적 사상자가 가장 많이 발생하는 최전선 부대에 속해 있는 경우가 많았다.

식량 부족

차갑고 질 낮은 음식을 섭취하는 데서 오는 영양 부족과 피로로 인한 식욕 상실은 전투 효율을 매우 낮게 하는 효과를 가져올 수 있다. 영국군 장성 버나드 퍼거슨은 이렇게 적었다. "나는 식량 부족이 단일 요인으로는 사기 저하를 가져오는 가장 큰 요인이라고 주저 없이 말할 수 있다. ……신체에 미치는 순수한 화학적 영향력은 논외로 하더라도, 이는 정신에 재앙에 가까운 영향을 미친다."

수많은 역사적 사건을 관찰하면, 식량 부족은 단일 요인으로 가장 중요한 군사적 요인이라고 판단된다. 《육군 역사 전집Army Historical Series》에서 병참술 부분을 다룬 책에서는 제2차 세계대전 초기 "식량 부족은 필리핀의 바탄에서 미군이 더 이상 일본군에 저항하지 못한 여러 요인들 가운데 가장 큰 요인"이었고, 스탈린그라드의 독일군들은 "항복할 당시에 문자 그대로 굶어 죽고" 있었다고 단언한다.

자연력의 영향

본질적으로 군대 생활은 적의 힘뿐만 아니라 자연의 힘에도 마주해야 한다. 병사들의 배낭 속에 가장 먼저 들어가는 장비는 군 장비이며, 생필품은 군 장비를 싣고 남은 공간에 제한된 종류만 담을 수 있다. 때문에 대부분의 군인들은 자연의 자비에 자신의 운을 맡길 수밖에 없다. 끝없는 추위와 비, 열기, 고통은 군인의 당연한 팔자소관이었다.

모란 경은 "자연의 힘에 노출될 때 병사들은 시들어버린다"고 믿었다. 그에게 최악의 것은 "겨울의 지독한 폭력"이었다. 그것은 "최상의 병사들에게서도 약점을 찾아" 낼 수 있다. 그리고 쉬지 않고 내리는 비가 가하는 고통을 앙리 바르뷔스는 이렇게 썼다. "군인도 총처럼 습기를 맞으면 녹이 슨다. 군인이 녹스는 속도는 총보다 느리지만, 군인의 몸에 난 녹은 총에 난 녹보다 훨씬 깊은 곳까지 파고든다."

어둠에 의한 감각 상실은 군인의 또 다른 잠재적인 적이다. 여기에 추위와 비가 가세하면, 겪어 보지 않은 자들은 절대로 알 수 없을 정도로 큰 고통을 겪게 된다. 알제리 전쟁에 참전했던 시몽 뮈리에게 추위는 "으뜸가는 적"이었다. 그에게 "비가 추적추적 내리는 산꼭대기의 칠흑 같은 어둠 속에서 흠뻑 젖은 축축한 침낭으로 기어들어 가는 것" 이상으로 괴로운 일은 없었다.

열기 또한 병사를 지치게 하고 죽게 만들 수 있다. 쥐와 이, 모기, 그리고 기타 여러 자연적 요소들이 돌아가며 군인들에게 신체적, 심리적 고통을 가하지만, 군인이 직면하는 이 모든 자연의 적들 가운데 가장 치명적인 적은 아마도 질병일 것이다. 제2차 세계대전 때까지 미국이 치른 모든 전쟁에서, 적의 공격을 받고 죽은 군인보다 질병으로 죽은 군인이 더 많았다.

이제 우리는 수면 결핍, 식량 부족, 자연력, 그리고 지속적인 싸움-도주 반응 작용에서 오는 정서적 피로가 서로 결합해서 군인들에게 피로를 야기한다는 것을 알 수 있다. 피로는 그 자체로 정신적 사상자를 낳는 원인은 아닐지라도, 군인의 정신이 현재 처해 있는 온갖 결핍 상태로부터 벗어나는 길을 찾게 만들 수 있는 요인으로서 고려될 필요가 있다.

4

죄책감과 공포의 진창

> 나는 전쟁에 지치고 질렸다. 전쟁에 영광이 있다는 건 모두 허튼 소리다. 총을 쏴 본 적도, 다친 자들의 비명과 신음 소리를 들어 본 적도 없는 자들만이 피를, 복수를, 황폐화를 부르짖는다. 전쟁은 지옥이다.
>
> — 윌리엄 티컴세 셔먼[*]

감각이 미치는 영향

두려움과 피로 너머에는 군인을 둘러싸고 그의 모든 감각을 습격하는 공포의 바다가 있다.

다치고 죽어 가는 자들의 비참한 비명을 들어 보라. 도살장의 배설물 냄새, 피 냄새, 타는 고기 냄새, 썩는 냄새가 섞인 끔찍한 죽음의 악취를 맡아 보라. 폭격과 폭발로 학대당한 대지가 신음하는 땅의 진동을 느끼

---

[*] 미국의 군인. 북군 소속으로 남북 전쟁에 참전해 그랜트 장군과 함께 리 장군에게 승리를 거두었고, 전후 육군 총사령관이 되었다.

고, 당신의 품 안에서 죽어 가는 친구의 생의 마지막 떨림과 따뜻한 피의 흐름을 느껴 보라. 함께 슬퍼하면서 친구를 부둥켜안을 때 누구의 눈물인지 알지도 상관하지도 않은 채 피와 눈물의 짭짤함을 맛보라. 그리고 어떤 일이 벌어졌는가를 보라.

당신은 15피트 길이의 내장에 걸려 허리에서 두 동강이 난 시신 위로 넘어졌다. 다리와 팔, 그리고 목만 달린 머리는 가장 가까운 몸뚱이로부터 50피트 떨어진 곳에 놓여 있다. 밤이 찾아오자 교두보에서는 살이 타는 악취로 가득했다.

— 윌리엄 맨체스터, 《어둠이여 안녕》

기억이 미치는 영향과 죄책감의 역할

이상하게도 이러한 공포의 기억은 비전투원, 종군기자, 민간인, 포로, 혹은 전장의 어떤 다른 수동적 관찰자들보다 전쟁에 직접 참전하는 전투원들에게 훨씬 깊은 영향을 미치는 것으로 보인다. 전투원들은 자기 주변에서 자신이 보는 것들에 대해 깊은 책임감과 의무감을 느끼는 것 같다. 마치 모든 죽은 적군이 자신이 죽인 인간인 것처럼, 모든 아군 병사들은 자신이 책임져야 할 동료라도 되는 것처럼 말이다. 이 두 가지 책임을 조화시키려는 모든 노력은 군인을 둘러싸는 공포에 더 큰 죄책감을 더한다.

리처드 홈스는 "포탄 파편에 맞아 말 그대로 배가 갈린 한 인기 있던 장교에 대해 묘사하면서" 이미 70년이나 세월이 흘렀는데도 "조용히 눈물짓던 한 용감하고 분별력 있는" 노老 참전 용사에 대해 말한다. 젊고 활동적일 때에는 이런 일들을 떠올리지 않을 수 있지만, 나이가 들면 이러한 기억들은 밤마다 찾아와 당신을 괴롭히기 마련이다. 그는 홈스에게 이렇게 말했다. "우리는 그동안 그 끔찍한 일들이 마음속에서 떠오르지 않게 잘 해왔다고 생각했소. 하지만 나이가 들고 보니 내가 숨겨 두었던 곳에서 이 기억들이 다시 하나씩 기어 나오는구려. 매일 밤마다 말이오."

하지만 이 모든 것, 이 공포는 고통스러운 전장 밖으로 군인을 이끌고 나가려 모의하는 여러 요인들 가운데 단지 한 가지에 불과할 뿐이다.

5

증오의 바람

일상적 삶에서의 증오와 트라우마

이 문제를 생각할 때, 정신적 스트레스를 유발하는 것이 위험이 아니라는 것을 알게 되면 우리는 정말 놀라게 될까? 그리고 공격적인 상황에 가담하지 않으려는 강렬한 거부감이 존재한다는 것이 정말 그렇게 뜻밖의 일일까?

우리 사회, 특히 젊은이들은 적극적으로 자기 몸을 일부러 위험한 상황에 노출하는 일을 추구한다. 롤러코스터, 액션과 공포 영화, 마약, 암벽등반, 급류 래프팅, 스쿠버다이빙, 낙하산, 사냥, 스포츠 등 수백 가지 방법을 통해 우리 사회는 위험을 즐긴다. 통제력을 잃고 있다고 느낄 만큼, 위험을 즐기는 수위는 빠르게 높아지고 있다. 따라서 죽거나 다칠 수 있다는 사실이 전투를 아주 고통스러운 것으로 만드는 많은 요인들 가운데 중요한 한 요인이기는 하지만, 그것이 일상적 삶이나 전투에서 유발되는 스트레스의 주요 원인은 아니다.

하지만 동료 시민들의 공격성과 증오에 직면한다는 것은 전적으로 다른 수준의 문제다. 우리는 적대적인 공격성에 직면한 경험을 가지고 있다. 어린 시절 놀이터에서, 타인의 무례함에서, 지인이 악의적으로 퍼뜨린 소문이나 비판에서, 직장 동료나 상사의 적의에서 말이다. 사람들은 이러한 상황들에서 일어나는 적대감과 그것이 일으키는 스트레스를 잘 안다. 대부분의 사람들은 무슨 수를 써서라도 이러한 대립 상황을 피하려 하고, 물리적인 충돌 상황은 차치하고서라도 공격적인 언행을 마주하는 것조차 아주 어려워한다.

승진이나 급여 문제로 상사를 만나러 가는 일만 해도 대다수 사람들에게는 엄청난 스트레스와 동요를 일으키는 일이기 때문에 많은 사람들은 그런 상황이 일어나는 것을 애써 피하려 한다. 대다수의 사람들은 약한 아이들을 괴롭히는 학생과 싸워야 하거나 서로 감정이 좋지 않은 사람과 대립하는 상황을 극구 피하고 싶어 한다. 의료계의 많은 권위자들은 아프리카계 미국인들에게서 고혈압 환자 비율이 극적일 정도로 높게 나타나는 이유는 이들이 늘 적대감에 노출되어 있는 반면 상대로부터 인정받는 경우는 드문 스트레스 유발 상황에 노출되어 있기 때문이라고 믿고 있다.

심리학계의 바이블이라 할 수 있는 《정신 장애 진단 및 통계 편람 Diagnostic and Statistical Manual of Mental Disorders》은 외상후 스트레스 장애는 "스트레스 유발 요인이 인간에 의한 것일 때 더 심각한 양상으로, 그리고 더 장기적으로 지속된다"고 밝히고 있다. 우리는 타인의 호감과 사랑을 몹시 받고 싶어 하며 간절한 마음으로 자신의 삶을 통제할 수 있기를 바란다. 반면 의도적이고 공공연한 인간의 적대감과 공격성은 우리의 자기상과 통제력, 세상이 의미 있고 이해 가능하다는 믿음, 그리고 궁극적으로 우리의 정신적, 신체적 건강을 해친다.

현대인들의 삶에서 상상 가능한 가장 끔찍한 일은 강간이나 폭행을 당하고, 사랑하는 이들 앞에서 신체적 모욕을 당하고, 증오에 찬 공격적인 침입자가 집으로 쳐들어와 가족에게 해를 입히는 것이다. 질병이나 사고로 목숨을 잃고 건강을 해칠 가능성이 타인의 악의적인 행동으로 인해 목숨을 잃고 건강을 해칠 가능성보다 통계적으로 훨씬 더 높지만, 통계는 기본적으로 비합리적인 우리의 두려움을 진정시켜 주지 못한다. 우리 마음에 공포와 혐오를 불러일으키는 것은 질병이나 사고로 인한 죽음과 상해의 두려움이 아니라 오히려 동료 인간이 저지르는 파괴와 지배의 행동이다.

강간으로 인해 야기된 심리적 상처는 신체에 입은 상해를 훨씬 능가한다. 강간 트라우마는 전투 트라우마와 마찬가지로 죽거나 다칠 거라는 두려움과는 별 관련이 없다. 여기서 훨씬 더 파괴적인 영향을 미치는 것은 증오와 경멸로 가득한 동료 인간에게서 모욕당하고 학대받은 데 따르는 무력감과 충격, 공포다.

평범한 시민은 공격적이고 과격한 행동에 개입하기를 피하고 타인의 불합리한 공격성과 증오에 맞닥뜨리는 상황을 싫어한다. 전투 중인 군인도 이와 전혀 다르지 않다. 그는 전장에서 적극적이고 공격적으로 교전할 것을 요구하는 강력한 의무와 강요에 저항하고, 적이 뿜어 내는 불합리한 공격성과 적대감에 직면하는 것을 두려워한다.

실제로 역사는 전투를 피하기 위해 자살하거나 끔찍한 자해를 저지른 군인들의 이야기로 가득하다. 이들을 자살로 이끈 것은 죽음에 대한 두려움이 아니다. 자살을 하는 민간인들 가운데 많은 이들이 그러하듯이, 이 병사들은 아주 적대적인 세계의 공격성과 적대감과 맞닥뜨리느니 차라리 죽거나 자기 신체를 훼손하기로 결정한 것이다.

강제수용소에서 증오는 어떤 영향을 미쳤는가

비정상적 상황에서는 비정상적 반응이 곧 정상이다.

— 빅터 프랭클 , 나치 강제수용소 생존자

나치 강제수용소 생존자에 대한 연구를 통해, 우리는 인간을 뒤흔드는 증오의 힘을 더 잘 이해할 수 있다. 쉽게 구할 수 있는 자료와 책들을 잠시 살펴만 봐도, 자신들을 괴롭힌 자들을 죽일 의무도 능력도 전혀 없었음에도 불구하고 단지 강제수용소에 수용되었다는 사실만으로 이들은 일생동안 엄청난 심리적 고통을 겪었음을 알 수 있다.⁴ 우리는 폭격 피해자와 포격을 받은 전쟁 포로, 해전을 벌이는 수병, 적의 전선 후방에서 정찰 활동을 벌이는 군인들에게서 정신적 사상자가 대규모로 발생했다는 근거를 찾을 수 없지만, 다하우나 아우슈비츠 같은 곳에서 정신적 사상자의 발생은 예외적이라기보다는 오히려 일반적인 경우에 가까웠다.

강제수용소 수감자들의 사례는 비전투원들이 끔찍할 정도로 높은 정신적 사상자의 발생을 기록하고 외상후 스트레스 장애를 겪은 역사적 상황들 가운데 하나다. 여기서 신체적 피로는 유일한 요인이 아니고 심지어 주요한 요인도 아니다. 그들을 에워싼 죽음과 파괴의 공포도 이러한 상황이 유발한 심리적 충격의 기본적 원인이 되지 못한다. 정신적 사상자의 부재로 특징지어지는 수많은 다른 비전투원 사례들과는 정반대로, 강제수용소에서 특징적으로 나타난 현상은 수감된 사람들이 아주 개인적인 일 대 일 관계 속에서 공격성과 죽음을 맞닥뜨려야 했다는 것이다. 나치 독일은 공격적인 사이코패스들을 강제수용소의 책임자로 집중 배치했고, 강제수용소 수감자들의 삶은 이 끔찍할 정도로 잔인한 사람들의 개성에 완전히 지배되었다.

다이어에 따르면, 수용소 감독관들은 가능한 한 "폭력배와 사디스트" 들로 구성되어 있었다. 공습 피해자들과 달리, 수용소의 피해자들은 이 사디스트 살인마들을 마주해야 했고, 이러한 살인마들이 자신과 자신의 가족, 더 나아가 자신의 인종을 동물이나 다를 바 없다는 듯이 직접 학살할 만큼 수감자들의 인간성을 부인하고 증오한다는 것을 알았다.

전략 폭격을 하는 동안 조종사와 폭격대원들은 거리의 보호를 받아 자신이 특정 개인을 죽이려 한다는 사실을 부인할 수 있었다. 마찬가지로 민간인 폭격 피해자들도 거리의 보호를 받아 누군가가 직접적으로 자기를 죽이려 한다는 사실을 부인할 수 있었다. 그리고 (앞서 보았듯이) 폭격 아래 놓인 포로들에게 폭탄은 포로 중 특정 개인을 지목해서 날아오는 것이 아니었고, 감시병들도 포로들이 규칙에 따르기만 하면 이들을 위협할 일이 없었다. 그러나 강제수용소의 체험은 무시무시할 정도로 완벽하게 개인적이었다. 이 공포의 피해자들은 가장 어둡고 가장 혐오스러운 인간 증오의 깊이를 두 눈으로 들여다봐야 했다. 이를 부인할 여지는 없었고 탈출할 수 있는 유일한 길은 그보다 더한 광기뿐이었다.

타인에 대해 비인간적인 행위를 한 인간들에 대한 추잡한 기록은 전투에서 적군을 살해하기를 꺼리는 마음의 이면이다. 평범한 군인의 영혼은 살인 행위와 살인을 해야 한다는 의무에 저항할 뿐만 아니라 누군가가 자신을 증오하며 죽일 만큼 자신의 인간성을 부정한다는 피할 수 없는 사실에서도 똑같이 공포를 느낀다.

노골적으로 적의를 드러내는 적의 행동에 대해 군인들은 일반적으로 아주 큰 충격을 받거나 놀라거나 분노하는 등의 반응을 보인다. 수없이 많은 참전 용사들은 소설가이면서 베트남 참전 용사였던 필립 카푸토가 베트남에서 처음으로 적군의 사격을 받았을 때 보인 반응에 공명한다. 카푸토는 이렇게 생각했다. "왜 나를 죽이려는 거지? 내가 뭘 어쨌다고?"

베트남 전쟁에 참가했던 한 조종사는 자기 주변에서 터지는 대공 포탄에는 그다지 동요하지 않았지만, "오두막집 옆에 서서 조심스럽게 자신을 향해 총을 겨누고 있는" 한 적군을 발견했을 때 기억에 남을 만큼 동요를 일으켰다고 내게 말했다. 그 순간은 그가 적군 병사를 식별할 수 있었던 드문 순간 중 하나였고, 여기에 그가 즉각적으로 보인 반응은 분개였다. "내가 뭘 어쨌다고?" 그는 상처받고 분노했다. "샘, 나는 네가 싫어, 눈곱만큼도 좋아하지 않는다고." 그리고 나서 그는 전투기에 실려 있던 모든 무기를 사용하여 이 사람을 죽이고 "그의 작은 오두막을 날려 버렸다."

응용: 소모전 대 기동전

전략과 전술을 논할 때 증오의 바람이 미치는 영향과 위력을 대체로 간과하는 경우가 많다. 수많은 전략가와 전술가들은 장거리 포격과 폭격으로 적군 부대의 의지를 꺾을 수 있다는 소모전 이론을 옹호한다. 이러한 이론을 옹호하는 자들은 《제2차 세계대전에서의 미국 전략 폭격에 관한 조사 보고서》와 같은 증거를 보고서도 이러한 믿음을 고수한다. 폴 퍼셀Paul Fussell은 이 보고서에서 "마치 민간인들이 항복하지 않겠다는 결단을 드러내듯이, 폭탄이 더 많이 떨어질수록 독일의 군수 생산 및 산업 생산은 증가한 것으로 보인다"고 밝혔다. 공중 폭격과 포격이 심리적인 효과를 거두는 곳은 증오의 바람이 뒤섞인 전방뿐이다. 전방에서는 포격과 폭격에 이어 보통 보병에 의한 직접 공격의 위협이 뒤따르기 때문이다.

제1차 세계대전에서는 포격이 대규모 정신적 사상자를 발생시켰지만, 제2차 세계대전에서는 대규모 도시 폭격이 적군의 의지를 꺾기는커녕 오히려 역효과를 일으켰던 이유는 바로 여기에 있다. 폭격은 근접 공격이 동반되지 않거나 최소한 그러한 위협이 없을 경우에 비효율적이며 적군의 의지나 결심을 강화하는 것 말고는 아무런 역할도 하지 못할 가능성이 있다.

오늘날 윌리엄 린드William Lind나 로버트 레오너드Robert Leonhard와 같은 몇몇 선구적 저술가들은 기동전에 초점을 맞춰 연구와 저술 활동을 벌여 왔다. 그들은 소모전 옹호론자들에 대한 반박을 시도하고, 적군의 전투 역량보다는 전투 의지를 파괴하는 과정을 이해하려 한다. 기동전 옹호자들이 발견한 것은 민간인과 군인들은 포격과 폭격에도 싸우려는 의지를 잃지 않으면서 두려움, 공포, 죽음, 파괴에 맞서 버텨 왔으나, 침공 및 대면적인 직접 공격 위협에 직면하면 온 국민 전체가 공황에 빠져 달아나는 난민이 되어 버리는 사례가 역사 속에서 거듭 나타남을 발견했다.

아군 부대를 적 후방으로 진격시키는 것이 적의 후방에 총체적인 폭격을 가하거나 전방에서 소모전을 벌이는 것보다 훨씬 더 중요하고 효과적인 이유는 여기에 있다. 우리는 한국 전쟁에서도 이를 목격했는데, 전쟁 초기의 정신적 사상자 발생 비율은 제2차 세계대전 평균 비율보다 일곱 배나 더 높았다. 전쟁이 잠잠해지고, 전선이 안정되고, 아군 전선 후방에 적군이 공격해 올 위협이 감소되어서야 평균 비율은 제2차 세계대전 때보다 약간 낮은 수준으로 떨어졌다. 피할 수 없이 가까운 거리에서 겪는 대면적인 증오와 공격성의 잠재력은 피할 수 없는 간접적인 죽음과 파괴의 존재보다 훨씬 더 효과적이며 군인의 사기에 엄청난 영향력을 미친다.

증오와 심리적 예방 접종

마틴 셀리그먼Martin Seligman은 개의 학습에 관한 유명한 연구를 통해 스트레스 예방 접종의 개념을 발전시켰다. 그는 무작위적 시간 간격으로 바닥에 전기 충격이 흐르는 우리에 개를 넣었다. 초반에 개들은 딱하게도 충격으로부터 벗어나기 위해 뛰고, 깽깽거리고, 발톱으로 긁어보지만, 시간이 지난 뒤에는 무감각과 비활동성을 특징으로 하는 우울하고 절망적인 상태로 접어든다. 이를 셀리그먼은 "학습된 무기력learned helplessness"상태라고 불렀다. 학습된 무기력 상태에 빠진 개들은 명백한 탈출 통로가 있어도 충격을 피하려 하지 않았다.

다른 개들에게는 몇 번 충격을 받고 나서 학습된 무기력 상태에 빠지기 전에 탈출할 수단이 주어졌다. 이 개들은 충격으로부터 벗어날 수 있고 결국 벗어나리라는 점을 학습하고, 한 번의 탈출 경험으로 학습된 무기력을 예방할 수 있게 되었다. 오랜 시간 동안 무작위로 피할 수 없는 충격을 가해도 예방 접종을 받은 이 개들은 수단이 주어질 때 결국 탈출에 성공했다.

이는 매우 흥미로운 이론적 개념이지만, 우리에게 중요한 것은 이러한 예방 접종의 과정이 곧 신병훈련소와 이름만 대면 알 만한 모든 다른 군사학교에서 똑같이 일어나고 있다는 사실을 이해하는 것이다. 신병들은 겉보기에 사디스트적인 학대와 곤경에 직면하고 있는 것처럼 보일 수 있지만(그리고 이들에게는 주말 외박과 궁극적으로 졸업을 통해 이러한 상황에서 벗어날 기회가 주어진다), 그들은 이를 통해 그 무엇보다 전투 스트레스에 대한 예방 접종을 받고 있는 것이다.

전투 트라우마를 야기하는 요인(a)에 대한 이해를 예방 접종 과정에 대한 이해(b)와 결합시키면, 우리는 대부분의 군사 학교에서 이루어지고 있는 예방 접종이 특히 증오에 대한 예방 접종을 목적으로 삼고 있음을 알 수 있다.

신병 앞에서 소리를 질러 대는 훈련 교관은 노골적으로 개인적 적의를 드러낸다. 증오의 바람에 맞서기 위해 훈련병을 예방 접종하는 또 다른 효과적인 수단은 미 육군과 해병대의 신병훈련소, 격투봉 훈련을 시키는 미 육군사관학교 혹은 전통적으로 권투 시합을 훈련과 통과 의례로 사용하고 있는 영국군 공수여단에서 찾아볼 수 있다. 신병들은 이 모든 일부러 만들어진 경멸과 신체에 가해지는 노골적인 적의를 겪으면서, 자부심을 갖고 명예롭게 졸업하기 위해 이 상황들을 극복해 가는 와중에 자신이 의식적 및 무의식적 수준에서 그러한 노골적인 대인적 적의를 극복할 수 있음을 깨닫게 된다. 그는 어느 정도 증오에 대한 예방 접종을 받게 되는 것이다.

나는 군 조직이 증오의 바람이 지닌 본질을 진실로 이해했다고 믿지 않는다. 또한 그들이 이러한 유형의 예방 접종에 의해 결과적으로 어떤 대가를 치러야 하는지 이해했다고도 믿지 않는다. 우리는 셀리그먼이 이에 대해 연구한 이후에야 비로소 이러한 과정을 임상적으로 이해하기 위한 토대를 겨우 갖추게 되었을 뿐이다. 그러나 수천 년을 이어온 공적 기억과 가장 가혹한 유형의 적자생존의 진화에 따라 이러한 예방 접종은 각국의 가장 뛰어나고 가장 공격적인 전투 부대의 전통 속에서 그 모습을 드러내 왔다. 전장에서 증오가 맡고 있는 역할을 이해한다면, 우리는 군대가 그토록 오랫동안 해온 일의 군사적 가치와 군인들이 신체적으로 그리고 정신적으로 생존할 수 있도록 만들어 주는 군사 훈련 과정의 상당 부분을 마침내 진정으로 이해할 수 있다.

6
의지의 우물

신이여 나와 함께하소서. 밤이 어둡습니다.

밤이 춥습니다. 내 용기의 불빛이 죽어갑니다.

이 긴 밤 나와 함께 하소서,

신이여, 그리고 나를 강하게 해주소서.

— 주니어스, 베트남 참전 용사

　많은 권위자들은 말과 글을 통해 전장에서의 정서적 지구력은 유한하다고 말한다. 나는 이를 의지의 우물이라고 표현한 바 있다. 군인은 자신이 마주할 수 있는 공포와 죄책감, 두려움, 피로, 증오에 직면한 상태에서, 결국 자신만의 내적 용기의 힘을 그 저장소인 우물이 마를 때까지 착실하게 길어 올린다. 그리고 그는 또 다른 통계 수치 중 하나가 되고 만다. 나는 이를 우물에 비유함으로써 근접 전투를 벌인 군인 중 최소한 98퍼센트가 결국 정신적 사상자가 되는 이유를 훌륭하게 알 수 있다고 생각한다.

의지와 개인

조지 키넌George Keenan은 우리에게 이런 말을 들려준다. "코카서스 등반가들에 따르면, 영웅적 행위란 한 순간 더 인내하는 것이다." 제1차 세계대전의 참호 속에서 모란 경은 용기란 "재능처럼 자연이 준 기회의 선물이 아니며 소모되는 정신력이고, 그것이 바닥났을 때 사람은 끝장 난다"는 사실을 배웠다. "타고난 용기'는 존재한다. 하지만 그것은 정말 로 두려움이 없음을 뜻하며…… 통제할 줄 아는 용기와는 반대되는 것 이다."

지속적인 전투에서 일어나는 이와 같은 정서적 파산의 과정은 신체적 으로는 생존해 있는 모든 군인의 98퍼센트에게서 나타난다. 모란 경은 테일러 병장의 사례를 제시했다. 그는 "다쳤지만 변치 않은 모습으로 돌 아왔다. 그는 살면서 겪는 사건사고에도 끄떡없어 보였고, 중대에서도 바 위처럼 굳건히 서 있었다. 사람들은 그의 곁에 밀려왔다가 그의 주위를 잠시 휘돌고는 또다시 쓸려 나갔지만, 그만은 그대로 있었다." 그는 마침 내 포격을 받고 죽을 뻔한 상황까지 갔다. 테일러 병장은 의지의 우물로 갔으나 우물은 말라 있었고, 이 불굴의 바위는 완전히 파국적으로 부서 져 내렸다.

의지와 우울

홈스는 전투 피로로 고통받은 군인들의 증상 목록을 수집했다. 전쟁 은 이들이 가진 모든 자질을 고갈시켰고, 다음과 같은 상태를 유발했다.

완전히 절망적인 상황에 처하자, 정신의 처리 과정은 점차 느려지고 둔해졌다. ……장교들과 하사관들이 아무리 애를 쓰고 독려해도 이 군인들은 절망감에서 다시 일어서지 못했다. ……군인들의 정신은 무뎌졌다. ……기억력이 철저히 손상되어 명령이나 제대로 전달할 수 있을지 의심스러울 지경이었다. ……식물인간이나 다름없었다. ……이들이 자기 참호 구멍 안이나 그 근처에서 벗어나는 일은 거의 없었고, 상태가 아주 안 좋을 때는 계속 떨면서 아무 일도 하지 못했다.

이는 중증 우울증에 관한 생생한 묘사다. 피로, 기억력 부족, 무관심, 절망감 등 이 모든 것들은 《정신 장애 진단 및 통계 편람》에서 바로 찾을 수 있는 우울증에 대한 임상적 기술 내용이다. 이것이 여기서 일어나고 있는 일을 묘사하는 데 '용기courage'라는 말보다 '의지fortitude'라는 말을 쓰는 게 더 적합한 이유다. 이는 단지 두려움에 대한 반응이 아니라 인간으로부터 의지와 생을 빨아먹고 그를 임상적으로 우울하게 남겨 두는 스트레스 숙주에 대한 반응이다. 용기의 반대말은 비겁이지만, 의지의 반대말은 고갈이다. 군인의 우물이 마를 때, 그의 영혼도 메마른다. 그리고 모란 경에 따르면, "죽음의 얼굴을 너무 오래도록 응시하게 되면, 피로가 사람을 불쏘시개처럼 바짝 말라붙게 하여, 두려움이라는 작은 불똥만 옮겨 붙어도 다 타버리게 할 수 있다."

다른 이의 우물에서 온 의지, 승리를 통한 공급

용맹한 지휘관은 용기를 빨아들여 부하라는 가지에 나눠 주는 뿌리와도 같다.

— 필립 시드니 경

위대한 군 지휘관의 핵심적인 특성 중 하나는 자신의 우물에서 엄청난 크기의 의지를 길어 올리는 능력이다. 이들은 의지를 병사들에게 나눠 줌으로써 그들의 용기를 북돋는다. 많은 저술가들은 자신들이 관찰한 전투 상황에서 이러한 일이 일어나는 과정을 기록했다. 모란 경은 "지도자의 자질을 갖춘 극소수의 사람들은 나머지 모든 사람들이 도움과 희망을 얻기 위해 붙드는 뗏목과 같다"고 지적했다.

전투에서 거둔 승리와 성공도 개인과 집단의 우물을 다시 채운다. 모란 경은 어떤 군인이 항상 자기 자원을 소모할지라도 결국 언젠가는 보충할 때도 생긴다고 말한다. 그는 "나가는 것이 있으면 들어오는 것도 있다"고 말한다. 그는 제2차 세계대전 당시 북아프리카에서 영국군을 지휘했던 알렉산더 장군을 예로 들었다. 알렉산더가 명령할 때 병사들이 장교에게 경례하는 것조차 귀찮아하는 경우가 왕왕 있었지만, 엘 알라메인 전투에서 승리한 이후 그런 현상은 없어졌고 그들은 자존감을 다시 얻었다. 모란 경은 이렇게 결론지었다. "성취는 사기를 급격히 끌어올리는 강장제와 같다. ……그러나 핵심은, 시간은 군인들 편이 아니라는 것이다."

의지와 부대

의지라는 유한한 자원이 고갈되는 현상은 개인뿐만 아니라 부대 단위에서도 나타날 수 있다. 부대의 의지는 모든 구성원이 가진 의지의 총합을 넘지 않는다. 그리하여 개인들이 마른 껍질처럼 고갈될 때, 부대 전체 또한 피로한 군인들의 모임 이상이 되지 못한다.

제2차 세계대전 노르망디 전투에서 몽고메리 원수 예하의 사단들은 북아프리카 전투에 참전했던 사단들과 전투 경험이 없는 사단 등 두 부류로 나눌 수 있었다. 노르망디 전투 초기에 몽고메리는 참전 경험이 있는 부대에 의지하는 경향이 있었고, 이러한 경향은 특히 대패로 끝난 굿우드 작전에서 더 강하게 나타났다. 그러나 참전 경험이 있는 부대의 임무 수행은 의외로 좋지 않았던 반면 참전 경험이 없는 부대의 임무 수행은 좋은 결과를 낳았다. 이 경우는 정서적 피로와 의지의 우물이 미치는 영향을 이해하지 못함으로써 제2차 세계대전 당시 연합군의 임무 수행에 크나큰 부정적인 영향을 미친 사례다.

이와 유사하게, 전투 트라우마의 모든 측면은 전장에 임하는 개인과 개인들의 집합인 부대에 깊은 영향을 미친다. 이 개념을 이해한다면 인간이 전투에서 나타내는 전반적인 반응을 알기 시작한 셈이다. 이에 무관심하다면 우리는 개인들의 상처와 우리 사회, 국가, 삶의 방식, 더 나아가 세계라는 집단의 상처에 무관심한 것이다. 모란 경은 영국이 제1차 세계대전에서 자국 청년들의 의지의 우물을 소모한 데 따른 궁극적 대가에 무관심했기 때문에 "영국 젊은이들의 삶뿐만 아니라 도덕적 유산마저 헤프게 낭비하게" 되었다고 결론지었다.

7
살해의 짐

알프레드 드 비니는 군 생활 한복판에서 군인이 피해자이자 사형집행인임을 알게 되었다. 그는 죽거나 다칠 위험을 무릅쓸 뿐 아니라 타인을 죽이고 다치게 한다.

— 존 키건, 리처드 홈스, 《병사들》

가까운 거리에서 같은 종을 죽이지 않으려 하는 거부감은 너무나 커서 종종 자기 보호 본능과 지휘관의 강제력, 동료들의 기대, 동료들의 목숨을 보호할 의무 등이 누적해서 미치는 영향을 가뿐히 넘어서고 만다.

전투를 벌이는 군인은 이 비극적인 진퇴양난의 덫에 사로잡혀 있다. 살해에 대한 거부감을 밀쳐 내고 근접 전투에서 적군을 죽이게 되면 그는 영원히 죄책감이라는 짐을 짊어져야 하며, 죽이지 않기로 결정하더라도 죽은 동료에 대한 죄책감과 책무와 국가, 대의에 대한 수치심이 그 앞에 놓여 있다. 죽여도 저주받고 죽이지 않아도 저주받는다.

살해와 그에 따른 죄책감

미 해병대 소속으로 제2차 세계대전에 참전했던 작가 윌리엄 맨체스터William Manchester는 한 일본 군인을 근거리에서 살해한 뒤 죄책감과 수치심을 느꼈다. 그는 이렇게 썼다. "바보같이 '미안해' 하고 중얼거렸던 것이 기억난다. 그러고 나서 바로 토해 버렸다. ……나는 먹은 것을 몽땅 게워 냈다. 그것은 내가 어릴 적부터 배워 온 것을 배신하는 짓이었다." 전투 경험이 있는 다른 참전 용사들이 근거리 살해와 관련해 털어놓는 정서적 반응들도 맨체스터가 느낀 공포와 별반 다르지 않다.

미디어는 병사들이 평생을 간직해 온 살인에 관한 도덕적 금기를 쉽게 벗어던지고 전투에서 어떤 생각이나 죄책감 없이 사람을 죽일 수 있는 것처럼 묘사한다. 그러나 실제로 살해했던 사람들과 살해에 관해 말하려 하는 사람들은 다른 이야기를 들려준다. 키건과 홈스의 책에서 발췌한 다음 인용문들은 살해에 대한 군인의 정서적 반응의 정수를 담고 있다.

살인은 한 인간이 다른 인간에게 저지를 수 있는 최악의 행위다. …… 그 어떤 곳에서도 일어나서는 안 되는 일이다.

— 이스라엘 군 중위

나는 스스로를 파괴자라고 질책했다. 형언할 수 없는 불쾌감이 나를 덮쳤고, 나는 범죄자가 된 것 같은 기분이 들었다.

— 나폴레옹 시대의 영국군 병사

누군가를 죽여 본 것은 그때가 처음이었다. 상황이 가라앉은 뒤에 나는 내가 죽인 독일군 병사를 보러 갔다. 가정을 꾸릴 만한 나이라고 생각하며 아주 미안한 감정이 들었던 것이 기억난다.

— 제1차 세계대전의 영국군 참전 용사, 첫 살해 직후

그때는 그렇게 충격적이지 않았지만, 지금 생각해 보면 나는 그 사람들을 학살했다. 나는 그들을 살해했다.

— 제2차 세계대전의 독일군 참전 용사

나는 얼어붙어 버렸다. 상대가 열두어 살 정도 되어 보이는 어린 소년이 었기 때문이다. 소년은 고개를 돌려 나를 쳐다보다가 느닷없이 완전히 돌아서서 내게 자동화기를 겨누었다. 나는 깜짝 놀라 스무 발의 총알을 그 아이에게 모두 퍼부었고, 아이는 그 자리에 쓰러졌다. 나는 무기를 떨어뜨리고 절규했다.

— 베트남 전쟁에 참전한 미군 특수부대 장교

나는 다시 총을 쐈고 어쩌다 그의 머리를 맞췄다. 피가 흥건하게 쏟아졌고…… 나는 토했다. 나머지 부대원들이 올 때까지 말이다.

— 이스라엘 6일 전쟁 참전 용사

그래서 또 푸조 한 대가 우리에게 다가오니까 쏠 수밖에 없었지. 그런데 알고 보니 한 가족이 타고 있는 거야. 아이가 셋이나 있었어. 나는 울부짖었지만 돌이킬 수가 없었어. 아이들과 아빠, 엄마…… 온 가족이 죽었는데, 돌이킬 수가 없었다구.

— 레바논에 침공한 이스라엘 군인

살해와 관련된 트라우마의 강도는 해외참전용사회 전임 회장이자 제2차 세계대전 당시 바스토뉴에 주둔한 제101공수사단 하사관이었던 폴과의 인터뷰에서 특히 두드러져 보였다. 그는 자기 경험과 살해당한 동료들에 대해서는 편하게 이야기했다. 그러나 내가 자신의 살해 경험에 대해 묻자 폴은 자신이 누구를 죽였는지 확신할 수 없는 경우가 많았다고 대답했다. 그러다 눈물이 폴의 눈에 가득 차올랐고, 한참을 가만히 있다가 "알았던 적이 한 번 있었다"고 말했다. 그는 흐느끼느라 잠시 말을 잇지 못했고, 이 노신사의 얼굴은 고통으로 일그러졌다. 나는 놀라 물었다. "그렇게 오랜 시간이 지나도 여전히 괴로운가요?" "예, 이렇게 오래 지났는데도요." 그는 그 일에 대해 다시는 말하지 않을 것처럼 보였다.

다음 날 그는 내게 이렇게 말했다. "이봐요, 당신이 묻고 다니는 질문 말이오, 그 질문이 누군가의 마음을 아프게 하지 않으려면 매우 신중해야 합니다. 저는 상관없어요. 아시다시피 나는 견딜 수 있지만, 몇몇 젊은 이들은 아직도 큰 상처를 가지고 있어요. 그네들은 더 이상 상처입지 않아도 되지 않습니까." 이러한 기억은 친절하고 온화한 사람들의 마음 안에 숨겨진 끔찍한 상처의 흉터였다.

죽이지 않은 데 따르는 죄책감

극소수 예외적인 경우가 있기는 하지만, 전투에서 살해에 관여한 모든 이들은 죄책감이라는 쓰디쓴 결과를 떠안는다.

군인의 죄책감

군인들이 적극적으로 전투에 임하게 만드는 것은 이데올로기나 증오, 두려움이 아니라 (1) 동료들에 대한 존중, (2) 지휘관에 대한 존경, (3) 동료들과 지휘관이 가지게 될 평판에 대한 염려, (4) 자기가 소속된 집단의 성공에 공헌하려는 욕구 등을 포함한 집단 압력의 작용이라는 것이 수많은 연구자들의 결론이다.[5]

우리는 참전 용사들이 부부 사이보다 더한 매우 강력한 결속감을 형성하게 된다고 설명하는 것을 거듭 볼 수 있다. 베트남 참전 용사이자 과거 로디지아 용병이었던 존 얼리는 그러한 결속감에 대해 이런 식으로 묘사했다.

정말 이상한 소리로 들리겠지만, 전투에서는 일종의 애정 관계가 길러진다네. 왜냐하면 자기 옆 사람에게 가장 중요한 목숨을 의지하고 있기 때문에 그 사람이 실수를 저지르면 나는 죽거나 부상을 당할 수 있는 거지. 만약 내가 실수를 해도 그에게 똑같은 일이 일어나기 때문에 신뢰의 결속감은 극도로 긴밀할 수밖에 없다네. 내가 보기에 이 결속감은 부모 자식 간의 관계 다음으로 강하다네. 부부 관계보다 훨씬 더 강하지. 내 목숨은 그의 손아귀에 있으니 말일세. 자신의 가장 소중한 것을 상대방에게 믿고 맡기는 관계라네.

이러한 결속감은 너무나 강렬하여 전투원들은 동료들을 실망시킬지도 모른다는 두려움에 사로잡힌다. 사회학과 심리학에서 이루어진 셀 수 없이 많은 연구들과 수다한 참전 용사들의 개인적 체험담, 그리고 내가 진행해 온 인터뷰들은, 군인들이 전우들을 실망시킬까 봐 아주 두려워하고 있음을 분명히 보여 준다. 우정과 동료애를 통해 강하게 결속되어 있는 병사들을 충분히 도와주지 못한 데 따른 죄책감과 트라우마는 극도로 강렬하다. 하지만 정도의 차이만 있을 뿐 모든 병사와 지휘관은 어느 정도 이 같은 죄책감에 시달린다. 자기 주변에서 동료 병사들이 죽어 가는 상황에서도 자신이 총을 쏘지 않았다는 사실을 아는 자들에게, 죄책감은 트라우마를 일으키기에 충분하다.

지휘관의 죄책감

전투 지휘관의 책무는 아주 역설적이다. 자신의 임무에 진정으로 충실한 지휘관이 되기 위해서는, 자기 휘하의 부하들을 사랑하고, 서로에 대한 책임감과 애정을 가지고 그들과 강력한 유대감으로 묶여 있어야 한다. 그리고 나서 그는 궁극적으로 그들을 사지로 내모는 명령을 스스럼없이 내려야 한다.

장교와 사병 사이, 그리고 하사관과 사병 사이에는 상당한 수준으로 사회적 장벽이 존재한다. 이러한 장벽은 상관이 자기 부하들을 치명적인 위험 속으로 내보내는 일을 가능하게 하는 동시에 부하들의 죽음과 관련된 불가피한 죄책감으로부터 그를 보호하는 역할을 한다. 훌륭한 지휘관들도 영원히 자기 양심을 짓누르게 될 실수를 저지르기 마련이다. 좋은 코치는 이긴 경기에서도 자신이 한 일을 분석하고 더 잘할 수 있었던 부분을 발견하는 것처럼, 모든 훌륭한 전투 지휘관들은 어느 정도 자신이 뭔가 다른 조치를 취했더라면 자신이 아들이나 형제처럼 사랑했던 이 병사들이 죽지 않았을 거라는 생각을 한다.

나는 전술적으로 옳은 방식대로 모든 것을 처리했지만, 우리는 군인들 몇 명을 잃었다. 다른 방법은 없었다. 우리는 그 들판을 돌아서 갈 수 없었고, 가로질러 가야 했다. 내가 실수한 걸까? 모르겠다. 한 번 더 기회가 주어진다면 다른 방식으로 했을까? 그랬을 것 같지는 않다. 왜냐하면 나는 그런 식으로 훈련받았기 때문이다. 내가 그렇게 했으면 군인들이 조금이라도 덜 죽었을까? 그건 영원히 대답할 수 없는 질문이다.

— 로버트 울리 소령, 베트남 참전 용사, 그윈 다이어의 《전쟁》에서 인용

이러한 생각은 지휘관들에게 치명적일 정도로 위험한 생각이다. 따라서 전통적으로 군 지휘관들에게 계속해서 주어지는 영예와 훈장은 훗날 그들의 정신 건강에 지극히 중요하다. 훈장과 메달, 관보의 언급, 그 외 여러 형태로 지휘관의 공로를 인정함으로써, 지휘관이 속해 있는 사회는 그가 임무를 훌륭하고 올바르게 수행했으며, 임무 수행 중에 휘하 장병들을 잃었다는 점을 지적하며 그를 비난할 자는 아무도 없다는 사실을 분명히 전달한다.

부인과 살해의 짐

적을 죽여야 한다는 의무를 그 결과 치르게 되는 죄책감과 균형을 맞추려는 시도는 전장에서 정신적 사상자가 초래되는 중대한 원인 가운데 하나다. 철학자이자 심리학자인 피터 마린은 군인이 책임과 죄책감을 배우는 과정에 대해 말한다. 군인이 전쟁의 결과로서 알게 되는 것은 "죽은 자는 되살아나지 못하고, 불구가 된 자들은 영원히 불구이고, 자신의 책

임과 과실을 부인할 길은 전혀 없다는 점이다. 이 잘못은 마치 낙인처럼 영원히 타인의 살점에 기록되어 있기 때문이다."

잘못은 "낙인처럼 영원히 타인의 살점"에 기록되어 있기에 궁극적으로 자신의 책임과 과실을 부인할 방법은 없을지도 모르지만, 전투는 부인을 시도하려는 작은 불꽃들을 집어삼키는 거대한 용광로다. 살해의 짐은 너무나 커서 대다수 사람들은 자신이 살해를 저질렀다는 사실을 인정하려 들지 않는다. 그들은 타인들에게 자신의 살해 사실을 부인하고, 스스로에게도 부인하려 든다. 딘터Dinter는 한 참전 용사의 말을 인용한다. 그는 살해에 관한 질문을 받자마자 단호한 태도로 이렇게 말했다.

현대전에서 벌어지고 있는 살인 행위의 대부분은 특정 개인을 직접 겨냥한 것이 아니다. 대다수의 사람들이 깨닫지 못하고 있는 사실은 전장에서도 독일군을 직접 보는 경우는 무척 드물다는 점이다. 극소수 병사들만이 실제로 독일인에게 무기를 겨누고 그가 쓰러지는 장면을 목격하는 경험을 한다. 보병이라고 해서 예외는 아니다.

교전을 벌이는 병사들이 쓰는 언어는 그들이 저지른 짓의 극악함을 부인하는 말들로 가득 차 있다. 대다수 군인들은 "죽인다"고 말하지 않고 치고, 쏠고, 닦고, 제거하고, 발라낸다고 말한다. 적은 청소되고, 지워지고, 불태워진다. 적은 인간성을 부인당하고, 크라우트Kraut, 잽Jap, 렙Reb, 양크Yank, 딩크dink, 슬랜트slant, 슬롭slope이라 불리는 이상한 짐승이 된다.* 전쟁 무기들조차 퍼프 더 매직 드래곤, 월아이, TOW, 팻 보

---

* 크라우트는 독일인, 잽은 일본인, 렙은 남부 백인, 양크는 북부 백인, 딩크는 북베트남인, 슬랜트와 슬롭은 아시아인을 비하하는 말이다.

이, 씬 맨 등 살가운 호칭을 얻고, 개별 군인의 살상 무기는 그저 '한 점a piece'이나 '돼지a hog'가 되며, 총알은 '구슬round' 하나가 된다.

적군도 같은 짓을 한다. 맷 브레넌은 자기 소대에 들어온 남베트남군 정찰병 콘에 대해서 말한다.

이자는…… 북베트남군 분대가 실수로 그의 아내와 아이들을 죽이기 전까지만 해도 충실한 베트콩이었다. 하지만 이제 그는 미군의 앞잡이가 되어 북베트남 군인들을 추적하기를 즐겼다. ……그는 우리가 그러듯이 공산주의자들을 구크라고 불렀다. 어느 날 밤 나는 그를 불러 이유를 물었다.

"콘, 베트콩을 구크나 딩크라고 부르는 게 옳다고 생각해?" 그는 어깨를 으쓱했다. "제게는 아무 상관없어요. 모든 것에는 다 이름이 있잖아요. 미국인들만 그런다고 생각해요? 정글속의 베트콩들은 당신들을 털북숭이 원숭이들이라고 불렀어요. 우리는 원숭이들을 죽이고……." 그는 잠시 주춤하다가 말을 이었다. "먹어요."

죽은 군인은 죽음과 동시에 고통을 끝내지만, 그를 죽인 병사는 영원히 그와 같이 살다 죽어야 한다. 교훈은 점차 선명해진다. 살해는 전쟁의 전부이고, 전투 중 살해는 본질적으로 고통과 죄책감이라는 깊은 상처를 남긴다. 전쟁의 언어는 우리가 전쟁의 실체를 부인할 수 있도록 도와주고, 그렇게 함으로써 전쟁을 보다 받아들일 만한 것으로 만든다.

8

장님들과 코끼리

무인지대를 배회하는 이는

양쪽 편의 그림자에 시달리네[6]

— 제임스 H. 나이트 애드킨, 〈무인지대〉

수많은 관찰자와 수많은 대답

정신적 손상의 원인을 구성하는 여러 요인들과 하위 요인들을 탐색하면서, 우리는 이 문제에 관한 자신들의 관점이 곧 전투 스트레스의 주원인을 잘 설명해 준다고 주장하는 권위자들을 지속적으로 만났다. 많은 이들은 죽음과 부상의 두려움이 정신적 손상을 일으키는 일차 원인이라고 주장한다. 바틀릿은 "전쟁에서 엄청난 피로를 지속적으로 견뎌야 하는 상태보다 정신병과 신경증을 일으킬 가능성이 더 높은 다른 일반적인 조건은 아무것도 없는 것으로 보인다"고 생각한다. 퍼거슨 장군은 "식량 부족이 단일 요인으로는 사기 저하를 가져오는 가장 큰 요인이다"라고 단언하고, 뒤리는 "추위가 으뜸가는 적이다"라고 주장하는 반면, 게이브리얼은 오랫동안 지속되는 자율적인 싸움-도주 활동이 정서적 피로의 원인이 된다는 주장을 강력하게 펼친다. 이와 달리 홈스는 자신의 책에서 한 장을 할애해 전투의 공포에 대해 다루면서, "죽은 동료들을 보거나 다친 동료를 돕지 못했을 때 받게 되는 마음의 상처는 오랫동안 아물지 않고 지속된다"고 주장한다. 두려움과 피로, 공포라는 보다 분명하게 드러나는 요인들에 더하여, 나는 그다지 분명하게 드러나지는 않지만 증오의 바람과 살해의 짐에 의해 드러나는 아주 중요한 요인들을 몇 가지 더 다루었다.

속담에 등장하는 장님들처럼, 사람들 각자는 코끼리의 일부분을 만진다. 눈을 가린 채 더듬거리는 개별 관찰자가 각자 발견한 것은 마치 이 짐승의 본질을 찾은 것인 양 착각할 만큼 압도적인 체험이다. 그러나 이 짐승의 전모는 사회 전체가 믿을 준비가 되어 있은 것보다 훨씬 더 거대하고 훨씬 더 끔찍하다.

이 짐승은 여러 요소들의 복합체로 구성되어 있고, 정신적 사상자가 발생하게 되는 원인은 바로 이러한 스트레스의 복합체다. 예를 들어, 제1차 세계대전에서 독가스를 사용하자 대규모로 정신적 사상자가 발생하는 사건을 접했을 때, 우리는 무엇이 군인들의 트라우마를 일으켰는지 자문해야 했다. 그들은 독가스와 죽음과 상해를 일으킬지도 모르는 독가스의 미지의 측면에 두려움과 공포를 느끼면서 트라우마를 일으켰는가? 그들은 누군가가 이런 끔찍한 짓을 저지를 만큼 자신을 증오한다는 것을 깨달으면서 트라우마를 일으켰는가? 혹은 이 미친 상황으로부터 벗어나기 위해 무의식적으로 미치게 된 정상인, 다시 말해 전투의 책무를 벗어던지고 전장의 상호 공격성으로부터 탈출할 수 있는 사회적, 도덕적으로 유일하게 수용 가능한 기회를 놓치지 않음으로써 이득을 취한 정상인일 뿐인가? 이에 대한 가장 간결하고 완전한 대답은 분명히 이러한 요인들 모두가, 그리고 여기에 몇 가지 요인들이 더해져 군인들이 겪는 딜레마를 만들어 낸다고 결론짓는 것이다.

이 짐승의 실체에 대한 이해를 방해하는 힘들

람보, 인디애나 존스, 루크 스카이워커, 제임스 본드 등을 길러 낸 문화는 아무런 대가를 치르지 않고도 전투와 살해를 벌일 수 있으며, 누군가를 적이라고 선포하면 대의와 조국을 위해서 군인들이 후회 없이 그들을 말끔하게 지구상에서 없애 버릴 것이라고 믿고 싶어 한다. 여러 면에서, 머나먼 나라에 있는 다른 젊은이들을 죽이라고 자기 나라의 젊은이들을 보낼 때, 사회가 그러한 행위의 실체를 있는 그대로 다룬다는 것은 너무나 고통스러운 일이기 때문이다.

그리고 다시 떠올리기가 너무 고통스러우면, 우리는 그것을 그저 기억 속에서 지워 버리려 한다. 글렌 그레이는 2차 세계대전 당시 자신이 체험한 바를 이렇게 썼다.

우리 자신과 우리가 서 있는 이 복잡한 땅의 참된 진실을 발견할 수 있을 만큼 오래도록 우리의 실제 모습에 매달릴 수 있는 자는 거의 없다. 전장에 나간 병사의 경우 그런 경향은 더욱 심해진다. 위대한 전쟁의 신 마르스는 자기 나라에 들어오는 우리의 눈을 가리려 하고, 떠날 때에는 레테의 강물을 마시라며 관대하게 잔을 건넨다.

심리학의 영역에서조차 사람들은 전쟁에 의해 생겨난 죄책감과 그에 따른 도덕적 문제들을 다룰 준비가 전혀 되어 있지 않아 보인다. 피터 마린은 "인간의 양심적 고통"의 강도와 실체를 설명하기 위해 우리가 쓰고 있는 심리학 용어는 "부적절하다"고 비난한다. 그는 우리 사회가 도덕적 고통이나 죄책감을 다룰 능력이 없어 보인다고 말한다. 이러한 고통과 죄책감을 신경증이나 병리로, 배울 가치가 있는 것이 아니라 한시바삐 벗어나야 할 것으로, 과거에 관한 고통스럽지만 적절한 반응이 아니라 질환, 특히 참전 용사들이 겪는 질환으로 다룬다는 것이다. 마린은 계속해서 나의 연구와 유사한 지점을 지적한다. 즉 재향군인 관리국 심리학자들은 죄책감 문제를 기꺼이 다루려 한 적이 거의 없고, 실제로 군인이 전쟁에서 무엇을 했는지에 관한 문제를 제기하지도 않는다는 것이다. 대신 이들은 한 재향군인 관리국 심리학자가 마린에게 말했듯이, 참전 용사의 어려움을 그저 적응의 문제로 취급할 뿐이다.

어둠의 심장부에 대한 더 큰 이해를 향하여

남북 전쟁 동안, 군인의 첫 전투 경험은 '코끼리 보기'라고 불렸다. 오늘날 우리 인간 종과 이 행성에 존재하는 모든 생명체의 존립은 전쟁이라 불리는 이 짐승 — 그리고 우리 각자 안에 있는 짐승 — 을 단지 바라보는 데 그치지 않고 이를 이해하고 통제하는 데 달려 있는지 모른다. 이보다 더 중요하고 핵심적인 연구 주제는 없다. 하지만 우리는 이러한 주제에 역겨움을 느끼며 등을 돌리려 한다. 그래서 전쟁에 대한 연구는 대체로 군인들이 하는 것으로 이해되어 왔다. 그러나 클라우제비츠는 거의 200년 전에 이렇게 경고한 바 있다. "그 구성 인자들이 일으키는 공포가 혐오감을 불러일으킨다는 이유로 문제에 대한 숙고를 회피하는 것은 아무런 보람도 없는 일일 뿐 아니라 사람들이 더 나은 삶을 누리게 하는데도 전혀 도움이 되지 않는다."

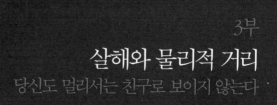

3부
살해와 물리적 거리
당신도 멀리서는 친구로 보이지 않는다

살인을 하고픈 충동에 사로잡혀 있는 것이 아니라면, 조금이나마 거리가 주어졌을 때 원치 않는 살해는 한결 쉬워진다. 한 걸음, 한 걸음씩 거리가 늘어남에 따라 현실성은 그만큼 줄어든다. 상상력은 약해지고, 거리가 아주 벌어지면 그것은 전혀 기능하지 않는다. 최근 벌어진 전쟁들에서 별다른 이유 없이 저질러진 잔학 행위가 멀리 떨어진 전사들에 의해 자행된 이유는 바로 여기에 있다. 그들은 자신들의 강력한 무기가 얼마나 큰 파괴를 일으키고 있는지 짐작조차 할 수 없었다.

— 글렌 그레이, 《용사들The Warriors》

거리가 멀어짐에 따라 공격이 더 쉬워진다는 사실은 별로 새로운 발견은 아니다. 피해자에 공감하는 능력은 물리적 거리에 직접적으로 반비례하며, 거리가 가까울수록 살해하기 어렵고 트라우마가 크다는 점은 오래전부터 잘 알려져 있었다. 군인과 철학자, 인류학자, 심리학자 들은 이러한 설명에 매료되는 동시에 근심을 느꼈다.

스펙트럼의 한쪽 끝에는 폭격과 포격이 있다. 이들은 장거리 살해가 상대적으로 용이하다는 점을 설명하는 데 자주 이용된다. 여기서 시작해서 스펙트럼의 반대편으로 다가갈수록, 살해에 대한 거부감이 점점 강렬해진다는 것을 알 수 있다. 스펙트럼의 반대쪽 끝에서 이러한 거부감은 최고조에 달하는데, 총검으로 찔러 죽일 정도가 되면 살해에 대한 거부감은 굉장히 강렬해지고, 더 나아가 목을 조른다던지 엄지로 눈을 후벼 파서 뇌를 짓누르는 등의 일반적 격투 기법을 통한 맨손 살인은 거의

살해에 대한 거부감과 물리적 거리의 관계

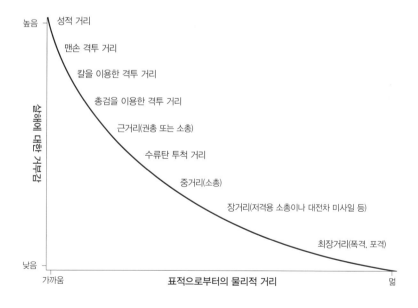

생각조차 할 수 없을 정도로 강한 거부감을 불러일으키게 된다. 더군다나 이것이 끝이 아니다. 우리는 척도의 가장 극단에서 섹스와 살해가 뒤섞이는 무시무시한 영역을 발견하게 될 것이다.

살해와 거리 간의 상관관계가 확인된 바와 마찬가지로, 많은 관찰자들은 정서적 거리 혹은 공감적 거리 요인도 확인했다. 그러나 이 요인의 하위 요소들과 이것이 살해 과정에서 차지하는 역할을 확인하기 위한 분석은 아직 그 누구에 의해서도 시도되지 않고 있다.

1

거리

죽음의 질적 차이

　군인과 용사들은 적을 전혀 보지도 않은 채로 집단 살상할 수 있다. 오늘날 여기에는 여성과 아이들도 포함되어 있다. 다치고 죽어 가는 자들의 비명 소리는 고통을 안긴 자들에게 들리지 않는다. 수백 명을 살육하면서도 그들의 피가 흐르는 광경을 전혀 보지 않을 수 있다. ……

　남북 전쟁이 끝난 이후로 채 한 세기도 지나지 않아, 목표물에서 수마일 떨어진 상공에서 떨어진 단 한 발의 폭탄이 10만 명 이상의 목숨을 앗아갔다. 그들 대부분은 민간인이었다. 이러한 사건과 한 명의 적을 마주한 부족 전사 사이의 도덕적 거리는 수천 년의 시간과 문화의 변천 과정이 벌려 놓은 간극보다 훨씬 더 크게 벌어져 있다. ……

　현대전의 전투원들은 아침에 2만 피트 상공에서 폭탄을 투하하여 민간인들에게 말로 다할 수 없는 고통을 야기한 다음, 투하 지점으로부터 수백마일 떨어진 곳에서 저녁 식사로 햄버거를 먹는다. 선사 시대의 전사는 적을 마주 보며 힘줄과 근육, 기백을 직접 겨뤘다. 살이 찢어지고 뼈가 부러지면 그는 굴복할 때가 다가왔음을 느꼈다. 싸우다 죽는 일은 자주 일어나지 않았다. 전사는 손가락 사이에서 생명의 맥박과 가까이 엄습하는 죽음을 느끼기 때문이다. 선사 시대의 전사는 자신이 머리를 부서뜨린 자의 눈빛을 기억하면서 평생을 살아가야 했다.

— 리처드 헤클러, 《전사의 정신을 찾아서》

함부르크와 바빌론: 스펙트럼의 양극단에 놓인 사례들

1943년 7월 28일, 영국 공군은 함부르크를 폭격했다. 그윈 다이어는 이들이 다음과 같이 여러 폭탄을 체계적으로 혼용했다고 말한다.

지붕에 불을 내기 위한 4파운드 소이탄, 건물 깊숙이 관통하기 위한 30파운드 소이탄이 다수 사용되었다. 이 외에도 광범위한 지역의 문과 창문을 날려 버리고 도로를 잔해로 뒤덮어 소방 활동을 저지하기 위한 4,000파운드짜리 고성능 폭탄도 다수 사용되었다. 또한 좋은 시야를 확보할 수 있는 덥고 건조한 여름밤에 노동자들이 빽빽하게 모여 사는 인구 밀집 지역에 유례없이 집중적으로 폭격을 가하면서, 역사상 전례 없는 새로운 현상인 불바람까지 생겨났다.

결국 불바람은 4평방마일에 해당되는 지역을 뒤덮었다. 중심부의 기온은 섭씨 800도였으며 대류는 허리케인과 같은 기세로 안쪽으로 흘러들었다. 한 생존자는 바람 소리가 마치 "악마가 웃는 소리" 같았다고 말했다.

……불바람이 몰아치던 구역의 아파트에는 모두 지하 대피소가 있었지만 그 안에서 살아남은 자는 아무도 없었다. 불에 타지 않은 자들은 일산화탄소 중독으로 죽었다. 거리로 나선다면 바람에 따라 불바람의 심장부로 휩쓸려 갈 위험이 있었다.

대기가 불타 오른 그날 밤, 7만 명이 함부르크에서 죽었다. 징병 대상 연령에 해당되는 사람들은 대개 전방에 있었기 때문에, 죽은 자들은 대부분 여성과 아이, 노인들이었다. 이들은 불에 타고 질식하면서 끔찍한 죽음을 맞이했다. 만약 폭격기 승무원들이 눈앞에 있는 7만 명의 여성과 아이들 한 명 한 명에게 직접 화염 방사기를 발사해야 했다면, 아니 최악의 경우 이들의 목을 직접 베야 했다면 어땠을까. 그러한 행위에 내재된 공포감과 트라우마는 그 강도가 너무나 세기 때문에 그들은 감히 그런 일을 벌일 생각조차 하지 못할 것이다. 하지만 비명 소리도 들을 수 없고 불에 타는 몸뚱이도 볼 수 없는 수천 피트 상공 위에서 할 경우, 그것은 어려운 일이 아니다.

한쪽 끝에서 반대쪽 끝까지 함부르크 전체가 불붙은 것처럼 보였고, 거대한 연기 기둥은 2만 피트 상공에 있는 우리들의 머리 위로 한참을 더 높이 치솟아 올랐다. 어둠 속에는 사납게 타오르는 새빨간 불로 이루어진 둥근 지붕이 있었다. 마치 발광하는 거대한 화로의 심장처럼 빛을 발하며 타올랐다. 나는 도로도, 건물의 외관도 볼 수 없었고, 오직 새빨간 재를 배경으로 하여 노란 횃불처럼 타오르는 밝은 불만을 보았다. 도시 위로는 안개처럼 자욱한 붉은 연무가 덮여 있었다. 그 광경을 내려다본 나는 매료되면서도 놀랐고, 만족스러우면서도 공포에 떨었다.

   — 1943년 7월 28일, 함부르크를 폭격했던 영국 공군 승무원. 그윈 다이어의 《전쟁》에서 인용

2만 피트 상공 위에서 살인자는 자신의 작업에 매료되고 만족감을 느꼈을 테지만, 지상의 사람들은 다음과 같은 상황을 겪었다.

어머니는 나를 젖은 담요로 감싸고 입맞춤을 한 뒤에 말했다. "뛰어!" 나는 문턱에서 머뭇거렸다. 불길이 내 앞을 가로막고 있었다. 마치 난로 입구처럼 모든 것이 붉었다. 강렬한 열기가 나를 덮쳤다. 불에 타는 들보가 발 앞으로 떨어졌다. 막 뛰어오르려고 한 순간, 유령 같은 손길을 따라 나는 날아갔다. 나를 감싼 담요가 돛이 되어 마치 회오리에 떠밀려가는 듯한 느낌이었다. 나는 저번 공습 때 폭격을 맞아 이미 더 이상 불붙을 만한 것이 남아 있지 않을 만큼 타버린 5층짜리 건물 앞에 도달했다. 누군가가 나와서 나를 붙잡은 다음 현관 안으로 끌어당겼다.

— 트라우테 코흐, 1943년 당시 열다섯 살, 그윈 다이어의 《전쟁》에서 인용

7만 명이 함부르크에서 죽었다. 1945년 이와 유사한 폭격이 가해졌을 때, 8만 명이 드레스덴에서 죽었다. 22만 5천 명이 도쿄에서 단 두 차례 있었던 소이탄 공습으로 생긴 불바람 속에서 죽었다. 원자폭탄이 히로시마에 떨어졌을 때는 7만 명이 죽었다. 제2차 세계대전 당시 연합국과 추축국 양측의 폭격기 승무원들은 자신의 아내와 아이, 부모와 하등 다를 바 없는 수백만 명의 여성과 어린이, 노인 들을 죽였다. 폭격기의 조종사와 항법사, 폭격수, 기관총 사수 들이 이 민간인들을 죽일 수 있었던 이유는 거리가 이들에게 정신적 지렛대로 작용했기 때문이었다. 이성적으로, 이들은 자신이 저지르는 행위가 끔찍하다는 것을 이해했다. 하지만 감정적으로, 거리는 그러한 행위의 끔찍함을 부인할 수 있게 해주었다. 최근 대중가요 가사가 뭐라고 지껄이든, 당신도 멀리서는 친구로 보이지 않는다. 거리를 두고 볼 때, 나는 당신의 인간성을 부인할 수 있다. 멀리서, 나는 당신의 비명 소리를 들을 수 없다.

바빌론

기원전 689년 아시리아의 왕 센나케리브는 바빌론의 도시를 파괴했다.

나는 바닥에서부터 꼭대기까지 도시와 집들을 무너뜨렸다. 나는 이것들을 파괴하고 불로 태워 버렸다. 나는 외벽과 내벽을, 벽돌로 지은 신전과 지구라트를 휩쓸고 파괴했고, 아라투 운하의 기반을 뒤엎었다. 바빌론을 파괴하고 그들의 신을 뭉개고 사람들을 학살한 뒤에, 나는 그 대지를 갈기갈기 찢어 유프라테스 강에 던져 강물을 따라 바다로 흘려 보냈다.

그윈 다이어는 비록 핵무기보다 노동집약적이기는 했지만 바빌론에 가해진 물리적 파괴력은 핵무기가 히로시마에 가한 파괴력 또는 소이탄이 드레스덴에 가한 파괴력과 다를 바 없었다는 사실을 지적하기 위해 상기의 문장을 인용한다. 물리적으로 그 효력은 동일하다. 하지만 심리적으로 그 차이는 어마어마하다.

이 바빌론 전투의 공포에 관해 적은 개인적 기록 중 오늘날까지 전해져 내려오는 것은 없지만, 우리는 나치의 잔학 행위에서 살아남은 자들의 이야기를 통해 바빌론과 거의 동등한 살인 행위의 여파를 알 수 있다. 나치 강제수용소에서 겪은 경험에 관한 회고록인 《신사 숙녀 여러분, 가스실은 이쪽입니다This Way for the Gas, Ladies and Gentleman》에서, 타데우슈 보로브스키Tadeusz Borowski는 우리에게 이러한 집단 학살의 끔찍한 공포를 잠시 엿보게 해준다.

우리는 열차 안으로 올라탄다. 구석에는 인간의 배설물과 버려진 손목시계들 사이에 짓눌리고 짓밟힌 아기들이 놓여 있다. 거대한 머리와 부풀어 오른 배에 벌거벗겨진 작은 괴물들. 우리는 마치 닭고기를 나르듯이 양손에 이 아기들을 한 손에 몇 명씩 들어 옮긴다.

······나는 넷이서 한 시신을 질질 끌고 가는 것을 본다. 거대하게 불은 여자 시신이다. 이들은 땀에 흠뻑 젖어서 욕설을 내뱉으며, 개처럼 울부짖고 거리를 뛰어다니며 방황하는 아이들을 걷어차 길을 연다. 이들은 옷깃과 머리, 팔을 잡아 시신을 집어 들고는 트럭의 무더기 꼭대기 위로 던져 넣는다. 차 안으로 뚱뚱한 시신을 들어 올리는 데 애를 먹던 네 명의 사내는 결국 도움을 청하여 힘을 합쳐 이 고기 덩어리를 끌어올린다. 거대하게 불고 부풀어 오른 시신들이 거리 구석구석에서 나와 한 자리에 모인다. 이들 위에 불구자와 질식한 자, 병자, 의식이 없는 자 들이 쌓여 있다. 무더기는 끓어오르고, 울부짖고, 신음한다.

바빌론에서 누군가는 수천 명의 남자와 여자, 아이들을 직접 제압해야 했고, 그 와중에 누군가는 공포에 질린 바빌론인들을 찌르고 난도질해야 했다. 한 명 한 명씩 말이다. 손주들과 아들딸들이 비명을 지르면서 강간당하고 학살당할 때 노인들은 발버둥치고 울었다. 아이들이 강간당하고 학살당할 때 부모들은 죽음의 고통 속에서 몸부림쳤다. 다시 보로브스키의 책으로 돌아가 보자. 그는 길을 잃어 혼란스러워하며 공포에 질린 어린 유대인 소녀의 살해에 관한 이야기를 간결한 문장으로 전함으로써, 무고한 자들에 대한 집단 학살 속에서 세월이 흘러도 변치 않는 희미한 메아리 소리를 포착한다.

이번에는 한 작은 소녀가 가축 운반차의 작은 창문에 몸을 반쯤 밀어 넣다가, 균형을 잃은 채 자갈 위로 떨어진다. 정신이 아득했는지, 소녀는 잠시 가만히 누워 있다가 일어서서는 원을 그리며 걷기 시작한다. 아이의 걸음은 점점 빨라지고, 경직된 양 팔을 허공에 휘저으면서, 발작하듯이 큰 소리로 숨을 몰아쉬면서 희미한 목소리로 운다. 아이는 정신 줄을 놓았다. ……나치 친위대원 하나가 조용히 다가와, 무거운 군홧발로 소녀의 어깻죽지를 찬다. 소녀는 꼬꾸라진다. 그는 군홧발로 아이를 짓밟아 선 채로, 권총을 꺼내 한 발을 쏘고, 다시 또 한 발을 쏜다. 소녀는 얼굴을 땅에 묻은 채로 발로 자갈을 차낸다. 몸이 뻣뻣하게 굳을 때까지.

권총을 칼로 바꾼 다음 이 장면을 수만 번으로 증식시켜 보라. 그러면 당신은 바빌론과 멸망당해 잊힌 무수히 많은 도시와 국가에서 벌어졌던 공포의 학살을 느낄 수 있다.

보로브스키는 과거의 바빌론인과 같은 유대인 피해자들에게서, "경험 많은 전문가들이 이들의 살갗 깊숙한 곳까지 탐색하여 혀 밑에서 금을, 자궁과 결장에서 다이아몬드를 뽑아 낼 것"임을 알았다. 역사를 돌이켜 보면 바빌론과 같은 상황에서 피해자들이 금품을 삼키거나 숨겼는지 알아보기 위해 이들을 거꾸로 매단 채 배를 가르고, 찢겨진 창자와 위장이 질질 빠져나오는 채로 기어 다니면서 천천히 죽어 가도록 내버려 두는 일은 흔했다.

나치들조차 보통 성별에 따라 분리 수용을 했고, 가족도 분리해서 수용했다. 그리고 피해자들을 직접 총검으로 찔러 죽이는 일은 거의 드물었다. 그들은 주로 기관총을 선호했고, 정말 대규모 작업에는 가스실 샤워를 선호했다. 바빌론의 공포는 우리의 상상력을 무너뜨린다.[1]

차이

> 내 폭격으로 인해 끔찍하게 죽은 사람들을 전혀 상상할 수 없었다. 나는
> 죄책감을 느끼지 못했다. 성취감 또한 느끼지 못했다.
>
> — J. 더글러스 하비, 제2차 세계대전 폭격기 조종사,
>
> 재건된 베를린을 1960년대에 방문하면서, 폴 퍼셀의 《전시Wartime》에서 인용

함부르크와 바빌론에서 일어난 일들 사이에는 어떤 차이가 있는가?
결과만 놓고 볼 때는 아무런 차이가 없었다. 두 곳 모두에서 무고한 사람
들이 끔찍하게 살해당했고 도시는 파괴되었다. 그렇다면 차이는 무엇인
가?

차이는 나치의 사형 집행관들이 유대인에게 저지른 일과 연합군 폭격
기 승무원들이 독일과 일본에게 저지른 일 사이의 차이다. 차이는 베트
남 미라이 마을에서 칼리 소위가 저지른 일과 다른 베트남 마을에서 여
러 조종사와 포병들이 저지른 일 사이의 차이다.

차이는 우리가 정서적으로 바빌론, 아우슈비츠, 미라이의 학살자들을
떠올리면서 이러한 지독한 행위를 일으킨 정신증적이고 이질적인 상태
에 혐오감을 느낀다는 것이다. 우리는 같은 인간에게 어떻게 이토록 비
인간적으로 잔학한 짓을 저지를 수 있는지 이해할 수 없다. 우리는 이를
살인murder*이라고 부르고, 이들을 끝까지 찾아다니며 살해를 저지른 범
죄자로 기소한다. 그렇게 그들은 나치 전범이 되고 미국인 전범이 된다.
그리고 이러한 개인들을 기소함으로써, 우리는 이것이 문명화된 사회가

---

* kill이 죽이는 행위 전반을 아우르는 의미를 가진 반면, murder에는 고의적이고 불법적인 방법
  으로 죽인다는 의미가 담겨 있다.

용납하지 않는 탈선임을 선언하면서 마음의 평화를 얻는다.

하지만 함부르크와 히로시마를 폭격한 자들을 생각할 때, 대다수 사람들은 그러한 행위에 대해 혐오감을 느끼지 못한다. 적어도 나치의 사형 집행인들에 대해 느끼는 만큼의 혐오감은 갖지 못한다. 역지사지로 생각하며 폭격기 승무원들이 놓여 있는 처지를 이해하려 할 때, 대부분의 사람은 자신도 같은 상황에 놓인다면 그렇게 할 수밖에 없을 것이라는 사실을 진심으로 이해한다. 그래서 우리는 그들을 범죄자로 판결하지 않는다. 폭격기 승무원들의 행위를 합리화하면서, 대다수 사람들은 직감적으로 자신도 같은 상황에 놓인다면 폭격기 승무원들이 했던 것과 똑같이 행동할 수 있지만, 나치의 사형 집행인들이 저지른 일들은 절대로 할 수 없을 것이라고 느낀다.

이러한 상황을 공감하기에 이르면, 우리는 피해자들의 입장도 공감하게 된다. 아주 묘한 일은 영국과 독일에 가해진 전략 폭격에서 살아남은 자들 가운데 폭격 상황을 경험했다는 이유로 장기간에 걸쳐 정서적 트라우마를 일으킨 사람은 거의 없었던 반면, 나치 강제수용소에서 살아남은 자들 가운데 대다수는 — 그리고 전장의 많은 군인들은 — 정서적 트라우마로 고통을 받았다. 믿기지 않겠지만 결코 부인할 수가 없는 사실은 이들이 겪은 고통은 질적으로 다르다는 점이다. 아우슈비츠의 생존자들은 범죄자들이 자신들에게 직접적으로 저지른 일들에 큰 충격을 받고 평생 동안 정신적 상처로 고통스러워했던 반면, 전쟁 행위의 우발적 피해자들이었던 함부르크의 생존자들은 이를 잊을 수 있었다.

글렌 그레이는 제2차 세계대전 당시 정보부대에서 일하면서, 스파이에서부터 나치 협력자, 강제수용소 생존자를 포함한 민간인들을 다루는 일을 했었다. 그는 죽음의 방식에 다음과 같은 질적인 차이가 있음을 알게 되었다.

죽음의 빈도가 아니라 죽음의 방식이 질적인 차이를 가져온다. 전쟁 중에 일어나는 죽음은 대개 나를 본 적도, 개인적으로 원수질 일도 전혀 없음에도 불구하고 적극적으로 나의 종말을 추구하는 같은 종의 구성원들에 의해 발생한다. 전쟁과 평화를 완전히 구분 짓게 하는 것은 사고나 자연적 원인들에 의해서가 아니라 적의에 의해서 죽음이 발생한다는 사실이다.

우리의 법체계 또한 의도의 존재 여부를 둘러싸고 확립되어 있다. 계획된 범죄와 과실치사 사이의 차이를 우리는 정서적으로나 지적으로 쉽게 감지할 수 있다. 의도에 따른 구분은 이렇게 상황에 따라 달라지는 우리의 정서적 반응을 제도화한 것이다.

살해 상황들에서 (피해자와 살해자 모두에게서) 상대적으로 다르게 나타나는 트라우마의 문제는 앞에서 다루었다. 여기서 분명히 알고 넘어가야 할 사실은 생존자들이나 역사적 관찰자들이나 모두 폭격을 받고 죽는 것과 강제수용소에서 죽는 것 사이에는 질적 차이가 있음을 본능적인 수준에서, 그리고 타인의 입장이 되어 보는 역지사지의 관점에서 이해하고 있다는 것이다. 폭격이 초래한 죽음은 거리라는 아주 중요한 요소에 의해 그 충격이 완화된다. 이는 특정인의 죽음이 의도한 것이 아니라 사실상 거의 우연에 의해 발생하는 비인격적인 전쟁 행위를 대표한다. (군사적 목표물을 폭격하는 동안 발생하는 민간인의 죽음을 완곡하게 표현하기 위해 군에서는 '부수적 피해Collateral damage'라는 표현을 쓰고 있다.) 다른 한편으로 무고한 민간인을 처형하는 행위는 대놓고 희생자의 인간성을 부인하는 비합리적인 정신병자의 소행으로, 아주 사적으로 저질러지는 행위다. 이에 대해서는 이 책의 후반부에서 다룰 것이다.

그렇다면 차이는 무엇인가? 그것은 결국 거리다.

2

장거리 및 최장거리에서의 살해
참회하거나 후회할 필요가 없다

거리를 두고 싸우는 것은 인간의 본능이다. 첫날부터 오늘날까지 그래 왔고, 앞으로도 계속 그럴 것이다.

— 아르당 뒤피크, 《전투 연구》

최장거리: "그들은 사람을 죽이고 있는 것이 아니라고 주장할 수 있다"

우리의 연구는 최장거리에서부터 시작해 거리 스펙트럼에 따라 달라지는 살해 과정을 살펴볼 것이다. 여기서 '최장거리'란 살해자가 쌍안경, 레이다, 잠망경, 원격 텔레비전 카메라와 같은 기계의 도움을 받지 않고서는 개별 피해자를 볼 수 없을 정도의 거리로 정의된다.

그레이는 이 문제에 대해 분명하게 말한다. "공포에 질린 인원 미상의 비전투원들을 살상한 조종사나 포병 중 많은 이들은 참회하거나 후회할 필요를 전혀 느끼지 않았다." 다이어 역시 포병과 폭격기 승무원, 해군들이 살인을 어려워했던 적은 단 한 번도 없었다고 말함으로써 그레이의 주장에 동의하며 이를 뒷받침하고 있다.

물론 이들도 어느 정도는 기관총 사수들이 사격을 지속하게 하는 것과 같은 압력을 받고 있다. 동료들이 옆에서 지켜보고 있기 때문이다. 그러나 그보다 이들과 적 사이에는 거리가 아주 멀고, 또한 기계가 개입하고 있다는 점이 더 중요하다. 그들은 사람을 죽이고 있는 것이 아니라고 주장할 수 있다.

어쨌거나 전반적으로 볼 때 거리는 효과적인 완충 장치다. 포수들은 자기 눈으로 볼 수 없는 격자 좌표 속의 표적을 향해 포를 쏘고, 잠수함 승무원은 '배'를 향해 어뢰를 쏘며(어찌됐든 배 안의 사람을 향해 쏘지는 않는다), 조종사들은 '목표물'을 향해 미사일을 발사한다.

여기서 다이어는 대부분의 최장거리 살해 유형을 다루고 있다. 포병과 폭격기 승무원, 해군 함포 사수, 미사일 발사반원 등은 해상 또는 육지에서 죄책감으로부터 보호받는다. 이는 집단 면죄와 기계적 거리, 그리고 지금 다루고 있는 요소인 물리적 거리라는 세 가지 요인이 복합적으로 작용한 결과다.

나는 전장에서의 살해라는 주제에 대해 수년 동안 연구하고 많은 글들을 읽어 왔지만, 이러한 상황에서 적을 죽이지 않으려고 저항했던 개인의 사례를 단 한 건도 찾을 수 없었고, 이러한 유형의 살해와 관련된 정신적 트라우마에 관한 사례도 전혀 찾지 못했다. 대중적인 신화와는 달리, 히로시마와 나가사키에 원자폭탄을 떨어뜨린 사람들에게서도 심리적 문제의 징후는 발견되지 않았다. 역사적 기록에 따르면, 에놀라 게이*의 폭격을 위해 기상 관측을 담당했던 다른 항공기의 조종사는 폭격

이전에 여러 건의 범죄를 일으켜 징계를 받았고, 군에서 제대한 이후에도 계속 문제를 일으켰다. 바로 이 사람 때문에 히로시마 및 나가사키 폭격에 참가한 승무원들이 이후 자살을 시도하거나 정신적 문제를 일으켰다는 사실과는 무관한 대중적 신화가 생긴 것이다.

장거리: "땀과 감정이 뒤엉킨 눈동자를 마주해야 하는 상황에 처하지 않는다"

'장거리'는 보통 군인이 육안으로 적군을 볼 수는 있지만 저격수의 총이나 대전차 미사일, 전차포 사격 등 특별한 무기 없이는 살해할 수 없을 만큼 멀리 떨어진 거리로 정의된다.

홈스는 제1차 세계대전에 참전했던 한 호주군 저격수가 독일군 관측병을 쏘았던 일을 회상하며 들려준 이야기를 전한다. "이상한 전율이 내 온몸을 훑고 지나갔다. 어린 시절 처음 캥거루를 봤을 때 들었던 느낌과는 확실히 달랐다. 잠시 나는 메스꺼움과 혼미함을 느꼈지만, 그 느낌은 곧 사라졌다."

이 정도 거리가 되면 비로소 살인 행위에 따르는 심리적인 장애가 보이기 시작한다. 그러나 저격수들은 원칙적으로 팀으로 구성되어 있고, 최장거리 살해자와 마찬가지로 집단 면죄와 기계적 거리(조준경), 물리적 거리 등 복합적으로 작용하는 여러 요인들을 통해 죄책감으로부터 보호받는다. 이들의 살인 행위에 대한 관찰과 기록은 근접 살인 행위에 대한

---

* 1945년 8월 6일 히로시마에 원폭을 투하한 미국 B-29 폭격기의 애칭.

관찰과 기록과는 확실히 다르다. 그리고 묘하게 비인격화되어 있다.

1969년 2월 3일 오후 9시 9분, 다섯 명의 베트콩이 숲에서 논 가장자리로 움직였다. 선두에 선 베트콩이 총에 맞아 죽었다. 즉시 다른 베트콩들이 쓰러진 베트콩 주변을 에워쌌다. 그들은 분명 무슨 일이 일어났는지 제대로 알지 못하고 있었다. 월드론 하사관은 베트콩을 하나씩 조준해 사격했고 결국 다섯 명의 베트콩 모두가 죽었다.[2]

저격수와 피살자 사이의 엄청난 거리는 완충 작용을 해주지만, 어떤 저격수들은 오로지 적군 지휘관을 죽일 경우에만 자기 행동을 합리화할 수 있다. 한 해병 저격수는 D. J. 트루비Truby에게 이렇게 말했다. "일반 대원을 쏘고 싶지는 않아. 왜냐하면 이들은 대개 겁에 질린 징집병이거나 그보다 더 못한 사람일 수 있기 때문이지. 진짜 죽어야 할 사람들은 고급 장교들이야." 제2차 세계대전 당시 극소수 전투기 조종사들이 공대공 격추 전과의 대부분을 올렸던 것처럼, 또한 신중하게 선발되고 훈련받은 극소수 저격수들은 무자비할 정도로 엄청나게 많은 적군을 사살하면서 자국의 전쟁 수행에 일반 보병들보다 훨씬 더 큰 기여를 했다.

1969년 1월 7일부터 7월 24일 사이에 베트남에서 미 육군 저격수들이 살해한 적군 수는 1,245명으로 공식 집계되었고, 이들은 적군 한 명을 죽이는 데 평균 1.39발의 탄환을 소비했다. (이를 베트남에서 1명의 적군을 죽이는 데 소요된 평균 5만 발의 탄환과 비교해 보라.)[3] 당시 미군은 문자 그대로 적의 시신 위에 발을 올려놓을 수 있는 경우에만 공인 사살로 간주했다.

그러나 이러한 효율성에도 불구하고, 미국 사회는 저격수들이 행한 이 직접적인 일 대 일 살해에 대해서 이상한 불쾌감과 거부감을 느꼈다. 피터 스태프Peter Staff는 저격수들을 다룬 자신의 책에서 이렇게 지적한다. "미국 군대는 전쟁이 끝나고 나면 항상 저격수들로부터 급히 거리를 두려 한다. 전투에서 불가능한 임무를 수행하도록 부름 받았던 이들 저격수들은 평시에는 너무도 빨리 최하층민이 되어 버린다. 제1차 세계대전, 제2차 세계대전, 한국 전쟁 등에서 상황은 매번 똑같았다."

제2차 세계대전에서 적군을 향해 중기관총을 발사했던 전투 조종사들 역시 장거리 살해 범주에 속한다고 볼 수 있겠지만, 집단 면죄 의식이 부족하고 자신과 놀랍도록 닮은 적에게 강한 동질감을 느끼는 상황에 놓여 있었기 때문에 거리의 완충 효과가 상대적으로 덜했다. 미 공군의 베리 브리저 대령은 다이어에게 공중전(장거리)과 지상전(중거리 및 단거리)의 차이를 다음과 같이 묘사했다.

전투 조종사와 육지에서 적군을 대면하면서 싸우는 병사 사이에는 한 가지 차이가 있다. 공중전은 매우 냉정하고, 깨끗하고, 간접적이다. 공중전에서는 전투기를 보고 땅의 표적을 볼 뿐, 전투의 땀과 감정이 뒤엉킨 눈동자를 마주해야 하는 상황에 처하지 않는다. 따라서 공중전은 크게 감정적이 되거나 인격화되지 않는다. 이렇듯 공중전은 감정의 영향을 크게 받지 않기 때문에, 어떻게 보면 지상전보다 훨씬 수월한 전투라고 생각한다.

그러나 이러한 효과에도 불구하고, 제2차 세계대전에 참전한 미국 전투 조종사의 단 1퍼센트가 전체 격추 전과의 무려 40퍼센트를 올렸다. 실제로 대다수 조종사들은 적기를 격추하지도 않았고, 격추하려 하지도 않았다.

3
중거리 및 수류탄 투척 거리에서의 살해
"누가 쏴서 맞혔는지 알 수 없다"

중거리: "증거가 빈약하다"

우리는 군인이 적군을 볼 수 있는 상태에서 소총으로 교전을 벌이지만 총에 맞은 피해자의 부상 정도나 음성, 얼굴 표정을 확인할 수 없는 거리를 중거리라고 부를 것이다. 사실 이 정도의 거리에서는, 군인은 자기가 적군을 죽이지 않았다고 부인할 수 있다. 어느 제2차 세계대전 참전 용사에게 전장에서 어떤 일들을 겪었는지 물었을 때, 그는 내게 이렇게 말했다. "너도나도 총을 쏴 대는 상황에서, 누가 쏴서 맞혔는지는 알 수 없는 일이지. 총을 쏘고 한 녀석이 쓰러지는 걸 봤다 해도, 누구나 자기가 맞혔다고 주장할 수 있었으니까."

이는 참전 용사들에게 직접 살해한 경험이 있느냐고 물을 때 상당히 전형적으로 나오는 반응이다. 홈스는 "내가 만나 본 대부분의 참전 용사들은 최전선에서 복무한 보병들이었지만, 자기가 실제로 적군을 죽였다고 믿는 자는 절반도 되지 않았고, 이러한 믿음은 대체로 증거가 빈약하다는 데 기반을 두고 있었다"고 말한다.

군인들이 적군을 죽일 때에는 일련의 정서적 단계를 거치는 것으로 보인다. 실제 살해는 보통 반사적으로 혹은 자동적으로 이루어지는 것으로 묘사된다. 살해 직후에 군인은 도취감과 의기양양함을 느끼는 시기를 거쳐 통상 죄책감을 느끼며 자책하는 시기로 들어선다.[4] 이러한 각각의 시기에 나타나는 감정의 세기와 지속 기간은 거리와 밀접하게 관련되어 있다. 중거리에서는 도취 단계가 우세하다. 훗날 육군 원수로 영전하게 되는 슬림Slim은 1917년 메소포타미아에서 한 터키군 병사를 쏜 뒤에 느꼈던 도취감에 대해 이렇게 썼다. "잔인하다는 생각이 들기는 하지만, 나는 그 불쌍한 터키군 병사가 몸을 비틀며 쓰러질 때 아주 강렬한 만족감을 느꼈다."

하지만 중거리 살해에서도 이러한 도취 단계 이후에 강한 자책 단계가 들이칠 수 있다. 홈스가 인용한 글에서, 나폴레옹 시대의 한 영국 군인은 자신이 처음으로 프랑스 군 병사를 쏘았을 때 얼마나 공포감에 짓눌렸는지 묘사했다. "나는 스스로를 파괴자라고 질책했다. 형언할 수 없는 불쾌감이 나를 덮쳤고, 나는 범죄자가 된 것 같은 기분이 들었다."

군인이 살해 현장에 다가가 피살자를 보게 되면, 트라우마는 훨씬 더 악화된다. 근거리에서 희생자를 보자마자 중거리 살해에 의해 만들어졌던 심리적 완충 작용의 상당 부분이 사라지기 때문이다. 홈스는 제1차 세계대전에 참전했던 한 영국군 참전 용사의 이야기를 들려준다. 자신이 저지른 짓을 자신의 눈으로 직접 확인할 때, 이 이등병의 나이는 불과 열일곱 살이었다. "누군가를 죽여 본 것은 그때가 처음이었다. 상황이 가라앉은 뒤에 나는 내가 죽인 독일군 병사를 보러 갔다. 가정을 꾸릴 만한 나이라고 생각하며 아주 미안한 감정이 들었던 것이 기억난다."

수류탄 투척 거리: "우리는 비명 소리를 들었고 속이 울렁거렸다"

수류탄 투척 거리는 짧게는 수 야드, 길게는 35에서 40야드에 이른다. 물리적 거리 스펙트럼에 따라서 '수류탄 투척 거리'라는 용어를 썼을 때에는 수류탄을 사용한 살해를 지칭한다. 수류탄을 사용한 살해는 피해자들이 죽어 가는 것을 보지 않아도 되므로 근거리 살해와 구분된다. 근거리 또는 중거리에서 투척자가 자신이 던진 수류탄의 폭발로 피해를 입지 않으려면, 피살자를 직시하지 말고 엄폐해야 하기 때문이다.

홈스는 제1차 세계대전 당시 참호 속에서 한 군인이 여러 독일군에게 수류탄을 던지자 폭발 뒤에 끔찍한 비명 소리가 이어졌던 이야기를 전한다. 그 군인은 이렇게 말했다. "우리의 신경은 엄청나게 무뎌져 있었는데도, 피가 얼어붙는 느낌이었다." 수류탄을 이용한 이러한 살해 기법은 트라우마로부터 상당 부분 자유롭다. 군인이 자신이 저지른 소행을 보지 않아도 되고, 폭발 후 이어지는 비명 소리를 듣지 않아도 되는 경우라면 말이다.

제1차 세계대전의 참호 속에서 발휘된 수류탄의 특별한 심리적, 물리적 효과는 홈스의 책에 상세하게 설명되어 있다.

양편 모두 으레 적의 참호에 수류탄을 던져 폭파했다. 그 안에는 항복할 기회가 주어졌다면 항복했을 병사들도 있었을 것이다. 1918년 3월 새로이 포로로 잡힌 한 영국군 병사는 자신을 사로잡은 자들에게 참호들 중 하나에 부상병들이 있다고 말했다. "그는 방망이 수류탄을 꺼내어, 핀을 뽑은 다음 참호 안에 던져 넣었다. 우리는 비명 소리를 들었고 속이 울렁거렸다. 하지만 우리가 할 수 있는 일은 아무것도 없었다. 모두 혼란스러운 전쟁 속에서 일어난 일이었고, 우리도 그 상황에서는 똑같은 짓을 저질렀을 것이다."

　제1차 세계대전의 근접 참호 전투에서 수류탄은 심리적으로나 물리적으로나 사용이 수월한 무기였다. 키건과 홈스가 "보병들은 소총으로 정확한 사격을 가하는 법을 잊어버리고, 수류탄을 주무기로 삼았다"고 말할 정도로 수류탄은 빈번하게 쓰였다. 여기서 우리는 수류탄이 그토록 많이 사용된 이유는 수류탄 살해와 연관된 정서적 트라우마가 근거리 살해 시 유발되는 정서적 트라우마보다 심하지 않기 때문이라는 점을 이해할 수 있다. 살해자가 희생자들의 모습을 보거나 그들이 죽어 가며 내는 비명 소리를 듣지 못할 경우에는 특히 더 그렇다.

4

근거리에서의 살해
"나는 상대를 내 손으로 죽이지 않으면 안 된다는 것을 알았다"

1967년 예루살렘의 구시가지 점령 작전 당시 어느 이스라엘 공수부대원은 덩치 큰 요르단 군인과 맞닥뜨렸다. "우리는 아주 짧은 순간 서로를 쳐다보았고, 나는 상대를 내 손으로 죽이지 않으면 안 된다는 것을 알았다. 그곳에는 아무도 없었기 때문이다. 그 모든 판단을 하는 데는 채 1초도 걸리지 않았을 테지만, 내 마음속에는 마치 슬로 모션 영화처럼 장면 하나하나가 상세히 기록되어 있다. 내가 우지 기관단총을 요착하고 사격을 시작하자 총알들이 그의 왼편으로 1미터 떨어진 벽에 맞고 튀겨 나가는 장면이 아직도 눈에 선하다. 나는 천천히 우지 기관단총의 총구를 돌려 그의 몸통을 맞혔다. 그는 무릎을 꿇은 채 고개를 들었다. 그의 얼굴은 고통과 증오로 끔찍하게 일그러져 있었다. 그렇다, 그건 증오였다. 나는 다시 총을 쐈고 어쩌다 그의 머리를 맞췄다. 피가 흥건하게 쏟아졌고…… 나는 토했다. 나머지 부대원들이 올 때까지 말이다.

— 존 키건, 리처드 홈스, 《병사들》

근거리 살해는 영거리에서부터 중거리까지의 거리 안에서 발사 무기로 이루어진 모든 살해를 말한다. 근거리 살해의 핵심적인 특징은 살해자에게 부인할 수 없을 만큼 확실한 책임이 있다는 점이다. 베트남에서는 특정 개인을 직사 무기로 살해하는 행위와 자신이 죽였다는 사실이 확실히 드러나는 살해 행위를 구별하기 위해 '직접 살해personal kill'라는 용어가 쓰였다. 대부분의 직접 살해와 그로 인해 생기는 트라우마는 근거리 살해 범위에서 발생한다.

분석의 목적을 위해, 나는 근거리에서 조우했을 때 살해하기로 선택한 자들과 살해하지 않기로 선택한 자들의 사례를 구분했다.

살해를 선택한 자들……

근거리 살해에서 도취 단계는 아주 짧고 순식간에 사라지기 때문에 잘 언급되지 않지만, 대부분의 군인들이 어떤 형태로든 이를 경험하는 것으로 보인다. 내가 만나 본 대부분의 참전 용사들은 적을 살해하고 나면 짧은 시간 동안 도취감을 경험하게 된다는 점을 인정했다. 이 도취 단계는 대체로 자신이 저지른 일의 부인할 수 없는 증거에 직면하게 되면서 거의 즉각적으로 죄책감 단계에 의해 압도된다. 그리고 죄책감 단계는 혐오감이 신체적 증상으로 나타나고 구토를 일으킬 만큼 강력한 경우가 많다.

군인이 근거리에서 살해를 할 때, 그것은 본질적으로 극도로 생생한 개인적인 문제가 된다. 어느 미국 특수 부대(그린베레) 장교는 베트남에서 매복에 걸려 반격하다가 직접 살해를 하게 되면서 자신이 느꼈던 혐오감을 다음과 같이 묘사했다.

나는 선수를 쳐 그들을 공격하기 위해…… 병사 두 명을 데리고 측면으로 돌아갔다. 나는 적의 옆쪽으로 움직여 가서 그들에게 M-16 소총을 겨누었다. 그때 그가 몸을 돌려 나를 빤히 쳐다보았고, 나는 얼어붙어 버렸다. 상대가 열두어 살 정도 되어 보이는 어린 소년이었기 때문이다. 소년은 고개를 돌려 나를 쳐다보다가 느닷없이 완전히 돌아서서 내게 자동화기를 겨누었다. 나는 깜짝 놀라 스무 발의 총알을 그 아이에게 모두 퍼부었고, 아이는 그 자리에 쓰러졌다. 나는 무기를 떨어뜨리고 절규했다.

— 존 키건, 리처드 홈스, 《병사들》

작가이자 제2차 세계대전에 참전한 해병대 용사였던 윌리엄 맨체스터는 근거리 살해를 하고 나서 앞서와 같은 심리적 반응을 겪었고, 이를 다음과 같이 생생하게 묘사했다.

나는 완전히 공포에 질려, 넋이 빠져 있었다. 그러나 해변 근처의 작은 낚시 판잣집에 일본 저격수 한 놈이 있다는 것은 알고 있었다. 그놈은 우리와는 다른 방향에 있는 다른 대대 해병들을 향해 사격하고 있었다. 하지만 우리 쪽으로도 창이 나 있었기 때문에, 그쪽으로 사격을 하고 나면 곧 우리를 겨누리라는 것을 알았다. 그리고 달리 갈 사람이 없었기 때문에…… 나는 판잣집으로 달려가 문을 부수고 쳐들어갔다. 하지만 방 안은 텅 비어 있었다.

문이 하나 있었다. 방이 하나 더 있고 저격수는 그 안에 있다는 뜻이었다. 나는 문을 부수었다. 나는 완전히 공포에 사로잡혀 있었다. 그가 나의 침입을 예상하고, 나를 쏠 거라고 생각했기 때문이다. 하지만 막상 들어가 보니 그는 저격용 장비를 걸치고 있어서 재빨리 뒤돌아설 수가 없었다. 나는 저격용 장비를 걸친 그를 45구경 자동권총으로 쏘았다. 이내 자책감과 수치심이 들었다. 바보같이 "미안해" 하고 중얼거렸던 것이 기억난다. 그러고 나서 바로 토해 버렸다. ……나는 먹은 것을 몽땅 게워 냈다. 그것은 내가 어릴 적부터 배워 온 것을 배신하는 짓이었다.

이 거리에서는 적의 비명과 외침을 들을 수 있고, 이는 살해자가 경험하는 트라우마의 강도를 높인다. 프랑크 리처드슨 소장은 홈스에게 이렇게 말했다. "애처로운 사실은 전장에서 죽어 가는 병사들이 엄마를 부를 때가 많다는 것이다. 나는 다섯 나라 말로 그들이 엄마를 찾는 소리를 들어보았다."

때때로 근거리 살해에서 적군이 즉각적으로 죽지 않게 될 때, 마지막 순간에 살해자는 자기 희생자를 위로하는 입장에 처하게 될 때가 있다. 미 육군 레인저 상사 해리 스튜어트는 1968년 베트남 구정 공세 중에 겪은 일에 대해 이렇게 말하고 있다.

갑자기 한 사내가 우리를 향해 권총을 쏘았다. 그때 권총은 마치 175미리 곡사포만큼이나 커 보였다. 첫 발은 내 왼쪽에 있던 사수의 가슴에 맞았다. 두 번째 탄은 내 오른팔에 맞았지만, 나는 내가 총에 맞았다는 사실도 몰랐다. 세 번째 탄은 내 오른편에 있던 사수의 배에 맞았다. 그때 나는 왼편 벽에 몸을 밀착시켜 탄을 피했다.

……나는 그 베트콩에게 M-16 소총을 쏘아 댔다. 그는 내 발 앞에 넘어졌다. 그는 아직 살아있었지만 곧 죽을 터였다. 나는 아래로 손을 뻗어 그에게서 권총을 빼앗았다. 내게는 여전히 증오에 차서 나를 바라보던 두 눈동자가 여전히 눈에 선하다. ……

나중에 내가 쏜 베트콩을 또 보기 위해 걸어가 보았다. 그는 그때까지 살아서 두 눈으로 나를 바라보았다. 파리가 그의 온몸에 꼬이기 시작했다. 나는 그에게 담요를 덮어 주고 손가락으로 수통의 물을 묻혀 입술을 축여 주었다. 그의 눈에서 강하게 노려보던 눈빛이 떠나가기 시작했다. 그는 무언가 말하고 싶어 했지만 이미 너무 늦어 버렸다. 나는 담배에 불을 붙여 몇 모금 태운 뒤에 그의 입술에 물려 주었다. 그는 아주 간신히 담배 연기를 빨아들였다. 우리는 몇 모금씩 담배를 나누어 태웠고, 강렬했던 증오의 눈빛은 그가 죽기 전에 자취를 감추었다.[5]

희생자를 증오하고 경멸하게 된 이유가 있고, 근거리 살해가 일어난 자리를 빨리 떠나야 할 이유가 있을 때조차, 살해자는 자신이 저지른 엄청난 일 때문에 얼어붙어 꼼짝도 못하게 되는 경우가 있다. 디터 덴글러 대위(미국에서 두 번째로 높은 무공훈장인 해군 십자훈장을 받았고, 격추당해 생포된 후 동남아시아의 포로수용소에 수감되었다가 탈출에 성공한 유일한 미군 조종사)가 처한 상황이 바로 그러했다. 무기를 가지고 포로수용소에서 탈출하면서, 디터는 자신을 고문하고 괴롭혔던 감시병들 가운데 한 명과 맞닥뜨리게 되었다.

3피트밖에 떨어지지 않은 거리에서, 이 멍청이는 벌목도를 머리 위로 높이 치켜든 채 나를 향해 전속력으로 달려오고 있었다. 내가 총을 요착하고 방아쇠를 당길 때 총구는 그의 몸에 닿을락말락한 거리였다. 총탄의 힘에 의해 그의 몸은 칼을 치켜든 채로 공중으로 붕 떠올랐다가 다시 땅에 곤두박질쳤다. 등에 난 커다란 구멍에서 피가 뿜어져 나왔다. 단 한 발의 탄환이 사람의 몸을 이렇게 크게 망가뜨릴 수 있다는 데 놀란 나머지, 나는 벌어진 입을 다물지도 못한 채 그의 곁에 서서 이 끔찍하게 일그러진 등 말고는 아무것도 떠올리지 못하고 있었다.

이 모든 이야기에서 글쓴이가 우리에게 말하고자 하는 바는 바로 이러한 정서적 반응이다. 이들이 수개월 혹은 수년 동안 전쟁에서 경험했던 모든 사건들 중, 이 연구에서 다수 인용되어 등장하는 모든 근거리 살해는 그들의 가슴속에서 지워버리고 싶은 기억으로 보인다. 베트남 전쟁에 특수 부대 소속으로 참전했던 한 원사는 전투에 대해 이렇게 묘사했다. 그는 씹는담배를 볼에 물고 씹으며 느릿하게 말했다. "전투란 가까운 거리에서 직접 죽어 가는 사람들의 모습과 비명 소리를 접하는 거지." 그리고 힘주어 강조하기 위해 그는 담배를 뱉어 내며 뇌까렸다. "그건 참 빌어먹을 짓이야."

······그리고 살해하지 않기로 선택한 자들

근거리에서 적을 살해하는 것에 대한 거부감은 엄청나다. 적군의 눈을 들여다보고 그의 나이를 알게 되고, 두려움이나 분노 같은 상대방의 감정을 알게 되면 곧 살해당할 그자가 나 자신과 똑같은 인간임을 부인할 수가 없다. 바로 여기서 살해하지 않은 자들의 무수한 개인적 체험담이 나온다. 이 문제를 깊이 있게 연구했던 마셜과 키건, 홈스, 그리피스는 중거리 전투에서도 살해에 가담하지 않으려 저항한 흔적이 아주 흔하게 나타나지만 근접 전투로 넘어가면 이러한 거부감은 부인할 수 없을 만큼 크게 나타나, 이에 관한 수많은 일인칭 체험담을 찾을 수 있다는 데 동의하고 있다.

키건과 홈스는 제2차 세계대전 중 시칠리아에서 포격을 받고 참호 속으로 뛰어들었던 한 무리의 미군들이 겪은 체험담을 거론한다.

세상에! 주위를 둘러보니 다섯 명 정도의 독일군이 있었다. 우리의 인원 수도 네다섯 명 정도였다. 처음 우리는 그들과 싸워야 한다는 생각 말고는 그 어떤 생각도 하지 못했다. ……나는 그들이 소총을 갖고 있다는 것을 알았다. 우리도 소총이 있었다. 그러다 주변에 포탄이 떨어지자 우리는 참호의 가장자리에 찰싹 붙어 몸을 숙였고 독일군들도 똑같은 행동을 했다. 그렇게 되자 그다음에는 기묘한 소강상태가 벌어졌다. 우리는 담배를 꺼내 서로 돌려가며 피웠다. 그때 어떤 느낌이 들었는지에 대해서는 잘 설명하기가 힘들다. 그러나 그 순간 분명하게 느낀 것은 서로를 향해 총을 쏘아 댈 때가 아니라는 것이었다. ……그들은 우리와 같은 인간이었고, 그들도 단지 무서웠을 뿐이다.

마셜도 유사한 상황을 묘사한다. 베트남의 강바닥을 따라 자기 부대를 이끌던 미군 중대장 윌리스 대위가 북베트남 군인과 갑자기 맞닥뜨렸을 때의 일이다.

윌리스는 상대방의 가슴에 M-16 소총을 겨눈 채 섰다. 그들은 채 5피트도 되지 않은 거리를 두고 마주 서 있었다. 북베트남 군인의 AK-47 소총도 윌리스를 겨누고 있었다.
대위는 격렬하게 머리를 가로저었다.
북베트남 군인도 그만큼 격렬하게 머리를 가로저었다.
그 순간 둘만의 휴전, 적대행위 중지, 신사협정, 거래가 이루어졌다…….

북베트남 군인은 다시 어둠 속으로 사라졌고 윌리스도 비틀거리며 걸어 나갔다.

서로 이렇게 가까이 다가선 상태에서 병사들이 상대방의 인간성을 부인한다는 것은 극도로 어려운 일이다. 상대방의 얼굴을 들여다보고 그의 눈과 두려움을 보고 있노라면 부인은 소멸된다. 이 거리에서는 살해의 인간 상호적 본질이 변하게 된다. 이제 살해자는 제복을 향해 쏘거나 규정된 적을 죽이는 것이 아니라 인간을 향해 총을 쏴야 하고 특정 개인을 죽여야 한다. 대부분의 사람들은 그런 행동을 할 수 없거나 하려 하지 않을 것이다.

5

날무기를 사용한 살해
"깊은 잔인성"

군인이 총검이나 창과 같은 비발사 무기를 써야 하는 물리적 거리에서는, 이러한 물리적 관계로부터 두 가지 중대한 결과가 나타난다.

먼저, 우리는 멀리 떨어져서 사용할 수 있는 날무기로 살해하는 것이 심리적으로 보다 쉽고, 떨어진 거리가 줄어들수록 심리적인 어려움은 더 커진다는 사실을 인식해야 한다. 사람을 6인치 칼로 찌르는 것보다는 20피트 길이의 창으로 꿰뚫을 때 심리적 부담감은 훨씬 줄어든다.

그리스 군과 마케도니아 군의 방진phalanx은 창이 제공하는 물리적 거리 덕분에 많은 심리적 안정을 얻을 수 있었고, 알렉산더 대왕은 이를 활용해 기성 세계를 정복하는 데 나설 수 있었다.[6] 창들이 울타리 역할을 하며 제공하는 심리적 안정감은 아주 강력했다. 이런 이유로 방진은 중세에 다시 등장했고, 말 탄 기사들의 시대에 성공적으로 사용되었다. 결국 방진은 화약을 이용한 발사 무기들이 등장해 뛰어난 대치 수단과 심리적 안정감을 제공하고 나서야 역사의 무대에서 사라졌다.

이러한 거리 관계가 드러내는 두 번째 결과는 찌르는 것보다 베거나 자르는 것이 훨씬 더 쉽다는 것이다. 찌른다는 것은 관통시킨다는 것이고, 벤다는 것은 적의 본질을 뚫어 버린다는 목표를 회피하거나 부인하는 것이다.

총검과 창, 혹은 칼로 무장한 군인에게 있어서, 그의 무기는 자연스러운 신체의 연장延長이다. 즉 그가 지닌 무기는 자기 몸에 부속되어 있는 신체의 일부나 다름없다. 이러한 부속물로 적의 몸을 뚫는 행위에는 우리가 육박전 거리에서 보게 되는 성적 함의가 담겨 있다. 이러한 무기를 내뻗어 적군의 살을 찌르고 그의 생명 유지에 필수적인 장기들에 우리의 일부를 쑤셔 박는 행위는 성행위와 아주 유사하면서도 치명적인 결과를 낳는다. 그렇기 때문에 우리는 이러한 행위에 아주 강렬한 혐오감을 느끼게 된다.

실제로 로마 군은 병사들이 상대방을 찔러 죽이는 일을 회피하려 했기 때문에 아주 심각한 곤란을 겪었다. 이 때문에 고대 로마의 전술가이자 역사가인 베게티우스Vegetius는 〈칼로 베지 말고 찔러라〉라는 제목을 붙인 절에서 이 점을 상세하게 다루며 이렇게 강조했다.

그들 또한 칼로 베지 말고 찌르라고 배웠다. 그렇기 때문에 로마인들은 무기의 날로 싸우는 자들을 조롱했을 뿐 아니라 그들을 쉽게 정복했다. 칼날을 이용해 상대방을 치면 아무리 힘껏 공격하더라도 적이 죽을 확률은 아주 낮다. 신체의 생명 유지에 필요한 장기들은 뼈와 갑옷의 보호를 받고 있기 때문이다. 반대로, 찔러서 공격하면 단 2인치만 관통하더라도 대체로 치명적인 결과를 낳는다.[7]

총검 사용 거리

직업 군인이자 잡지 칼럼니스트인 밥 매케너는 자신이 총검 살해의 "깊은 잔인성"이라고 부르는 것을 이해하기 위해 아프리카, 중미, 동남아시아 등지에서 16년간 군복무를 해오고 있다. 그는 이렇게 말한다. "날이 선 무기가 당신의 내장 속으로 미끄러져 들어온다고 생각하는 것이 총알이 내장에 박힌다고 생각하는 것보다 훨씬 더 공포감을 자아내고 실감이 난다. 아마도 그 날붙이가 다가오고 있는 모습을 볼 수 있기 때문일 것이다." 날붙이에 찔려 죽는 것에 대한 격렬한 거부감은 1857년 세포이 항쟁에 가담했다가 붙잡힌 인도 병사들이 총검보다는 소총으로 처형당하기를 원하며 "총알을 구하러 다녔다"는 사실에서도 알 수 있다. AP 뉴스 기사에 따르면, 최근에도 르완다에서 이 같은 일이 있었다. 후투족 병사들은 투치족 희생자들에게 난도질당해 죽기 싫으면 죽일 때 쓸 총알을 사오라고 시켰다.

살해자만이 총검 살해의 깊은 잔인성에 격한 거부감을 느끼는 것은 아니다. 군사학에 새로운 이정표를 세운 존 키건의 작품 《전쟁의 얼굴 The Face of Battle》은 아쟁쿠르(Agincourt, 1415년), 워털루(Waterloo, 1815년), 솜(Somme, 1916년) 등 세 전투를 비교 연구하고 있다. 500년의 세월에 걸쳐 있는 세 전투에 대한 분석에서, 키건은 워털루와 솜에서 대규모 착검 공격을 하는 동안 총검으로 인한 부상은 놀랍게도 전혀 없었다는 사실을 반복해서 지적한다. 워털루에서 벌어진 전투에 대해 키건은 이렇게 밝히고 있다. "칼과 창에 찔려 치료를 받을 필요가 있는 부상자들이 다수 있었고, 총검에 찔려 부상당한 자들도 꽤 있었다. 하지만 이들이 입은 부상은 보통 이미 싸울 능력을 상실한 후에 입게 된 것들이었다. 따라서 워털루에서 양편 군대가 총검을 들고 서로 싸웠다는 증거는 전혀 없다." 제1차 세계대전에 이르게 되면, 칼날이 있는 무기를 사용한 전투는 거의 사라졌다. 키건은 솜 전투에서 "칼날이 있는 무기에 당한 자들은 전체 부상자들 가운데 1퍼센트에 지나지 않다"고 지적한다.

총검 전투에서는 세 가지 주요 심리적 요인들이 작용하기 시작한다. 첫째, 총검 사용 거리에서 적군과 마주할 때, 대다수의 군인들은 적을 살상하고 제압하기 위해 총검으로 찌르기보다는 소총의 개머리판이나 다른 수단을 사용한다. 둘째, 총검이 사용되는 근거리에서는 심리적 트라우마가 발생할 가능성이 증폭되는 상황이 야기된다. 마지막으로, 총검을 사용해 적을 죽이는 것에 대한 거부감은 찔려 죽게 되는 적이 느끼는 공포감보다 작지 않다. 그래서 착검 돌격 시에는 실제로 총검을 사용해 교전을 벌이기도 전에, 양편 중 어느 한편이 도망치는 일이 예외 없이 일어난다.

전사를 뒤져 봐도, 실제로 총검이 사용된 전투는 아주 드물다. 트로슈 장군은 19세기 프랑스 군대에서 군 생활에 일생을 바치면서도 총검 전투를 단 한 차례밖에 보지 못했다. 그 순간은 1854년 크림 전쟁의 잉커만 전투에서 짙은 안개 속에서 프랑스 부대가 우연히 러시아 연대와 맞닥뜨렸을 때였다. 그리고 이 드문 총검 교전에서조차 실제로 총검에 부상당한 병사는 극히 적었다.

이처럼 예외적인 사건이 일어날 때, 그리고 총검으로 무장한 병사가 다른 병사와 일 대 일로 마주할 때, 가장 일반적인 경우를 상정하면 그들은 온갖 일들을 벌이면서도 총검으로 찌르는 일은 극구 피한다. 로마의 병사들이 자신들의 칼로 찌르기보다는 베려는 경향을 드러내며 싸워야 했던 것처럼, 현대의 군인들도 피할 수만 있다면 적군의 몸을 찌르지 않는 방식으로 무기를 쓰려는 경향을 보인다.

홈스는 모든 군인들이 총검술 훈련을 받지만, 그럼에도 불구하고 "그들은 막상 전투를 벌이게 되면 자신들의 무기를 뒤집어 몽둥이처럼 사용하는 경우가 비일비재하다"고 말한다. "독일군은 총검보다는 개머리판 사용을 훨씬 더 선호하는 것으로 보인다. ……근접전에서 독일군은 몽둥이와 곤봉, 날을 세운 삽을 선호했다." 이 모든 것이 치거나 베는 무기라는 것에 주목하라.

그는 계속해서 이처럼 총검을 쓰는 것에 대한 미묘하고 무의식적인 거부감의 본질을 훌륭한 사례를 통해 제시한다. "제1차 세계대전 당시 프레데릭 카를 왕자는 한 독일군 보병에게 왜 그렇게 하는지 물었다. 그 군인은 이렇게 대답했다. '모르겠습니다. 분통이 나면 이것이 손 안에서 저절로 뒤쪽으로 돕니다.'"

남북 전쟁의 수많은 사건들은 양군의 대다수 병사들이 총검 사용을 싫어했음을 증명한다. 혼전 속에서 북군 병사들과 남군 병사들은 총검으로 적군의 내장을 무참히 쑤시기보다는 개머리판을 사용하거나 소총의 총열을 잡고 몽둥이처럼 휘두르는 것을 더 좋아했다. 몇몇 저술가들은 남북 전쟁이 골육상잔의 내전이라는 특수성을 갖고 있었기 때문에 군인들이 적을 총검으로 찌르는 데 거부감을 느꼈을 것이라고 결론지었다. 하지만 최근 2세기 동안 벌어진 전투들의 사상자 통계를 분석해 보면, 군인들의 이러한 행동에서 드러나는 것은 오히려 인간의 마음속 깊숙이 내재되어 있는 기본적이고 보편적인 본성이다. 첫째, 군인은 적과의 거리가 가까울수록 살해하는 것을 더 어려워하고, 총검 사용 거리에까지 이르게 되면 적을 살해한다는 것은 매우 어려운 일이 된다. 둘째, 평범한 인간은 자신과 다를 바 없는 다른 인간의 신체를 손에 쥔 날카로운 무기로 찌르는 것에 강한 거부감을 느끼며, 찌르기보다는 때리거나 베기를 더 선호한다.

총검을 사용한 직접 살해는 전장에서 아주 드물게 일어난다. 따라서 평생을 이 분야에 대한 연구에 바치면서 이처럼 현대전에서 "전체 사상자들 가운데 1퍼센트"에 해당하는 자들에게 공격을 가한 개인들의 이야기들을 힘들여 모은 리처드 홈스의 업적은 칭송 받아 마땅한 일이다.

그 이야기들 가운데 하나에서, 1915년 한 독일 보병 부대 소속 창병은 창검 살해를 다음과 같이 묘사하고 있다.

우리는 적군이 굳건히 방어하고 있는 프랑스 군 진지를 기습하라는 명령을 받았다. 이어 벌어진 아수라장 속에서 프랑스 군 병사 하나가 갑자기 내 앞에 섰다. 둘 다 착검한 상태였기 때문에, 그는 나를, 나는 그를 죽일 준비가 되어 있었다. 이미 프라이부르크에서 벌인 기병대 간의 전투를 통해 그자보다 빠르게 움직이는 법을 터득하고 있던 터라, 나는 그자의 무기를 옆으로 밀어제친 다음 가슴팍을 찔렀다. 그는 소총을 떨어뜨리며 쓰러졌고, 입에서는 피가 솟구쳐 나왔다. 나는 옆에 서서 몇 초간 지켜보다가 최후의 일격을 가했다. 우리 군이 적 진지를 장악한 후에, 나는 어지럼증을 느꼈다. 그리고 무릎이 후들거리며 뱃속에서 신물이 올라왔다.

그는 이어진 이야기에서 전투를 하며 온갖 일을 겪었음에도 불구하고 자신이 총검으로 찔러 죽인 이 프랑스 군 병사의 혼령이 그 이후 자주 꿈속에 나타났다고 말했다. 실로, 총검 살해의 "깊은 잔인성"은 심리적 트라우마를 일으킬 만한 거대한 잠재력을 지닌 환경의 모든 요소들을 갖추고 있다.

제1차 세계대전에 참전한 한 호주군 병사는 아버지에게 보내는 편지에서 자신이 총검으로 찔러 죽인 독일군에 대해 명백히 다른 관점을 드러내고 있다.

독일 놈들은 맹세컨대 정말 죽어 있는 뚱개나 다름없는 볼품없는 종자들이에요. 이놈들은 마구 총을 쏘아 대다가도 손을 뻗치면 닿을 정도로 거리가 가까워지면 들고 있던 총을 내던지고 자비를 구하는 그런 놈들입니다. 호되게 한번 당해도 싼 놈들이죠. ……저는 전쟁이 끝나기 전에 아마 몇 놈 더 해치울 수 있을 겁니다. 사냥을 할 때, 이놈들의 몸을 쑤시면 눈이 새우처럼 불룩해져요.

여기에 적혀 있는 말들이 거짓이 아니라면, 그리고 사람을 죽이고도 양심의 가책을 전혀 느끼지 못했다는 것이 그저 아버지에게 자랑하기 위해 공연히 떠벌린 말이 아니라면, 이 군인은 그런 행위에 가담하는 데 거리낌을 느끼지 않는 내적 기질을 소유한 극소수 사람들에 속하는 자임이 분명하다. 이 책 후반부에서 우리는 살해의 요인으로 기질을 다룰 것이며, 특히 "공격적인 사이코패스" 기질을 가진 2퍼센트의 사람들을 중점적으로 다룰 것이다. 그리고 5부 〈살해와 잔학 행위〉에서, 근거리에서 싸우다가 항복을 시도하게 되면 자신이 방금 전가지 죽이려고 했던 바로 그 군인들에 의해 그 자리에서 죽임을 당하게 되는 과정을 자세히 살펴볼 것이다. 여기서 우선적인 목표는 총검과 칼 같은 날붙이 무기를 통한 살해의 본질과 이러한 무기로 사람을 죽일 수 있는 자들의 본성을 파악하는 것이다. 그리고 우리가 관찰하는 바와 같이, 이러한 행위를 "사냥"으로 볼 수 있는 기이한 사람은 무척 드물다.

1차 세계대전 당시 가자Gaza에서 첫 전투를 벌였던 또 다른 호주군 참전 용사는 총검 전투를 "광폭한 도살 행위"라고 묘사했다. 그는 분명 총검으로 적을 찔러 죽이지는 않았지만 현장에서 "돌진하는 터키군의 거친 숨소리, 이를 가는 소리, 우리를 노려보는 눈, 총검이 급소를 찌르자 소슬한 비명 소리"를 들었다. 여기서 우리는 적나라한 전투 현장을 보게 된다. 자신과 마주하고 있는 사람을 총검으로 찌를 때, 살해자는 "소슬한 비명 소리"와 입에서 솟구치는 피, "새우처럼" 불룩해지는 눈을 평생 기억 속에 간직하고 살아야 한다. 바로 이것이 날붙이 무기를 사용한 살해의 본질이고, 따라서 현대전에서 이러한 무기를 이용한 살해가 극히 드물다는 사실은 하등 이상한 일이 아니다.

이를 통해 우리는 평범한 군인들이 자신과 다를 바 없는 한 인간을 총검으로 찌르는 데 강한 거부감을 느끼며, 이러한 거부감을 벗어던지는 유일한 경우는 자신이 찔러 죽임을 당하는 상황에 처할 때뿐임을 이해할 수 있다. 모란 경은 제1차 세계대전에서 수년 동안 참호전을 벌였지만, "총검이 내 배 앞 몇 인치 거리까지 닥쳐왔던 순간이 포격을 당할 때보다 훨씬 더 두려웠다"고 말했다. 그리고 레마르크는 《서부 전선 이상 없다》에서 칼등에 톱날이 달린 전투공병용 총검을 가지고 있던 독일군이 붙잡힌 즉시 참혹하게 살해된 다음, 다른 독일군들에게 본보기로 보인 이야기를 들려준다. 홈스는 양차 세계대전에서 실제로 연합군은 그런 전투공병용 총검이 연합군에게 더 큰 고통을 주기 위해 특별하게 설계된 무기로 생각했고, 그런 총검을 가진 독일군에게 소설 속에 나오는 것과 같은 잔학 행위를 저질렀다고 말한다.[8]

빗발치는 총탄을 뚫고 용감하게 전진하는 군인들도 손에 날붙이를 들고 결연한 자세로 맞서는 자 앞에서는 뒤꽁무니를 빼게 된다. 듀피크는 이렇게 지적했다. "유럽 각국에는 이런 말이 있다. '착검 돌격을 당해 낼 자는 아무도 없다.' 완전히 맞는 말이다." 창이든, 투창이든, 총검이든 날 붙이를 손에 쥔 적들이 파도처럼 진지로 밀려든다는 것은 누구에게나 심각한 문제다. 홈스는 이 때문에 "어느 편이든 대개 양군이 총검으로 맞붙기 전에 다른 명령을 생각해 낸다"고 주장한다. 어느 편도 총검으로 싸워야 할 만큼 가까이 다가가지 못한 채로 진격을 머뭇대다 결국 양편이 우스꽝스러울 만치 근거리에서 사격을 시작하는 경우도 아주 많다.

제2차 세계대전 참전 용사인 프레드 마잘라니는 이렇게 말했다.

> 총검 사용과 관련된 허튼 소리들은 많았다. 하지만 진짜로 독일군을 총검으로 찔러 봤다고 말할 수 있는 군인은 상대적으로 아주 적었다. 총검으로 위협하며 칼끝을 들이대기만 해도 대개 상황은 종료된다. 거의 모든 병사들은 칼에 찔릴 상황에 처하게 되면 예외 없이 두 손을 들고 만다.

현대전에서 착검 돌격 상황이 벌어질 때 양 군 가운데 한편은 서로 맞닥뜨리기도 전에 돌격을 멈추고 후퇴하며, 이후 심리적 균형은 한쪽으로 급격하게 기우는 것이 일반적이다. 하지만 이것은 총검과 착검 돌격이 효과가 없다는 것을 뜻하지 않는다. 패디 그리피스는 이렇게 지적한다.

> 총검으로 적 병사를 살해하기는커녕 옷깃을 스치는 일조차 없어도 착검 돌격이 큰 효과를 낳는다는 것은 분명한 사실이다. 그러나 이러한 사실에서 엄청난 오해가 생겼다. 전쟁에서 발생하는 사상자의 100퍼센트가 소총 사격에 의한 것일지라도, 여전히 총검은 승리의 도구가 될 수 있다. 총검의 목

적은 적군을 죽이는 데 있는 것이 아니라 부대를 와해시키고 진지를 차지하는 데 있기 때문이다. 총검의 재빠른 움직임과 총검을 쥔 자의 눈에 서린 결심은 적에게 큰 충격을 주는 경우가 많았다.

근접 전투와 백병전 살해에 대한 역사와 전통이 있는 부대는 적에게 특별한 공포와 두려움을 불러일으킨다. 이러한 부대는 직접 살해에 대한 자연스러운 거부감을 "증오"로 탈바꿈시킴으로써 근접전을 벌여 대인 공격을 감행하는 의지를 드러내기 때문이다. 포클랜드 전쟁에서 아르헨티나 군이 보인 공포에서도 알 수 있듯이, 영국의 구르카 대대는 역사적으로 이에 능했다. 그 외에도 총검의 능력을 신뢰하는 부대들은 결연한 의지를 갖춘 아군의 총검에 찔릴 거리에 들어가는 데서 오는 적군의 자연스러운 공포 반응을 조금도 놓치지 않고 이용해 왔다.

이런 부대들(혹은 최소한 이러한 부대의 지휘관들)이 알고 있어야 할 것은 실제로 찔러 죽이는 일은 거의 일어나지 않는다는 사실이다. 하지만 이들이 또한 알아야 할 것은, 근접 살해를 감행하려는 의지를 가졌거나 적어도 그런 의지를 가졌다는 평판을 가진 우월한 상대와 맞서야 하는 상황에 직면할 경우, 이런 행위에 대해 강력한 거부감을 가진 적의 사기는 엄청나게 떨어지기 마련이라는 사실이다.

등을 보인 적에 대한 공격과 추적 본능

백병전은 없다. 근거리에서는 등을 보인 적을 치는 고래의 대학살이 있을 뿐이다.

— 아르당 뒤피크, 《전투 연구》

착검 돌격으로 인해 한편의 군인들이 등을 보이며 달아날 때가 돼서야 비로소 살인은 본격화된다. 본능적으로, 군인들은 이러한 사실을 알고 있고, 따라서 자신이 적에게 등을 보여야 할 때 주체할 수 없을 정도로 큰 공포에 휩싸이게 된다. 그리피스는 이러한 퇴각에 따른 공포를 깊이 숙고한다. "이는 병사들이 위험을 계속해서 직시해야만 그것을 견딜 수 있다는 점에서 역逆타조 증후군ostrich syndrome*의 일종으로 볼 수 있다." 또한 그리피스는 남북 전쟁에 대한 자신의 탁월한 연구에서, 적이 전장에서 달아날 때 가장 효과적인 사격과 살해가 일어난 경우가 많았음을 지적하고 있다.

나는 적이 등을 보일 때 살해가 급증하고, 적에게 등을 보일 때 공포를 느끼게 되는 이유에는 두 가지 요인이 작용하고 있다고 생각한다. 첫 번째 요인은 추격 본능이다. 평생 동안 개를 훈련시키고 군견과 더불어 일하면서, 나는 동물에게서 도망치는 것이 최악의 결과를 낳는다는 사실을 알게 되었다. 이제까지 내가 길들이지 못한 개는 한 마리도 없었고, 내게 달려드는 개를 발로 걷어차서 꼼짝 못하게 한 적도 없지만, 내가 등을 돌려 달아나면 심각한 위험에 빠질 수 있다는 것을 본능과 이성을 통해 늘 알고 있었다. 대부분의 동물들에게는 추격 본능이 있어서 훈련을 잘 받은 온순한 개들조차 본능적으로 달아나는 상대를 쫓아가 덮쳐 버린다. 등을 보이고 있다면, 당신은 위험에 빠져 있는 것이다. 마찬가지로, 인간에게도 추적 본능이 있어서 도망치는 적군을 죽이는 데는 거부감을 느끼지 않게 되는 것처럼 보인다.

등을 보인 병사를 별다른 주저 없이 살인하게 되는 두 번째 요인은 얼

---

*타조 증후군은 위기가 닥치면 머리를 모래 속에 파묻는 타조의 습성에서 따온 증후군으로, 위험에 적극적으로 대처하기보다는 눈감으려는 자기기만적인 태도를 가리킨다.

굴을 보지 못하게 되면 물리적으로 아주 가까운 거리라 하더라도 이를 잘 실감하지 못한다는 데 있다. 간단히 말해, 물리적 거리의 본질은 살인자가 희생자의 얼굴을 얼마나 자세히 볼 수 있느냐에 달려 있는 것이다. 등 뒤에서 총을 쏘거나 등 뒤에서 비수를 꽂는 행위를 비겁한 짓으로 여기는 우리의 문화적 태도는 이러한 과정에 대한 본능적 이해에 바탕을 깔고 있는 것으로 보이고, 군인들 또한 등을 보일 때 적에게 살해당할 가능성이 훨씬 더 높다는 것을 본능적으로 이해하고 있는 것으로 보인다.

살해를 가능하게 해주는 이러한 과정을 알고 나면, 나치와 공산주의, 암흑가에서 이루어지는 처형이 왜 하나같이 머리 뒤편에서 총을 쏘는 방식으로 수행되는지, 그리고 교수형이나 총살형을 집행할 때 왜 처형되는 사람들의 눈을 가리거나 머리에 덮개를 씌우는지 잘 알 수 있다. 그리고 우리는 1979년 미론Miron과 골드슈타인Goldstein이 수행한 공동 연구로부터 유괴 피해자가 살해당할 위험은 피해자의 머리에 덮개가 씌워졌을 때 훨씬 더 커진다는 점을 알 수 있다. 이러한 개별 사례들에서, 머리 덮개나 눈가리개는 처형이 완수되도록 도와주며 사형 집행자의 정신 건강을 보호하는 역할을 한다. 피해자의 얼굴을 보이지 않게 하는 수단들은 처형을 수행할 수 있게 하는 심리적 거리의 형식을 제공하며, 자신과 같은 종인 인간을 죽였다는 사실을 부인하고, 합리화하고, 받아들일 수 있게 도와준다.

눈은 영혼의 창이다. 따라서 살해할 때 눈을 보지 않아도 될 경우, 피해자의 인간성을 부정하는 일은 훨씬 더 쉬워진다. "새우처럼" 툭 튀어나온 눈과 입으로 토해 내는 피는 보이지 않는다. 피해자는 여전히 익명의 상대로 남아 있고, 피해자를 한 인간으로서 알 필요도 없다. 그리고 근거리에서 살인을 하게 될 때 대다수 살인자들이 치러야 하는 대가, 즉 "고통과 증오로 일그러진 끔찍한 얼굴"에 관한 기억은 단지 피해자의 얼굴을 보지 않는 것만으로도 결코 겪지 않아도 되는 일이다.

전투 중 뒤에서 공격하는 것과 추적 본능이 미치는 영향은 적이 등을 돌려 도망치기 시작할 때 급격히 증가하는 사상자 비율만 봐도 알 수 있다. 클라우제비츠와 듀피크 모두 역사적으로 전투에서 대부분의 사상자는 전투의 승패가 판가름 난 이후에 추격당하는 패배자 편에서 발생한다는 사실을 자세하게 설명하고 있다. 이러한 맥락에서 아르당 듀피크는 알렉산더 대왕의 사례를 들면서 그의 군대가 수년간 전쟁을 벌이면서도 칼에 맞아 죽은 병사의 수가 700명도 되지 않았다는 점을 지적한다. 이토록 전사자가 적었던 이유는 단지 그들이 한 번도 전투에서 진 적이 없다는 사실에 있다. 그 때문에 근접전을 벌이기를 주저하는 적으로부터 공격을 받은 사상자 수가 아주 적을 수밖에 없었고, 승리를 거둔 적으로부터 추격을 당함으로써 일어나게 되는 중대한 전력의 손실도 입을 일이 없었던 것이다.

나이프 사용 거리

물리적 거리 스펙트럼을 최고점까지 끌어올릴 때, 우리는 나이프로 살해하는 것이 소총 끝에 장착된 총검으로 살해하는 것보다 훨씬 더 어렵다는 것을 알아야 한다. 나이프를 이용한 살해는 대개 특전요원이 몰래 희생자 뒤로 다가가 살해하는 방식으로 이루어진다. 뒤에서 저지르는 많은 살해가 그렇듯이, 이러한 살해는 상대의 얼굴과 몸에서 보내는 신호와 일그러짐을 볼 수 없기 때문에 정면에서 살해하는 것보다 충격이 덜

하다. 그러나 찔러 들어가는 느낌과 희생자의 전율, 그리고 뿜어져 나오는 따뜻하고 끈적끈적한 피를 느껴야 하고, 힘없이 내뱉는 최후의 숨소리를 들어야 한다.

미 육군도 다른 나라의 육군과 마찬가지로, 레인저와 그린베레 특수부대원들에게 등 아래편에서 콩팥 속으로 칼을 찔러 넣어 살해하는 방법을 훈련시킨다. 이러한 가격은 지독히 고통스러워서 희생자는 빠르게 죽어 가면서 완전히 마비되므로 극도로 조용한 살해가 가능해진다.

대부분의 군인들(물론 이 문제에 대해 생각해 본 군인들에 한정해서 하는 말이지만)은 희생자의 입을 가리고 목을 베는 것이 더 낫다고 생각하는 경향이 있다. 그러나 실제로는 콩팥을 칼로 찌르는 방식이 훨씬 효율적이다. 목을 베는 방식은 찌르는 공격이 아니라 베는 공격이기 때문에 심리적으로나 문화적으로 수용하기가 훨씬 용이하지만, 상대방을 조용히 죽일 가능성은 낮다. 왜냐하면 제대로 베지 못할 경우 상당한 소리가 날 수 있고, 누군가의 입을 손으로 가린다는 것이 늘 쉽지는 않기 때문이다. 게다가 희생자가 공격자의 손을 깨물 수도 있다. 또한 백병전의 가치를 옹호하는 어느 미 해병대 중사는 어둠 속에서 나이프로 적군의 목을 베려다가 오히려 자기 손을 베고 만 사람들이 여럿 있다고 말해 주기도 했다. 그러나 여기서 우리는 사람들이 효과적인 찌르기 공격보다는 베는 공격을 자연스럽게 선호함을 알 수 있다.

홈스는 제2차 세계대전 당시 프랑스 군은 근접 전투에서 나이프와 단검을 선호했다고 말하지만, 키건의 연구는 그런 무기에 의한 상처는 그다지 많이 발견되지 않았다고 밝히고 있기 때문에, 이러한 칼로 실제로 사람을 죽인 사례는 그리 많지 않았을 것이다. 실제로 현대전에서 칼로 사람을 죽인 체험담은 극히 드물다. 적의 초병 뒤에서 몰래 접근해 조용히 죽이는 경우를 제외하고는 칼로 사람을 죽였다는 이야기는 거의 들어본 적이 없다.

내가 인터뷰를 통해 얻을 수 있었던 나이프를 사용한 살해 체험담 가운데 하나는 제2차 세계대전 당시 태평양에서 보병으로 복무했던 한 참전 용사가 들려준 것이다. 그는 여러 건의 직접 살해 경험이 있었고 거기에 대해 논할 의사도 가지고 있었다. 그러나 전쟁이 끝나고 나서도 한참 동안 그를 악몽에 빠뜨린 것은 나이프를 이용한 단 한 번의 살해였다. 그는 간이호 안으로 숨어 들어온 자신보다 덩치가 훨씬 작은 일본 군인과 격투를 벌이다 결국 그를 짓누른 상태에서 그의 목을 그었다. 사람을 꼼짝 못하게 누르면서 상대방의 몸부림을 느끼고 그가 피 흘리며 죽어 가는 것을 본 데서 생겨난 공포를 이 남자는 오늘날까지도 견뎌 내지 못하고 있었다.

6

맨손을 이용한 살해

전투원들이 서로 아주 멀리 떨어진 상태에서 전투를 벌이는 현대전에서 인간에 대한 공포는 커졌다. 현대의 병사가 맨손으로 전투를 하는 경우는 자기 몸을 방어해야 하거나 달리 다른 방법이 없을 때뿐이다.

― 아르당 뒤피크, 《전투 연구》

맨손 전투 거리

맨손 전투에서 살해에 대한 본능적 거부감은 더욱 강해진다. 이 주제를 연구해 온 몇몇 연구자들은 고등동물 가운데 동종을 죽이는 데 본능적 거부감을 느끼지 않는 종은 인간밖에 없다고 주장하지만, 이러한 거부감은 대부분의 가라테 고수들에게서도 발견된다.

적을 죽이는 확실한 방법 중에는 목조르기가 있다. 영화 속에서 우리는 사람의 목을 잡고 졸라 죽이려는 장면을 종종 보게 된다. 그리고 할리우드 영화는 주인공이 적의 턱에 통쾌하게 주먹을 날리는 상투적인 장면을 즐겨 보여 준다. 목을 가격하는 두 경우 모두 적을 무력화하거나 죽일 수 있는 아주 뛰어난 방식이기는 하지만, 그것은 자연스러운 행위가 아니다. 다시 말해 그것은 혐오스러운 행위다.

손으로 타인에게 중대한 손상을 가하는 데 있어서 가장 효과적이고 물리적으로 가장 손쉬운 방법은 엄지손가락으로 눈을 뇌 속까지 찔러 넣는 것으로, 손가락을 두개골 속에 집어넣어 휘저은 뒤에, 양 옆으로 젖히고, 엄지로 눈과 다른 조직을 억지로 빼내는 방식이다.

한 가라테 사범은 고급반 교육생들에게 사람의 눈에 오렌지를 붙인 다음, 오렌지 속으로 엄지손가락을 찔러 넣는 방식으로 이 살해 방법을 훈련시켰다. 미 육군이 제2차 세계대전에서 15에서 20퍼센트에 불과했던 사격 비율을 베트남 전쟁에서 90에서 95퍼센트까지 높인 과정을 탐구할 때도 다시 볼 수 있겠지만, 이렇게 살해 행위를 정확하게 모방하여 연습하게 하는 과정은 교육생이 전투에서도 같은 행위를 확실히 수행하게 하는 가장 훌륭한 방법이다.

상대방의 눈에 오렌지를 붙이고 훈련하는 경우, 교육생이 오렌지의 틈으로 엄지를 찔러 넣어 찢어 제치는 동안 상대방이 비명을 지르고 몸을 꼬고 경련하도록 하여 훈련의 실감을 높인다. 일부 교육생들은 자신이 하고 있는 행위로 인해 심한 동요나 불쾌감을 느끼지 않고도 첫 훈련을 성공리에 마칠 수 있다. 이들이 타고난 거부감을 극복하고 있다는 사실은 분명하다.

폭력성 때문에 미성년자 관람불가 등급이 매겨진 영화 〈헨리: 연쇄살인마의 초상Henry: Portrait of a Serial Killer〉에서 여주인공 역을 맡았던 트레이시 아널드는 뾰족한 머리빗으로 한 남자의 눈을 찌르는 장면을 찍으면서 두 번이나 실신했다. 그녀는 전문 배우다. 죽이고, 거짓말하고, 성관계를 갖는 연기는 비교적 쉽게 해낼 수 있다. 그러나 누군가의 눈을 찌르는 행위는 흉내를 내는 것만으로도 인간 내면에 깊이 자리한 거부감을 강력하게 불러일으켜 그녀의 몸과 정서, 즉 배우의 연기 도구가 말을 듣지 못하게 만들었다. 나는 전사를 읽으면서, 이 단순한 기법을 사용한 사람이 있다는 기록을 아직 본 적이 없다. 이는 실로 생각하는 것만으로도 고통스럽다.

인간은 맨손 살해에 대해 엄청난 거부감을 가지고 있다. 인간이 처음으로 몽둥이나 돌을 집어 들어 같은 인간을 살해했을 때, 그는 물리적 에너지와 물리적 수단 이상을 얻었다. 그는 살해 과정의 매 순간마다 요구되는 심리적 에너지와 심리적 수단도 획득했다. 인간은 아득히 먼 과거에 이 능력을 습득했다. 중요한 종교 저작물인 성경과 토라 모두 선악과 나무에서 열매를 따 먹은 사실에 대해 말한다. 그리고 선악과를 먹은 최초의 효과는 카인에게 나타났다. 동생 아벨을 죽이는 데 따르는 본능적 거부감을 물리치게 된 것이다. 그는 아마도 맨손이 아니라, 이 세상에 존재하는 그 어떤 생명체도 써보지 못한 물리적, 심리적 수단을 사용해 아벨을 죽였을 것이다.[9]

7

성적 거리의 살해
"원시적 공격성과 감정의 분출, 그리고 오르가슴의 분비"

젊은 시절 중위로 북극에 장기 파견 근무를 나가 있던 어느 날 밤, 나는 장교와 상급 하사관 전용의 작은 클럽에서 맥주를 홀짝이며 앉아 있었다. 몇몇 나이 먹은 하사관들은 얼큰하게 취한 상태였다. 베트남 참전 경험이 있는 나이 지긋한 하사관 하나가 대화를 나누다가 익숙한 주제를 화제로 올리며 "씨발, 제인 폰다"라고 내뱉었다.

내 옆에 앉아 있던 또 다른 고참 하사관 하나가 고무된 표정으로 말을 받았다. "아, 그 씨발 제인 폰다말야? 그 개 씨발년 제인 폰다! 그년은 눈깔을 뽑은 다음에 입에다가 좆을 박아 줘야 돼."

섹스를 죽음과 뒤섞는 이 무시무시한 생각은 너무나 도발적이어서, 그 하사관과 둘러 앉아 있던 참전 용사들조차 잠깐 동안 충격을 받고 멍한 표정을 지었다. 창조적인 행위와 파괴적인 행위는 서로 뒤엉켜 연결되어 있다. 살해 과정에 대한 매혹, 그리고 근거리 살해에 대한 거부감은 우리 내면의 사악한 면모 주변을 맴돌면서 이런 식으로 성행위를 왜곡시킨다.

표면적인 수준에서, 성행위와 공격성의 관계는 분명하게 드러나며, 그렇게 노골적으로 불쾌한 것은 아니다. 말, 양, 사자, 고릴라 등에게서 볼 수 있듯이 가장 힘센 수컷이 암컷을 얻게 된다. 힘이 약하거나 어린 수컷은 비굴한 태도를 보여야만 살아남을 수 있다. 남성의 성 정체성과 오토바이의 파워(다리 사이에서 약동하는 1,200cc의 파워) 또는 고성능 자동차 간의 관계는 잘 알려져 있다. 몸의 일부만 간신히 가린 채로, 오토바이나 자동차 앞에서 도발적인 자세를 취한 여성들의 사진을 실은 잡지가 계속 인기를 얻고 있는 것도 이러한 관계를 분명히 보여 준다.

이런 식으로 섹스와 힘을 연결 짓는 방식은 총의 세계에도 존재한다. 최근에 총 잡지들에 광고된 비디오 〈섹시 걸스 앤 섹시 건스Sexy Girls and Sexy Guns〉는 이와 똑같은 맥락을 건드린다. 광고는 이렇게 말한다. "봐야지만 이 테이프의 진가를 알 수 있을 것이다! 스트링 비키니와 하이힐 차림으로 열폭하는 열네 명의 늘씬한 아가씨들, 전자동 기관총의 불을 품다."

모든 총기 애호가들이 〈섹시 걸스 앤 섹시 건스〉가 만족시키려는 심리 상태를 나타내는 것은 아니며 때로는 이를 매우 경멸적으로 여기는 사람들도 있다. 이 영화의 광고가 실렸던 잡지의 편집 후기에는 이러한 종류의 "완전한 자기 성애와 여인네들이 나오는 파리 총기 쇼"의 본질에 관한 자각과 이해가 드러나 있다.

비키니, 젖가슴, 자동권총이라는 역겨운 '거품' 외에는 아무것도 주지 않는, 생각 없는 '기관총 비디오'가 범람하고 있음을 알 것이다. 그것은 안내물도 오락물도 아니고, 틈새 사이로 잡힌 흔들리는 젖꼭지를 구경하려는 몇몇 사이코들을 등쳐먹기 위한 도구일 뿐이다. 물론 프로이트식 적개심을 만족시키기 위해 이런 비디오 비키니를 찾는 정신 나간 극소수 사람들도 있을 것이다. 그러나 무기가 정당한 목적을 위한 필수불가결한 도구임을 잘 아는 이들에게 적절한 안내와 지침을 제공하는 기관총 비디오의 수요도 꾸준하다는 점 또한 말하고 싶다.

— D. 맥린, 〈파이어스톰〉

그러나 멋지게 권총을 휘두르는 제임스 본드에게 옷을 걸치다 만 여자가 매달리는 사진에 노골적으로 나타난 남자다움에 관한 메시지나 〈섹시 걸스 앤 섹시 건스〉에 나타난 메시지나 현실적으로는 별반 차이가 없다.[10]

섹스로서의 살해……

성행위와 살해 간의 연결고리는 불쾌하게도 우리가 전장의 영역에 들어설 때 명백해진다. 여러 사회에서는 이처럼 뒤틀린 영역의 존재를 인식해 왔고, 이러한 영역 안에서 전투는 성행위처럼 전투를 청소년기 남성성의 중대한 전기로 간주된다. 물론 살해의 성적인 측면은 살해와 성행위가 남자가 되기 위한 통과 의례로 여겨지는 이 지대를 넘어 지속되어 살해와 성행위 간의 구분이 모호해지는 영역에까지 들어서게 된다.

포클랜드 전쟁에 참전했던 한 영국 공수부대원은 홈스에게 자신이 수행했던 어떤 공격이 "여자와 처음으로 자 본 이래로 가장 흥분되는 일이었다"고 말했다. 또 다른 미국 군인은 미라이에서의 살해를 자위행위에 뒤따르는 죄책감 및 만족감과 밀접하게 관련지으면서 비교했다.

이스라엘의 군사 심리학자인 벤 셜리트는 몇몇 전투에서 자신이 관찰한 내용을 설명하면서 이 섹스와 살해 간의 관계를 다루었다.

내 오른편에는 중기관총이 거치되어 있었다. 원래는 요리사였던 기관총수가 사격을 하고 있었다. 그는 분명 기쁨에 넘쳐 미소를 짓고 있었다. 그는 방아쇠를 꽉 잡아당기는 느낌, 총의 거센 요동, 어두운 해안가로 불을 뿜으며 날아가는 예광탄의 궤적에 들떠 있었다. 당시 나는 방아쇠를 잡아당겨 엄청나게 많은 총탄을 발사하는 것이 엄청난 쾌감과 만족감을 준다는 것을 알고 충격을 받았다. 하지만 그 외에도 이후 그 점을 확증해 준 사람들은 얼마든지 있었다. 이것이 곧 전투의 쾌감이다. 전투의 쾌감은 전략과 전술을 운용하는 체스 게임과 같은 지적인 계획이 아니라 원시적 공격성과 감정의 분출, 그리고 오르가슴의 분비에 있다.

셜리트가 상징적 언어를 통해 이 주제를 다룬 데 반해, 한 베트남 참전 용사는 마크 베이커에게 같은 주제에 대해 말한 방식은 사뭇 직접적이었다. "총은 권력이다. 어떤 이들에게 총을 지닌다는 것은 마치 영원히 발기되는 것과 같았다. 방아쇠를 당기는 것은 순수한 성적 체험이었다." 총, 특히 완전 자동화기를 지니거나 쏴 봤던 많은 남자들은 총알이 연속해서 폭발적으로 품어져 나올 때 느껴지는 힘과 쾌감은 연속적으로 정액을 폭발적으로 내뿜을 때의 정서와 유사하다는 것을 진심으로 인정하지 않을 수 없을 것이다.

내가 인터뷰한 어떤 베트남 참전 용사는 베트남에서 여섯 번 근무했다. 그는 결국 자신이 "거기서 벗어나야 했다"고 진술했는데, 왜냐하면 그가 겪은 일 때문에 그의 심신이 쇠약해지고 있었기 때문이다. 그는 내게 이렇게 말했다. "살해는 성행위와 같을지도 모른다. 살해는 성행위와 마찬가지로 인간을 들뜨게 할 수도, 인간을 쇠약하게 할 수도 있다."

······그리고 살해로서의 섹스

그리하여 대단히 직접적이고, 밀착한 상태에서 일 대 일로 벌인 강렬한 살해 경험은 성행위와 같을 수 있고, 성행위도 살해와 같을 수 있다. 글렌 그레이는 이 관계에 대해 이렇게 말한다.

분명히 말해 두지만, 섹스 파트너는 만남에 의해 파괴되는 것이 아니라 단지 정복당할 뿐이다. 또한 성적 욕망의 심리적 여파는 전투 욕망의 그것과 다르다. 그렇지만 이러한 차이에도 불구하고, 성행위와 살해의 열정은 동일한 원천에서 나오며 가해자의 손아귀에 있는 희생자에게 유사한 방식으로 영향을 미친다는 사실은 변치 않는다.

지배와 패배의 과정으로서의 섹스 개념은 강간을 향한 욕망과 밀접하게 관련되며 강간 피해자의 트라우마와 관계있다. 성적 부속물(남근)을 상대방의 신체에 깊이 찔러 넣는 것은 총검이나 나이프 등의 살해 부속물을 피해자의 신체에 깊이 찔러 넣는 것과 묘한 연관을 갖고 있다.

이 과정은 남성이 여성의 얼굴에 사정하는 왜곡된 성행위가 담긴 포르노그래피 영화에서 볼 수 있다. 총의 손잡이를 잡은 발포자의 손은 마치 발기한 남근을 잡은 손과 같고, 이러한 방식으로 남근을 잡은 채 피해자의 얼굴에 사정하는 것은 어떤 수준에서는 지배와 상징적 파괴 행위다. 섹스와 죽음이 뒤엉키는 최고점은 피해자가 강간당하고 살해당하는 스너프 영화에서도 나타난다.

우리 안에 자리한 어둠과 파괴의 힘은 동료 인간을 향한 빛과 사랑의 힘으로 균형 잡혀 있다. 이 힘들은 우리 각자의 마음속에서 투쟁하며 서로 겨루고 있다. 한쪽을 무시하는 것은 곧 다른 쪽을 무시하는 것과 같다. 어둠을 인정하지 않는다면, 우리는 빛을 알 수 없다. 죽음을 인정하지 않는다면, 우리는 삶을 알 수 없다. 섹스와 전쟁 사이의 연결고리와 양편 모두에서 발생하는 부인의 과정은 "전쟁의 신 아레스와 사랑의 신 아프로디테의 신화적 결혼 속에서 하르모니아가 태어났다"는 리처드 헤클러의 관찰에 잘 표현되어 있다.

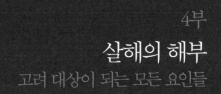

4부

살해의 해부
고려 대상이 되는 모든 요인들

전쟁에 대한 이해는 인간 본성에 대한 이해에서 출발한다.

— 마셜, 《사격을 거부한 병사들》

1

권위자의 명령
밀그램과 군대

불분명한 명령을 내리면 소총수는 반드시 실수를 저지른다.

소총수는 확실한 지도자 밑에서만 확실하다.

— 킹즐리 에이미스, 〈지도자들〉

예일 대학의 스탠리 밀그램Stanley Milgram 박사는 복종과 공격성에 관한 유명한 연구를 통해, 잘 통제된 실험실 상황에서 65퍼센트 이상의 피험자들이 전혀 낯선 사람에게 치명적 전기 충격을 가할 마음의 준비가 되어 있다는 사실을 발견했다. 참여자들은 자신이 실제로 엄청난 신체적 고통을 유발시킨다고 믿었지만 멈춰 달라는 피해자들의 애원에도 불구하고 그들 가운데 65퍼센트는 명령에 복종하여 전압을 높였고, 비명이 멈추고 피해자들이 죽었을지도 모른다는 의심이 고개를 들고 나서야 계속해서 전기 충격을 가하는 것을 멈췄다.

실험을 시작하기에 앞서, 밀그램은 일단의 정신의학자와 심리학자들에게 얼마나 많은 실험 참여자들이 전압을 최대치로 올릴지 예상해 달라고 부탁했다. 그들은 실험 참가자들 가운데 1퍼센트가 그렇게 할 거라고 예

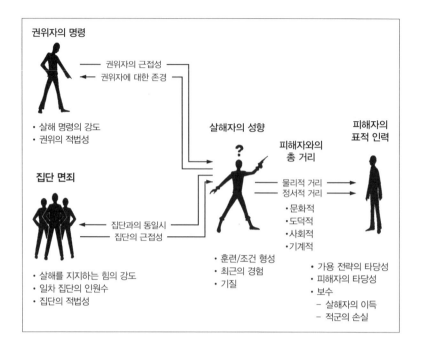

권위자의 명령

권위자의 근접성
권위자에 대한 존경

• 살해 명령의 강도
• 권위의 적법성

집단 면죄

집단과의 동일시
집단의 근접성

• 살해를 지지하는 힘의 강도
• 일차 집단의 인원수
• 집단의 적법성

살해자의 성향

?

피해자와의 총 거리

물리적 거리
정서적 거리
• 문화적
• 도덕적
• 사회적
• 기계적

• 훈련/조건 형성
• 최근의 경험
• 기질

피해자의 표적 인력

• 가용 전략의 타당성
• 피해자의 타당성
• 보수
 – 살해자의 이득
 – 적군의 손실

측했다. 그들은 대부분의 보통 사람들처럼 실제 결과를 전혀 알아맞히지 못했다. 밀그램이 우리 자신이 어떤 사람인지 알려 주기 전까지는 말이다.

프로이트는 "복종의 요구가 가진 힘을 절대로 과소평가하지 말라"고 경고했고, 밀그램의 연구(이후 이 연구는 6개국에서 반복해서 수행되었다)는 인간 본성에 대한 프로이트의 직관적 이해를 뒷받침하고 있다. 권위를 상징하는 것이 단지 하얀 실험실 가운과 클립보드뿐이었는데도, 밀그램은 다음과 같은 반응을 이끌어 낼 수 있었다.

나는 초반에는 침착하고 분별력 있어 보이는 한 회사원이 미소를 지으며 자신감 있는 태도로 실험실 안으로 들어오는 모습을 보았다. 20분도 채 지나지 않아 그는 경련을 일으키고 말을 더듬으며 완전히 망가져 신경증적 와

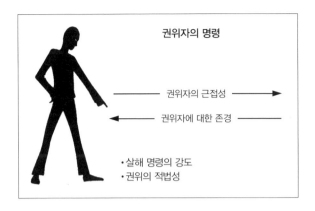

권위자의 명령

권위자의 근접성 →

← 권위자에 대한 존경

• 살해 명령의 강도
• 권위의 적법성

해의 지점으로 급속히 다가가고 있었다. ……그러다가 어느 순간 그는 주먹을 쥐고 이마를 짓누르면서 이렇게 중얼거렸다. "맙소사, 그만 멈춥시다." 그럼에도 그는 실험자의 말 한 마디 한 마디를 따르면서 끝까지 복종했다.

단지 몇 분 전에 알게 된 권위적 인물이 클립보드와 실험실 가운 차림만으로 이러한 복종을 유도해 낼 수 있다면, 군에 입대하여 수개월을 보낸 병사는 얼마나 더 명령에 복종하게 될지 짐작이 가는가?

권위자의 명령

대중은 굳은 의지와 결단력을 갖추고 명령을 내려줄 지도자들을 필요로 한다. 전통과 법, 사회에 의해 성립된 것이기에 그러한 명령에는 한 치의 의심도 허락할 수 없다는 관습과 확고한 믿음에 바탕을 두고 명령하는 지도자를 말이다. 지도자는 그렇게 탄생한다.

— 아르당 뒤피크, 《전투 연구》

이 문제를 연구해 보지 않은 사람들은 리더십이 전장에서 살해를 가능하게 하는 데 미치는 영향력을 과소평가할지 모르지만, 실제로 전장에 나가 본 자들은 리더십이 살해에 미치는 영향을 누구보다 잘 알고 있다. 크란스Kranss와 카플란Kaplan, 크란스Kranss 등 세 명의 학자는 1973년 한 연구를 통해 군인이 사격을 하게 하는 요인들을 탐구했다. 그들은 연구를 통해 전투 경험이 없는 자들은 "적의 사격을 받았을 때"가 적에게 사격을 하게 되는 결정적인 요인이 될 거라고 가정한다는 사실을 알았다. 하지만 참전 용사들은 "사격 명령을 받았을 때"를 가장 결정적인 요인으로 언급했다.

지난 세기에, 아르당 듀피크는 군 장교들을 대상으로 조사를 벌여 앞서의 연구와 똑같은 발견을 했다. 그는 크림 전쟁 중에 일어났던 한 사건을 지적했다. 격전이 벌어지는 동안 서로 다른 편에 속한 두 무리의 군인들이 "10보" 거리에서 예기치 않게 서로 마주보는 상황에 직면했다. 그들은 "기겁하여 멈춰 섰다. 그리고 소총을 쏠 생각은 하지도 못한 채 돌을 집어 던지면서 후퇴했다." 듀피크에 따르면 이러한 행동의 원인은 "두 집단 중 어느 한편에도 결정을 내리는 지휘관이 없었"기 때문이었다.

권위의 구성 요소들

하지만 권위가 살해에 미치는 영향은 단순히 지휘관의 명령이 살해에 미치는 영향이라고 간단히 정리되지 않는다. 문제는 이보다 훨씬 더 복잡하다. 잠재적 살해자와 살해를 결정하는 데 영향을 미치는 권위 사이의 관계에는 여러 요소들이 있다.

밀그램의 실험에서 권위자의 명령은 클립보드를 들고 하얀 가운을 입은 개인에 의해 표현되었다. 이 권위적인 인물은 충격을 가하는 사람 바로 뒤에 서서 희생자가 대답을 잘못할 때마다 전압을 높이라고 지시했다. 권위적인 인물이 모습을 드러내지 않고 전화로 명령을 전달했을 때, 최고 전압으로 충격을 가하려는 피험자들의 수는 급격하게 감소했다. 이 과정은 전투 상황에 일반적으로 적용될 수 있고, 권위자의 근접성, 권위자에 대한 존경, 권위자가 내리는 명령의 강도, 그리고 권위자의 적법성 등 여러 하위 요소들을 통해 효력을 발휘한다.

권위자의 근접성

마셜이 제2차 세계대전 당시에 벌어졌던 많은 특수한 사건들을 통해 지적한 바에 따르면, 지휘관이 전장에서 직접 관찰하고 격려할 때는 거의 모든 군인들이 무기를 발사하는 반면, 지휘관이 자리를 떠나 있을 때는 사격 비율이 즉각적으로 15~20퍼센트로 감소했다.

권위자에 대한 살해자의 주관적 존경

부대에 유대감을 느끼듯이 지휘관에게도 유대감을 느낄 때, 명령의 효과는 더욱 커진다. 셜리트는 1973년 이스라엘에서 실시된 한 연구 결과에 따르면, 전투 의지를 확보하는 주요한 요인은 직속 상관과의 동일시에 있다고 지적한다. 명성이 자자한 존경 받는 지휘관과 비교해 볼 때, 지명도가 낮거나 평판이 나쁜 지휘관이 내리는 명령은 전투 시 부대원들이 따르지 않을 가능성이 훨씬 더 커진다.

살해 행위에 대한 권위자의 명령 강도

지휘관의 존재는 살해 행위를 확실히 이끌어 내기 위한 충분조건이 아니다. 지휘관은 반드시 살해 행위에 대한 분명한 기대를 전달해야 한다. 그 경우 영향력은 엄청날 수 있다. 칼리 소위가 처음으로 미라이 마을의 여성과 아이들을 죽이라고 명령했을 때, 그는 "그들에게 뭘 해야 하는지 잘 알겠지"라고 말하고는 떠났다. 그는 돌아와서 "왜 죽이지 않았지?"라고 물었다. 질책을 받은 군인은 "이 사람들을 죽이고 싶어 하신다고는 생각하지 않았습니다"라고 답변했다. 그러자 칼리는 "아니야. 난 이 놈들을 죽이고 싶어"라고 말하고는 직접 그들을 향해 총을 쏘기 시작했다. 살해에 대한 군인들의 거부감이 매우 높을 수밖에 없는 이 기이한 상황에서도, 이렇게 함으로써 그는 군인들이 총을 쏘게 할 수 있었다.

권위자의 권위와 명령의 적법성

사회가 인정한 적법한 권위를 지닌 지휘관들은 군인들에게 더 큰 영향력을 행사할 수 있다. 군인은 불법적인 명령 또는 예상치 못한 명령보다는 적법하고 합법적인 명령에 더 잘 복종하게 된다. 이 영역에서 조직폭력배 두목이나 용병 지휘관이 지닌 결점은 조심스럽게 다루어야 하겠지만, 국가가 뒷받침하는 권력과 적법한 권위를 상징하는 군 장교에게는 전투에서 병사 개인이 거부감과 거리낌을 저버리게 만드는 엄청난 잠재력이 있다.

지휘관 요인: 전사에서 드러나는 복종의 역할

전장에서는 많은 요소들이 작용한다. 하지만 그중 가장 강력한 요인은 지휘관의 영향력이다. 전장에서 지휘관의 역량이 미치는 영향은 역사에서 그 증거를 얼마든지 찾아낼 수 있다. 특히 로마 군이 성공한 가장 큰 이유는 그들이 리더십을 양성하는 데 탁월했기 때문이었다.

로마 군이 리더십 함양과 하사관단이라는 개념을 최초로 개척했다는 것은 주지의 사실이다. 이중 리더십은 직업군인으로 구성된 로마 군이 시민군으로 구성된 그리스 군대에 승리를 거두게 한 핵심 요인이었다.

로마 군과 그리스 군 모두 정치적으로 적법한 국가의 군대였다. 그러나 양국의 병사들이 자신들의 지휘관에 대해서 느끼는 '체감 적법성'은 큰 차이가 났다. 로마 백인대장Centurion은 실전에서 보여 준 뛰어난 전투 능력을 통해 말단에서부터 승진해 그 자리에 오른, 병사의 존경을 받는 전문 지휘관이었다. 이런 유형의 적법성은 민간 생활 속의 리더십과는 완전히 달랐다. 반면 그리스 군 지휘관은 본질적으로 민간인이었다. 그가 평시에 갖고 있던 리더십의 적법성은 전장에 쉽게 적용될 수 없었다. 또한 그리스 군 지휘관은 출신 지역의 엽관제나 지역 정치의 부정적 영향도 상당히 많이 받았다.

그리스 군의 팔랑크스 분대 및 소대 지휘자는 사실상 창을 휴대한 일반 병사와 다를 바가 없었다. 지휘관의 기본 임무는 소지하는 무기 유형이나 대형 내에서 자유로이 이동할 수 있는 능력의 유무로 정의될 수 있다. 그리스 군의 팔랑크스 분대 및 소대 지휘자가 지닌 기본 임무는 살해에 직접 가담하는 것이었다. 그러나 이에 비해 로마군 지휘관들은 대형 내에서 이동할 자유가 있었고, 고된 훈련을 받은 엄선된 자들이었다. 또한 이들의 기본적 역할은 살해에 직접 가담하는 것이 아니라 병사들 뒤에 서서 죽이라고 명령하는 것이었다.

로마 군은 분명 세계를 정복한 뛰어난 군대였다. 그렇게 된 요인은 얼마든지 지적할 수 있다. 예를 들어, 정밀하게 제작된 재블린의 일제 투척을 통해 상당한 물리적 거리를 둔 살해가 가능했다. 또한 무기의 뾰족한 끝을 사용해 상대방을 찌르지 않으려는 인간 본연의 거부감을 훈련을 통해 극복할 수 있었다. 하지만 대다수의 권위자들은 소부대 지휘관들의 전문성이 핵심 요인으로 작용했다는 데 의견이 일치한다. 이들 지휘관들의 역량은 전문성을 발휘하는 데 도움을 주는 부대 편제를 통해 더욱 배가될 수 있었다.

복종을 요구하는 지휘관의 영향력은 또한 이 책에 등장하는 많은 살해 상황들에서 관찰될 수 있다. 스티브 뱅코가 베트콩 병사를 죽이게 했던 것은 "이 멍청아, 쟤들은 찰리*잖아. 엿 먹이고 달아나"라는 명령이었다. 존 배리 프리먼이 사형선고를 받은 동료 용병을 쏘게 된 것은 조준된 기관총과 그를 쏘라는 직접 명령 때문이었다. 앨런 스튜어트 스미스 역시 "그놈을 죽여, 빌어먹을, 죽이라고, 당장!" 하는 명령 때문에 동요하면서도 자신을 향해 총부리를 겨누고 있던 자를 죽였다.

이와 유사한 여러 살해 상황에서 결정적인 요인은 지휘관이 내리는 살해 명령이었다는 것을 알 수 있다. 복종하려는 욕구의 힘을 절대로 과소평가하지 말라.

---

*베트남 전쟁에서 미군이 베트콩을 부르는 별칭.

"우리의 피와 그의 배짱": 지휘관이 치러야 하는 대가

수많은 전투 상황에서, 패배는 궁극적으로 병사들을 이끄는 지휘관이 병사들에게 더 이상 희생을 요구하는 명령을 내리지 못할 때 초래된다. 유명한 시사만화가 빌 몰딘이 제2차 세계대전에 대해 그린 만평에는 두 보병 윌리와 조가 '피와 내장을 지닌 노병Old Blood and Guts*'이라는 별명을 가진 패튼 장군에 대해 대화를 나누는 장면이 나온다. 후줄근해진 군복 차림의 전투병은 피곤에 절은 목소리로 이렇게 말한다. "맞아, 우리의 피와 그의 배짱our blood and his guts**이 필요하지." 비록 비꼬기 위한 것이기는 하지만, 이러한 진술에는 심오한 진실이 담겨 있다. 왜냐하면 많은 경우 병사들의 피와 지휘관의 배짱이 패배를 막기 때문이다. 지휘관에게서 자기 군인들을 희생시키려는 배짱이나 의지가 바닥날 때, 그가 이끄는 부대는 패배하게 된다.

이러한 등식은 병사들이 상급 부대와 연락이 두절된 상황에 처할 때 더욱 분명하게 나타난다. 이러한 상황에서 지휘관은 그의 병사들과 함께 고립되어 있다. 그는 휘하 병사들이 죽어 가고, 부상자가 고통 받는 것을 본다. 자기 행동의 결과를 부인할 수 있는 어떤 거리상의 완충 장치도 없다. 그는 상급자와 연락을 취하지 못하고, 어느 때라도 항복만 하면 이 공포를 끝장낼 수 있으며 그 결정은 오로지 자신에게 달려 있다는 것을

---

* 패튼의 이러한 별명은 그가 행한 한 유명한 연설에서 유래한다. 1944년 6월 5일 영국에서 패튼은 프랑스 진격을 앞두고 장병들 앞에서 연설하며 이렇게 말했다. "전쟁의 본질은 피를 요구하며 상대방을 죽이는 것이다. 제군들은 적군을 쏴 그들의 피를 봐야 해야 하고, 적들 또한 제군들의 피를 쏟게 만들 것이다. 그들의 배를 쏴라. 포탄이 빗발칠 때, 제군들은 더럽혀진 얼굴을 닦다가 곧 깨닫게 될 것이다. 그것이 오물이 아니라 당신 곁에 있던 가장 친한 전우의 '피와 내장'임을 말이다. 그러면 제군들은 뭘 해야 할지 알게 될 것이다!"
** gut에는 내장이라는 의미와 배짱이라는 의미가 있다.

알고 있다. 휘하 병사가 죽거나 다칠 때마다, 지휘관의 양심은 크게 고통받고, 그런 상황을 지속하고 있는 것은 자신이라는 사실을 알고 있다. 전투를 지속시키고 있는 유일한 힘은 병사들의 고통을 감수하는 지휘관과 그의 의지다. 그가 더 이상 투지를 이끌어 내지 못하고 항복 명령을 내리는 시점에서 공포는 끝이 난다.

죽을 때까지 싸우기를 선택하는 지휘관들은 영광의 불꽃 속으로 병사들을 이끌고 들어간다. 지휘관이 그의 병사들과 함께 빠르고 깨끗하게 죽어 자신이 저지른 일을 기억하며 살아가지 않을 수 있다면, 이는 여러모로 쉬운 일이다. 이러한 상황에 처한 가장 놀라운 사례들 가운데 하나는 웨이크 섬 방어 임무를 맡은 미 해병대 지휘관 제임스 데버루 소령의 사례다. 그가 웨이크 섬에서 이끌던 소규모 해병 분견대는 1941년 12월 8일부터 22일까지 압도적인 전력을 지닌 일본군에 맞서 싸웠다. 데버루와 그의 병사들이 점령당하기 직전에 보낸 마지막 무전 내용은 간략했다. "쪽발이들을 더 보내라!"

그러나 이러한 상황을 견디고 살아남은 지휘관이 치러야 할 대가는 너무나 크다. 그는 병사들의 미망인과 아이들에게 대답해야 하며, 죽을 때까지 그의 보살핌 아래 목숨을 맡겼던 자들에게 저지른 일을 떠안고 살아가야 한다. 전투원들을 만나 인터뷰하다 보면, 많은 이들이 이제껏 그 누구에게도 말하지 못하던 회한과 괴로운 심정을 털어놓는다. 하지만 나는 어떤 지휘관에게서도 자신의 명령 때문에 전투에서 죽어 간 병사들에게 대해 품은 감정을 솔직히 털어놓게 하는 데 성공한 적이 단 한 차례도 없었다. 인터뷰에서 그들은 어루만지기에는 너무나 깊이 묻힌 죄책감과 부인의 저장고 주변을 맴돌 뿐이었다. 아마도 그들에게는 그것이 최선이었을 것이다.

제1차 세계대전 당시 미 육군 77사단 예하 308대대는 지휘관의 의지 덕분에 부대가 살아남은 유명한 사례 가운데 하나다.* 이 대대는 공세 중에 보급선이 끊긴 채 독일군에게 포위되었다. 그들은 수일 동안 계속해서 싸웠다. 음식과 물, 탄약은 곧 바닥났다. 생존자들은 항복하지 않으면 치료를 받을 수 없는 끔찍한 부상으로 고통받는 동료들에 둘러싸여 있었다. 독일군은 화염방사기를 쏘아 이들을 모두 불태워 죽이려 했다. 그러나 이들의 지휘관은 항복하려 하지 않았다.

그들은 특수 훈련을 받은 정예 부대의 부대원들이 아니라, 그저 주방 위군 사단의 시민 병사들로 구성된 보병 대대일 뿐이었다. 그러나 이들은 영광의 군사 연대기에 영원히 빛날 위업을 이룩했다.

모든 생존자들은 이 승리의 영광을 대대장 C. W. 위틀시 소령에게 돌렸다. 불굴의 의지를 갖추었던 위틀시 소령은 계속적으로 대대 전력이 감소함에도 불구하고 항복을 거부하고, 항전을 독려했다. 닷새가 지나 이 대대는 구출되었다. 위틀시 소령은 의회 명예 훈장을 받았다. 많은 사람들이 이 이야기를 알고 있다. 그러나 전쟁이 끝나고 얼마 되지 않아 위틀시 소령이 자살했다는 사실을 아는 사람은 별로 없다.

---

* 이 대대의 사례는 2001년 〈길 잃은 대대The Lost Battalion〉라는 타이틀로 영화화되었다.

2

집단 면죄
"살해자는 개인이 아니라 집단이다"

전투 부대의 전열이 흐트러지는 현상은…… 보통 사상자 비율이 50퍼센트에 이를 때 발생하고, 특히 전투에서 살해하기를 거부하는 사람들이 증가할수록 이러한 현상은 두드러진다. ……적군을 살해하려는 동기와 의지는 죽어 간 그들의 동료들과 함께 증발해 버리고 만다.

— 피터 왓슨, 《전쟁을 생각하다》

수없이 많은 연구 결과에 따르면, 온전한 인간이라면 하고 싶지 않아 할 일, 즉 전투에서 죽고 죽이는 일을 하도록 군인을 동기화하는 주요 요인은 자기 보존의 힘이 아니라 전장의 동료들에 대해 느끼는 강한 책임감이다. 리처드 게이브리얼은 "부대의 응집력에 관한 군의 연구를 보면, 전투병들이 서로 간에 갖는 유대감은 대부분의 남성들이 부인에게 갖는 애착보다 더 강하다는 주장을 계속 발견할 수 있다"고 지적한다. 최상의 엘리트 집단의 패배는 집단에 아주 많은 피해가 가해지면서(대개 총인원의 50퍼센트 지점) 빠지게 되는 집단적 우울과 무감각한 감정 상태에서 일어난다. 딘터는 "개인이 집단에 통합되어 있는 정도는 때때로 너무나

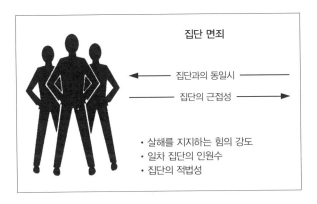

집단 면죄

집단과의 동일시 ◄————

집단의 근접성 ————►

• 살해를 지지하는 힘의 강도
• 일차 집단의 인원수
• 집단의 적법성

강해서, 공격을 받거나 포로가 되어 집단이 파괴될 지경에 이르면 이 집단에 소속되어 있는 개인은 우울증을 느끼게 되어 결국 자살을 감행하기도 한다"고 지적한다. 제2차 세계대전 당시 일본군에게서 이는 집단 자살로 발현되었다. 역사적으로 이와 같이 궁지에 몰린 집단은 집단 자살을 감행함으로써 항복을 대신하는 경우가 많았다.

서로 강력하게 결속되어 있는 병사들 사이에서, 동료들에 대한 염려와 동료들의 눈에 비친 자신의 평판에 대한 깊은 염려는 동료를 배신하느니 차라리 죽음을 선택하게 되는 동료 압력peer pressure으로 작용한다. 그윈 다이어가 만난 해병대 출신의 한 베트남 참전 용사는 이러한 작용 과정을 분명하게 전달하고 있다. "아무리 많은 훈련을 받아도, 인간은 본능적으로 살아남으려 합니다. 그렇다고 뒤돌아 서서 반대 방향으로 도망칠 수는 없습니다. 동료 압력이란 말을 들어보셨지요?" 다이어는 이를 "섹스나 이상주의와는 아무런 상관이 없는 특별한 유형의 사랑"이라고 지칭하고, 아르당 뒤피크는 "상호 감시"라고 부르며 전장에서 지배적인 영향력을 미치는 심리적 요인으로 생각했다.

마셜은 와해되어 후퇴한 부대에서 떨어져 나온 군인을 단독으로 다른 부대에 재배치하면 거의 아무런 역량도 발휘하지 못한다는 사실에 주목했다. 하지만 두 명씩 짝을 지어 재배치하거나 분대 또는 소대 단위의 생존자들을 함께 재배치하면, 그들은 대개 적극적으로 전투에 임하게 된다. 두 상황에서 군인들의 적응에 차이가 나는 이유는 그들은 같이 싸운 소수의 전우들에 대한 책임감을 형성하고 키워 왔기 때문이다. 이러한 책임감은 부대 전체에 대한 보다 일반적인 소속감과는 확연히 구분된다. 병사 개인이 동료 병사들과 유대 관계로 묶여 있을 때, 그리고 그가 '그의' 집단과 함께할 때, 살해에 가담할 가능성은 두드러지게 증가한다. 그러나 이러한 요소들이 부재할 경우, 개인이 전투에 적극적으로 가담할 확률은 현저히 낮아진다.

듀피크는 이 문제를 결론지으며 이렇게 말한다. "서로에 대해 잘 알지 못하는 네 명의 용감한 사내들은 감히 사자를 공격할 엄두를 내지 못할 테지만, 별로 용감하지는 않지만 서로에 대해 잘 알고 있는 네 명의 사내들은 사자를 단호한 태도로 공격할 것이다. 이들은 신뢰감으로 뭉쳐 있고 서로 도와줄 것임을 확신하고 있기 때문이다. 군 조직력의 과학은 바로 여기에 집약되어 있다."

익명성과 집단 면죄

집단은 책임감을 형성할 뿐 아니라, 구성원들에게 익명성을 발달시켜 줌으로써 살해를 가능하게 하고 더 나아가 폭력에 기여하도록 한다. 몇몇 상황들에서, 이러한 집단 익명성의 과정은 동물의 왕국에서 볼 수 있는 것처럼 원시적인 유형의 살해 히스테리를 촉발시키는 것 같다. 크룩

Kruck은 1972년에 수행한 한 연구에서, 동물의 세계에서 일어난 아무런 이유 없는 살해에 대해 기술하고 있다. 필요한 수나 먹을 수 있는 것보다 훨씬 많은 가젤을 살육하는 하이에나, 또는 폭풍이 몰아치는 밤에 날아오르지 못하는 갈매기들을 먹이로서 필요한 수 이상으로 계속 죽였던 여우들이 여기에 포함된다. 셜리트는 "동물 세계의 이러한 무분별한 폭력은 인간 세계의 폭력 대부분과 마찬가지로 개체보다는 집단을 통해 나타난다"고 말한다.

콘라트 로렌츠는 "살해자는 개인이 아니라 집단이다"라고 말한다. 셜리트는 이러한 과정에 대한 깊이 있는 이해를 보여 주며, 이를 광범위하게 연구해 왔다.

무리를 짓게 되면 누구든 감정이 고양되기 마련이다. 공격성이 존재한다면 무리 속에서 공격성은 더욱 커질 것이다. 기쁨이 존재한다면, 기쁨 또한 군중 속에서 더욱 커질 것이다. 여러 연구들은…… 공격자 앞에 놓인 거울은 그의 공격성을 키우는 경향이 있다는 연구 결과를 내놓은 바 있다. 단, 이는 그가 공격적인 입장에 놓여 있을 경우에 한해서다. 그런 입장에 놓여 있지 않은 경우, 거울은 그의 비공격적인 성향을 더욱 증진시키는 효과를 낳을 것이다. 군중의 영향력은 거울과 같아, 주변의 사람들은 서로의 행동을 반영하며 결과적으로 행동 패턴의 강도를 높인다.

심리학자들은 군중이 유발하는 익명성에 의해 책임이 희석될 수 있다는 것을 오래전부터 알고 있었다. 구경꾼들이 상황을 목격하고 있는 사람들과 직접적인 관계를 맺으며 상황에 개입할 가능성이 적다고 밝힌 연구는 문자 그대로 수십 개에 달한다. 따라서 군중이 운집한 가운데서 끔찍한 범죄가 일어날 가능성은 많지 않지만, 만약 일어나더라도 구경꾼이 개입할 가능성은 매우 낮다. 하지만 구경꾼이 책임을 희석시킬 다른 사람이 아무도 없는 상황에 직면하게 될 경우, 그가 상황에 개입할 가능성은 아주 높아진다. 집단은 이 같은 방식으로 무리 안의 개인과 군 부대 안의 군인이 개인으로서는 절대 꿈도 꾸지 못할 행위, 이를테면 피부색이 다른 사람을 살해하거나 다른 나라 군복을 입은 사람에게 총을 쏘는 행위를 감행할 수 있도록 책임을 희석시켜 버린다.

군중 속의 죽음: 전장에서의 책임과 익명성

살해에 집단이 미치는 영향력은 책임과 익명성 간의 이상하고도 강력한 상호작용을 통해서 발생한다. 얼핏 보기에 이 두 요인의 영향력은 서로 반대일 듯하지만, 실제로는 폭력 행위가 일어나도록 서로를 확대하고 증폭시키는 방식으로 상호작용을 일으킨다.

경찰은 이 책임과 익명성의 작용 과정에 대해 잘 알고 있다. 이들은 집단 내에서 한 개인을 불러 낼 때 이름을 부르도록 훈련받는다. 이렇게 이름으로 불리면서 집단을 향한 동일시가 줄어들면 스스로를 직접 책임이 있는 개인으로 생각할 수 있게 된다. 이러한 방식은 집단을 향한 책임을 제한하고 익명성을 무효화하면서 폭력을 억제할 수 있다.

전투 집단에서 이처럼 동료를 향한 '책임'과 살해에 대한 직접적 책임을 덜기 위한 '익명성'은 살해가 일어나는 데 중요한 역할을 맡는다.

우리가 이 연구에서 지금까지 살펴봤듯이, 다른 인간을 살해하는 것은 실행에 옮기기가 아주 어려운 일이다. 그러나 만약 죽이지 않았을 때

친구를 배신하는 것 같은 느낌이 든다면, 그리고 살해 과정에 다른 이들을 가담시킬 수 있다면, 즉 죄책감을 각 개인의 머릿수대로 분산시킴으로써 개인적 책임을 희석할 수 있다면, 살해는 한층 쉬워진다. 일반적으로 집단의 구성원이 많을수록, 심리적으로 단단히 결속되어 있는 집단일수록, 집단 구성원 간의 물리적 거리가 가까울수록, 이렇게 될 가능성은 더욱 커진다.

그럼에도 불구하고, 전장에서 집단을 이루고 있다고 해서 공격성이 저절로 형성되는 것은 아니다. 개인이 공격성을 발휘하려면 살해에 대한 적법한 명령을 받은 집단에 자신을 동일시하고, 그 집단과 유대감을 가져야 한다. 그리고 집단이 개인의 행동에 영향을 미치려면, 개인은 집단 안에 있거나 집단과 가까이 있어야 한다.

전차, 팔랑크스, 야포, 기관총: 전사에 나타난 집단의 역할

이러한 과정은 전사 전반에 걸쳐 발견된다. 예를 들어, 군사학자들은 왜 전차가 전사에서 그토록 오랫동안 절대적 위치를 차지했는지에 대해 자주 의문을 제기해 왔다. 전술적 관점이나 경제적, 기계적 관점에서 볼 때, 전차는 전장에서 비용 대비 효율이 높은 장비가 아니었지만 수 세기 동안 전장의 왕으로 군림했다. 그러나 전차가 유발하는 심리적 작용이 전장에서 살해가 가능하게끔 한 점을 탐색해 보면, 우리는 곧 전차가 최초의 공용 화기였기 때문에 전장에서 큰 성공을 거두었다는 사실을 깨달을 수 있다.

여기에는 여러 가지 요소들이 작용하고 있다. 활이라는 무기가 확보해

주는 물리적 거리, 귀족 계급인 궁수들이 가진 사회적 거리, 등을 돌린 적병을 추격하여 뒤에서 활을 쏘면서 생기는 심리적 거리 등이 이러한 요소들을 구성하고 있다. 하지만 무엇보다 핵심적인 요소는 전차를 운용하려면 전통적으로 두 사람의 대원, 즉 전차수와 궁수가 필요하다는 사실에 있다. 그리고 이러한 조건만으로도 가까이 있는 사람으로 이루어진 집단이 살해를 하게끔 하는 데 필요한 책임과 익명성을 제공하기에 충분하다. 이것은 제2차 세계대전 당시 소총수는 단지 15~20퍼센트만이 사격을 했던 반면, 기관총과 같은 공용 화기를 지닌 병사들은 거의 100퍼센트가 사격을 했던 것과 같은 이치다.

전차는 팔랑크스에 밀려났다. 팔랑크스는 한 부대 전체를 아예 모든 부대원이 참여하는 공용 화기로 바꾸는 데 성공한 체계였다. 훗날의 로마 군 부대와는 달리, 팔랑크스에는 별도의 지휘관이 정해져 있지 않았지만, 팔랑크스 안의 개개인은 강력한 상호 감시 체계 아래 있었고, 공격하는 중요한 순간에 창을 세웠는지 내렸는지 다른 병사들이 모르게 하기란 거의 불가능한 일이었다. 물론 조밀하게 밀집되어 있는 팔랑크스는 이러한 책임 체계 외에도 높은 수준의 집단 익명성을 보장해 주었다.

직업군인으로 구성된 로마 군은 무엇보다 리더십의 적용에 가장 크게 성공했으며, 서구의 전쟁 방식에서 팔랑크스를 약 500년 동안 소멸시켰다. 그러나 팔랑크스에서 적용되었던 집단 작용은 아주 단순하면서도 효과적이어서 팔랑크스와 창은 로마 제국이 무너진 후 화약이 완전히 보급되기까지 천 년 이상의 기간 동안 보병 전술을 지배했다.

그리고 화약이 보급된 이후에는, 새로운 공용 화기인 야포가 대부분의 살해를 수행했고, 이후 기관총이 이 일을 거들었다. 구스타푸스 아돌푸스Gustavus Adolphus가 도입하여 전쟁에 일대 혁신을 가져온 작은 3파운드 야포는 최초의 소대 공용 화기로서, 오늘날의 소대 기관총의 선조뻘 되는 물건이었다. 포병 출신인 나폴레옹은 전쟁터의 진짜 살해자였던 포병대의 역할을 깨닫고(그는 매우 가까운 사거리에서도 포도탄을 쏘았다), 평생 동안 계속 적보다 더 많은 수의 포병을 보유하려 했다. 제1차 세계대전 당시 등장한 기관총은 '보병의 정수'라고 불리었으나, 사실상 야포의 연장선상에 있는 무기였다. 기관총의 등장으로 인해 야포는 수마일 떨어진 적의 머리 위로 포탄을 날려 대는 곡사 화기로만 쓰이게 되었고 기관총은 과거 야포가 맡던 임무 중 직사 사격과 중거리 사격 임무를 물려받았다.

영국의 런던 웰링턴 기념비 옆에 있는 제1차 세계대전 기관총 부대 기념비는 젊은 다윗왕의 상이다. 이 기념비에 적힌 다음 성경 구절은 위대한 대영 제국의 골수 대부분을 빨아 먹었던 그 끔찍한 전쟁에서 기관총의 의미를 나타내고 있다.

사울이 죽인 자는 천천이요
다윗이 죽인 자는 만만이로다

현대 전장에서의 집단: "그들은 내 친구들을 죽이고 있었소"

이 책에 소개된 살해 사례 연구를 면밀히 탐색해 보면 집단의 영향력을 분명히 볼 수 있다. 많은 상황에서 집단 영향력이 부재할 경우 전투원들은 서로를 죽이지 않기로 선택했다는 점에 주목하라. 이를테면 3부 〈살해와 물리적 거리〉에 소개된 사례에서, 월리스 대위는 급작스럽게 북베트남 군인 한 명과 맞닥뜨렸을 때 혼자였다. 그는 "격렬하게 머리를 가로 젓고", "휴전, 적대행위 중지, 신사협정"을 주도했으며, 그후 적군은 "다시 어둠 속으로 사라졌고 월리스는 계속해서 걸어 나갔다."

또한 1부 〈살해와 거부감의 존재〉에서, 초반에 베트콩 땅굴에서 혼자 기어가던 땅굴 수색대원 마이클 캐스먼은 손전등의 스위치를 켰고, 그 순간 "5미터도 안 되는 거리에서 앉은 자세로 무릎 위에 쌀 주머니를 올려놓고 쌀을 한 움큼 꺼내 먹고 있는 한 베트콩"을 발견했다. "잠시 후, 그는 쌀 주머니를 자기 옆 땅굴 바닥에 내려놓고 나에게서 등을 돌린 채 천천히 기어가 버렸다." 이어 캐스먼도 손전등을 끄고 반대 방향으로 빠져나갔다.

이러한 사례 연구를 읽게 되면 군인들이 살해를 선택했던 대부분의 상황에 집단과 집단이 미치는 영향력이 있었음도 주목하게 될 것이다. 전형적인 예는 제2차 세계대전에서 가장 많은 훈장을 받았던 미국 군인 오디 머피다. 그는 단독으로 독일 보병중대와 맞붙어 의회 명예 훈장을 받았다. 그는 혼자 싸웠지만, 무엇 때문에 그런 전투를 벌였느냐고 묻자 이렇게 대답했다. "그들은 내 친구들을 죽이고 있었소."

3

정서적 거리
"내게 그들은 짐승만도 못한 존재였다"

공격자와 피해자 사이의 차이점을 강조하거나 공격자들 사이에 책임의
사슬을 강화하는 방식으로 전투원들 사이의 거리를 늘리면, 공격성의 수준
역시 늘어난다.

— 벤 셜리트, 《분쟁과 전투의 심리학》

부인이라는 장막의 틈새

뉴욕의 참전 용사들에게 〈살해의 대가와 과정〉에 관한 발표를 하고
난 어느 날 저녁, 나는 청중으로 와 있던 제2차 세계대전 참전 용사 한
분으로부터 자기와 술집에서 사적으로 만나 대화를 나눠 줄 수 있느냐
는 요청을 받았다. 우리 둘만 남게 되었을 때, 그는 아무에게도 들려준
적이 없지만 발표를 듣고 나니 내게 하고 싶은 이야기가 있다고 했다.

그는 남태평양에서 장교로 근무했었는데, 어느 날 밤 일본군이 그의 진
지에 잠입 공격을 시도했다. 공격 중에 한 일본군이 그에게 달려들었다.

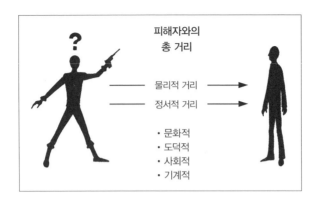

그는 이렇게 말했다. "내 손에는 45구경 자동권총이 들려 있었다오. 그리고 내가 그자를 쏘았을 때 그가 내게 겨눈 총검 끝과 나 사이의 거리는 지금 당신과 나 사이의 거리도 되지 않았고. 모든 일이 잠잠해졌을 때 당신도 알다시피 나는 정보 수집 목적으로 그자의 몸을 수색했지요. 그리고 사진 한 장을 찾았습니다."

그 말을 하고 나서 그는 한동안 말을 잇지 못하더니, 다시 말문을 열었다. "그의 아내와 예쁜 아이 둘이 찍힌 사진이었다오. 그 이후로(이때 그의 목소리는 동요를 내비치지는 않았지만, 눈물이 두 뺨을 타고 흘러 내리기 시작했다) 예쁜 두 아이들이 아비 없이 자란다는 생각에 한없이 괴로웠습니다. 내가 아이들 아빠를 죽였으니까. 나는 이제 죽을 때가 다 되었지요. 곧 하느님에게 불려가 내가 저지른 일의 자초지종을 설명해야 할 겁니다."[1]

일 년 뒤, 영국의 한 선술집에서 나는 현재 미군 대령으로 있는 베트남 참전 용사에게 그때 있었던 일에 대해 말했다. 사진에 대해서 말하자 그는 "안 돼, 나한테 얘기하지 마. 사진 뒤에 주소가 있잖아" 하고 말했다.

"주소는 없었어. 설령 있었다 하더라도 그 사람은 그런 말은 않더라고." 나중에 저녁때가 되어서 나는 사진에 왜 주소가 있을 것이라고 생각했는지를 물었고, 그는 자신도 베트남에서 비슷한 경험이 있었는데 그 사진들에는 뒤에 주소가 쓰여 있었다고 말했다. "그리고 말이지……." 두 눈의 초점을 잃으며, 그는 마음과 정서가 전쟁터로 되돌아가는 순간 다른 수많은 참전 용사들이 보였던 그 고뇌에 찬 깊은 시선을 보여 주면서 이렇게 말했다. "나는 늘 그 사진들을 돌려주려고 했었어."

이 두 사람은 미 육군에서 대령까지 진급했다. 이들은 그들 세대에서 가장 선하고 고결한 마음씨를 지닌 자들이었다. 그리고 이 두 사람의 마음을 괴롭힌 것은 그저 사진이었을 뿐이다. 하지만 이 사진들이 보여 주는 것은 전쟁을 가능하게 하는 부인이라는 장막에 생긴 틈새였다.

정서적 거리의 사회적 장애물

물리적 거리가 어떻게 작용하는지에 대해서는 앞서 다루었지만, 전쟁에서의 거리에는 단지 물리적 거리만 있는 것이 아니다. 거리에는 또한 정서적 거리가 있으며, 이는 살해에 대한 거부감을 극복하는 데 핵심적인 역할을 수행한다. 문화적 거리와 도덕적 거리, 사회적 거리, 기계적 거리와 같은 요소들은 물리적 거리만큼이나 효과적으로 자신이 인간을 죽인다는 사실을 부인하도록 해준다.

1960년대에 유행한 재기 넘치는 유행어가 하나 있다. 그 유행어는 이렇게 물었다. "전쟁은 벌어졌는데, 아무도 오지 않으면 어쩌지?" 겉보기에는 터무니없는 농담처럼 들리겠지만, 그렇지 않다. 근접 전투가 장기화되면 전투원들이 서로를 개인으로 알고 인식하게 되면서 점차 서로 죽이기를 거부하게 될 위험은 전장에 상존하는 문제다. 제2차 세계대전 당시 러시아 전선에서 독일군으로 복무했던 헨리 메텔만Henry Metelmann은 자신의 체험담을 통해 이처럼 위험한 일이 언제든지 벌어질 수 있음을 감동적인 언어로 전달하고 있다.

전투가 소강상태에 이르렀을 때, 메텔만은 두 명의 소련군 병사가 참호에서 나오는 모습을 보았다.

> 그리고 나는 그들을 향해 걸어갔다. ……그들은 자기소개를 했고…… 내게 담배를 권했다. 나는 담배를 피우지 않았지만 그들이 권한다면 피워야 한다고 생각했다. 그런데 담배는 정말 끔찍했다. 나는 기침을 해댔고 나중에 내 동료들은 "두 러시아인들이랑 거기 서서 머리가 떨어져나갈 정도로 기침을 해대다니 정말 인상을 구겼어"라고 말했다. ……나는 그들에게 말을 건네며 참호로 더 가까이 와도 괜찮다고 말했다. 세 명의 죽은 소련 군인들이 거기 누워 있기 때문이었다. 유감이지만 그들은 내가 죽었다고 말했다. 그들은 전사한 소련 군인들의 인식표와 군인수첩을 회수하려 했다. 나는 기꺼이 그들을 도와주었다. 우리는 모두 몸을 굽혀 어느 군인수첩 안에 끼워진 사진 몇 장을 찾았고, 우리는 서서 그 사진들을 보았다. ……우리는 다시 악수를 하고, 그중 한 명은 내 등을 두드리고는 그렇게 떠났다.

메텔만은 반궤도 차량을 다시 야전 병원으로 몰고 가라는 지시를 받고 그 자리를 떠났다. 한 시간 남짓 지난 이후 그가 다시 전장으로 복귀했을 때, 독일군이 소련군 진지를 괴멸시켰다는 것을 알게 되었다. 그의 동료들도 몇 명 전사했지만, 그의 관심은 온통 "그 두 소련인"이 어떻게 되었는지에 쏠려 있었다.

그들은 이렇게 말했다. "아, 그 러시아인들은 죽었어."

"어쩌다 그렇게 됐어?"

"항복할 생각을 안 했거든. 그래서 우리가 손들고 나오라고 소리쳤는데 그러지 않아서 대원 하나가 탱크로 밀어버렸지. 그렇게 찍 소리도 못 내고 간 거야."

그때 내가 느낀 것은 슬픔이었다. 나는 그들을 인간이자 동료로서 만났다. 이상하게 들리겠지만 그 순간 그들은 나를 동료라고 불렀다. 나는 이 미친 대결 안에서 이들이 죽어야 했던 것이 내 친구들의 죽음보다 더 슬펐고, 지금도 그 생각을 하면 슬프다.

피해자에 대한 이러한 동일시는 스톡홀름 증후군에서도 반영된다. 많은 사람들은 스톡홀름 증후군을 인질 피해자가 자신을 인질범과 동일시하는 과정으로 알고 있지만, 이 증후군은 실제로는 그보다 더 복잡해서, 세 단계 과정을 통해 일어난다.

- 우선 피해자는 인질범과의 결속력이 증가하는 것을 경험하게 된다.
- 그리고 나서 피해자는 대개 인질범과 맞서는 권위자들과의 동일시가 감소하는 것을 경험하게 된다.
- 마지막으로 인질범은 피해자와의 동일시와 결속감이 증가하는 것을 경험하게 된다.

이러한 사례들 중에서 가장 흥미로운 사례는 1975년 네덜란드에서 일어난 몰루칸 열차 점거 사건이었다. 이 사건에서 테러리스트들은 이미 인질 한 명을 죽인 후, 또 죽일 사람을 지목했다. 지목된 사람은 가족들에게 마지막 글을 쓸 수 있게 해달라고 의도적으로 요청했고, 그의 요구는 받아들여졌다. 그는 저널리스트였다. 그리고 분명 매우 훌륭한 저널리스트였다. 테러리스트들은 그가 쓴 가슴이 미어질 듯한 편지를 읽으면서 그에게 연민을 느끼고는 그 대신 다른 사람을 쏘았기 때문이다.

이러한 과정은 때때로 대규모로 발생할 수 있다. 제1차 세계대전에서는 서로를 너무나 잘 알아 버리게 된 과정 속에서 비공식적으로 적대 행위를 보류한 많은 순간들이 있었다. 1914년 크리스마스에는 여러 전투 구역의 영국군과 독일군이 평화롭게 만나 선물을 교환하고, 사진을 찍고, 심지어 축구도 같이 했다. 홈스는 "어떤 곳에서는 평소처럼 전쟁을 계속해야 한다는 최고 사령부의 강요에도 불구하고, 휴전은 이듬해 연초까지 지속되기도 했다"고 지적한다.

에리히 프롬은 "적어도 대규모의 파괴적 공격성은 일시적 혹은 만성적 정서적 철회와 동반되어 발생한다는 가정을 뒷받침하는 훌륭한 임상적 근거가 있다"고 진술한다. 앞서 기술된 상황은 심리적 거리의 붕괴를 보여 준다. 심리적 거리는 한 개인의 공감 능력을 제거하고 이러한 '정서적 철회'를 획득하게 하는 핵심적인 수단이 된다. 이 과정을 촉진하는 다른 기제들에는 다음이 포함된다.

- 문화적 거리: 인종적 및 민족적 차이는 살해자가 피해자를 비인간화할 수 있게 만든다.
- 도덕적 거리: 이것은 자기편이 도덕적으로 우월하다는 강한 믿음과 여러 내전에서 발생한 앙심이 담긴 보복 행위와 관련지어 생각해 볼 수 있다.
- 사회적 거리: 계층화된 사회적 환경에서 전 생애에 걸쳐 확립된, 특정

계층을 인간 이하로 생각하는 사고방식의 영향력이다.

- 기계적 거리: 텔레비전 화면, 열영상 야간투시경, 망원조준경 등 살해자가 피해자의 인간성을 부인하게 해주는 여러 기계적 완충 장치는 마치 닌텐도 게임을 하듯이 비현실적이고 건조하게 사람을 죽일 수 있게 해준다.

문화적 거리: "열등한 존재"

우리는 8부 〈미국에서의 살해〉에서 미 해군들이 암살을 수행할 수 있도록 하기 위해 미 해군의 한 정신의학자가 개발한 방법론을 탐구해 볼 것이다. 이러한 '처방'은 주로 폭력적인 영화를 이용한 고전적 조건 형성과 체계적 둔감화와 관련되어 있다. 그러나 이 처방에는 문화적 거리의 작용 또한 포함되어 있다.

문화적 거리는 적군을 인간 이하로 편향되게 보여 주는 자료들을 활용하여, 마주해야 할 적군을 열등한 존재라고 생각하도록 만든다. 그들의 문화적 관습을 조롱하고, 인격을 사악하게 묘사하는 것이다.

— 피터 왓슨, 《전쟁을 생각하다》

앞서 언급했던 이스라엘의 연구는 유괴 피해자의 머리에 무언가가 씌워져 있을 때 피해자가 살해될 가능성은 더욱 커진다고 제시하고 있다. 문화적 거리는 정서적 덧씌움의 한 형태로, 피해자의 머리에 덮개를 씌우는 것만큼이나 효율적으로 작용한다. 셜리트는 "공격 피해자와의 물리적 거리가 가까울수록, 그리고 피해자가 가해자와 닮은 점이 많을수록, 가해자가 피해자에게 느끼는 동질감은 더욱 커진다"고 지적한다. 이럴 경우 가해자가 피해자를 죽이기는 더욱 어려워진다.

이 과정은 다른 방향으로도 작용한다. 외모가 유사한 사람보다 이질적인 외모를 가진 사람을 죽이기가 한결 더 쉽다. 선전 기관을 통해 적군은 우리와 같은 인간이 아니라 '열등한 존재'라고 군인들을 설득시킬 수 있다면, 같은 종을 죽이지 않으려는 본능적인 거부감은 줄어들 것이다. 종종 적군의 인간성은 '구크gook', '크라우트Kraut', '닙Nip'이라 불리면서 부인된다. 베트남에서는 적군을 단지 숫자로 간주하고 생각하는 '시체 세기'의 사고방식이 이러한 작용을 도왔다. 한 베트남 참전 용사는 내게 이러한 사고방식에 의해 북베트남군과 베트콩을 죽이는 일을 마치 "개미를 밟아 죽이는" 것처럼 생각할 수 있게 되었다고 말했다.

최근 역사에서 이러한 원리를 가장 잘 깨우쳤던 사람은 아돌프 히틀러였다. 그는 열등한 인간Untermensch의 세계를 쓸어버리는 것이 아리아 인종 같은 우월한 인간Übermensch의 의무라는 생각을 드러냈다.

이러한 선전 정책에 노출된 청소년기 군인들은 하라고 강요받은 일을 절박하게 합리화하려 애쓸 것이고, 그리하여 결국 이 터무니없는 선전을 믿게 될 가능성이 높다. 일단 군인들이 사람들을 소떼처럼 몰고 다니며 소떼처럼 학살하게 된다면, 그는 매우 빠르게 그들을 소로, 혹은 열등한 인간으로 여기게 될 것이다.

트레버 듀푸이Trevor Dupuy에 따르면, 제2차 세계대전의 모든 국면에서 독일군은 영국군과 미군에게 그들이 자신들에게 입힌 것보다 50퍼센트를 상회하는 사상자를 발생시켰다. 그리고 나치 지도자들은 아마도 인종적, 문화적 우월성에 대한 병사들의 믿음을 교묘히 키워 나가는 방식으로 전쟁터에서 이만한 성과를 거둔 최초의 사람들일 것이다. (그러나 우리가 5부 〈살해와 잔학 행위〉에서 볼 수 있듯이, 이 가능성 안에는 동시에 나치의 궁극적 패배에 크게 기여한 함정이 내포되어 있었다.)

그러나 나치만이 전쟁에서 인종적, 민족적 혐오의 검을 휘둘렀던 것은 아니다. '유색 인종'을 향한 유럽 제국의 정복과 지배는 바로 이러한 문화적 거리 요인에 의해 조장되었다.

물론 이는 양날의 칼이 될 수 있다. 압제자들이 피압제자를 같은 종으로 생각하지 않기 시작하면, 피압제자들도 후일 우위를 차지하게 되었을 때 식민지 압제자들을 죽이고 억압하기 위해 이러한 문화적 거리를 받아들이고 활용할 수 있다. 식민지 국가들이 세포이 항쟁이나 마우마우 봉기에서처럼 격렬한 반란을 벌였을 때 양날의 칼은 억압자들을 향했다. 전 세계의 제국주의를 타도했던 최종 전투에서 이 양날의 칼에 대한 반발은 토착민들의 역량을 강화하는 주요 요인이 되었다.

미국은 비교적 평등을 지향하는 국가다. 따라서 전시에 전적으로 민족적, 인종적 증오에 기대어 국민들을 결집시키는 데는 다소 어려움이 따른다. 하지만 일본과 전투를 벌였을 때, 그들은 효과적으로 문화적 거리를 활용할 수 있을 만큼 너무도 다르고 이질적인 적이었다. 게다가 문화적 거리는 도덕적 거리라는 강력한 처방과 결합되었다. 진주만 공습에 '복수'한다는 명분이 있었던 것이다. 그래서 스토퍼의 연구에 따르면, 제2차 세계대전에 참전한 미군 중 44퍼센트가 "정말로 일본군을 죽이고 싶다"고 대답한 반면 독일군을 죽이고 싶다는 의향을 드러낸 미군 병사는 겨우 6퍼센트에 불과했다.

베트남에서 문화적 거리는 반발을 초래하게 된다. 미국의 적과 동맹군은 인종적으로나 문화적으로 전혀 구분될 수 없었기 때문이다. 그래서 미국은 (국가 정책적인 차원에서) 적과의 문화적 거리를 강조하지 않기 위해 애썼다. 베트남에서 활용된 주요 심리적 거리 요인은 도덕적 거리였다. 미국은 공산주의에 맞서는 도덕적 '십자군'을 자처한 것이다. 하지만 애를 썼음에도 불구하고, 미국은 인종적 증오라는 정령을 호리병 속에 완전히 가두어 두지는 못했다.

내가 인터뷰를 통해 만난 대다수 베트남 참전 용사들은 베트남의 문화와 사람들에게 깊은 애정을 느꼈다. 많은 참전 용사들이 베트남 여성과 결혼했다. 다른 문화를 받아들이고, 동경하고, 애호하는 데까지 나아가는 이 같은 평등주의적 경향은 미국인들의 강점이다. 이러한 성향 덕분에, 미국은 독일과 일본을 점령하고도 이들 나라들을 패배한 적국에서 친구이자 동맹국으로 바꿔 놓을 수 있었다. 그러나 베트남의 많은 미군들은 베트남 문화와 사람들의 긍정적이고 친근한 측면으로부터 격리된 채 그 나라에서 많은 시간을 보내야 했다. 그들이 접해 본 베트남인이라고는 자신들을 죽이려 하는 자들이거나 베트콩 혹은 베트콩을 돕는 것으로 의심되는 자들뿐이었다. 그들은 뿌리 깊은 의심과 증오를 키울 만한 토양에 놓여 있었던 것이다. 한 베트남 참전 용사는 내게 이렇게 말했다. "그들은 짐승만도 못한 존재였다."

아마도 다른 나라 군대가 베트남에서 미국이 처한 것과 동일한 상황에서 게릴라전을 벌였다면, 그들은 미군이 저지른 것보다 더 많은 가혹 행위를 저질렀을지도 모른다. 이렇게 판단하는 이유는 미국인들은 다른 문화를 받아들이는 데 있어서 보다 수용적인 태도를 갖고 있기 때문이다. 확실히 미군의 가혹 행위 건수는 대부분의 식민 종주국들의 과거 기록들보다 훨씬 적었다. 그러나 미국은 미라이 양민 학살 사건을 저질렀고, 이 단 하나의 사건으로 인해 인종적 증오를 불식시키려던 미국의 노력은 심각하게 훼손되어 치명적인 손상을 입었다.

전시에 살해를 용이하게 하기 위해 인종적, 민족적 증오감의 정령을 풀어놓는 것은 어려운 일이 아니다. 오히려 호리병의 마개를 꽉 막아 증오의 정령이 나오지 못하도록 하는 것이 훨씬 더 어렵다. 일단 호리병에서 빠져나오기만 하면, 이 인종적 증오감이라는 정령은 전쟁이 끝나도 다시 병 속으로 집어넣기가 쉽지 않다. 이러한 증오감은 오늘날 우리가 레바논과 발칸 반도에서 목격할 수 있듯이 수십 년, 심지어 수 세기에 걸쳐 지속된다.

독선에 가까운 우월감에 젖어 우쭐해하며, 그처럼 장기 지속되는 증오감은 그저 레바논이나 유고슬라비아처럼 편협한 먼 나라들에나 존재한다고 확신하는 태도를 보이는 것은 어려운 일이 아니다. 하지만 실상은 다르다. 우리는 노예 제도가 사라진 지 한 세기가 넘게 지났는데도 여전히 인종주의를 억누르기 위해 애쓰고 있고, 제2차 세계대전과 베트남에서 제한적으로나마 문화적 거리를 활용한 결과 당시 교전했던 적국들과 통상 거래를 하는데 여전히 어려움을 겪고 있다.

미래의 전장에서 우리는 또다시 우리의 이익을 위해 문화적 거리라는 이 양날의 칼을 써 보라는 유혹을 받을지도 모른다. 하지만 그러기에 앞서, 우리는 그것이 어떤 대가를 치르게 할지에 대해 충분히 숙고할 필요가 있다. 문화적 거리의 활용은 전시뿐만 아니라 전쟁이 끝나면 우리가 얻으리라고 기대하는 평화의 시기에도 그 대가를 치르게 하기 때문이다.

도덕적 거리: "신성한 대의에 복무하고 있는 그들이 어찌 죄를 지을 수 있겠습니까?"

심장이 뛰는 적군을 공격하는 우리는 '영아 살해범', '여성 살해범'이라는 욕을 들어왔습니다. ……우리가 하는 일은 우리에게도 역겹게 느껴지지만, 이 일은 필요한 일입니다. 아주 필요한 일이지요. 오늘날에 전투원이 아닌 자는 아무도 없습니다. 현대전은 총력전입니다. 어떤 군인도 공장 노동자와 농부, 그 외 그를 뒷받침해 주는 여러 사람들이 없으면 전선에서 제대로 힘을 쓸 수 없습니다. 어머니, 저는 당신과 예전부터 이 주제에 관해 대화를 나누어 왔고, 그렇기 때문에 당신은 제가 뭘 말하려 하는지 이해하리라 믿습니다. 제 부하들은 용감하고 영예롭습니다. 그들의 명분은 신성합니다. 신성한 대의에 복무하고 있는 그들이 어찌 죄를 지을 수 있겠습니까? 우리가 하는 일이 무시무시하다면, 그 무시무시함이 곧 독일을 구하기 바랍니다.

— 제1차 세계대전 당시 독일 비행선 편대장이었던 페터 슈트라서 대위의 편지.
그윈 다이어의 《전쟁》에서 인용

도덕적 거리는 자신과 자신의 대의를 정당화하는 것과 연루되어 있다. 이는 일반적으로는 두 가지 구성 요소로 나뉠 수 있다. 첫 번째 요소는 대개 적군에게 죄가 있기 때문에 그들을 처벌하고 보복해야 한다는 확고한 결단과 비난이다. 다른 또 하나의 요소는 자신의 대의가 적법하고 정당하다는 확신이다.

도덕적 거리는 적이 내세우는 대의는 명백히 잘못되었고, 그들의 지휘관들은 범죄자이며, 병사들은 잘못 인도를 받았거나 지휘관과 공범이라는 주장을 성립시킨다. 하지만 적은 여전히 한 명의 인간이고, 그를 죽이

는 행위는 종종 문화적 거리에 의해 동기를 부여받는 박멸 행위라기보다는 정의로운 행위가 된다.[2]

전통적으로 이러한 과정을 통해 경찰이 폭력을 행사할 수 있게 만들었듯이, 전장에서의 폭력도 이를 바탕으로 행사된다. 알프레드 바그츠Alfred Vagts는 이러한 과정을 "적을 먼저 전쟁을 개시한 죄를 지은 범죄자로 처리하는" 과정으로 이해한다.

전쟁이 일어나기 전에 혹은 일어난 즉시, 누가 먼저 공격했는지를 정해야 한다. 전쟁을 수행하는 기법은 범죄 행위로 지칭된다. 승리는 명예와 용기를 두고 서로 싸워 얻어 낸 것이 아니라 법과 질서, 그 밖에 선하고 신성한 것으로 추앙받는 모든 것을 위반하고 침해한 피에 목마른 비열한 자들을 검거하는 경찰 수사의 절정인 것이다.

바그츠는 이러한 선전의 영향력이 현대전에서 더욱 커졌다고 생각했다. 아마도 그의 생각은 맞을 것이다. 하지만 여기서 정말 새로운 것은 아무것도 없다. 서구에서 이러한 선전의 역사는 적어도 십자군 전쟁 당시까지 거슬러 올라간다. 당시 서구 도덕의 절대적 지도자였던 교황은 비극적이고 피비린내 나는 십자군 전쟁을 도덕적으로 정당화했다.

처벌의 정당화: "알라모, 메인, 진주만을 기억하라"

적군의 죄를 확정한 다음 이를 처벌하고, 보복할 필요가 있다는 생각은 폭력을 정당화하는 기본적인 방법으로 널리 쓰이고 있다. 대부분의 국가들은 사형을 '집행'할 권리를 보유하고 있다. 따라서 국가가 충분히 극악무도한 범죄를 저지른 범죄자를 죽이라고 군인에게 지시하면, 이때 살해 행위는 곧바로 정의를 바로잡는 행위에 지나지 않는 것으로 합리화될 수 있다.

처벌 정당화의 메커니즘은 너무나 핵심적인 것이어서, 이는 때때로 인위적 조작의 대상이 되기도 한다. 제2차 세계대전 당시 몇몇 일본 지휘관들은 인위적인 처벌 정당화의 방식을 창안해 냈다. 홈스는 "쓰지 마사노부 대령"의 경우를 예로 든다.

일본군의 말레이 반도 침공 계획을 주도했던 쓰지 마사노부 대령이 부하들의 전의를 불태우게 만들 목적으로 쓴 소책자에는 이런 내용이 나온다. "상륙한 뒤에 적군을 마주하게 되면 아버지를 죽인 원수에게 복수를 한다는 심정으로 전투에 임하라. 적의 죽음은 그대들의 가슴속에 품고 있던 분노의 짐을 덜어 줄 것이다. 적을 완전히 파멸시키지 못한다면 그대는 죽더라도 영원한 안식을 얻을 수 없을 것이다."

법적 확증: "우리는 이러한 사실을 자명한 진리로 받아들인다"

인류의 역사에서, 한 국민이 다른 국민과 맺고 있던 정치적 결합을 해체하고, 세계의 여러 나라 사이에서 자연법과 자연의 신이 부여한 독립, 평등의 지위를 차지하는 것이 필요하게 되었을 때, 인류의 신념에 대한 엄정한 고려는 우리로 하여금 독립을 요청하는 여러 원인을 선언하지 않을 수 없게 한다. ……

우리는 이러한 사실을 자명한 진리로 받아들인다.

— 미국 독립선언서

자기 입장에 대한 적법성의 확증은 처벌 동기의 이면을 이룬다. 자신이 내세우는 대의의 정당성을 단언하는 이러한 과정은 내전에서 폭력을 행사하는 것을 가능하게 만드는 주요 기제들 가운데 하나다. 왜냐하면 내전에서는 전투원 사이의 유사성으로 인해 문화적 거리를 유도해 내기가 어렵기 때문이다. 하지만 도덕적 거리는 다양한 수준에서, 즉 단지 내전뿐 아니라 모든 전쟁에서 폭력을 가능하게 하는 요인이 된다.

　도덕적 거리를 통해 주로 표명되는 것들 가운데 하나는 소위 홈경기장의 이점이다. 자신의 동굴, 집, 국가를 방어하는 데서 오는 도덕적 우월성은 동물의 세계에서도 발견될 만큼 오랜 전통을 지니며, 이는 국가에 폭력의 권한을 일임하는 도덕적 거리의 영향력을 평가하는 데 있어서 절대 간과해서는 안 될 부분이다. 윈스턴 처칠은 이렇게 말했다. "자신이 살고 있는 땅을 지키기 위해 죽고 죽이는 것, 그리고 침입자의 난로에 손을 녹인 자기 민족의 모든 구성원을 아주 혹독하게 벌하는 것은 병사들의 기본적 권리다."

　미국이 벌인 전쟁들은 대개 문화적 거리보다는 도덕적 거리로 치우치는 경향을 보여 왔다. 다민족으로 구성된, 상대적으로 평등을 추구하는 미국의 문화적 환경 속에서 문화적 거리를 유도해 내기는 다소 어려운 일이었다. 미국의 독립 혁명 과정에서, 보스턴 학살 사건은 어느 정도 처벌의 정당화를 제공했고, "우리는 이러한 사실을 자명한 진리로 받아들인다"고 언명한 미국 독립선언서는 이후 두 세기 동안 미국이 벌인 전쟁의 기조를 확립한 법적 확증을 대표했다. 1812년의 전쟁은 조국 방위 전쟁이었으며, 또한 홈경기장의 이점을 누린 전쟁이었다. 미국 국가 〈별이 빛나는 깃발〉에도 "새벽의 이른 불빛 속에도 보인다"라는 가사를 통해 언급된 백악관 화재와 매킨리 요새의 포격은 처벌을 정당화하는 여론을 결집시켰다. 압제에 맞서 싸우는 미국의 역할에 대한 법적 확증의 도덕적 근간은 남북 전쟁이나 노예제를 종식시키고자 했던 북부 군인들의 진실한 동기(당시의 북군 군가에는 "내 눈은 임하는 주님의 영광을 보네"라는 가사가 들어 있었다)에서 찾을 수 있으나, 어느 정도 처벌 동기는 또한 섬터 요새 포격에서 찾을 수 있다.

지난 백 년 동안, 미국은 도덕적 확증을 통해 개전을 정당화하던 태도에서 점점 벗어나 도덕적 거리의 처벌적 측면에 더 초점을 두게 되었다. 미국과 스페인 간의 전쟁에서 처벌의 정당성을 제공한 것은 메인 호의 침몰이었다. 제1차 세계대전에서는 루시타니아 호의 침몰이, 제2차 세계대전에서는 진주만이, 한국 전쟁에서는 미군 부대를 향한 정당한 이유 없는 공격이, 베트남에서는 통킹 만 사건이, 그리고 걸프전에서는 쿠웨이트 침공이 처벌 정당화의 구실을 마련해 주었다.[3]

비록 처벌이 이러한 전쟁에 대한 미국의 개입을 정당화하는 데 활용되기는 했지만, 도덕적 확증이 이후에 모습을 드러내며 이러한 분쟁에 미국적인 특색을 입히는 과정을 살펴보면 아주 흥미롭다. 연합군이 강제수용소를 해방하기 시작하자, 아이젠하워 장군은 제2차 세계대전을 일종의 십자군 전쟁으로 보기 시작했고, 냉전은 계속해서 전체주의와 압제에 맞서는 도덕적 전투로 포장되면서 그 정당성을 확보했다.

도덕적 거리가 생겨나는 과정은 살해를 일으키는 다른 과정의 기반을 제공해 주는 경향이 있다. 물론 도덕적 거리의 과정 대부분은 문화적 거리의 과정보다는 가혹 행위를 유발할 위험이 적고, 국제연합과 같은 기구가 지키려고 하는 원칙, 즉 적대 행위를 막고 인간 개인의 존엄성을 지키려는 원칙을 지키는 데 더 기울어져 있기는 하다. 그러나 문화적 거리와 마찬가지로, 도덕적 거리에도 위험이 내재되어 있다. 그 위험은 모든 국가들이 신은 오직 자기 나라 편만 든다고 생각하는 것이다.

사회적 거리: 돼지우리에 사는 자들의 죽음

1970년대에 제82공수사단에서 하사관으로 근무할 당시, 나는 이웃 대대의 작전실을 방문한 적이 있었다. 대개 작전실 문 앞에는 커다란 근무자 명부가 있다. 이러한 명부에는 근무자들의 이름이 대개 계급 순으로 정리되어 적혀 있는데, 여기 있는 것은 좀 달랐다. 목록 맨 위에는 장교들의 이름이 있었고, 그다음에 '돼지우리'라는 이름이 붙은 칸이 있었고, 사병들의 이름은 그 안에 쓰여 있었다. '돼지우리'라는 말이 이런 식으로 쓰이는 경우는 곧잘 있는 일이고, 그저 웃자고 하는 말이기는 하지만, 이러한 표현에는 장교들과 사병들 간의 사회적 거리를 미묘한 방식으로 드러낸다. 나는 병사도, 하사관도, 장교도 되어 봤다. 내 처자식들과 나는 모두 이 계급 구조와 이에 따르는 사회적 거리를 경험했다. 군 기지 내에는 장교용, 하사관용, 병사용 클럽이 다 따로 있다. 이들의 부인들도 남편의 신분에 따라 각각 다른 모임에 나간다. 군인 가족들의 거주 구역역시 신분에 따라 나뉘어 있다.

군대에서 돼지우리가 하는 역할을 이해하기 위해서는, 우리는 동료들을 죽음으로 내몰지도 모를 명령을 내리는 것이 얼마나 어려운 일인지, 또한 떳떳하게 항복하여 공포를 끝장내는 것은 또 얼마나 쉬운 일인지를 이해해야 한다. 군대의 본질은, 좋은 지휘관이 되기 위해서는 예하 장병들을 (이상할 정도로 거리를 두면서) 진정으로 사랑해야 하면서도 자신을 사랑하는 그 장병들을 죽이는 데 (또는 적어도 죽음을 초래할지도 모를 명령을 내리는 데) 아무런 거리낌이 없어야 한다는 사실에 있다. 전쟁의 역설은 사랑하는 예하 장병들을 아무런 거리낌 없이 사지로 내몰 수 있는 지휘관이 승리를 거둘 가능성이 가장 크고, 그 결과 장병들을 보호할 가능성도 가장 커진다는 데 있다. 군대에 존재하는 사회적 계급 구조는 지휘관들이 자신의 부하에게 죽음을 명령할 수 있게 만드는 부인 기제를 제공한다. 그러나 이 때문에 군대의 지휘관은 매우 외로운 존재가 된다.

이러한 계급 구조는 영국 군대에서 가장 두드러진다. 영국 육군 참모 대학 재학 시절, 나와 친구로 지내던 영국 장교들은 자신들이 겪은 영국식 계급 제도가 그들 자신을 뛰어난 장교로 성장시켰다는 강한 믿음을 지니고 있었다. (나는 그들의 의견에 동의한다.) 사회적 거리의 영향력은 과거에 틀림없이 아주 강력했을 것이다. 과거에 모든 장교들은 귀족 계급 출신이었고, 타인의 삶과 죽음을 좌우할 수 있는 힘을 평생 동안 지녔을 것이기 때문이다.

나폴레옹 시대 이전에 일어난 거의 모든 역사적 전투에서, 농노들은 적을 향해 창이나 머스켓 소총을 겨누면서 자신과 똑같은 불운한 농노를 보았을 것이다. 우리는 그가 자신과 같은 처지의 사람을 굳이 죽이려 들지 않았을 것임을 쉽게 짐작할 수 있다. 그래서 고대 역사 속의 근접 전투에서 일어난 살해의 대부분은 전투원 대다수를 이루고 있던 농노나 소작농 무리에 의해 자행되지 않았을 것이다. 이러한 전투들에서 진짜 살해자들은 그 사회의 엘리트들인 귀족 계급이었고, 그들이 살해를 할 수 있게 만든 가장 중요한 요인은 사회적 거리였다.

기계적 거리: "사람은 안 보입니다"

새로운 무기 체계의 발명으로 인해 전장의 군인은 더욱 강력한 무기를 더욱 정확하고 멀리 쏘아 보낼 수 있게 되었다. 그의 적은 갈수록 사격조준기의 조준환 속에 둘러싸인, 열영상 장치 속에 빛나는, 혹은 장갑판에 덮인 익명의 누군가가 되어 간다.

— 리처드 홈스, 《전쟁 행위》

평등주의가 보급되면서 서구의 전쟁에서는 점차 살해를 가능하게 하는 사회적 거리가 사라져 가고 있다. 그러나 이는 새로운 과학적 기술을 기반으로 삼는 심리적 거리로 대체되고 있다. 걸프전은 '닌텐도 전쟁'이라고 불리었다.

보병은 근접 거리에서 적군을 직접 살해하지만, 최근 10년간 근접 전투의 본질은 확연히 변화했다. 최근까지만 해도 미군에서 야간투시경은 진귀한 장비였다. 그러나 현대의 미군은 주로 밤에 싸우고, 거의 모든 전투병에게 열영상 장비나 야간투시 장비가 지급된다. 열영상 장비는 몸에서 발산하는 열을 빛으로 바꾸어 보여 준다. 그래서 비, 안개, 연기 속에서도 적의 모습을 볼 수 있다. 위장한 적도 볼 수 있고, 예전에는 적을 찾을 길이 없던 깊은 숲 속이나 초목 속에서도 적군을 탐지할 수 있게 되었다.

야간투시경은 표적을 인간이 아닌 녹색 얼룩으로 탈바꿈시켜 주기 때문에 훌륭한 심리적 거리를 제공한다.

열영상 기술이 현대의 전장에 완전히 보급되면 현재 밤에만 이루어지는 기계적 거리의 과정이 낮 시간에도 이루어질 것이다. 이렇게 되면 모든 군인은 이스라엘 군 전차 포수였던 가드와 같은 체험을 하게 될 것이다. 그는 홈스에게 이렇게 말했다. "모든 것을 마치 텔레비전 화면에서 일어나는 것처럼 보게 됩니다. ……그때 나는 누군가 뛰어가는 것을 보았고 그를 쏘았습니다. 그리고 그가 쓰러졌는데, 그 모든 것이 마치 텔레비전 속에서 이루어지는 것처럼 보여요. '사람'은 안 보입니다. 그게 좋은 점이지요."

4

피해자의 특성
타당성과 보수

셜리트 요인: 수단, 동기, 기회

살해할 기회가 주어지고 또한 이에 대해 생각할 시간이 주어졌을 때, 전투 중인 병사는 고전적인 살인 추리극의 살인자와 아주 비슷한 입장에 놓이게 된다. "수단과 동기, 기회"를 고려하게 되는 것이다. 이스라엘의 군사 심리학자인 벤 셜리트는 피해자의 특성과 연관된 표적 인력 모델 model of target attractiveness을 개발해 냈는데, 여기에서는 이를 약간 수정하여 살해를 가능하게 하는 요인에 대한 전반적 모델에 통합했다.

셜리트가 고려하고 있는 요소들은 다음과 같다.

- 피해자를 죽이는 데 이용될 수 있는 전략의 타당성과 효율성(수단과 기회)
- 살해자의 이익과 피해자의 손실을 고려한 피해자의 타당성과 살해의 보수(동기)

가용 전략의 타당성: 수단과 기회

> 병사는 죽임을 당할 위험에 처하지 않고 적을 죽일 수 있는 온갖 계략을
> 짜낸다.
>
> — 아르당 뒤피크, 《전투 연구》

전술적, 기술적 이점은 군인이 이용할 수 있는 전투 전략의 효율성을 높여 준다. 한 군인이 표현한 바처럼 "적군을 공격하는 동안 자기 궁둥이에 총알이 박혀도 된다고 생각하는 병사는 아무도 없다." 이는 매복과 측면 공격, 후방 공격을 통해 언제나 전술적 이점을 취함으로써 달성되어 온 것이다. 현대전에서 이는 야간투시경이나 열영상 카메라 장치를 이용해 이러한 장비를 갖추지 못한 기술적으로 열등한 적군을 타격함으로써 달성된다. 이러한 전술적, 기술적 이점은 군인에게 '수단'과 '기회'를 제공하며, 그 결과 그가 적을 죽일 확률을 높여 준다.

이러한 과정이 미치는 영향력의 예는 3부 〈살해와 물리적 거리〉에서 월드론 중사의 활동을 설명하는 전투 보고서에 요약되어 있다. 저격수이던 월드론 중사는 야간투시경과 소음기를 부착한 소총을 사용해 야간에 극도로 먼 거리에서 사격을 함으로써 사람을 죽일 수 있었다. 그 결과 살해자는 자기 행위에 의해 위험에 빠지지 않은 채 매우 안전하게 살해할 수 있었다.

선두에 선 베트콩이 총에 맞아 죽었다. 즉시 다른 베트콩들이 쓰러진 베트콩 주변을 에워쌌다. 그들은 분명 무슨 일이 일어났는지 제대로 알지 못하고 있었다. 월드론 하사관은 베트콩을 하나씩 조준해 사격했고 결국 다섯

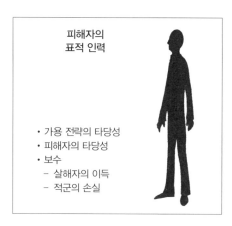

피해자의
표적 인력

- 가용 전략의 타당성
- 피해자의 타당성
- 보수
  - 살해자의 이득
  - 적군의 손실

명의 베트콩 모두가 죽었다.

우리는 앞서 적군이 도망을 치거나 등을 돌리면 살해당할 가능성이 훨씬 커진다는 것을 살펴본 바 있다. 이러한 현상이 발생하는 이유 가운데 하나는, 그렇게 함으로써 그는 상대편에게 아무런 위협도 가하지 못한 채 자신을 죽일 수 있는 수단과 기회를 제공했다는 데 있다. 스티브 뱅코는 몰래 다가가 베트콩 병사를 쏠 수 있었을 때 수단과 방법 모두를 획득했다. 뱅코는 "그들은 내가 있다는 사실도 모르고 있었다"고 말했다. 이러한 상황은 그의 용기를 북돋아 그가 "부드럽게 방아쇠를 당기"게 만들었다.

피해자의 타당성과 살해자의 보수: 동기

"죽임을 당할 위험에 처하지 않고 적을 죽일 수 있다"는 것을 확신하게 된 다음, 군인의 마음속에는 다음과 같은 질문이 떠오르게 된다. 적군 병사 중 누구를 쏴야 하지? 셜리트의 모델에서, 이러한 질문은 다음과 같이 표현될 수 있다. 이 사람을 죽이는 것이 전술적 상황에 부합하는가, 그리고 그렇게 함으로써 얻게 되는 보수는 무엇인가? 고전적인 살인 추리극을 유추해 생각해 보면, 이것이 곧 살해 동기다.

전투에서 가장 명백한 살해 동기는 죽이지 않으면 죽게 되는 상황이다. 즉 자기를 방어하거나 동료를 방어해야 하는 상황에 처할 때다. 지금까지 우리가 살펴본 사례 연구에서도 이러한 요인은 수차례 등장했다.

이 멍청이는 벌목도를 머리 위로 높이 치켜든 채 나를 향해 전속력으로 달려오고 있었다. ……갑자기 한 사내가 우리를 향해 권총을 쏘았다. …… 그 소년은 느닷없이 완전히 돌아서서 내게 자동화기를 겨누었다. ……나는 그가 우리를 쏘리라는 것을…… 알았다.

죽여야 할 적군을 고를 때, 아군에게 가장 큰 이득을 안겨 주고 적에게는 가장 큰 손실이 될 자를 죽일 가능성이 아주 높다는 것은 심각하게 생각해 보지 않아도 쉽게 알 수 있다. 하지만 특별히 위협이 될 만한 자를 특정할 수 없을 경우, 가장 표적이 될 만한 자를 선정하는 과정은 훨씬 미묘한 형태를 띠게 된다.

일반적으로는 지휘관이나 장교가 표적으로 선택된다. 앞서 우리는 한 해병대 저격수가 트루비에게 다음과 같이 털어놓은 것을 이미 살펴봤다. "일반 대원을 쏘고 싶지는 않아. 왜냐하면 이들은 대개 겁에 질린 징집병이거나 그보다 더 못한 사람들일 수 있기 때문이지. 진짜 죽어야 할 사람들은 고급 장교들이야." 전사가 증명하고 있듯이, 지휘관과 기수들은 항상 집중 공격 목표가 되어 왔다. 왜냐하면 이들이 죽게 될 때, 적군은 가장 큰 손실을 입게 되기 때문이다. 제2차 세계대전 당시 제82공수사단장이던 제임스 개빈 장군은 당시 미국 보병의 표준 화기였던 M-1 개런드 소총을 들었다. 그는 젊은 보병 장교들에게 적군의 눈에 띄는 장비를 들지 말라고 조언했다.

종종 누구를 죽일 것인가를 결정하는 기준은 누가 가장 위험한 무기를 맡고 있는지 결정하는 과정에서 이루어진다. 스티브 뱅코의 사례에서, 그는 "기관총과 가장 가까운 곳에 앉아 있는" 베트콩 군인을 선택했다. "그는 그 때문에 죽게 될 터였다."

항복하는 모든 군인들은 자신이 해야 할 최우선적인 일은 무기를 버리는 것임을 본능적으로 알고 있다. 하지만 영리한 자라면 철모 또한 벗어던질 것이다. 홈스는 이렇게 말한다. "제2차 세계대전 당시 피터 영 준장은 철모를 쓴 독일군을 쏜 일에 대해 '망치로 못대가리를 내리치는' 것만큼이나 유감스러워하지 않았다. 하지만 왜 그런지는 몰라도 그는 머리에 아무것도 쓰지 않은 자는 한 번도 쏘지 못했다." 총알이나 포격으로부터 목숨을 구해 줄 확률이 보다 높음에도 불구하고, UN 평화유지군이 철모보다 전통적으로 베레모 착용을 선호하는 것은 바로 철모에 대한 이러한 반응 때문이다.

타당성이나 보수가 없는 살해

피해자가 전투원임을 확인할 수 있다는 것은 살해 후에 일어나는 합리화 과정에 중요한 역할을 한다. 군인이 아이와 여성, 혹은 위협이 될 만한 잠재적 요소를 전혀 갖추지 않은 사람을 죽이게 되면, 그는 살인

murder의 영역(적법성을 부여받은 인가된 전투 살해combat kill에 반대되는)에 발을 들여놓게 되고, 이 경우 합리화 과정은 상당히 어려워지게 된다. 설사 살인이 정당방위로서 이루어진 것이라 할지라도, 타당성이나 보수와 관련이 없는 개인을 죽였다는 사실 때문에 엄청난 거부감이 일어나게 된다.

베트남에서 특전대 지휘관으로 복무한 바 있는 브루스는 직접 살해를 수차례 실행으로 옮겼지만, 명령을 받았음에도 불구하고 살해를 시도조차 하지 못한 적이 한 차례 있었다. 목표물이 된 베트콩 병사가 여성이었기 때문이다. 베트남에서 여성 베트콩 병사를 죽이는 데 따른 충격과 공포감을 상세히 다루고 있는 책과 이야기는 무수히 많다. 여성을 상대로 전투를 벌이고 그들을 죽이는 것이 미군에게는 익숙하지 않은 일이었고, 또한 전사에서도 상대적으로 드문 편에 속하지만, 그렇다고 완전히 전례가 없지는 않다. 1892년 프랑스 군의 다호메이* 원정 도중, 프랑스 군 외인부대는 여성 전사들로 이루어진 기이한 군대와 맞닥뜨렸다. 홈스는 거칠기 짝이 없는 이 역전의 용사들 가운데 다수가 "몇 초간 반나체 차림의 이 여전사들을 향해 총을 쏘거나 총검으로 찌르기를 주저했고, 이는 치명적인 결과를 낳았다"고 말한다.

여성과 아이들의 존재는 전투의 공격성을 억제할 수 있지만, 이는 어디까지나 여성과 아이들이 위협받지 않은 상황에서만 그렇다. 전투 현장에서 여성과 아이들의 생명이 위협을 당할 때, 그리고 전투원들이 이들에 대한 책임을 받아들일 때, 전투 심리는 남성들이 벌이는 신중하게 제한된 의식적 전투에서 극도의 포악성을 발휘해 자기 집을 지키는 동물들

---

* 베냉의 옛 이름. 1904년 프랑스령 서아프리카로 편입된 이래, 다호메이는 1960년에 독립할 때까지 56년간 프랑스의 지배 아래 놓여 있었다.

의 전투로 변한다.

그러므로 여성과 아이들의 존재는 전장의 폭력을 증가시킬 수도 있다. 이스라엘은 1948년 독립 전쟁을 치르면서 경험한 것 때문에, 이후 줄곧 여성을 전투에 투입하기를 거부해 왔다. 내가 몇몇 이스라엘 장교들로부터 들은 바에 따르면, 그 이유는 1948년 전쟁 당시 여성 전투원들이 죽거나 다치는 것을 본 동료 남성 전투원들이 폭력성을 억제하지 못하는 일이 계속해서 일어났고, 아랍 군인들 또한 여군에게 항복하는 것을 극도로 꺼렸기 때문이다.

홈스는 다음과 같은 관찰을 통해 여성과 아이들이 전투 억지력을 갖고 있음을 확실히 이해하게 되었다.

연장자 수컷에게 다가서려는 바바리 원숭이는 어린 새끼를 빌려 데려와 연장자 수컷의 공격성을 억제하고자 한다. 군인들도 그렇게 하는 경우가 있다. 제1차 세계대전 당시 어느 영국군 보병은 독일군 병사들이 항복하기 위해 참호에서 나오는 모습을 보았다. "그들은 가족사진을 높이 들고 나와 시계와 같은 귀중품을 내놓으면서 자비를 구하려 했다."

그러나 어떤 상황에서는 이조차도 충분치 않을 때가 있다. 바로 앞에 든 사례에서 그런 일이 벌어졌다. "독일군 병사들이 계단을 밟으며 올라오자, 우리 대대 소속이 아닌 한 병사가 루이스식 경기관총으로 한 명 한 명씩 독일군 병사들의 배를 쏘아 맞혔다." 항복하는 무력한 독일군을 차례차례 죽이려고 했던 이 군인은 아마도 전장에서 살해를 일으키는 다른 요인의 영향을 받았을 것이다. 그리고 그 요인은 바로 살해자의 기질이다. 우리는 이제부터 이를 상세하게 다룰 것이다.

5

살해자의 공격적 성향
복수하는 자와 조건 형성,
그리고 살인을 좋아하는 2퍼센트

제2차 세계대전 시절의 사격 훈련은 수풀이 우거진 사격 훈련장에서 군인이 원형 표적지에 총을 쏘는 방식으로 이루어졌다. 이는 몇 발을 쏘고 난 뒤에 표적을 확인하고, 어디를 맞추었는지 사수에게 알려 주게 되어 있다.

현대의 훈련에서는 군인에게 사격을 숙달시키기 위해 B. F. 스키너의 조작적 조건 형성 기법을 주로 활용한다.[4] 이러한 훈련에서는 가급적 전투 상황을 실감나게 재현하고자 한다. 사수는 완전무장 상태로 개인호 안에 서며, 사람 모양의 표적이 빠르게 사수 전방에 튀어 오른다. 이는 사격이라는 목표 행동을 촉진하는 유발 자극이 된다. 총알이 맞으면 표적은 곧바로 쓰러지며 즉각적인 피드백을 제공한다. 사격 훈련을 통과한 병사들에게는 특등사수 휘장을 수여해 격려하며, 통상 여기에는 칭찬과 인정, 3일 휴가 등의 특전이나 보상이 뒤따른다.

재래식 사격 훈련은 모의 전투로 전환되었다. 왓슨은 이러한 모의 전투 훈련을 실시한 군인들이 실제 긴급 상황에 직면하게 되었을 때, 이것이 모의 상황이 아니라는 것을 깨닫기도 전에 그저 반복해서 훈련한 대

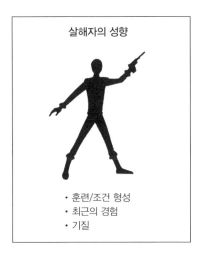

살해자의 성향

• 훈련/조건 형성
• 최근의 경험
• 기질

로 정확히 임무를 수행하고 상황을 종료하게 되는 경우가 있다고 말한다. 베트남 참전 용사들은 이와 유사한 경험에 대해서 거듭해서 보고해 왔다. 독자적으로 수행된 여러 연구들은 이처럼 강력한 조건 형성 과정이 제2차 세계대전 이후 미국 군인들의 사격 비율을 극적으로 증가시켰다는 데 일치된 입장을 드러내고 있다.

리처드 홈스는 병사들이 조건 형성 방식을 통해 현대식으로 훈련받은 군대에 비해 제2차 세계대전 당시에 쓰던 전통적인 방식으로 훈련받은 군대의 효율성은 현저히 떨어진다고 지적해 왔다. 홈스는 포클랜드 전쟁에서 돌아온 영국군 군인들을 인터뷰하면서 그들에게 제2차 세계대전에서 마셜이 관찰했던 것과 유사한 비발포 사례가 있었는지 물었다. 현대적 기법으로 훈련 받은 영국군 병사들은 아군 병사들에게서 그런 일이 벌어지는 것을 본 적은 없지만, 제2차 세계대전 스타일로 훈련을 받은 아르헨티나 군에서는 그러한 사례를 분명히 목격했으며, 아르헨티나 군에서 유효 사격을 하는 병사들은 기관총수와 저격수뿐이었다고 말했다.[5]

이러한 현대적 전투 훈련의 가치는 1970년대 로디지아 전쟁에서도 찾아볼 수 있다. 로디지아 보안군은 높은 수준의 현대식 군사 훈련을 받은 군대로서, 제대로 된 훈련을 받지 못한 게릴라 집단과 맞서 싸웠다. 우월한 전술과 훈련 덕택에 로디지아 보안군은 전쟁 내내 평균 8 대 1의 살해 비율을 유지했다. 또한 로디지아 보안군 소속 특공대의 살해 비율은 35 대 1에서 50 대 1까지 올라가기도 했다. 로디지아인들은 공군과 포병의 지원을 받지 못했고, 또한 소련의 지원을 받는 적들보다 무기 성능에서 우세한 것도 아닌 상태에서 이러한 성과를 올렸다. 그들이 적보다 우세한 부분은 더 나은 훈련을 받았다는 사실뿐이었지만, 이러한 이점은 총체적인 전술적 우위로 나타났다.[6]

전투에서 살해를 가능하게 하는 현대적 조건 형성 기법의 효과는 반박의 여지가 없다. 현대전에 이러한 기법이 미친 영향은 엄청나다.

최근의 경험: "전우의 복수다"

아마색 머리를 하고 있던 F중대의 인기 있던 지휘관 밥 파울러는 비장에 부상을 입은 뒤에 과다출혈로 죽었다. 그를 동경했던 전령은 기관단총을 낚아채 방금 항복하여 무장이 해제되어 있던 일본군 병사들을 무자비하게 학살했다.

— 윌리엄 맨체스터, 《어둠이여 안녕》

최근의 전투에서 전우나 존경받는 지휘관을 잃은 경험도 폭력을 유발할 수 있다. 친구와 동료의 죽음은 군인들을 망연자실한 상태에 빠뜨리며 정서적으로 무너뜨릴 수 있다. 그러나 많은 경우에 군인들은 분노로 반응하며, 이때 동료의 상실은 살해를 유발할 수 있다.

많은 문헌들이 이러한 사례를 언급하고 있다. 심지어 법에도 일시적인 광기라는 개념이 들어가 있으며, 이로 인해 사람을 죽이거나 다치게 한 경우 정상을 참작해 감형을 할 수 있게 되어 있다. 분노의 폭발로 벌어지는 보복 살해는 역사에서 반복해서 나타나는 테마이며, 따라서 전장에서 살해를 유발하는 요인의 전체 방정식 속에서 고려될 필요가 있다.

전투를 벌이는 군인은 그가 처한 환경의 산물이며, 폭력은 폭력을 부를 수 있다. 선천적이냐 후천적이냐를 따질 때 이는 후천적인 문제에 속한다. 하지만 군인은 자신이 가진 기질에도 많은 영향을 받는다. 즉 선천성과 후천성을 둘러싼 방정식에서 선천적인 측면에도 영향을 받는 것이다. 물론 전장에 나선 병사는 기질, 즉 유전-환경 공식 중 유전의 요소에서도 많은 영향을 받는다. 이제부터 우리가 상세히 다루려고 하는 주제는 바로 이것이다.

'타고난 군인'의 기질

'타고난 군인'이라고 부를 만한 자들이 있다. 이러한 사람들은 남자들 간의 동료애에서, 흥분되는 일에서, 물리적 장애를 극복하는 것에서 가장 큰 만족감을 얻는다. 그들은 사람을 죽이는 일 자체를 즐기지는 않지만 전쟁처럼 살인 행위에 정당성을 부여하는 도덕적 틀이 주어지면, 그리고 자신이 갈망하는 환경을 얻기 위해 살인할 것이 요구되면, 아무런 거부감 없이 살인을 저지르는 자들이다. 이러한 인간 유형이 선천적인지 후천적인지는 알 수 없지만, 이러한 사람들은 대개 군대로 모인다. (그리고 많은 이들은 또 외국 군대의 용병이 되는데, 평시의 평범한 군대 생활은 너무나 판에 박히고 지루하기 때문이다.)

그러나 모든 군인이 다 이런 것은 아니다. 이처럼 타고난 군인은 작은 직업군인 집단 내에서도 극소수에 불과할 정도로 드물고, 대체로 특공대와 같은 특수 부대에 모이는 자들이다. 대규모로 모집하는 징집병들 속에서 이런 사람들은 압도적인 다수를 이루는 평범한 사람들 속에 파묻혀 잘 드러나 보이지 않는다. 그리고 군대는 전투를 전혀 좋아하지 않는 이 평범한 사람들이 살해를 하도록 설득해야 한다. 불과 한 세대 전만 해도, 이들은 자신들이 하고 있는 일이 얼마나 지독한 일인지 깨닫지 못했다.

— 그윈 다이어, 《전쟁》

제2차 세계대전을 대상으로 스왱크와 머천드가 연구한 바에 따르면, 살해에 거부감을 전혀 느끼지 않으며 장기간 전투를 해도 정신적 사상자가 되지 않는 '공격적 사이코패스(정신병질자)' 기질을 지닌 전투병이 약 2퍼센트 존재한다. '사이코패스'라는 용어에 함축된 부정적 의미나 현대적인 동의어인 '소시오패스(사회병질자)'라는 용어는 여기에서 부적절한데, 왜냐하면 전투를 하는 군인에게 이러한 행동은 보통 바람직한 것으로 여겨지기 때문이다.

그렇다고 참전 용사 중 2퍼센트는 모두 사이코패스 살인자라고 결론 짓는다면 이는 틀린 말이다. 수많은 연구에 따르면 참전 용사들이 비참전자들보다 더 폭력적이지는 않다. 전체 남성의 2퍼센트는 압력을 받거나, 정당한 이유가 주어진다면 후회나 자책 없이 살해할 수 있다고 결론 짓는 것이 아마도 더 정확할 것이다. 이들 개인들은 냉정하게 전투에 참여하는 인간의 역량을 대표하는 사람들이다. 그리고 우리 사회는 이러한 역량을 찬양하고, 할리우드는 모든 군인이 이러한 역량을 가지고 있는 것인 양 우리를 속여 왔다. 그리고 이는 내가 강조해야 할 매우 중요한 부분이다. 이 연구의 일환으로 내가 인터뷰한 참전 용사들 중에는 이 2퍼센트에 해당될 만한 사람이 몇 명 있었다. 그리고 이들은 전장에서 귀환한 이후 우리 사회의 번영과 복지에 평균 이상의 공헌을 했다는 점 또한 입증되었다.

다이어는 이해를 돕기 위해 자신의 군 경험으로부터 다음과 같은 점을 이끌어 내었다.

공격성은 분명 우리의 유전적 구성 요소의 일부이며 필요한 것이지만, 평범한 인간의 공격성으로는 아는 사람들을 죽이지 못할뿐더러 다른 국가의 낯선 이들에 맞서 전쟁을 수행할 수도 없다. 우리는 기관총을 쏘아 대고, 화염방사기를 발사하고, 2만 피트 상공 위에서 폭탄을 떨어뜨려 동료 인간들을 효율적으로 살상한 수백만 명의 사람들 틈에서 살아가지만, 이들을 두려워하지는 않는다.

현재나 과거에 살인을 저지른 사람들 중 압도적 다수는 전장의 군인으로서 살인을 한 것이고, 우리는 그것이 동료 시민들을 위협하는 개인적인 공격성과는 아무런 상관이 없음을 인식하고 있다.

마셜은 제2차 세계대전에서 병사들의 사격 비율이 15~20퍼센트임을 파악했다. 이는 스웽크와 머천드가 파악한 2퍼센트의 "타고난 군인" 수치와 크게 모순되지 않는다. 왜냐하면 제2차 세계대전에서 사격을 한 대부분의 사람들은 사격하지 않으면 안 되는 환경에 놓여 있었고, 많은 사람들이 대치 태세에 있거나 적군의 머리 위로 정신없이 총을 쏘고 있었을 것이기 때문이다. 그리고 이러한 사격 비율이 이후 한국 전쟁에서 55퍼센트로, 베트남 전쟁에서 90~95퍼센트로 높아진 것은 병사의 행동이 보다 효과적인 조건 형성 과정을 통해 강화되었음을 나타내지만, 이러한 수치는 대치하고 있던 사람의 수까지는 알려 주지 않는다.

제2차 세계대전에서 미 육군 항공대 소속 전투 조종사 중 불과 1퍼센트가 전체 격추 기록의 40퍼센트를 올렸다는 다이어의 수치도 스웽크와 머천드의 추정치와 유사하다. 제2차 세계대전 당시 확인 격추 기록 351대를 달성했던 독일 공군의 에이스 파일럿 에리히 하르트만은 분명 역사상 가장 위대한 전투 조종사들 가운데 한 명이다. 그는 자신이 격추시킨 적 조종사 중 80퍼센트는 그가 같은 하늘에 있다는 것조차 전혀 몰랐을 것이라고 주장했다. 만약 이 주장이 사실이라면 많은 사람을 죽인 이런 유의 살해자의 본성을 놀랍도록 잘 알 수 있다. 가장 성공적인 저격수들과 전투 조종사들의 살해와 마찬가지로, 이러한 사람들이 수행한 살해의 대부분은 매복 공격이나 등 뒤에서의 사격이었다. 이러한 살해를 일으킨 것은 도발도, 분노도, 혹은 그 어떤 정서도 아니다.

미 공군 고급 장교들의 말에 따르면, 제2차 세계대전 이후 미 공군은 전투 조종사에 적합한 소질을 가지고 있는 인원을 미리 파악하려고 시도한 적이 있다. 그러나 제2차 세계대전 당시의 에이스 파일럿들이 공통적으로 갖고 있던 요소는 이들이 어렸을 때 싸움에 많이 가담했다는 점뿐이었다. 물론 이들을 깡패라고 부를 수는 없다. 깡패들은 자기와 대등한 싸움 실력을 갖춘 사람과는 싸우려 하지 않기 때문이다. 그들은 싸움꾼이었다. 학교에서 싸움을 하는 아이가 느끼는 분노와 모욕감을 떠올리거나 상상해 보고 이를 삶의 방식으로 확장해서 생각해 본다면, 이들 개인들과 이들의 폭력 역량을 이해할 수 있을 것이다.

미국정신의학회의 《정신 장애 진단 및 통계 편람》에 따르면 미국의 일반 남성 인구 중 '반사회성 성격 장애'가 있는 사람, 즉 사회병질자의 비율은 약 3퍼센트다. 이들 사회병질자들은 권위에 반항하는 본성을 갖고 있어서 군대에서 쉽게 써먹을 수 있는 사람들은 아니다. 그러나 수 세기 동안 군대는 전시에 이렇게 공격성이 높은 개인들을 군대의 뜻에 굴복시키는 데 상당한 성공을 거두었다. 그래서 이 3퍼센트 중 3분의 2가 군대의 규율을 받아들일 수 있었다면, 이들 2퍼센트의 군인들은 미국정신의학회의 정의에 따라 "타인에게 가하는 행동의 결과에 어떠한 양심의 가책도 느끼지 않는다"고 가정할 수 있다.[7]

공격성에 관한 유전적 기질의 존재를 입증하는 매우 확실한 증거가 있다. 어떤 종의 동물이라도 가장 뛰어난 사냥꾼, 가장 공격적인 수컷은 자신의 생물학적 기질을 후세에 전파할 수 있게끔 살아남는다. 환경적 과정 또한 공격성을 향한 기질을 완전하게 발달시킨다. 유전적 기질이 환경적 발달과 합쳐지면 살해자가 탄생한다. 그러나 다른 요인도 있다. 타인을 향한 공감 능력의 유무 여부다. 공감 과정에도 생물학적인 요인과 환경적인 요인이 관여하겠지만, 공감 능력의 기원이 무엇이든 타인의 고통과 아픔을 느끼고 이해할 수 있는 자와 그러지 못하는 자의 인간성은 확연히 구분된다. 공격성이 존재하더라도 공감 능력이 있다면 사회병질자와는 완전히 다른 유형의 개인이 만들어진다.

내가 만났던 한 참전 용사는 세상사람 대부분이 양이라고 생각한다고 말했다. 양은 원래 진정한 공격성이 없는 온순하고 점잖으며 친절한 생명체다. 또한 이 참전 용사가 보기에는 개와 같은 또 다른 인간 유형도 있다. 개는 주인에게 충성하는 기민한 생명체로 상황이 요구할 경우에는 강한 공격성을 발휘할 수 있다. 그러나 그의 모델에 따르면, 이 땅에는 늑대(사회병질자)도 있고, 들개 떼(폭력배와 공격적 군인)도 있는데, 목양견(세계의 군인과 경찰)들에게는 이러한 약탈자들과 맞설 수 있는 환경적이고 생물학적인 소인이 있다는 것이다.

심리학과 정신의학계의 몇몇 전문가들은 이들은 단지 사회병질자들이며 위와 같은 관점은 단지 살해자를 미화하는 것에 불과하다고 생각한다. 그러나 나는 세상에는 단순히 사회병질자로 부를 수 없는 다른 유형의 인간이 있다고 믿는다. 우리가 사회병질자에 대해 알고 있는 것은 이들의 상태가 정의상 정신 병리 혹은 심리 장애로 개념화되어 있기 때문이다. 심리학계에서는 앞서 목양견이라고 말한 다른 유형의 인간들을 인식하지 못하는데, 왜냐하면 이들의 성격 유형은 병리나 장애를 나타내지 않기 때문이다. 분명 이들은 우리 사회에 공헌하는 귀중한 구성원들이고 오직 전시나 경찰 출동 시에만 이러한 특성들을 내비친다.

나는 참전 용사들을 인터뷰하면서, 이러한 '목양견'들을 여러 차례 만나 왔다. 이들의 특징은 내게 다음과 같이 말한 베트남 참전 경험이 있는 어느 미군 중령과 같다. "나는 기회만 주어진다면 사람들을 해치고자 하는 자들이 있다는 것을 어릴 적에 깨달았다. 나는 이들과 맞설 준비를 하는 데 내 일생을 바쳐 왔다." 이러한 사람들은 무장하고 있는 경우가 많고 언제나 기민하다. 그들은 목양견이 자기 양떼를 배반하지 않듯이 자기 공격성을 오용하거나 잘못된 방향으로 쓰지 않지만, 가슴속으로는 정당한 전투를 갈망하며 적법하고 합당한 곳에서 자기 능력을 발휘하기를 바라는 늑대들이기도 하다.

리처드 헤클러는 자신의 책 《전사의 정신을 찾아서》에서 이러한 갈망에 대해 말한다.

이들은 본능적으로 시험받지 못해 애태우며, 능력의 한계를 넘는 도전을 간절히 요구한다. 우리 안의 전사는 전쟁의 신 마르스에게, 엄청난 속도로 우리를 구원할 혹독한 전장으로 이끌어 달라고 간청한다. 우리는 골리앗을 대면하여 우리 안에 전사 다윗이 살아 있다는 것을 상기하려 한다. 우리는 전쟁의 신들이 우리를 예리코의 벽으로 인도하여 강인한 집합 나팔 소리에 응하게 해줄 수 있기를 기도한다. 우리의 힘보다 훨씬 더 위대한 힘에 의해 전장에서 패배하기를, 그 패배를 통해 처음보다 훨씬 더 크게 성장하기를 열망한다. 우리를 궁극적으로 존귀하고 영광스럽게 만들 전투를 갈망한다. 오해하지 마시라. 갈망은 분명 존재하며 그것은 사랑스럽고 끔찍하고 아름답고 비극적이다.

아마도 다른 분석이 있을 수도 있다. 카를 융에 따르면, 인간들의 집단적 무의식 속에 깊이 각인된 행동 모델인 '원형archetype'이 있다. 집단적 무의식이란 조상들의 공통적 경험을 통해 물려받은, 무의식적인 이미지의 저장소로서 모든 인간이 다 갖추고 있다. 이 강력한 원형은 리비도 에너지를 조율하여 우리를 추동시킨다. 원형에는 어머니, 지혜로운 노인, 영웅, 전사와 같은 융의 개념이 포함된다. 융이라면 내가 '목양견'이라고 부른 사람들을 '전사'나 '영웅'이라고 부를 것이다.[8]

그윈 다이어에 따르면, 공격적인 살해 행동에 관한 미 공군의 연구는 제2차 세계대전에 참전한 전투 조종사 중 단 1퍼센트가 공대공 격추 기록의 거의 40퍼센트를 차지했고, 전투 조종사들 대다수는 적기를 격추하려는 시도조차 하지 않았음을 보여 주었다. 전투 상황에서도 전체 전투원 중 소수만이 적극적으로 적군을 죽이려 했다고 생각해야, 제2차 세계대전 전투 조종사의 1퍼센트, 스웽크와 머천드가 밝힌 2퍼센트, 그리피스가 밝힌 나폴레옹 시대와 남북 전쟁 시기의 낮은 살해 비율, 그리고 마셜이 밝힌 제2차 세계대전의 낮은 사격 비율을 설명할 수 있다. 사회병질자, 목양견, 전사, 영웅 등 어떤 이름으로 불리든 간에, 그들은 존재하며 또한 아주 소수다. 그리고 국가는 위기의 순간 그들을 절박하게 필요로 한다.

6
고려 대상이 되는 모든 요인들
죽음의 산술

　자신의 무기가 그 속성상 사람을 쓰러뜨리고, 미망인을 만들어 낸다는 사실을 계속 되새기는 군인, 또는 적을 자신과 비슷한 일을 수행하고 똑같은 스트레스와 괴로움을 겪는 인간으로 여기는 군인이 전투 상황에 효율적으로 임하기는 매우 힘들 것이다. ……적군에 대한 추상적인 이미지를 만들어 내지 않거나, 훈련 중에 적을 비인격화하지 않고서 전투를 견뎌 낸다는 것은 불가능하다. 그러나 만약 추상적인 이미지가 남용되거나 비인격화가 증오로 연장된다면, 전쟁에서 발휘되는 인간의 억제 능력은 쉽게 사라진다. 반면 사람이 적의 보편적인 인간성에 대해 지나치게 깊이 생각한다면, 그 목표가 분명 정당하고 적법한 과제일지라도 목표를 수행하지 못할 위험이 있다. 적개심과 호의라는 다른 종류의 가닥이 얽힌 고르디오스의 매듭처럼, 이러한 난제가 군인이 적군과 맺게 되는 관계의 핵심에 놓여 있다.

　— 리처드 홈스, 《전쟁 행위》

　제4부에서 탐구한 모든 살해 과정은 모두 똑같은 기본 문제를 지닌다. 현대의 군대는 변인을 조작함으로써 살해라는 수도꼭지의 물을 틀고 잠

그면서 폭력이라는 물결의 방향을 조정한다. 그러나 이는 섬세함이 요구되는 위험한 과정이다. 너무 많이 틀면, 미라이 학살극이 벌어지고 전쟁 수행에 들인 노력은 평가절하된다. 너무 적게 틀면, 보다 공격적인 태도를 가진 누군가에 의해 패배와 죽임을 당한다.

3부 〈살해와 물리적 거리〉에서 다룬 물리적 거리 요인에 대한 이해를 이제껏 지적한 직접 살해를 가능하게 하는 다른 모든 요인들과 합치면, 특정 살해 상황에 대한 거부감의 총합을 나타내는 '방정식'이 나온다.

요약하자면, 우리의 방정식에 나타나는 변인에는 밀그램 요인, 셜리트 요인, 살해자의 성향 등이 있다.

밀그램 요인

실험 상황의 살해 행동에 관한 밀그램의 유명한 연구(같은 참여자를 죽일지도 모르는 행동에 기꺼이 가담하려는 참여자의 의지)에서는 살해 행동에 영향을 주거나 살해를 가능하게 하는 세 가지 기본적 상황 요인이 확인되었다. 이 모델에서 나는 이 세 요인을 (1) 권위자의 명령, (2) 집단 면죄(책임 희석의 개념과 매우 유사하다), (3) 피해자와의 거리라고 명명했다. 각 변인은 다음과 같이 더 자세히 '운용'될 수 있다.

권위자의 명령

• 복종을 명령하는 권위자와의 근접성
• 복종을 명령하는 권위자에 대한 주관적 존경

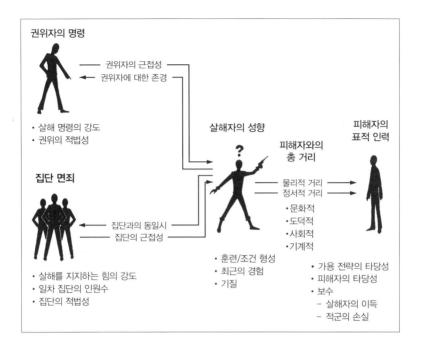

- 복종을 명령하는 권위자가 살해를 명령하는 강도
- 복종을 명령하는 권위자의 권위와 명령의 적법성

집단 면죄

- 집단과 자신을 동일시하는 정도
- 집단의 근접성
- 살해를 지지하는 집단의 강도
- 일차 집단의 인원수
- 집단의 적법성

피해자와의 총 거리

- 살해자와 피해자 사이의 물리적 거리
- 살해자와 피해자 사이의 정서적 거리

  - 사회적 거리: 사회 계층화된 환경에서 특정 계층을 인간 이하로 보는 관점을 일생동안 유지한 데 따른 영향
  - 문화적 거리: 살해자가 피해자를 '비인격화'할 수 있도록 하는 인종적, 민족적 차이
  - 도덕적 거리: 도덕적 우월성과 '복수' 행위를 향한 강렬한 믿음
  - 기계적 거리: 텔레비전 화면, 열영상 이미지, 사격 조준기 이미지, 혹은 다른 유형의 기계적 완충 장치를 통한 메마른 '게임기'같은 비현실적 살해

셜리트 요인

이스라엘의 군사 심리학은 피해자의 본질에 관한 모델을 발전시켰고, 나는 이를 모델에 통합했다. 이 모델은 다음과 같은 전략적 상황을 고려한다.

- 피해자를 살해하는 데 쓸 수 있는 전략의 타당성과 효율성
- 피해자가 살해자 및 살해자의 전술적 상황에 위협을 끼치는 정도
- 살해자의 보수

- 살해자의 이득
- 적군의 손실

살해자의 성향

이 영역은 다음과 같은 요인들을 고려한다.

- 군인의 훈련과 조건 형성(마셜의 연구 결과를 받아들여 개선된 미 육군의 훈련 프로그램은 제2차 세계대전에서 15~20퍼센트에 불과하던 보병의 사격 비율을 한국 전쟁에서는 55퍼센트, 베트남 전쟁에서는 90~95퍼센트로 증가시켰다.)
- 군인의 최근 경험(예를 들어, 적군에게 죽임을 당한 친구나 친척의 존재는 전장에서의 살해 행동과 강한 연관이 있다.)

군인이 살해를 하게 하는 기질은 연구하기 가장 어려운 분야 중 하나다. 그러나 스웽크와 머천드는 "공격적인 사이코패스"의 성향을 보이고 살해 행동과 쉽게 연결되는 트라우마를 사실상 경험하지 않는 2퍼센트의 전투원이 존재한다고 본다. 이러한 결과는 다른 관찰 연구와 전투 조종사들의 공격적인 살해 행동에 관한 미 공군 수치를 통해 시험적으로 확인되어 왔다.[9]

적용: 미라이 학살로 가는 길

악명 높은 미라이 학살에 가담했던 칼리 소위와 그의 소대에서 몇몇 요인들이 작용하고 있는 모습을 볼 수 있다. 팀 오브라이언은 이렇게 말한다. "미라이의 지뢰 지대 속에서 군인에게 벌어진 일을 이해하려면, 미국에서 무슨 일이 벌어지고 있는가를 알아야 한다. 반드시 워싱턴 주 포트루이스를 이해해야 한다. 즉 기본 훈련이 무엇인지 이해해야 한다." 오브라이언은 총검술 훈련을 받을 때 훈련 하사관이 자신의 귀에다 대고 "딩크들은 쪼마난 똥자루들이야. 놈들의 내장을 원해? 그럼 낮게 찔러야지. 웅크리고 적의 배를 파헤쳐"라고 고함을 지를 때 이루어진 문화적 거리와 훈련 및 조건 형성(물론 그는 이러한 용어를 사용해 말하지는 않았다)을 정확히 인지하고 있었다. 마찬가지로, 홈스는 "미라이 학살로 향한 길은 베트남인들을 비인간화하고, 베트남 민간인을 죽이는 것은 별 일이 아니라고 선언했던 '단지 구크일 뿐 원칙'에 의해 이보다 더 좋을 수 없을 만큼 잘 포장되어 있었다"고 결론짓는다.

칼리 소위의 소대는 좀처럼 보이지도 않고 항상 민간인들 속으로 사라지는 적군에게 연속적으로 인명 피해를 입고 있었다. 학살 전날, 부대에서 인기가 높던 콕스 하사관이 부비트랩에 걸려 죽었다. (이는 민간인 피해자의 '타당성'을 증가시키면서 적군에게 친구를 잃은 최근 경험을 더했고, 동시에 살해에 대한 집단적 지지의 강도를 높였다.) 목격자에 따르면, 칼리의 중대장이었던 메디나 대위는 브리핑에서 병사들에게 "우리가 할 일은 재빠르게 들어가서 모든 것을 초토화시키는 것이다. 모든 것을 죽이는 것이다"라고 말했다. "'대위님, 여자와 아이들도 죽여야 합니까?' '모든 것이라고 했잖아.'" 이는 존경받는 적법한 권위자상에 의한 중등도의 강도 높은 명령이었다.

미라이에서 살해당한 여자와 아이들의 시신이 쌓여 있는 사진을 보면 어떻게 미국인이 그러한 잔학 행위에 가담할 수 있었는지 이해하기가 불가능해 보인다. 그러나 밀그램의 실험 대상자들 중 65퍼센트가 '피해자'의 비명과 간청에도 불구하고 잘 모르는 권위자가 복종을 명령했다는 이유만으로 실험 상황에서 피해자가 죽도록 전기 충격을 가했다는 사실 역시 믿기지 않기는 마찬가지다. 물론 그러한 행동에 대한 변명은 아니지만, 최소한 우리는 적법하고 존경받는, 가까이 있는 권위자가 살해를 명령한 적법하고 존경받는 가까이 있는 동일시된 집단 속에서 훈련을 통한 조건 형성과 최근에 죽은 친구 때문에 감각이 마비된 채, 널리 받아들여지는 문화적, 도덕적 거리감으로 인해 피해자들과 멀어지고, 다른 가용한 전략을 부인하고 좌절시킨 적군에게 동등한 손실을 입힐 만한 행위 앞에 직면하게 된 한 군인에게 가해지는 누적 요인들의 힘을 이해함으로써, 어떻게 미라이 사건이 일어날 수 있었는지를 이해할 수 있으며 나아가 훗날 이러한 사건이 발생할 가능성을 예방할 수도 있다.

다이어가 인용한 한 참전 용사의 말은 이 요인들이 "평범하고 원래 예의바르던" 미군 병사들에게 얼마나 엄청난 압력을 가하는지에 대한 깊은 이해가 드러나 있다.

똑같은 아이들을 일정 기간 동안 정글 속에 데려다 놓고 완전히 겁을 준다음, 자지 못하게 하고 두려움을 증오로 바꿀 만한 일들이 조금 일어나게 해 보라. 의심이 모자라서 부비트랩에 걸려 죽은 부하들을 너무도 많이 본, 베트남 사람들이 자기와 달라서 멍청하고 더럽고 약하다고 생각하는 하사관을 한 명 데려다 주어라. 거기에 집단 압력을 조금 더하면, 우리 곁에 있

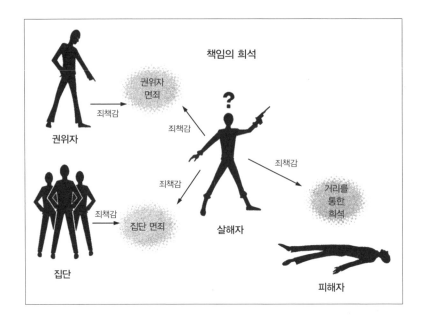

책임의 희석

권위자

권위자 면죄

죄책감

죄책감

?

집단

죄책감

집단 면죄

죄책감

살해자

거리를 통한 희석

피해자

는 이 착한 아이들도 강간의 챔피언이 되리라. 살해, 강간, 도둑질이 바로 이 게임의 원칙이다.

총살 집행 부대의 병사들

요컨대, 전장에서 살해를 가능하게 하는 요인들 대부분은 총살 집행 부대의 처형에 존재하는 책임감 희석에서도 발견된다. 왜냐하면 전투에서 각자는 실제로 거대한 총살 집행 부대의 구성원이기 때문이다. 지휘관은 명령을 내림으로써 요구되는 권위를 제공하지만, 그는 실제로 살해할 필요가 없다. 총살 집행 부대는 순응과 면죄 절차를 제공한다. 피해자의 눈을 가리는 것은 심리적 거리를 제공한다. 그리고 피해자의 죄에 대한 지식은 타당성과 합리화를 제공한다.

  살해를 가능하게 하는 요인들은 살해에 대한 거부감을 우회하고 저버리게 하는 강력한 도구들을 담아 놓은 연장통이다. 하지만 7부 〈베트남에서의 살해〉에서 보게 되듯이, 거부감을 우회할수록 이후 합리화 과정에서 극복해야 하는 트라우마는 더 커진다. 살해는 대가를 요구하며, 사회는 군인들이 여생을 살아가는 동안 자신들이 저지른 일과 함께 살아가야 하리라는 사실을 배워야 한다. 이 책에서 간략히 서술했듯이, 총살 집행 부대의 메커니즘은 살해가 반드시 이루어지도록 해주지만, 총살 집행 부대 구성원들은 이 때문에 엄청난 심리적 대가를 치러야 한다. 이와 마찬가지로 사회는 전투에서의 살해 과정과 살해에 따른 대가가 얼마나 엄청난 것인지를 이제 이해하려 해야 한다. 사회가 이를 이해하고 나면, 살해는 결코 예전과 동일한 것으로 보이지 않게 될 것이다.

5부
살해와 잔학 행위
"그곳에는 영예도, 미덕도 없었다"

전쟁을 수행 중인 국가의 기본 목표는 적군의 이미지를 확립하여, 적군을 죽이는 행위the act of killing와 불법적인 살인 행위the act of murder를 가능한 명확하게 구분하는 것이다.

— 글렌 그레이, 《전사들》

'잔학 행위'는 비전투원을 죽이는 것으로 정의될 수 있다. 더 이상 싸울 생각이 없거나 싸우기를 포기한 전투원이나 민간인을 죽이는 것이다. 하지만 현대전, 특히 게릴라전은 이러한 구분을 모호하게 만든다.

잔학 행위는 전쟁에서 늘 있어 왔고, 전쟁을 이해하기 위해서 우리는 잔학 행위를 이해해야 한다. 잔학 행위에 대한 이해는 그 전반적 스펙트럼을 살펴보는 데서 시작한다.

1

잔학 행위의 전반적 스펙트럼

우리는 제2차 세계대전 당시 나치가 저지른 잔학 행위는 전부 사이코패스나 타인에게 고통을 가하는 데서 쾌감을 얻는 변태적 살인마의 소행일 것이라고 생각하는 경향이 있지만, 다행스럽게도 사회에는 그처럼 이상한 사람들이 많지 않다. 사실상 전투에서 적군을 죽이는 행위와 불법적인 살인 행위를 구분하기는 대단히 어렵다. 그러므로 잔학 행위의 발생 형태가 명확히 정의된다고 생각하기보다는 스펙트럼의 형태를 띤다는 입장에서 탐구한다면, 이 현상의 본질을 보다 잘 이해할 수 있을 것이다.

이 스펙트럼은 개인의 직접 살해만을 다루며, 무차별적인 민간인 폭격이나 포병대의 살해는 제외한다.

고결한 적을 죽이다

잔학 행위 스펙트럼의 한쪽 끝에는 자신을 죽이려 하는 무장한 적군을 죽이는 행위가 놓인다. 이 행위는 잔학 행위로 볼 수 없지만, 다른 유형의 살해를 측정하는 기준점이 된다.

'고결한' 죽음에 이를 때까지 싸우는 적군의 존재는 살해자가 자신의 행위에 고결하고 영광스러운 목적이 있다고 믿도록 살해를 정당화하고 지지한다. 그래서 제1차 세계대전에 참전했던 한 영국군 장교는 홈스에게, 죽을 때까지 자신이 맡은 임무에 충실했던 독일군 기관총 사수들을 찬미하는 말을 할 수 있었다. "그들은 최고였다. 그들은 죽을 때까지 싸웠고, 우리에게 지옥을 선사했다."

그리고 T. E. 로렌스(아라비아의 로렌스)는 제1차 세계대전에서 터키 군을 궤멸시킬 당시 자신이 이끄는 아랍 군에 굳건히 맞서 싸운 독일군 부대를 추념하는 글을 남겼다.

나는 내 형제들을 죽인 적들이 자랑스러워졌다. 그들은 머나먼 타국 땅에서 희망도, 길을 인도하는 안내자도 없이, 가장 용감한 자들도 절망감에 빠뜨릴 만큼 열악한 상황에 처해 있었다. 하지만 그들은 일치단결하여 빠르면서도 조용히 마치 철갑선이 난파선들 사이를 헤치고 나아가듯 터키 군과 아랍 군 사이를 뚫고 나아갔다. 공격을 받으면, 그들은 행군을 멈추고 자세를 잡은 다음, 명령에 따라 총을 쐈다. 서두름도, 울부짖음도, 주저함도 없었다. 그들은 영예로웠다.

이는 살해자의 양심에 가능한 최소한의 짐만을 지우는 '고결한 살해'다. 따라서 군인은 무너진 자신의 적을 영예롭게 여기고, 나아가 살해를 합리화하며, 자신이 죽인 자들의 고결한 미덕을 통해 위업과 평화를 획득할 수 있게 된다.

회색 지대: 매복과 게릴라전

현대전에서 살해는 대부분 매복과 기습 공격 시 일어나는데, 이때 적군은 살해자에게 즉각적인 위협을 주지 않음에도 항복할 기회를 얻지도 못한 채 죽임을 당한다. 스티브 뱅코의 사례는 이러한 살해를 보여 주는 매우 좋은 사례다. "그들은 내가 있다는 사실을 몰랐다. ······하지만 나는 똑똑히 그들을 보았다. ······나는 방아쇠를 부드럽게 당기면서 생각했다, 이건 정말 개죽음이야."

이러한 살해 행위는 결코 잔학 행위로 간주되지 않지만, 고결한 살해 행위와는 분명 다르다. 그렇기 때문에 살해자가 자신의 행위를 합리화하며 받아들이는 데 어려움이 따를 가능성이 크다. 과거의 전투에서 이처럼 매복을 통한 살해는 극히 드물었고, 여러 문명은 이러한 유형의 전쟁을 불명예스러운 것으로 선언하면서 그들의 양심과 정신 건강을 조금이나마 보호하려 했다.

베트남 전쟁에서 유난히 정신적 외상이 빈발했던 이유 가운데 하나는, 게릴라전의 특성상 군인들이 전투원과 비전투원을 구분하기 힘든 상황에 놓이는 경우가 잦았기 때문이다.

마을을 봉쇄하라는 명령을 받고 바짝 긴장한 채 언제라도 전투에 돌입할 태세가 되어 있는 병사들에게, 베트콩과 민간인, 전투원과 비전투원을 식별하기 위해 심문관들처럼 미묘한 뉘앙스나 지표들을 확인하라고 요구하는 것은 아주 사치스러운 생각으로 보였다. 베트콩인지, 베트콩이 아닌지를 판단하는 데는 아주 짧은 시간밖에 주어지지 않았고, 언어장벽은 어려움을 더욱 가중시켰다. 이러한 모호함 때문에 때때로 베트남 민간인들을 죽이는 일이 자주 일어났다. 벤쑥에서, 한 미군 부대는 마을 어귀에 잠복해 망을 보며 베트콩을 찾고 있었다. 한 베트남 남성이 자전거를 타면서 그들의 진지로 다가왔다. 그는 베트콩들이 입는 검은색 파자마를 입고 있었다. 그가 처음 등장한 지점으로부터 20야드 정도를 달려오자, 30야드 떨어진 곳에서 기관총이 다다다닥 소리를 내뿜었다. 그 남자는 진흙탕 수로에 고꾸라져 죽었다.

한 군인이 험악하게 말했다. "베트콩을 한 마리 잡았어. 그놈은 분명 베트콩이야. 베트콩과 똑같은 옷을 입었잖아. 마을을 떠나고 있었어. 분명히 무슨 이유가 있었을 거야."

찰스 멜로이 소령이 덧붙였다. "검은색 파자마를 입은 사람을 보면 어떻게 할 거야? 그가 기관총을 꺼내서 쏠 때까지 기다려? 나는 그러지 않을 거라구."

그 베트남 사람이 베트콩이었는지 아니었는지, 군인들은 결국 알지 못했다. 이것이 외부에 있지 않고 사람들 속에서 살아가는 적과 싸웠던 전쟁의 혼란상이었다.

― 에드워드 도일, 〈세 전투〉

이 병사들이 나누는 대화를 읽어 가면서, 우리는 그들의 처지에 대해 생각해 보며 그들이 무슨 말을 하고 있는지 이해할 수 있다. 그들은 긴장감이 팽팽하게 감도는 상황 속에서 살해하도록 훈련받은 사람들이다. 그들은 자기 행위를 굳이 정당화해야 할 필요가 없었다. 그런데 이들은 왜 그토록 열심히 자기 행위를 정당화하려고 애썼을까? "베트콩을 한 마리 잡았어. 그놈은 분명 베트콩이야. 베트콩과 똑같은 옷을 입었잖아. 마을을 떠나고 있었어. 분명히 무슨 이유가 있었을 거야." 우리는 아마도, 자신의 행위를 스스로에게 절박하게 정당화시켜야 하는 누군가의 목소리를 듣고 있는 것인지도 모른다. 그는 이러한 행위를 취하도록, 혹은 이러한 실수를 저지르도록 강요받은 상황에 처해 있었고, 자기 행동이 옳았으며 필요한 일이었다고 누군가가 말해 주기를 절박하게 원하고 있었다.

때로는 더 난감한 상황도 있었다. 예를 들어, 베트남에서 어느 미 육군 헬리콥터 조종사가 처했던 상황을 생각해 보자.

우리 왼편의 논 위에 격추된 몇 대의 휴이(헬리콥터)를 볼 수 있었다. 내가 중심부로 다가서자 거의 논 한복판에 서서 아무 일 없다는 듯이 무심히 모를 심고 있는 한 노파가 보였다. 이상한 느낌이 들었다. 갈지자로 날면서, 나는 어깨 너머로 돌아보며 그녀가 거기서 무얼 하고 있는지 보려고 했다. 미친 걸까, 아니면 전쟁 따위에 자기 일을 방해받지 않겠다고 굳은 다짐이라도 한 걸까? 불타고 있는 휴이를 다시 힐끗 쳐다보다가 문득 그 할망구가 거기서 무슨 짓을 하고 있는지 깨닫고 나는 기수를 돌렸다.

"홀, 저 할망구를 쏴!" 하고 나는 소리쳤지만, 자기 구역을 살펴보느라 미처 노파를 보지 못한 홀[기총 사수]은 미친 거 아니냐는 시선으로 나를 쳐다보았다. 그래서 우리는 총을 쏘지 못한 채 그녀를 지나쳤고 나는 저격수의 사격을 피하기 위해 논 위로 갈지자로 날면서 홀에게 상황을 자세히 설명해 주었다.

"홀, 저 할망구가 서 있는 자리에서는 고개만 돌리면 마을을 둘러싼 숲을 모두 볼 수 있어" 하고 나는 소리쳤다. "베트콩의 기관총 사수들이 그녀를 보고 있고, 휴이가 오는 방향을 그녀가 바라보면 그쪽으로 사격을 집중할 수 있게 돼. 그래서 이 주변에 이렇게 많은 휴이들이 떨어진 거야. 할망구가 빌어먹을 풍향계 노릇을 하는 거지. 저 할망구를 쏴!"

홀은 내게 엄지손가락을 치켜들었고 나는 다시 지나가기 위해 방향을 틀었지만, 다른 헬리콥터에 타고 있던 제리와 폴이 먼저 알아차리고 이미 그녀를 쓰러뜨린 상태였다. 다시 불타고 있는 휴이들 위를 지나가면서, 어떤 이유에서인지 나는 그 노파가 죽었다는 사실에서 안도감 말고는 아무런 감정도 느낄 수가 없었다.

— 브레이, 《포로를 찾아 헤매다》

노파는 그러한 행동을 강요받았던 것일까? 노파는 진짜 베트콩의 동조자였을까 아니면 피해자였을까? 베트콩의 무기가 그녀나 그녀의 가족들을 향하고 있었던 것은 아닐까?

이러한 환경에서 이들 조종사들과 다른 방식으로 행동할 사람이 있을까? 물론 있을 수 있다. 그러나 다르게 행동했더라면 살아남아 이러한 이야기를 들려주지 못했을 것이다. 확실히 그 누구도 이들에게 죄를 묻지 않을 것이다. 하지만 더 확실한 것은 이들이 여생을 이러한 종류의 의구심을 품은 채 살아 가야 하리라는 것이다.

때때로 현대전에서 이러한 회색 지대 살해와 연관되어 발생하는 트라우마는 엄청나다.

이봐, 나는 사람들을 죽이고 싶지 않지만, 아랍 놈들을 죽였어. 이야기 하나 들려줄까. 레바논 전쟁 때 푸조 한 대가 백기도 없이 우리를 향해 다가왔어. 5분 전에 다른 차가 왔는데 거기에는 RPG[로켓 추진식 대전차 유탄]를 지닌 네 명의 팔레스타인인이 타고 있었고, 그놈들이 내 친구 세 명을 죽였어. 그래서 또 푸조 한 대가 우리에게 다가오니까 쏠 수밖에 없었지. 그런데 알고 보니 한 가족이 타고 있는 거야. 아이가 셋이나 있었어. 나는 울부짖었지만 돌이킬 수가 없었어. 아이들과 아빠, 엄마…… 온 가족이 죽었는데, 돌이킬 수가 없었다구.

— 가비 바샨, 레바논 전쟁에 참전한 이스라엘 예비군, 1982년

그윈 다이어의 《전쟁》에서 인용

또다시 우리는 게릴라와 테러리스트 시대의 현대 전쟁에서 검은 지대와 흰색 지대를 오가다가 점차 회색의 그늘로 옮겨져 가는 살해를 볼 수 있다. 그리고 잔학 행위의 스펙트럼을 계속 따라가다 보면, 우리는 그것이 점차 검은색으로 짙게 물들어 가는 것을 보게 된다.

어두운 지대: 야비한 적을 죽이다

전쟁이 벌어지는 동안 포로와 민간인을 근거리에서 살해하는 것은 명백히 역효과를 낳는 행위다. 적군 포로를 처형하는 행위는 적군의 의지를 강화하고 그들이 항복할 가능성을 줄인다. 그러나 전투의 열기 속에서 이러한 일은 상당히 자주 일어난다.

내가 인터뷰한 베트남 참전 용사들 가운데 일부는 자세한 설명도 없이 "포로를 생포한 적이 없다"고 말했다. 군사 학교의 훈련 시라면, 적 전선 후방에서 작전할 때는 포로들을 붙잡는 것이 비효율적이더라도 군인들 사이에서는 포로들을 '돌봐야 한다'는 무언의 동의가 생긴다.

그러나 전투의 열기 안에서는 그리 간단치만은 않다. 근거리에서 싸우려면 적군의 인간성을 부인해야 한다. 항복은 그와는 정반대의 것, 즉 적군의 인간성을 인식하고 동정하기를 요구한다. 열기 속에서 이루어지는 항복은 양편 모두에게 실행하기가 매우 어려운 완전한 정서적 전환을 요

구한다. 전투에서 대치하거나 싸우기를 선택한 뒤 죽는 적군은 고결한 적군이 된다. 그러나 마지막 순간에 항복하려 한다면, 그는 곧바로 살해 당할지 모를 커다란 위험을 무릅쓰게 된다.

홈스는 이러한 과정에 대해 상세히 기술한다.

전투 중에 항복한다는 것은 어려운 일이다. 찰스 캐링턴은 "극한에 달할 때까지 싸운 후라면 그 어떤 군인에게도 '자비'를 구할 권리는 없다"고 말 했다. T. P. 마크스는 일곱 명의 독일 기관총 대원이 총에 맞는 것을 보았다. "그들은 무방비 상태였지만, 그것은 그들이 선택한 일이었다. 우리는 총을 버리라고 요구한 적이 없었다. 그들은 자신들의 기관총에 죽지 않은 자들이 점차 가까이 다가와 상황이 역전되고 나서야 총을 버렸다."

에른스트 융거는 이러한 상황에서 방어자가 항복할 도덕적 권리는 없다 는 데 동의했다. "방어하는 자들이 겨우 다섯 발자국밖에 떨어지지 않은 거 리에서 공격하는 자들을 향해 총을 쏜 이후라면 다음에 어떤 일이 일어나 더라도 모두 받아들여야 한다. 눈앞에서 피가 튀기는 것을 목격하며 마지막 돌격을 감행하는 동안 감정을 돌이킬 수 있는 병사는 아무도 없다. 그는 적 을 생포하기보다는 죽이길 바랄 것이다."

1914년 몽셸에서 기병대 간에 벌어진 전투에 참전한 제9 창기병연대 소 속 하사관 제임스 테일러는 흥분한 병사들을 다스린다는 것이 얼마나 어려 운 일인지 알게 되었다. "그리고 나서 말들이 울부짖고 고함과 함성이 오가 는 격렬한 혼전이 벌어졌다. ……나는 낙마한 후 양손을 올리고 있는 독일 군을 볼트 상병이 창으로 찌르는 것을 보면서 그것은 몹쓸 짓이라고 생각했 던 기억이 난다."

서부 전선에서 군의관으로 복무한 해럴드 디어덴은 한 어린 군인이 어머니에게 쓴 편지를 읽었다. "어머니, 우리가 그들의 참호 속으로 뛰어들었을 때, 그들은 모두 손을 올리고 '카메라드, 카메라드' 하고 외쳤는데 그건 그들 말로 '항복한다'는 뜻이었습니다. 어머니, 하지만 그들은 죽어야 했습니다. 이만 마칩니다. 사랑하는 앨버트."

……어떤 전쟁에서도, 적군과 근거리에서 소화기를 이용해 전투를 벌인 군인이 투항하여 목숨을 구하게 될 가능성은 절반을 넘지 않을 것이다. 항복하기 위해 일어선다면, 그는 유서 깊은 표현인 "너무 늦었네, 친구"라는 말을 들으며 총에 맞아 죽을 각오를 해야 한다. 그냥 엎드린 채로 있으면, 그는 위험을 감수할 생각이 전혀 없는 소탕반이 던진 수류탄의 희생자가 되고 말 것이다.

하지만 홈스는, 그런 상황들 속에서 지속적으로 일어나는 놀라운 일은 항복하려 하는 동안 얼마나 많은 병사들이 죽임을 당하느냐가 아니라 실제 죽임을 당하는 병사들이 아주 적다는 사실이라고 결론짓는다. 이러한 도발적인 상황에서도 살해에 대한 일반적인 거부감은 여전히 유효한 것이다.

항복한 자를 처형하는 것은 전투 이후에도 국가와 군인들은 살아남을 수 있다는 생각을 가지고 몸 바쳐 싸워 온 부대에게 분명히 잘못을 범하는 일이며, 이는 오히려 역효과를 낳게 된다. 그렇지만 뜨거운 전투의 열기 속에서 이러한 잘못된 행위는 벌어지기 마련이며, 처벌의 대상이 되는 경우도 아주 드물다. 대개의 경우, 오직 군인 개개인만이 자기 행위에 책임을 지게 된다.

잔인하게 이루어지는 처형은 이와는 전적으로 다른 문제다.

암흑 지대: 처형

'처형execution'은 여기서 군사적으로 또는 개인적으로 살해자에게 중대하거나 즉각적인 위협을 가하지 않은 비전투원(민간인 혹은 포로)을 근거리에서 살해하는 것으로 정의된다. 이러한 살해가 살해자의 정신에 가하는 충격은 대단히 크다. 왜냐하면 살해자는 피해자를 죽일 내적 동기가 거의 없는 상태에서 오로지 외적 동기에 의해서 죽이게 되기 때문이다. 살해가 근거리에서 이루어지기 때문에, 살해자는 피해자의 인간성을 부인하기가 어렵고, 살해에 대한 개인적 책임을 부인하기는 더욱 어렵다.

그린베레 요원으로 베트남 전쟁에 참전했다가 이후 작가로 변신한 짐 모리스는 말레이시아에서 대게릴라전에 참가했다가 처형의 기억을 안고 살아 가려 애쓰는 한 호주군 참전 용사를 인터뷰한다. 그가 들려주는 이야기의 제목은 "퇴역한 살인자들, '영웅도, 악한도 아니었던 동료들'"이다.

이번에 우리는 방 반대편의 벽에 기대었다. 그는 앞으로 숙인 채 부드럽고 진지하게 말했다. 이번에 거짓은 없었다. 그는 자신의 온 마음을 숨김없이 드러냈다.

"우리는 테러리스트 포로수용소를 공격해 여성 포로 한 명을 붙잡았습니다. 아마도 높은 사람인 것 같았습니다. 그녀는 공산당 인민위원들이 착용하는 휘장을 달고 있었습니다. 나는 이미 병사들에게 포로를 생포해 본 적도 없고 여자를 죽여 본 적도 없다고 말했습니다. '빨리 죽여야 합니다. 우리는 떠나야 한다고요!' 하고 내 하사관이 말했지요."

"세상에, 나는 땀을 흘리고 있었습니다." 해리는 계속했다. "그녀는 훌륭했어요. 그녀는 내게 '무슨 일이죠, 미스터 발렌타인? 땀을 흘리고 있네요'

하고 물었어요."

"나는 이렇게 말했어요. '당신 때문이 아니야. 말라리아가 재발했을 뿐이야.' 나는 하사관에게 권총을 넘겼지만, 그는 고개를 젓고만 있었습니다. ……아무도 하려 하지 않았고, 내가 하지 않는다면 나는 다시는 그 부대를 지휘할 수 없게 되는 셈이었습니다."

"'미스터 발렌타인, 땀을 흘리고 있어요' 하고 그녀는 다시 말했습니다.

"'당신 때문이 아니라니까' 라고 말했죠."

"그녀를 죽였나요?"

"아무렴요, 그 망할 년의 머리통을 날려버렸지요"라고 그는 대답했다……

"소대원들이 내 주위로 모여들어 미소를 지었어요. 내 하사관이 말했습니다. '당신은 우리의 투완['지휘관'을 의미하는 말레이어]입니다! 당신은 우리의 투완입니다!'"

나는 성직자가 아니다. 나는 더 이상 장교도 아니다. ……나는 내 표정만으로 내가 해리를 좋아한다는 의사가 전달되기를, 그가 스스로를 용서해도 된다는 뜻이 전달되기를 희망했다. 물론 그것은 어려운 일이었다.

이것이 곧 잔학 행위의 스펙트럼이며, 잔학 행위가 벌어지는 모습이다. 그러나 왜? 이제 우리는 잔학 행위가 벌어지는 이유, 잔학 행위의 근거, 그리고 잔학 행위가 그 실행자에게 부여하는 어두운 힘을 탐색할 것이다.

2
잔학 행위의 어두운 힘

문제: "정의는 총구에서 나온다(?)"

워싱턴 주 포트루이스에서 어느 춥고 비 오던 날에 훈련을 받던 중에, 나는 포로 처리 훈련을 막 마친 군인들이 나누던 대화를 듣게 되었다. 한 사람은 지속성 신경가스가 뿌려진 지대로 적군 포로들을 내보내야 한다고 주장했다. 다른 사람은 클레이모어 지뢰야말로 적군 포로를 처치하는 데 비용과 에너지 대비 효율성이 가장 높은 방법이라고 말했다. 이 야기를 듣고 있던 동료 군인 하나가 신경가스나 클레이모어 둘 다 낭비일 뿐이고, 그 대신 포로를 시켜 지뢰를 제거하거나 방사능 및 화학 오염 지역을 정찰시키는 것이 가장 효과적인 포로 활용책이라고 주장했다. 가까이 서 있던 대대 종군 목사가 명백히 도덕적인 성격을 지닌 이 문제에 끼어들었다.

목사는 제네바 협정을 인용하면서 미국은 정당한 국가이며 신이 미국의 대의를 지지하고 있다고 논했다. 그러나 실용주의적인 군인들에게 이 같은 도덕적 접근은 별로 효과가 없었다. 제네바 협정은 잊었고, 우리의 전방 관측병은 학교에서 "제네바 협정은 적의 인원에게는 백린탄을 쏠 수 없다고 규정했으므로, 그 대신 적의 장비에 쏘면 된다"고 가르쳤다고 말했다. 젊은 포병대원은 이런 논리를 제시했다. "우리가 제네바 협정을 지킨다면, 적군 역시 지킬 거라고 생각하십니까?" 이런 말을 한 사람도 있다. "우리가 소련군의 포로가 될 경우 그놈들은 협정 따윈 지키지 않을 겁니다. 그런데 왜 그들에게 협정을 지켜야 한다는 겁니까?" "정당성"과 "신의 지지"라는 목사의 말에 대해, 비에 젖어 몸을 떨던 병사들이 내놓은 대답은 "정의는 총구에서 나온다", "승자가 역사를 기록한다"는 말과 맞닿아 있었다.

나 역시 포트베닝에서 사관후보생학교의 포병 과정, 보병 초군반 과정, 레인저 학교, 박격포 소대장 과정을 수료하면서, "제네바 협정에 따라 백린탄은 적 장비에" 비슷한 말을 들었다. 레인저 학교에서 포로 처우에 대해 강의했던 어느 교관은, 정찰대는 기습이나 매복 시 포로를 생포할 수 없다는 자신의 개인적 신념을 분명히 전달했다. 나는 레인저 대대 출신의 뛰어난 젊은 군인들 대부분도 이러한 생각을 갖고 있다는 데 주목했다.

하나의 해결책: "내가 쏴 버리겠다"

이러한 신념에 직면한 나는 내가 가지고 있는 기본적인 소견을 말했다. "단 한 건의 학살 현장을 목격하더라도, 무수한 적군 병사들은 절대 항복하지 않겠다고 다짐하며 아주 격렬하게 전투에 임하게 될 것이다. 마치 발지 전투의 말메디 학살을 접한 우리 미군처럼 말이다. 독일군이 포로를 쏜다는 말이 돌자마자 우리 미군들은 필사적으로 싸웠다. 이런 상대와 싸우기는 매우 힘들 것이다. 게다가 이는 적에게 포로로 붙잡힌 우리 군인들을 죽일 수 있는 충분한 구실이 된다. 그래서 아군과 똑같이 불쌍하고 지친 군인에 불과한 적군 포로들을 살해한다면 적군 부대는 매우 강해지고, 수많은 아군이 죽을 것이다.

반면, 붙잡아갈 수 없는 포로들을 무장 해제시키고 결박하여 벌판에 내버려 둔다면 미국인들이 포로를 명예롭게 다룬다는 말이 퍼질 것이고, 공포로 떠는 지친 적군들은 위급한 상황에서 죽기보다는 항복을 선택할 것이다. 제2차 세계대전에서는 소련 육군 1개 군단이 독일로 망명한 적도 있다. 독일군은 소련 포로를 개처럼 다루었음에도 불구하고 이 소련군 군단은 그들 편에 섰다. 더욱 자비로운 적군과 마주했더라면 어떻게 행동했을까?

제군들이 마지막으로 알아 두어야 할 것은, 만약 제군들 가운데 포로를 죽이다가 내 눈에 띄는 자는 그 자리에서 바로 내가 쏴 버릴 것이라는 점이다. 왜냐하면 그것은 불법적이고, 그릇되고, 멍청하고, 전쟁에서 이기는 데 도움이 되겠다고 저지르는 일 가운데 최악의 행동이기 때문이다."

나는 소련 포로나 망명자들을 전투 부대로 조직할 가능성이나 포로로부터 중요한 정보를 얻을 수 있다는 장점은 언급조차 하지 않았다.

교훈과 더 큰 문제

여기서 가장 중요한 문제는 포로를 부당하게 대우할 때 일어나게 될 가능성이 있는 결과에 대해 내게 말해 준 사람이 그동안 아무도 없었다는 것이다. 내 상관들 가운데 이 문제에 대해 명료하게 설명해 주거나 변호해 준 사람은 아무도 없었다. 실상은 그 반대였다. 이등병 시절과 하사관 시절에 나는 포로를 산 채로 데려가기가 마땅치 않으면 처형해야 한다는 선임자들의 의견에 찬성했다. 당시에는 그것이 합리적이라고 생각했다. 하지만 그들은 전투에서 포로를 올바로 처리하는 일의 중요성이나 잘못 처리했을 때 일어날 치명적인 결과를 내게 알려 주지 못했다. 내 생각에 그 이유는 그들 자신이 이를 이해하지 못하고 있었기 때문이다.

장차 일어날 전쟁에서 우리 군인들은 전쟁 범죄를 저지를지도 모르고, 그렇게 함으로써 우리는 우리에게 이용될 수 있는 전투 승수combat multiplier들 가운데 하나, 즉 억압된 민중이 그들 나라에 충성하지 않게 되는 경향을 잃게 될지도 모른다.

제2차 세계대전 당시 전쟁 포로들을 대상으로 인터뷰를 진행했던 한 면접관이 내게 들려준 이야기에 따르면, 그와 인터뷰를 하는 과정에서 독일군 병사들은 제1차 세계대전에서 싸운 경험이 있는 친척들로부터 "용감해져라, 보병이 되라, 미군을 보는 즉시 항복하라"는 조언을 들었다는 말을 반복적으로 했다. 페어플레이를 하며 인간의 생명을 경시하지 않는다는 미군에 대한 평판은 세대가 바뀌어도 사라지지 않고 남아 있었고, 제1차 세계대전에 참전한 미군들의 품위 있는 행동이 제2차 세계대전에서 많은 군인들의 목숨을 구했던 것이다.

이것이 전투에서 잔학 행위의 역할에 대한 미국의 입장이고, 기본 논리다. 하지만 많은 국가들이 전쟁에서 잔학 행위를 이용하는 데 있어서 취해 온 또 다른 입장이 있고, 여기에는 고려되어야 할 또 다른 논리가 있다. 이 논리는 잔학 행위에 대한 비뚤어진 논리로, 살해를 완전히 이해하길 원한다면 우리는 이를 반드시 이해해야 한다.

역량 강화

> 전쟁은…… 전환을 가져다줄 힘이 없다. 그것은 단지 우리 안에 있는 선
> 과 악을 과장할 뿐이다.
>
> — 모란 경, 《용기의 해부》

죽음을 통한 역량 강화

한 군인이 낙하산 강하를 하다가 떨어져 죽는 것을 본 이후로 내 감
정을 정리하는 데는 몇 년의 시간이 걸렸다. 내 마음 한편에서는 그 군인
의 죽음에 공포감을 느꼈지만, 추락하는 내내 엉켜 있는 예비 낙하산을
펼치기 위해 분투하는 그를 봤을 때 내 마음의 다른 한편은 자부심으로
차올랐다. 그의 죽음은 매일 죽음을 각오해야 하는 낙하산 부대원들에
대해 내가 믿고 있는 바를 입증하고 확인해 주었다. 불운했지만 용감했
던 그 군인은 공수부대 정신에 바쳐진 산 제물이 되었다.

동료 낙하산 부대원들과 이야기를 나누고 떠나간 동료를 기리며 술잔
을 기울였을 때, 나는 그의 죽음이 우리와 같은 정예 부대에 내재되어 있
는 위험과 고결한 정신, 우수성에 대한 우리의 믿음을 더 키워 주었다는
것을 이해하기 시작했다. 그의 죽음은 우리의 사기를 꺾기는커녕 이상하
리만큼 우리의 역량을 키우고 강화했다.[1] 이러한 현상은 정예 전투 부대
에만 국한되어 일어나는 현상이 아니다. 국가는 엄청난 희생을 치른 전

투, 심지어 패한 전투를 기념한다. 희생자들의 용기와 고귀한 정신이 그 안에 담겨 있기 때문이다. 알라모 전투와 피켓의 돌격, 됭케르크 철수 작전, 웨이크 섬 전투, 레닌그라드 전투는 바로 그러한 예들이다.

잔학 행위를 통한 역량 강화

공수부대 작전 중 일어난 낙하산병의 죽음을 제2차 세계대전에서 유대인들이 치른 희생과 비교하는 것은 무례한 짓일 것이다. 그만큼 무례한 소리로 들릴지 모르지만, 나는 한 군인이 죽는 광경을 목격했을 때 내 마음속에서 일어난 것과 똑같은 과정이 잔학한 짓을 저지른 자들 사이에서 크게 확대된 형태로 일어난다고 생각한다.

홀로코스트는 유대인과 무고한 사람들을 무분별하게 살해한 것으로 잘못 이해되는 경우가 많다. 하지만 이러한 살해는 무의미하게 일어난 것이 아니었다. 절대 용납할 수 없는 사악한 짓이긴 했지만, 아무 생각 없이 벌인 일은 아니었던 것이다. 이러한 살인에는 아주 강력한 그들만의 비뚤어진 논리가 내재되어 있다. 그것은 우리가 잔학 행위에 맞서 싸우고자 한다면 반드시 이해해야 할 논리다.

잔학 행위의 어두운 힘을 건드리는 자들이 거둘 수 있는 이득은 많다. 잔학 행위를 쓰는 정책에 관여하는 사람들은 대개 현재의 순간적 이득을 위해 미래를 팔아넘긴다. 그 이득은 찰나에 불과하지만 분명 실질적이고 강력하다. 잔학 행위의 마력을 이해하려면 개인과 집단, 국가가 잔학 행위에 눈길을 돌리게 만드는 이러한 이득의 정체를 이해하고, 나아가 분명히 인정해야 한다.

테러리즘

잔학 행위를 저지름으로써 얻게 되는 가장 명백하고 노골적으로 드러나는 이득 가운데 하나는 아주 손쉽게 사람들을 공포에 질리게 만들 수 있다는 것이다. 살인하고 학대하는 자들의 야만성과 이들이 자아내는 원초적인 공포는 사람들로 하여금 도망치고 숨게 하고, 감히 저항할 엄두를 내지 못하게 하면서 피해자들이 묵묵히 이들의 지시에 수동적으로 따르게 만든다. 우리는 매일 같이 신문에서 대량 살해범들과 맞닥뜨린 피해자들이 자신들이나 다른 사람을 보호하기 위해서 한 일이 아무것도 없었다는 기사를 읽으며 이를 확인할 수 있다. 한나 아렌트Hannah Arendt는 《예루살렘의 아이히만: 악의 평범성에 대한 보고서》에서 이러한 이유로 유대인들은 나치에 저항하지 못했다고 지적했다.

제프 쿠퍼Jeff Cooper는 범죄학자로서의 경험을 바탕으로 민간 생활에서 나타나는 이러한 경향에 대해 지적한다.

스타크웨더, 스펙, 맨슨 리처드 히콕, 케리 스미스 등이 최근 몇 년 간 수행한 잔학 행위에 대한 연구들은 하나 같이 희생자들이 겁을 집어 먹고 끔찍할 만큼 부조리하게 처신하면서 실제로 그들을 살해한 자들을 돕게 되었음을 보여 준다.

……인간다운 인간은 자기 명예를 위해서라도 폭력의 위협에 굴복하지 않으려 할 것이다. 겁쟁이는 많지 않다. 그들은 단지 인간에게 야만적인 면모가 있다는 것을 사실로 받아들일 준비가 되어 있지 않을 뿐이다. 그들은 그 점에 대해 생각해 보지 않았고(신문을 읽고 뉴스를 시청하게 되면 누구나 알 수 있는 사실인데도 이에 대해 생각해 본 적도 없다는 것은 정말 믿기 힘든

일이다), 그래서 어찌해야 할지 모를 뿐이다. 사악한 행위와 폭력을 똑바로 직시하게 되면, 그들은 놀라움을 감추지 못하며 당혹감을 드러낸다.

사회의 범죄자들과 낙오자들의 힘을 더욱 강화시켜 주는 이러한 과정은 혁명 조직과 군대, 정부에 의해 정책적으로 제도화될 때 훨씬 더 잘 기능할 수 있다. 북베트남과 이를 대표하는 베트콩들은 잔학 행위를 정책적으로 드러내 놓고 활용하여 성공을 거둔 대표적인 세력이다. 1959년 한 해 동안 250명의 남베트남 관리들이 베트콩들에게 암살당했다. 베트콩들은 암살이 쉬운 일일 뿐 아니라 비용도 저렴하고 효과도 좋다는 걸 알게 되었다. 일 년 뒤 살해와 테러에 의한 사상자수는 1,400명으로 치솟았고, 이는 이후 12년에 걸쳐 지속되었다.

이 기간 동안 미국의 소모전 예찬론자들은 북베트남에 지속적으로 폭격을 퍼부었으나 아무런 실익을 거두지 못했다. 이러한 폭격의 방법론과 목표물 선정은 제2차 세계대전 당시에 실시된 전략 폭격과 비교해 봐도 비효율적이기 그지없었다. 게다가 제2차 세계대전 종전 후에 실시한 연구들에 따르면, 영국과 독일에 가해진 전략 포격은 적군의 결의를 강고히 해준 것 말고는 이루어 낸 것이 거의 없음이 실증된 상태였다.

미국이 아무 소득 없이 북베트남을 폭격하고 있는 동안, 북베트남은 남베트남 정부의 기간 인원들을 하나씩 그들의 침실과 집 안에서 효과적으로 살해하고 있었다. 앞서 살펴보았듯이, 2만 피트 떨어진 곳에서 날아오는 폭탄은 비인격적이며, 심리에 미치는 영향이 거의 없다. 그러나 근거리에서 벌어지는 직접 살해는 피해자를 향한 강렬한 증오의 바람과 만나면 상대의 의지를 잠식하고 최후 승리를 달성하는 데 섬뜩하리만치 큰 효과를 발휘한다.

살해를 명령받은 대원들은 지역 지도자의 집에 들어가 그와 그의 아내, 결혼한 아들과 며느리, 남녀 하인, 그리고 그들의 아기들까지 모조리 쏴 죽였다. 고양이는 목 졸라 죽였고, 개는 몽둥이로 때려 죽였고, 금붕어는 어항에서 건져 비닥에 던졌다. 공산주의자들이 떠나고 나면, 집안에 살아남아 있는 생명체는 아무것도 없었다. 가족 전체가 제거된 것이다.

— 짐 그레이브스, 〈뒤엉킨 거미줄〉

잔학 행위에는 단순하고 명백하며 몸서리치게 만드는 가치가 내재되어 있다. 몽고인들은 굳이 싸우지 않고도 전 세계를 굴복하게 만들 수 있었다. 과거에 그들에게 저항했던 도시와 국가는 몰살당하는 화를 입었다는 평판이 자자했기 때문이다. '테러리스트'라는 용어는 '공포를 활용하는 자'를 의미할 뿐이며, 무자비하고 효율적으로 공포를 활용하여 권력을 획득하는 데 성공했던 개인이나 국가의 예를 세계나 역사 속에서 찾으려면 굳이 먼 곳을 바라볼 필요도 없다.

살해 역량 강화

대량 학살이나 처형은 집단의 역량을 강화하는 원천이 될 수 있다.

마치 악마와 계약이라도 맺은 양, 한 무리의 사악한 악령들이 나치 친위대에 희생당한 자들을 먹어 치우며 번성했고, 그들의 조국은 피를 제물로 바친 대가로 악마적인 힘을 얻었다. 살인을 저지르고 그 피를 봄으로써 나치의 인종적 우월성이라는 악령은 정당성을 확보하고 입증했다. 그렇게 함으로써 그들은 도덕적 거리, 사회적 거리, 문화적 거리에 바탕을 둔 엉터리 종 구분(희생자를 열등한 종으로 범주화하는)을 강력하게 확립했다.

다이어의 책 《전쟁》에는 일본군 병사들이 중국 포로들을 총검으로 살해하는 놀라운 사진이 실려 있다. 끝없이 늘어선 포로들은 등 뒤로 손이 묶인 채 깊은 도랑 속에서 무릎을 꿇고 있다. 도랑 위로는 둑을 따라 착검한 소총을 든 일본군 병사들이 또 끝없이 늘어서 있다. 이 군인들은 한 명 한 명씩 도랑으로 들어가 포로를 총검으로 죽이는 "깊은 야만성"을 실천으로 옮긴다. 포로들은 공포 속에서 아무 말 없이 묵묵히 이를 받아들이며 고개를 떨어뜨린다. 총검에 찔려 죽은 자들의 얼굴은 고통으로 일그러져 있다. 여기서 주목할 점은 살해자들의 얼굴 역시 피해자들의 얼굴처럼 일그러져 있다는 것이다.

이처럼 처형이 이루어지는 상황에서, 도덕적 거리와 사회적 거리, 문화적 거리, 집단 면죄, 근접성, 복종을 명령하는 권위 등은 서로 힘을 합쳐 군인들로 하여금 인간으로 나고 자라면서 배운 체면과 양식, 타고난 살해에 대한 거부감을 속절없이 떨쳐버리고 처형을 실행에 옮기게 만든다.

적극적 참여자든 수동적 참여자든, 이러한 집단 처형에 가담하는 군인들은 피할 도리가 없는 냉혹한 선택에 직면하게 된다. 한편으로, 군인은 자신에게 살해할 것을 요구하는 믿을 수 없을 만큼 강력한 일련의 힘들에 저항할 수 있다. 그럴 경우 그는 국가, 지휘관, 동료들로부터 부정당하고, 공포에 떨고 있는 다른 피해자들과 함께 처형당할 가능성이 매우 높다. 다른 한편으로, 군인은 자신에게 죽일 것을 요구하는 사회적, 심리적 힘들 앞에 무릎 꿇을 수 있다. 그리고 그렇게 할 때, 그는 이상하리만큼 자신의 힘이 배가되는 것을 경험하게 된다.

살해하는 군인은 자신의 양심 한편에서 너는 여자들과 아이들을 죽인 살인자라고, 용서받지 못할 일을 저지른 비열한 야수라고 외치는 소리를 못 들은 척해야 한다. 그는 마음속의 죄책감을 부인해야 하고, 세상은 미친 게 아니며, 피해자들은 짐승만도 못한 사악한 기생충이나 다를 바 없으며, 국가와 지휘관이 자신에게 하라고 시킨 일은 옳다는 것을 확신해야 한다.

그는 이러한 잔학 행위가 정당할 뿐 아니라, 그것은 그가 죽인 피해자들보다 자신이 도덕적, 사회적, 문화적으로 더 우월하다는 것을 보여 주는 증거라고 믿어야 한다. 이는 피해자들의 인간성을 부인하는 궁극적 행위다. 또한 자신의 우월성을 확증하는 궁극적 행위다. 그리고 살해자는 자신이 무언가 잘못을 저지른 게 아닌가 하는, 불협화음을 일으키는 생각 따위는 과감히 억눌러야 한다. 나아가 자신의 믿음을 위협하는 그 무엇이든 가차 없이 공격해야 한다. 그의 정신 건강은 자신이 행한 일이 선하고 옳다고 믿는 데 전적으로 달려 있다.

피해자가 흘린 피는 또다시 이보다 훨씬 정도가 심한 살해와 학살에 나설 수 있는 힘을 그에게 보태어 준다. 그리고 이와 같이 힘을 실어 주는 기초적 과정을 통해 사악하기 짝이 없는 살인과 광신적인 살해 행위가 가능해진다는 것을 깨닫게 되면, 이것이 악마와 맺은 계약과 유사하다는 추론은 겉보기만큼 이상해 보이지 않을 것이다. 이것이 바로 지난 수천 년간 신에게 인간을 제물로 바치게 만든 힘이자 매력이다.

지휘관과 동료에 대한 유대감

잔학 행위를 명령하는 자들은 죄책감이라는 끈을 통해 잔학 행위를 저지르는 자들과 긴밀하게 연결되어 있다. 또한 자신들의 목적과도 연결되어 있는데, 목적을 이루게 되면 나중에 자신들의 행동을 설명하지 않아도 되기 때문이다. 전체주의 국가의 독재자들은 비밀경찰과 기타 근위병과 같은 유형의 부대만이 마지막까지 자신들의 목적을 위해 싸울 것이라고 기대할 수 있다. 루마니아의 니콜라에 차우셰스쿠의 국가경찰과 히틀러의 친위대는 잔학 행위를 통해 자기 지휘관들과 깊은 유대 관계를 맺은 대표적인 경우다.

부하들이 잔학 행위에 확실히 가담하도록 만들기 위해, 전체주의 국가의 지도자들은 추종자들을 위해 적과의 화해는 있을 수 없다고 보장해 줄 수 있다. 그들은 자기 지도자들의 운명과 떼려야 뗄 수 없는 관계로 맺어져 있다. 자신들이 세운 논리와 죄책감의 함정에 빠져 잔학 행위를 저지른 자들은 위대한 신들의 황혼 속에서 완승 아니면 완패 외에 다른 대안은 생각조차 하지 못한다.

적법한 위협 수단이 부재할 때, 지도자들은 희생양을 지정해 그를 모독하고 무고한 피를 요구함으로써 살인자의 능력을 배가시키고 지도자와의 유대감 또한 강화할 수 있다. 전통적으로 유대인이나 흑인 등 눈에 아주 잘 띄는 약자 집단이나 소수 집단이 이러한 희생자 역할을 맡아 왔다.

여성 또한 타자의 권력 강화를 위해 모독과 천시, 비인간적인 대접을 받아 왔다. 유사 이래 여성은 이러한 권력 증강 과정에서 가장 큰 피해자 집단으로 존재해 왔다. 강간은 적을 지배하고 비인간화하는 과정의 아주 중요한 부분이다. 그리고 이와 같이 타인을 희생하여 서로의 힘을 키우고 유대를 형성하는 과정은 정확히 윤간을 통해 일어나는 과정과 일치한다. 전쟁에서, 윤간과 같은 일을 벌임으로써 군의 역량을 강화하고 유대감을 증진하려는 시도는 종종 국가적인 차원에서 일어나기도 한다.

제2차 세계대전에서 맞붙어 싸운 독일과 소련 간의 분쟁은 양편이 잔학 행위와 강간에 몰입하는 악순환에 빠진 훌륭한 사례다. 앨버트 시튼 Albert Seaton에 따르면, 이러한 악순환은 독일로 쳐들어간 소련 군인들이 독일에서 민간인을 대상으로 저지른 범죄는 처벌의 대상이 되지 않으며 사유 재산과 독일 여성은 당연히 그들의 것이라는 말을 듣게 되는 지경에까지 이르게 했다.

이처럼 사실상 부추김을 받은 결과 발생한 강간 사건은 수백만 건에 달했던 것으로 보인다. 코넬리어스 라이언Cornelius Ryan은 《마지막 전투 The Last Battle》에서 제2차 세계대전 당시 벌어진 강간으로 인해 태어난 신생아 수는 베를린 한 곳에서만 10만 명에 달한다고 추산했다. 최근에 우리는 보스니아에서 세르비아인들이 강간을 정치적 도구로 활용하는 것을 보았다. 여기서 이해하고 넘어가야 할 문제는 평시와 전시의 윤간과 집단 살상은 '무분별한 폭력'이 아니라는 사실이다. 오히려 이러한 행위들은 무고한 자들을 희생시켜 집단을 결속하고 범죄를 합법화하는 강력한 행위다. 그리고 이러한 행위 뒤에는 부와 권력을 증진하고 특정 지도자의 허영심을 채우려는 목적이 숨어 있는 경우가 대부분이다.

잔학 행위와 부인

잔학 행위가 일으키는 지독한 공포감은 여기에 직면할 수밖에 없는 사람들을 겁에 질리게 할 뿐 아니라, 멀리 떨어진 곳에서 사태를 관망하는 자들로 하여금 이러한 일이 실제로 일어나고 있다는 것을 불신하게 만든다. 광신도들이 의식을 치르는 도중에 한 살해이든, 세계 일반의 합법적인 정부들이 저지른 대량 학살이든, 사람들이 이러한 일들에 가장 일반적으로 보이는 반응 가운데 하나는 이를 도저히 믿지 못하겠다는 것이다. 충격의 강도가 셀수록, 믿고 싶지 않다는 반응은 더 커진다.

대다수 미국인들은 나치 독일이 저지른 수백만 건의 살인을 믿을 수 있었다. 군인들이 그곳에 있었고, 나치 강제수용소에 실제 수용되기도 했기 때문이다. 목격자의 이야기와 영화, 소리 높여 항의한 강력한 유대인 공동체, 다하우와 아우슈비츠 같은 수용소에 남아 있는 잔학 행위의 현장 등은 이러한 참상이 일어나지 않았다고 부인하는 것을 불가능하게 만든다. 하지만 이 모든 증거를 보고도 그런 일이 일어나지 않았다고 진심으로 믿고 있는 기이한 소수 집단이 여전히 미국에 존재하고 있다.

잔학 행위는 너무나 끔찍해서 사람들은 이와 거리를 두고 싶어 하고, 캄보디아의 집단 학살 같은 사건들을 접하게 되면 누구나 고개를 돌리고 싶을 것이다. 1960년대에 급진주의자였던 데이비드 호로위츠David Horowitz는 이러한 부인의 과정이 자신과 동료들에게서 일어난 방식에 대해 기술한 바 있다.

나와 과거 좌파 동지들은 스탈린의 압제에 관한 반소주의자들의 '거짓말'을 믿지 않았다. 우리가 인간을 위한 새로운 여명이라고 찬양했던 사회에, 1억 명의 인민이 아우슈비츠나 부헨발트와 맞먹는 상황 속에서 강제노동 수용소에 수감되어 있었다. 평시에 사회주의 원칙에 따른 일상 속에서 3천만에서 4천만에 달하는 인민이 살해당했다. 좌파들이 진보적인 정책에 박수를 치며 개척자들을 옹호했을 때 소비에트 마르크스주의자들은 그 시기 자본주의 정부들보다 더 많은 농부들과 노동자들, 그리고 더 많은 공산주의자들을 죽였다.

그리고 이 모든 악몽이 시작하고 끝을 맺을 때까지, 윌리엄 버클리와 로

널드 레이건을 비롯한 여러 반공주의자들은 실제로 일어나고 있는 일들을 전 세계에 계속해서 말했을 뿐이다. 그리고 이 기간 내내 친소비에트 좌파는 계속해서 이들에게 반동분자, 사기꾼 등의 경멸적인 용어를 써 가며 계속해서 비난했다.

좌파는 결국 가해자들이 그들의 범죄를 인정하지 않는 한 계속하여 소련의 잔학 행위를 부인할 것이었다.

물론 이것은 바보 같은 순진함에 대한 가장 눈에 띄는 사례이지만, 미국에서 영향력이 크고 발언권이 강한 일부 소수 집단은 이러한 자기기만 프로그램의 함정에 빠져 버렸다. 기만당한 자들은 주로 선하고, 예의 바르고, 고등 교육을 받은 남녀들이다. 그들이 지지한 인물과 일들이 그토록 완전히 사악하다는 것을 그토록 완전히 받아들일 수 없게 만든 것은 바로 그들의 착한 심성과 예의 바른 태도였다. 아마도 집단 잔학 행위에 대한 부인은 살해에 대한 인간의 내재적 거부감과 맞닿아 있을지도 모른다. 극한의 압력에 직면하고 폭력을 행사하겠다는 위협에 시달리는 상황에서도 죽이기를 주저하는 사람이 있듯이, 엄연한 사실에도 불구하고 잔학 행위의 존재를 상상하고 믿는 것을 어려워하는 사람도 있기 마련이다.

그러나 우리는 부인해서는 안 된다. 세상을 주의 깊게 찬찬히 살펴보면, 우리는 우리가 믿고 있는 대의를 뒷받침하기 위해 어디에선가 잔학 행위의 어두운 힘을 휘두르는 사람을 찾을 수 있을 것이다. 우리가 좋아하고 동일시하는 누군가가 같은 인간에게 이러한 행위를 저지를 수 있다고 믿고 받아들이기 어려워하는 것은 인간의 본능적인 경향일 뿐이다. 그리고 아마도 잔학 행위의 존재를 불신하거나 외면하려는 이 단순하고 순진한 경향이야말로 오늘날 우리 세계에 잔학 행위와 공포가 지속되는 데 다른 그 어떤 요인들보다 더 큰 책임이 있을 것이다.

3
잔학 행위의 함정

"공포야! 공포!"

— 커츠, 조셉 콘래드, 《암흑의 핵심》[2] 중에서

단기적인 이득에도 불구하고, 정책적으로 이루어지는 잔학 행위는 대개 자기 파괴적이다. 불행하게도 이러한 자기 파괴 과정은 보통 잔학 행위의 피해자를 구해야 할 때 일어나지 않는다.

잔학 행위를 강요함으로써 병사들에게 유대감을 형성하는 과정이 장기적으로 이루어지게 하려면 합법성의 토대가 마련되어 있어야 한다. 국가의 권위(스탈린 치하의 소련 혹은 나치 독일)와 국교(제국주의 일본의 천황 숭배), 개인적인 삶의 가치를 깎아 내리는 야만과 잔인성의 유산(몽골 유목민과 제국주의 중국, 그 외 많은 고대 문명에 존재했다), 다년간의 과거 경험 및 집단 유대감과 결합된 경제적 압력(KKK단과 거리의 갱단) 등은 단독으로 혹은 여러 요인들이 결합되어 잔학 행위의 지속적인 행사를 보장해 주는 '적법화' 요인들의 사례들이다. 하지만 이러한 요인들에는 자기 파괴의 씨앗 또한 뿌려져 있다.

어떤 집단이 잔학 행위를 통해 집단의 결속력과 역량을 강화하는 과정을 거치게 되면, 이 집단의 구성원들은 그 안에 갇혀 버린다. 이 집단은, 그들이 자신들을 적대시한다는 것을 알고 있는 다른 모든 세력들과 등을 지고 있기 때문이다. 잔학 행위를 저지르는 자들은 자신들이 하고 있는 일들이 그들을 제외한 나머지 세계의 구성원들에 의해 범죄로 여겨진다는 것을 알고 있으며, 이러한 이유로 국가적인 차원에서 자국민과 언론을 통제하려고 시도한다.

그러나 사람과 지식을 통제하는 것은 단지 임시방편에 불과할 뿐이다. 특히 유비쿼터스 전자 의사소통 방식이 광범위하게 보급되어 있는 상황에서 사람과 지식을 통제한다는 것은 불가능에 가까운 일이다. 나치의 홀로코스트와 소련의 굴라크는 그 존재가 알려지면서 많은 논란을 불러일으켰고, 천안문 광장에서 벌어진 대학살 사태는 곧바로 텔레비전 화면을 통해 전 세계로 전송되어 중국 공산당 정권이 이를 부인할 수 없게 만들었다.

불타는 다리와 일방통행로

병사들에게 잔학 행위를 저지르게 하는 것은 잔학 행위를 결속과 역량 강화의 과정으로 수용하게 하는 것보다 훨씬 쉬운 일이다. 하지만 그들이 이러한 역량 강화 과정을 받아들이고 자신들의 적이 인간 이하의 존재이며 그러한 일을 당해도 싸다고 확고히 믿게 되는 순간, 그들은 깊은 심리적 함정에 빠져 들게 된다.

독일의 제2차 세계대전 수행 방식에 대해 공부하는 많은 학생들은 나치 독일이 독소 전쟁을 다루는 방식에서 나타난 역설에 어리둥절해하곤 한다. 나치는 놀라운 능력을 갖춘 우수한 전투 조직을 보유하고 있었음에도 불구하고, 우크라이나를 '해방'시킬 기회를 포착하는 데 실패했을 뿐 아니라 조국을 등진 소련군 부대를 자신들의 대의에 맞게 전환시키는 데 실패했다. 문제는 나치가 자신들에게 권능을 부여했던 바로 그것에 의해 발목을 잡혔다는 점이었다. 독일군은 인종주의와 잔학 행위에 기반을 두고 적군의 인간성을 부인함으로써 전투에서 강력한 힘을 발휘할 수 있었지만, 그러한 태도는 동시에 '아리아인'인 이외에는 그 누구도 인간으로 대우하지 못하도록 만들었다. 초기에 우크라이나 인민들은 나치를 해방자로 환영했고, 소련군 부대는 집단적으로 투항했지만, 그들은 머지않아 스탈린주의 소련보다 훨씬 더 나쁜 무언가가 존재한다는 사실을 깨닫기 시작했다.

지금 당장에는 중국과 보스니아에서 정책적으로 벌어진 잔학 행위가 성공적이었던 것으로 보일지 모른다. 베트남 전쟁에서 북베트남은 잔학 행위를 활용하여 승리했다. 그리고 소련은 수십 년 동안 러시아와 동유럽에서 잔학 행위의 어두운 힘을 휘두름으로써 권력을 유지했다. 하지만 대부분의 경우에 잔학 행위를 체계적인 국가 정책으로 행사하고자 했던 이들은 곧 그 양날의 검에 맞아 쓰러지고 말았다. 잔학 행위의 길을 선택한 자들은 그들 뒤에 놓여 있던 다리들을 불태웠다. 돌아갈 길이 없어진 것이다.

적군의 역량을 강화하다

제2차 세계대전의 발지 대전투 당시, 한 독일 친위 부대는 말메디에서 일단의 미군 포로들을 학살했다. 학살이 벌어졌다는 소식은 들불처럼 미군들 사이로 번져 나갔고 수천 명의 미군은 절대로 독일군에게 항복하지 않겠다고 결심했다. 앞서 언급했듯이, 이와는 반대로 최후의 순간까지 소련군과 싸우고자 했던 많은 독일군들은 명예롭게 항복할 수 있는 기회가 주어지기만 하면 그 즉시 미군에게 항복하곤 했다. 잔학 행위를 저지른 자들은 자신들이 되돌아갈 수 없도록 건너온 다리들을 불태워 왔으며, 그렇기 때문에 항복할 수 없다는 사실을 잘 알고 있었다. 그들은 자신들의 역량을 강화하면서, 적군의 역량 또한 강화했던 것이다.

그동안 우리는 잔학 행위의 몇 가지 한계를 살펴보았다. 그러나 이 모든 부정적인 측면도 잔학 행위가 벌어졌을 때 나타나는 현상이라는 가장 중요하고 어려운 부분은 제대로 보여 주지 못한다. 잔학 행위가 낳게 되는 최악의 사태는, 잔학 행위를 하나의 정책으로 제도화하고 시행하게 될 때 그 사회는 잔학 행위가 벌려 놓은 일들을 떠안고 살아야 한다는 것이다. 잔학 행위로 인해 치르게 되는 심리적 대가를 탐구함으로써 이 부를 마치기에 앞서, 잔학 행위의 사례 연구를 간단히 살펴보겠다.

4
잔학 행위의 사례 연구

　　다음에 소개되는 사례는 1963년 콩고에 파견된 UN 평화유지군 부대의 한 캐나다 군인이 더할 나위 없이 지독한 잔학 행위를 접하고 보인 심리적 반응을 직접 기록한 것이다. 이 기록은 별로 즐겁게 읽을 만한 성질의 것은 아니다. 이 군인은 앨런 스튜어트 스미스라는 필명을 썼다. 스튜어트 스미스는 UN 평화유지군에서 23년간 복무했고, 이등병에서 출발해 대령까지 진급했다. 그는 두 번 부상을 당했고, UN 훈장, MID 훈장, 캐나다 훈장, 무공훈장을 받았다. 1986년 퇴역 이후 어느 미국 주요 대학에서 교수직을 제의받고 이를 받아들였으며, 이곳에서 2년간 범죄학을 가르쳤다.

　　여기서 잔학 행위의 양날에 주목하라. 이 사례에서 잔학 행위가 살해를 가능하게 하면서 한편으로 살해자를 사로잡는 방식, 그리고 살해자들이 그들을 사로잡은 잔학 행위 때문에 이 군인의 손에 결국 죽게 되는 방식에 주목하라.

　　건물에 접근하자 낮게 깔린 웃음소리에 섞인 신음소리를 또렷이 들을 수 있었다. 나는 교회 뒤편에 눈높이로 난 작고 더러운 두 개의 창을 통해 안을 들여다보았다. 교회의 실내는 눈부신 햇빛이 비치는 바깥에 비해 어두웠지만, 수녀나 선생처럼 보이는 젊은 백인 여성을 고문하는 벌거벗은 두 흑인 남성의 실루엣을 파악할 수 있었다. 그녀는 발가벗겨져 교회의 통로에 쓰러져 있었다. 반란자 중 한 명이 그녀의 양팔을 머리 위로 단단하게 붙잡고 있었고, 다른 한 사람은 여자의 배 쪽에 무릎을 꿇고 불붙은 담배로 계속해서 그녀의 유두를 지지고 있었다. 그녀의 얼굴과 목에도 지진 자국이 있었다. 카탕가 헌병대의 유니폼이 뒤쪽 신도 좌석에 널려져 있었고, 문가에는 여성복이 어지러이 흩어져 있었다. 카빈총 1정이 젊은 여성 옆의 복도에 놓여 있었다. 벗어놓은 헌병대 유니폼 근처에는 다른 소총이 벽에 기대여 있었다. 교회에 다른 사람은 없는 것 같았다.

나의 신호에 따라 우리는 교회 안으로 뛰어 들어갔다. 무기의 발사 모드는 완전자동으로 설정했다.

나는 소리쳤다. "동작 그만. 우리는 UN 부대다. 너희들을 체포한다." 그런 식으로 하고 싶지는 않았지만, 나 역시 군인이었고, 여왕의 규정과 명령을 따라야 했다.

반란자들은 거친 눈빛으로 쏘아보며 우리와 마주하기 위해 자리에서 벌떡 일어섰다. 나는 스털링 9mm 기관단총을 들었다. ……나는 기관단총을 두 벌거벗은 남자들에게 조준했다. 그들과의 거리는 채 15피트도 되지 않았다.

수녀의 팔을 잡고 있던 자는 한눈에 봐도 두려움에 떨고 있었고, 그의 시선은 실내 전체를 걷잡을 수 없이 휘젓고 있었다. 한 순간, 그의 눈이 복도에 놓인 소총에 머물렀다. 수녀는 둥글게 몸을 말고 가슴을 부여잡은 채로 좌우로 요동치며 고통에 찬 신음 소리를 내고 있었다.

"멍청한 짓 하지 마" 하고 나는 경고했다. 그러나 그는 하고 말았다.

주체할 수 없는 공포에 사로잡힌 그는 귀청이 찢어질듯이 커다랗게 울부짖더니 소총을 향해 몸을 던졌다. 무릎을 찧으면서 그는 소총을 붙잡았고, 이어 공포에 질린 얼굴을 내게 돌리며 총을 쏘려 했다. 내가 쏜 첫 발은 그의 얼굴에 명중했고, 두 번째 사격은 가슴에 명중했다. 그는 쓰러지기도 전에 죽었다. 몸통에는 머리 부분이 거의 남아 있지 않았다.

두 번째 테러리스트는 깃털 없는 검은 새가 날아오르려 하는 듯 미친 듯이 양팔을 위 아래로 휘저었다. 그의 눈은 스털링의 총구와 10피트 정도 떨어진 벽에 기대인 자기 무기 사이를 정신없이 오갔다…….

"하지 마, 하지 마" 하고 내가 명령했다. 그러나 그는 크게 "야아……" 하는 소리를 내며 소총을 향해 굴렀다. 나는 그에게 다시 경고했으나 그는 무기를 쥐었고, 장전 동작을 취한 뒤 나를 향해 총구를 겨누기 시작했다.

"그놈을 죽여, 빌어먹을!" 막 교회에 들어선 에저튼 상병이 뒤에서 소리를 질렀다. "죽이라고, 당장!"

반란자 테러리스트는 이제 완전히 나를 향해 선 채 수동식 노리쇠가 달린 소총의 긴 총열을 내 가슴에 절박하게 겨누려 했다. 그의 눈은 내 눈에 꽂혀 있었다. 날뛰는 광란의 눈동자가 흰자위에 싸여 있었다. 강력한 기관단총 탄환들이 그의 배에 줄줄이 명중해 가슴을 지나 목 왼편의 경동맥을 잘랐을 때조차 그의 시선은 내 눈을 떠나지 않았다. 스털링의 사격으로 찢겨진 그의 몸은 쿵 소리를 내며 바닥에 쓰러졌지만 그의 눈은 계속 내 눈에 고정되어 있었다. 그리고 움직임을 멈추었고, 부릅뜬 눈은 죽음에 가려져 앞을 보지 못하게 되었다.

오콘다에 오기 전에 나는 인간을 죽여 본 적이 없었다. 그러니까 확실히 내가 죽였다고 할 수 있었던 적은 없었다. 전투의 혼란 속에서 움직이면서 그림자 같은 형태들을 보고 쏠 때 그 결과를 확신할 수는 없다. 제19 교량에서 폭약을 폭파시켜 적군 수송대를 날려 버리면서 많은 사람들을 죽였지만, 어찌됐든 그 사건이 내 마음에 와 닿지는 못했다. 그들은 멀리 떨어져 있고, 밤의 장막은 그들의 형태와 움직임, 그들의 인간성 자체를 숨겨 버렸다. 그러나 여기 오콘다에서는 달랐다. 내가 죽인 두 남자는 내 손이 닿는 위치에 있었고, 그들의 얼굴 표정이 명료하게 보였고, 그들의 숨소리마저 들을 수 있었으며, 그들의 두려움을 보고, 그들의 몸에서 나는 악취도 맡을 수 있었다. 그리고 웃기는 일은 빌어먹을 어떤 감정도 느껴지지 않았다는 것이다!

오콘다에는 두 명의 수녀가 있었다. 우리가 구한 젊은 수녀와 우리가 구하지 못한 늙은 수녀. 내가 처음 교회로 들어섰을 때 나는 제단 뒤 왼편에 서 있었다. 그 위치에서 나는 제단의 정면을 볼 수 없었는데, 대충 깎은 나무로 만들어진 제단은 꽤 컸으며 그 위에는 십자가가 솟아 있었다. 내가 볼 수 없었던 것은 다행이었는지도 모르겠다. 반란자들이 나이 든 수녀를 살해하는 데 제단을 사용했기 때문이다.

그들은 그녀의 옷을 벗기거나 성폭행을 가하지는 않았다. 그녀가 나이도 많고 비만했기 때문인 것 같았다. 대신 그들은 그녀를 제단을 등진 자세로 똑바로 앉혀 놓고, 십자가상을 모방하듯 그녀의 양 손에 못을 박았다. 그리고 총검으로 가슴을 도려내고, 학살의 마지막 행위로 총검을 입속에서부터 뒤편 제단으로 찔러 그녀를 곧게 앉은 자세로 박아놓았다. 저항했던 흔적은 그녀가 총검에 찔린 후 즉시 죽지 않았다는 것을 보여 주었다. 아마도 그녀는 가슴의 상처로 인한 과다출혈로 죽었을 것이다. 그녀의 질에는 백인 남성의 성기와 고환이 반쯤 구겨져 넣어 있었다. 도려낸 가슴은 없었다.

우리는 남자 성기의 주인을 마을 주택가 한가운데서 발견했다. 그는 사지가 벌려진 채 묶여 있었고, 날카로운 나뭇가지로 수녀의 가슴이 그 가슴팍에 찔려 있었다.

오콘다를 떠나기 직전, 젊은 수녀는 자기 목숨을 구한 군인을 만나고 싶어 했다. 그녀는 옷을 입고 군의관에게 약간의 치료를 받은 상태였다. 나는 그녀가 매우 젊다는 것을 알고 놀랐다. 많아 봤자 20대 초반 정도로 보였고, 그보다 더 어릴 수도 있었다. 그녀는 질 안 쪽에 난 상처의 봉합 치료와 화상 치료도 받아야 했다. 나는 떠날 수 있는 기회가 있었음에도 적군의 영토에 남아 있기로 한 그녀의 결정에는 감탄하지 않았지만, 그녀의 용기에는 감탄했다. 우리와 만났을 때 그녀는 내 눈을 들여다보면서, "당신을 보내주신 하나님께 감사드립니다"라고 말했다. 그녀는 큰 상처를 입었지만, 무너지지는 않았다.

이틀 전에 겨우 열아홉 살이 되었던 나는 좋은 기독교 가정 출신이었지만 그 때문에 고통스러워하고 있었다. 나는 집안에서 배운 것 대부분을 오콘다에서 잃었다. 그곳에는 영예도, 미덕도 없었다. 미국의 가정과 교회, 학교에서 가르치는 행동 규범은 전투에서 설 자리가 없었다. 그것들은 아이들을 키우는 데만 좋은 신화적 개념들이었고, 이 순간 이후로는 영원히 내던져질 것들이었다. 아니다. 나는 동료 인간을 죽였다는 죄책감, 수치심, 자책 따위는 느끼지 않았다. 나는 자부심을 느꼈다!

— 앨런 스튜어트 스미스, 〈콩고의 공포〉

대부분의 국가와 인종, 민족 집단에서 저질러진 잔학 행위의 사례는 수없이 많지만, 이 사례는 잔학 행위의 살해학killology을 가장 명료하게, 그리고 가장 잘 표현한 사례들 가운데 하나다.

우리가 논했던, 혹은 앞으로 논하게 될 많은 요인들과 과정들을 우리는 이 사례에서 명백히 관찰할 수 있다. 우리가 소중히 여기는 모든 것들을 본능적으로 공격하고 모욕하는 강간범을 본다. 우리는 강간범의 잔학 행위가 상대의 분노와 힘을 강화했음을 본다. 우리는 잔학 행위에 사로잡힌 강간범들을 본다. 손에 피를 묻힌 채로 항복한다면 처형당할 것을 알기 때문에, 그들에게는 싸움을 시도하는 것 외에 다른 선택이 있을 수 없다. 우리는 잔학 행위에 직면하고도 이들을 죽이는 것을 내켜 하지 않는 스튜어트 스미스를 본다. 우리는 "날아오르려는 깃털 없는 검은 새처럼 미친 듯이 양팔을 위 아래로 휘젓는" 우스꽝스럽고 무해한 벌거벗은 남성을 표적으로 삼을 필요성이 적다는 것을 본다. 우리는 이 모든 상황을 직면한 스튜어트 스미스가 살해하라는 명령을 받아들여야 하는, 복종을 명령하는 권위의 역할을 본다. 우리는 살해 명령을 내린 자는 총을 쏘지 않는다는 책임의 희석을 본다. 우리는 스튜어트 스미스가 처음에는 "빌어먹을 어떤 감정도 느껴지지 않았다"고 말하며 자기 행위를 합리화하고 수용하는 듯하다가, 나중에 "나는 동료 인간을 죽였다는 죄책감, 수치심, 자책 따위는 느끼지 않았다. 나는 자부심을 느꼈다!"고 말함으로써 앞서의 진술을 부인하는 것을 본다. 그리고 스튜어트 스미스가 잔학 행위를 저지른 사람을 죽였다는 데서 그의 합리화와 수용이 크게 지지받는 것을 본다.

우리는 이 모든 것을 본다. 그러나 그 무엇보다 확실히 보이는 것은 이 작디작은 전쟁의 소우주에서 자기 역할을 수행하는 개인들의 인생에 작용하고 있는 잔학 행위의 강력한 과정이다.

5

거대한 덫
저지른 일을 떠안고 살아가기

잔학 행위의 대가와 과정

같은 인간에게 저지른 일을 떠안고 살아가는 데서 생기는 심리적 트라우마는 잔학 행위를 저지름으로써 치러야 할 대가들 중 가장 큰 대가일 것이다. 잔학 행위를 저지른 자는 악마와 파우스트적인 거래를 한 것이다. 그들은 짧고 덧없는 자기 파괴적인 이득을 위해 양심과 미래, 마음의 평화를 팔았다.

그동안 우리는 이 연구의 여러 부를 통해 살해하는 것에 거부감을 느끼는 인간의 놀라운 힘에서부터 살해하기 위해 필요한 심리적 지렛대와 심리적 조작, 그리고 그에 기인한 트라우마를 탐구하는 데 힘을 기울여왔다. 이 모든 것들을 고려하면, 우리는 잔학 행위를 범하는 데 따른 심리적 짐이 얼마나 거대한지를 알 수 있다.

그러나 내가 살해와 관련된 트라우마를 탐구하는 과정에서 잔학 행위로 고통받은 사람들의 공포와 트라우마를 축소하거나 경시하려는 의도는 절대 없었음을 분명히 밝히고 싶다. 여기서 초점은 잔학 행위와 연관된 과정들을 이해하는 데 있고, 이러한 이해에 잔학 행위 피해자의 고통과 괴로움을 하찮게 여기려는 의도는 결단코 없다.

순응의 대가……

살해자는 살해를 통해 역량을 강화할 수 있지만, 결국 몇 년이 흐른 뒤에 자기 행위와 함께 묻어 버린 죄책감이라는 정서적 짐을 견뎌야 할 것이다. 살해자의 편이 패배하여 자기 행위를 변명해야 할 때, 죄책감은 사실상 피할 수 없게 된다. 그렇기 때문에 이제까지 봐 왔듯이 잔학 행위에 가담하도록 군인을 강요하면, 전투 동기가 강화되는 기이한 효과를 낳게 된다.

여기서 우리는 수년이 지난 후에 자신이 얼마나 지독한 짓을 저질렀는지 직면하게 된 어느 독일군 병사를 본다.

그는 러시아에서 사람들이 집 안에 있는 상태에서 농가들이 불타오르던 광경을 아주 똑똑히 기억하고 있다. "우리는 아이들과 아기를 안고 있는 여자들을 보았고 그 뒤에 푹하고 꺼지는 소리를 들었다. 화염이 짚으로 엮인 지붕을 부수었고 공기 중으로 노란색과 갈색의 연기 기둥이 솟구치고 있었다. 그때는 그렇게 충격적이지 않았지만, 지금 생각해 보면 나는 그 사람들을 학살했다. 나는 그들을 살해했다."

— 존 키건과 리처드 홈스, 《병사들》

무고한 민간인들을 살인하도록 강요받은 평범한 인간의 죄책감과 트라우마가 혐오감과 저항으로 응집될 때까지 꼭 수년이 걸릴 필요는 없다. 때때로 살해자는 자신이 살해를 하도록 만든 세력에 저항하지 못하기도 하지만, 얼마 안 있어 인간성과 죄책감의 작은 목소리가 이긴다. 그리고 군인이 자기 범죄의 죄질을 진정으로 인식하게 되었을 때, 그는 거세게 저항해야 한다. 제2차 세계대전 당시 정보 장교였던 글렌 그레이는 처형에 가담하게 되면서 도덕적 자각을 얻었던 한 독일인 망명자를 인터뷰했다.

나는 그토록 격렬한 자각을 설명하던 그 독일군의 얼굴을 결코 잊지 못할 것이다. ……1944년 우리는 조사를 위해 그를 선발했다. 당시 그는 자기 나라를 등지고 프랑스 마키 단에 들어가 싸우고 있었다. 왜 탈영해서 프랑스 레지스탕스가 되었냐고 묻자, 그는 프랑스에 대한 보복 공격에 가담하게 된 과정을 설명하는 것으로 대답을 시작했다. 어떤 공격에서, 그의 부대는 마을을 불태우고 단 한 명의 마을 사람도 탈출하지 못하게 하라는 명령을 받았다. ……불길에 휩싸여 불타오르는 집 안에서 여자와 아이들이 비명을 지르며 뛰쳐나와 도망치다가 총에 맞아 죽은 이야기를 할 때, 그의 얼굴은 고통스럽게 일그러지며 거의 숨도 못 쉴 지경이 되었다. 그가 이 극단적인 경험으로 인해 자신의 죄를 완전히 자각하게 되면서 큰 충격을 받았다는 것은 명백했다. 그 죄는 그가 절대로 속죄할 수 없는 것이기에 더 두려운 것이었다. 자각의 순간 학살을 저지할 수 있는 용기나 해결책은 그에게 없었지만, 곧이어 저항군으로 탈영했다는 것은 급진적인 새로운 방향전환을 보여 주는 한 근거였다.

드물기는 하지만, 타인을 살해하라는 명령을 받은 자들 중에는 복종을 명령하는 권위를 정면으로 직시하고 살해하기를 거부하는 놀라운 도덕적 기질을 지닌 사람들이 있다. 이러한 상황에서 나타나는 높은 도덕적 용기는 때때로 전설이 되기도 한다. 보통 인터뷰에서 군인의 직접 살해에 관해 자세한 진술을 얻기는 매우 힘들지만, 옳지 않다고 생각한 행위에 가담하기를 거부한 군인들은 자기 행동을 대단히 자랑스러워하며 기쁜 마음으로 자신의 이야기를 들려준다.

연구 초반에 우리는 의도적으로 빗맞춤으로써 군대를 "속였다"는 사실에 엄청난 자부심을 드러냈던 사형 집행 부대 소속 제1차 세계대전 참전 용사를 보았다. 그리고 자신과 동료들이 민간인을 한가득 태운 배에는 총을 쏘지 않기로 결정한 것을 기뻐했던 콘트라 용병을 보았다. 레바논 기독교 민병대의 한 참전 용사는 자신이 겪은 여러 차례의 직접 살해 경험을 말하고자 했다. 그러나 그에게도 어느 차를 사격하도록 명령받은 상황에서 거부했던 경험이 있었다. 차에 누가 타고 있는지 확신할 수 없었던 그는 이러한 상황에서 놀랍게도 살해를 선택하지 않고 대신 영창에 갔다고 자랑스럽게 말했다.

우리 모두는 자신은 잔학 행위에 가담하지 않으리라고 믿고 싶을 것이다. 우리는 동료와 지휘관의 명령을 거부하고, 필요하다면 그들에게 무기를 겨눌 수도 있다고 믿고 싶을 것이다. 하지만 잔학 행위가 벌어지는 상황에서 그런 식으로 동료 및 지휘관과 대립하지 못하도록 강력하게 영향을 미치는 과정들이 있다. 그 첫 번째 과정은 집단 면죄 및 동료 압력과 관련되어 있다.

복종을 명령하는 권위자와 살해자, 그리고 그의 동료들은 자신들의 책임을 어떤 방식으로든 모두 희석시키고 있다. 권위자는 살해의 트라우마와 책임으로부터 보호받고 있다. 더러운 일을 하는 사람은 따로 있기 때문이다. 살해자는 권위자에게 실제 책임이 있다고 합리화할 수 있고, 그의 죄책감은 그와 나란히 서서 함께 방아쇠를 당기는 병사들 속에서 희석된다. 책임의 희석과 집단 면죄는 모든 총살 집행과 대부분의 잔학 행위를 가능하게 하는 기본적인 심리적 지렛대다.

집단 면죄는 낯선 사람들의 집단(총살 집행 부대가 처해 있는 상황에서처럼) 속에서 작용할 수 있지만, 한 개인이 집단과 강한 유대감으로 묶여 있는 경우에 동료 압력은 집단 면죄와 함께 상호작용을 하면서, 거의 강요에 가까운 방식으로 잔학 행위를 지시한다. 따라서 상호 보살핌과 상호 의존의 연결고리를 통해 집단과 유대를 맺고 있는 자가 이를 끊어 내고 집단이 하는 일에 가담하지 않겠다고 공개적으로 거부 의사를 드러내기는 엄청나게 어려운 일이다. 무고한 여자와 아이들을 살해하는 경우라고 해서 상황이 크게 다르지는 않다.

잔학 행위 상황에 동조하게 하는 또 다른 강력한 과정은 테러리즘과 자기 보존의 영향력이다. 아무런 까닭 없이 비명횡사하는 것을 보는 데서 오는 충격과 공포는 사람들에게 심원한 두려움을 유발한다. 잔학 행위로 인해 억압된 집단은 마비되어 복종과 동조라는 학습된 무기력 상태가 된다. 잔학 행위를 저지르는 군인들에게 미치는 영향도 이와 아주 유사해 보인다. 이러한 행위로 인해 인간 생명의 가치는 끝도 없이 격하되며, 군인은 자신의 생명도 결국 그 격하된 생명들 가운데 하나임을 깨닫게 된다.

잔학 행위가 어떤 강도까지 진행되면 군인은 "하나님의 은혜 없이는 나도 그리될 것이다"라고 말하면서, 자신도 피를 흘리고 비명을 지르며, 몸부림치고 쓰러져 공포에 빠져 아무것도 하지 못하는 사람이 될 수 있음을 뼛속 깊이 공감하게 된다.

······그리고 불복종의 대가

글렌 그레이는 잔학 행위에 가담하기를 거부한 사례 하나를 소개하는데, 이 사례는 불복종을 보여 주는 역사상 가장 놀라운 사례들 가운데 하나일 것이다.

네덜란드에는 무고한 인질들을 쏘라는 명령을 받은 사형 집행 부대 소속 한 독일군 병사에 대한 이야기가 널리 알려져 있다. 갑자기 그는 대열에서 불쑥 걸어 나오며 처형에 가담하기를 거부했다. 그는 그 자리에서 담당 장교에 의해 반역죄 혐의를 쓰고 인질들과 함께 서게 되었으며, 동료들에 의해 처형되었다. 이러한 행동을 통해 그 군인은 집단이 제공하는 안전을 완전히 버리고 자유의 궁극적 요구에 자신을 맡겼다. 중요한 순간에 그는 양심의 목소리에 따랐고 외부 명령에 더 이상 이끌려 다니지 않았다. ······그의 행위가 살해자들과 잔학 행위에 미친 영향은 오직 짐작만 할 수 있을 뿐이다. 어떤 경우든 그것은 절대로 쉬운 일이 아니었으며, 이 이야기를 들은 사람들은 감명받지 않을 수 없었다.

이는 모든 인간이 가진 선한 본성이 가장 훌륭한 방식으로 발현된 사례다. 집단 압력과 복종을 요구하는 권위자의 명령, 자기 보존 본능을 극복한 이 독일군 병사는 인류에게 여전히 희망이 있음을 알려 주며, 우리는 그와 같은 인간이라는 데 자부심을 느끼게 된다. 이것이 궁극적으로 집단과 국가라는 덫에 사로잡혀 있는 양심적인 사람들이 불복종을 선언하면서 치르게 되는 대가일 것이다. 잔학 행위의 순환 과정에서 막다른 길에 이르러 공포에 질린 채 빠져 나올 방법을 찾지 못하고 있는 바로 그 집단과 국가에 의해서 말이다.

가장 위대한 도전: 자유의 대가를 치르다

그 기준에 따라 행하는 것이 영광스러운 일이 될 만큼 드높은 기준을 설정합시다. 그리고 그 기준에 따라 행함으로써 새로운 월계관으로 미국의 영예를 빛냅시다.

— 우드로 윌슨

잔학 행위를 하라는 명령에 순응하기를 거부했던 병사들과 마찬가지로, 은밀하게 혹은 드러내 놓고 전투 중에 적을 죽이기를 거부하는 모든 군인은 인류에게 고귀한 품성이 내재되어 있음을 보여 준다. 하지만 역설적으로, 자유와 인간애에 호소하는 세력이 잔학 행위를 통해 힘을 키우며 거리낌 없이 살인을 자행하는 자들과 맞닥뜨릴 경우에, 이러한 행동은 위험한 상황을 초래할 가능성이 크다.

부정할 수 없는 '악'에 직면해서도 살해에 대한 거부감을 저버리려 하지 않는 '선'은 궁극적으로 파멸에 이르는 운명에 처하게 될 수 있다. 자유와 정의, 진실을 소중히 여기는 자들은 이 세상에서 다른 세력이 활개치고 다니고 있음을 인식해야 한다. 억압과 불의, 기만을 내세우는 세력은 왜곡되어 있기는 하지만 나름의 논리와 힘을 가지고 있다. 하지만 이 힘을 내세우는 자들은 파괴와 부인의 소용돌이에 사로잡혀 궁극적으로 그들 자신과, 그들이 끌어들여 같이 심연으로 가라앉힐 수 있는 희생자들을 파멸에 이르게 할 것이 분명하다.

인간 개개인의 생명과 존엄을 소중히 여기는 자들은 자신들의 힘이 어디서 나오는 것인지 인식해야 한다. 그리고 전쟁을 할 수밖에 없는 상황에 처한다면, 이들은 인간적으로 가능한 범위에서 무고한 생명을 해치지 않기 위해 애쓰는 만큼 전쟁에도 충실히 임해야 한다. 이들을 부추겨 기만적이고 역효과만 낳을 뿐인 잔학 행위의 길로 들어서게 해서도 안 되고, 이들을 적대시해서도 안 된다. 그레이가 주장하듯이, "그들의 야만성은 독일군들이 훨씬 용이하게 싸우도록 만들어 주었던 반면, 우리의 야만성은 의지를 약화시키고 지성을 혼란시켰기" 때문이다. 어떤 집단이 잔학 행위의 왜곡된 논리에 완전히 가담하지도 않고 그렇다고 완전히 발을 빼지도 않는 어정쩡한 태도를 보인다면, 그 집단은 왜곡된 논리의 근시안적인 이득조차 얻지 못하고, 일관성이 결여된 위선적인 태도로 인해 힘의 약화와 혼란만을 초래하게 될 것이다. 절대 영혼을 반만 팔 수는 없다.

무고하고 무력한 자들을 근거리에서 살인하는 잔학 행위는 전쟁의 가장 혐오스러운 측면이며, 이러한 행위들을 행하도록 허락하는 본성이 인간의 내면에 있다는 사실은 인류의 가장 혐오스러운 측면이다. 우리는 우리 자신이 이러한 본성에 이끌리도록 놔두어서는 안 된다. 하지만 혐오감을 일으킨다고 해서 우리는 이를 무시할 수도 없다. 궁극적으로 이 연구의 목적은 이와 같은 전쟁의 가장 추악한 측면을 바라봄으로써, 그것을 이해하고, 명명하고, 대처하는 데 있다.

이제 우리 모두 간절히 기도하자.

모든 속된 꿈들이 문밖으로 내쳐지기를,

보다 드높은 목표를 이루기를,

그리하여 주문에서 깨어난 사람들처럼

전보다 더 강하고 고귀하게 자라기를,

평화가 오기를.

— 오스틴 돕슨, 제1차 세계대전 참전 용사, 〈평화가 오기를〉

6부
살해 반응 단계
살해할 때 어떤 감정을 느끼게 되는가?

1

살해 반응 단계

살해할 때 어떤 감정을 느끼게 되는가?

1970년대에 엘리자베스 퀴블러 로스Elisabeth Kübler-Ross는 죽음을 주제로 발표한 잘 알려진 연구에서, 사람들은 죽어 가면서 부정, 분노, 협상, 우울, 수용을 포함한 일련의 정서적 단계를 거치게 된다고 밝혔다. 지난 20년 동안 역사 문헌들에 등장하는 이야기들을 읽고 참전 용사들과 인터뷰를 해 오면서, 나는 전투 살해에서도 이와 유사한 일련의 정서 반응 단계들이 나타남을 알게 되었다.

전투 살해의 기본 반응 단계들은 살해에 대한 염려, 실제 살해, 도취, 자책, 합리화와 수용이다. 엘리자베스 퀴블러의 연구를 통해 잘 알려져 있는 죽음과 죽어 감에 관한 반응 단계들처럼, 이러한 단계들은 대개 연속적으로 나타나지만 반드시 그런 것은 아니다. 어떤 사람들은 특정 단계를 건너뛸 수도 있고, 때로는 여러 단계가 동시에 뒤섞여 나타날 수도 있으며, 혹은 인식하지 못할 정도로 빠르게 거쳐 갈 수도 있다.

여러 참전 용사들이 내게 들려준 바에 따르면, 느끼는 강도가 이보다

살해 반응 단계

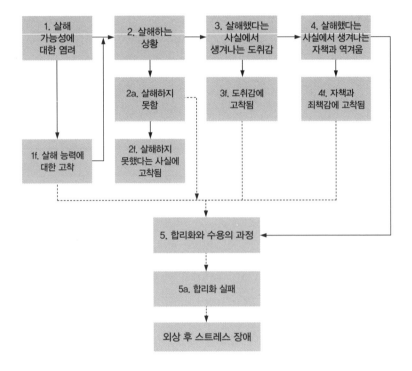

좀 더 세다는 차이가 있을 뿐, 이러한 과정은 처음으로 사슴 사냥에 나선 사냥꾼들이 경험하게 되는 과정과 유사하다. 사냥꾼들이 거치는 과정은 다음과 같다. 사슴열병(즉 기회가 찾아왔을 때 쏘지 못하는 것)에 걸릴 것에 대한 염려 단계, 거의 무의식적으로 일어나는 실제 살해 단계, 살해 이후의 도취와 자찬 단계, 잠시 동안 자책과 깊은 혐오감(평생을 숲에서만 살아 온 사람들도 대개 사슴의 내장을 제거하고 손질할 때마다 이러한 기분을 느낀다)을 느끼게 되는 단계를 거치게 되고, 마지막으로 사냥 성공을 칭찬하고 사냥감을 먹는 합리화와 수용의 단계로 마무리된다.

과정은 유사할지 모른다. 하지만 인간을 살해할 경우에 각 단계가 미

치는 영향력과 죄책감의 크기와 강도는 사슴을 죽이는 것에 비할 바가 아니다.[1]

염려 단계: "어떻게 해야 하지?"

미 해병대 병장 윌리엄 로겔은 복잡한 심경을 이렇게 정리했다. "신병은…… 커다란 두 가지 두려움을 느끼게 된다. 하나는 어떻게 해야 할지 모르겠다는 데서 오는 두려움이다. 그 무엇보다 우선하는 이러한 두려움 때문에 신병은 끊임없이 자문하게 된다. 꽁무니를 빼? 내가 겁쟁이가 되는 거야? 내가 맡은 일을 제대로 해낼 수 있을까? 물론 다른 하나는 일반적인 두려움이다. 내가 살아남을 수 있을까, 죽거나 다치게 되는 건 아닐까 생각하며 자기 자신의 안위를 염려하는 것이다."

— 리처드 홈스, 《전쟁 행위》

홈스의 연구에 따르면, 살해에 대해 군인들이 처음으로 드러내는 정서적 반응 가운데 하나는 자신이 결정적인 순간에 적군을 죽일 수 있게 될지 아니면 "얼어붙어서", "동료들에게 실망감을 줄지" 걱정하는 염려다. 내가 인터뷰하고 조사한 바에 따르면, 대부분의 군인들이 이와 같은 염려를 한다. 그리고 제2차 세계대전 당시 소총수들 가운데 오직 15~20퍼센트만이 이 단계를 극복하고 넘어설 수 있었다는 사실을 생각해 보면, 군인들의 이러한 염려가 얼마나 깊고 진심 어린 것인지 잘 알 수 있다.

염려나 두려움이 지나치면 고착*이 일어나, 군인은 살해에 대한 강박에 사로잡히게 된다.[2] 이러한 현상은 살해에 대한 강박관념에 사로잡혀

있거나 이에 집착하는 개인을 통해 평시의 정신 병리학 속에서도 관찰될
수 있다. 군인들에게서, 그리고 평시에 살해에 고착된 사람들에게서 이러
한 고착은 자주 과정의 두 번째 단계, 즉 실제 살해를 통해 종결된다. 살
해 상황이 전혀 발생하지 않으면, 개인들은 할리우드가 제공하는 것과
같은 살해에 대한 환상 속에서 살며 계속해서 고착 상태를 지속하거나
합리화와 수용이라는 최종 단계를 통해 자신들의 고착 상태를 해소할
수 있다.

살해 단계: "생각할 틈도 없었다"

> 두 발을 쐈어. 팡, 팡. '퀵 킬quick kill**'에서 훈련받은 대로 말이야. 죽일
> 때, 나는 그대로 했어. 훈련받은 대로. 생각할 틈도 없었어.
>
> — 밥, 베트남 참전 용사

보통 전투 중 살해는 순간적으로 일어난다. 훈련을 제대로 받은 현대
의 군인에게 있어서, 전투 살해는 의식적인 사고 없이 반사적으로 완수
되는 경우가 가장 많다. 마치 인간이 무기라도 되는 것처럼 말이다. 이 무
기의 공이치기를 젖히거나 안전장치를 벗기는 과정은 대단히 복잡하지
만, 일단 이 복잡한 과정이 이루어지고 나면 실제 방아쇠를 당기는 과정
은 아주 빠르고 간단하게 진행된다.

---

* 특정한 대상이나 생각에 집착하여 이로부터 벗어나지 못하는 상태를 말하는 심리학 용어. 고
착이 일어나면 발달이 진행되어 다른 생각이나 행동이 요구되는데도 그 이전의 상태에 머무르
게 된다.
** 미군의 지향 사격 훈련 프로그램.

군인들이 살해하지 못하는 일은 아주 흔하게 일어난다. 전장에서 자신이 살해할 수 없다는 사실을 알게 되면, 군인은 바로 일어난 일을 합리화하려 하거나, 살해하지 못하는 자신의 무능에 고착되거나 정신적 외상을 입을 수 있다.

도취 단계: "아주 강렬한 만족감을 느꼈다"

전투 중독은…… 총격전 중 몸에서 많은 양의 아드레날린이 신체 체계에 방출되어 소위 '전투 쾌감combat high'이라고 불리는 것을 느낄 때 발생한다. 이 전투 쾌감은 모르핀을 맞았을 때 일어나는 반응과 비슷하다. 온몸이 둥둥 뜬 것 같은 기분을 느낄 뿐 아니라 웃고, 농담하고, 매우 즐거운 시간을 보내며 주변의 위험에 완전히 무뎌진다. 이 경험은 이에 대해 누군가에게 말해 주기 위해서라도 살아남아야겠다고 느낄 만큼 아주 강렬하다.

문제는 당신이 전투에서 한 번 더 그러한 놀라운 경험을 해보기를 원하고, 한 번 더, 또 한 번 더 그러한 체험을 기대하기 시작하면서 자신이 알아차리기도 전에 중독 상태에 빠질 때 일어난다. 헤로인 중독이나 코카인 중독에 빠지게 될 때처럼, 전투 중독은 확실히 중독자를 죽음에 이르게 할 수 있다. 그리고 다른 모든 중독처럼, 전투 중독자 역시 필사적으로 여기에 매달리면서 전투를 통해 그러한 기분을 느끼기 위해서라면 무슨 짓이라도 하게 된다.

— 잭 톰슨, 〈숨겨진 적들〉

여러 전쟁에서 근접 전투를 벌인 경험이 있는 잭 톰슨은 전투 중독의 위험을 경고했다. 전투 아드레날린은 또 다른 쾌감, 즉 살해 쾌감을 통해 크게 증폭될 수 있다. 그 어떤 사냥꾼과 저격수가 표적을 쓰러뜨린 순간 쾌감과 만족감에서 오는 전율을 느끼지 않을 수 있겠는가? 전투에서 이러한 전율은 엄청나게 증폭될 가능성이 있으며, 특히 살해가 중거리나 장거리에서 이루어질 때 전율을 느끼는 경우가 많다.

전투 조종사들은 살해가 장거리에서 이루어지는데다가 항공전에서는 살해에 대한 거부감을 느끼지 않게 해 주는 여러 요인들이 작용하고 있기 때문에, 그러한 살해 중독에 빠질 여지가 특히 커 보인다. 아니면 전투 조종사들이 이러한 경험에 대해 이야기하는 것을 사회가 더 쉽게 받아들이기 때문일까? 그 이유가 무엇이든, 많은 조종사들은 이러한 감정을 경험했다고 말한다. 한 전투 조종사는 모란 경에게 다음과 같이 말했다.

두세 대를 격추시키고 나면, 그 효과는 정말 끝내줘서 자신이 죽게 될 때까지 계속 전투를 벌이게 만든다. 전장을 떠나지 않고 전투를 계속 벌이게 만드는 것은 의무감이 아니라 그것이 주는 즐거움이다.

그리고 J. A. 켄트는 제2차 세계대전 당시 한 전투 조종사가 "[공중전에서 적기를 격추시키고 나서] 주체할 수 없을 정도로 흥분한 상태에서 무전기에 대고 외친 소리"를 이렇게 기록하고 있다. "오, 하나님! 산산조각이 났어, 파편 조각들이 사방 천지로 흩어져 날아가고 있다고. 야, 정말 대단해!"

이러한 도취는 지상에서도 일어날 수 있다. 앞에서 우리는 육군 원수 슬림이 젊은 시절 제1차 세계대전 당시 직접 살해를 한 다음 보인 고전적 반응에 대해 언급한 바 있다. 그는 이렇게 기록했다. "잔인하다는 생각이 들기는 하지만, 나는 그 불쌍한 터키군 병사가 몸을 비틀며 쓰러질 때 아주 강렬한 만족감을 느꼈다." 나는 이를 도취 단계라고 이름 붙였다. 살해에 대한 쾌감이 가장 강렬하고 극단적으로 느껴질 때 그것은 마치 도취감처럼 발현되기 때문이다. 하지만 많은 참전 용사들은 슬림을 따라 그것을 단지 '만족감'이라고 표현한다.

이 단계에서 느껴지는 도취감은 한 미군 전차장戰車長의 이야기에서 확인된다. 그는 홈스에게 자신이 처음으로 독일군 병사들을 쏘아 쓰러뜨렸을 때 느꼈던 강렬한 도취감을 이렇게 설명했다. "그때 느낀 흥분은 정말 환상적이었다. ……수년 동안 고된 훈련 끝에 얻은 고무와 흥분, 도취감이 뒤섞인 이 엄청난 기분은 사냥 초심자가 처음으로 사슴을 쏘아 쓰러뜨렸을 때 느끼게 되는 감정 같았다."

몇몇 전투원들은 일시적으로 도취감을 느끼는 것에서 그치지 않는다. 소수에 불과하겠지만, 그들은 이 도취 단계에 고착되어 전혀 자책감을 느끼지 않게 될 수 있다. 물리적 거리의 도움을 받는 조종사와 저격수들에게, 이러한 고착은 상대적으로 더 잘 나타나는 것 같다. 자신이 하는 일(살해)을 좋아하는 공격적인 조종사의 이미지는 20세기가 남긴 유산 가운데 일부다. 하지만 근거리에서 아무런 양심의 가책을 받지 않고 살해하는 자들은 이와는 전혀 다른 문제다.[3]

여기에서 다시 우리는 스웽크와 머천드가 말하는 2퍼센트의 "공격적인 사이코패스"(현재는 이들에 대해 소시오패스라는 용어를 쓰고 있다), 즉 그 어떤 책임감이나 죄책감을 느끼는 것 같지 않은 자들의 영역을 탐색하게 된다. 바로 앞에서 살펴보았듯이, 내가 '소시오패스(사회병질자)'라고 부르기보다는 '공격적 인격aggressive personality'이라고 부르고자 하는 이러한 인격(소시오패스는 동료 인간을 아무런 감정 이입 없이 공격할 수 있다.

반면 '공격적 인격'의 경우 공격 능력을 갖추고 있지만 타인에게 감정 이입하는 능력은 있을 수도 있고 없을 수도 있다)은 간단히 범주화할 수 있는 것이라기보다는 아마도 정도의 문제일 것이다.

살해 도취 단계에 완전히 고착되어 있는 자들은 아주 드물거나, 생각보다 많더라도 자신이 그러한 상태에 빠져 있음을 거의 말하지 않는다. 살해에서 유발된 만족감을 기록하거나 깊이 생각해 본 자들이 (전투 조종사 외에) 거의 없는 까닭은 바로 여기에 있다. 전투에서 살해를 즐겼다고 말하는 자에게는 강한 사회적 오명이 따라붙는다. 그래서 〈안녕을 고하며: 사실 베트남은 즐거웠다(?)〉에서 R. B. 앤더슨이 털어놓은 것처럼 개인적으로 느낀 감정을 솔직하게 드러내는 것은 아주 이례적인 경우에 속한다.

무려 20년이나 지나고 나서야 미국은 베트남 참전 용사들을 찾아냈다. ……선량한 사람들은 이제 나를 동정하고 그 모든 것이 얼마나 끔찍했냐고 묻는다.

사실 베트남은 즐거웠다. 다행히 나는 몸 성히 돌아올 만큼 운이 좋았다. 그리고 다행히 나는 젊고, 멍청하고, 인디언보다 더 거칠다. 또 다행히 나는 지난 시절을 유쾌하게 되돌아볼 수 있다. 하지만 정말 즐거웠다. 너무 좋아서 한 번 더 가겠다고 나서며 그곳으로 되돌아갔을 정도다. 이에 대해 생각해 보자.

……그렇게 큰 사냥감을 사냥하고, 그렇게 멋진 파티를 즐길 수 있는 데가 세상 천지에 또 어디 있겠는가? 비탈진 언덕에 앉아 공습으로 부대의 베이스캠프가 작살나는 광경을 지켜볼 수 있는 데가 세상 천지에 또 어디 있겠는가? ……

물론 힘들 때도 있었고 슬플 때도 있었다. 하지만 베트남은 내 모든 경험의 기준점이다. 나는 내 생애의 나머지를 그 오래전에 군 생활을 하며 느꼈던 감정의 단편들을 다시 느끼려 애쓰면서 보냈다. 전투에서 나는 사나이 중의 사나이로 인정받았다. 나는 생사의 경계에서 살았고, 세상에서 가장 남자다운 일을 했다. 나는 전장에 선 전사였다.

이런 얘기를 들어줄 사람이라고는 참전 용사들밖에 없다. 전장에 서 본 자만이 전장에서 꽃피는 깊은 동지애를 이해할 수 있다. 참전 용사만이 살해의 스릴과 가족보다 더 가까운 전우를 잃는 데서 오는 지독한 상실감을 알 수 있다.

앤더슨의 이야기는 전투에는 일부 군인들을 중독 상태에 빠뜨릴 만한 요소들이 있음을 놀랍도록 잘 보여 준다. 많은 참전 용사들은 전쟁을 이런 식으로 묘사하는 것에 강하게 반발할 것이고, 일부는 이러한 묘사에 상당한 공감을 드러낼지 모른다. 하지만 앤더슨의 경우처럼 대담하고 솔직하게 자신의 전투 경험을 털어놓을 수 있는 참전 용사는 거의 없을 것이다.[4]

자책 단계: 고통과 공포의 콜라주

앞서 우리는 근거리 살해와 관련해서 아주 강렬하고 거대하게 일어나는 양심의 가책과 공포감을 관찰한 바 있다.

……내가 겪은 것은 혐오감과 구역질이었다. ……나는 무기를 떨어뜨리

고 절규했다. ……피가 흥건하게 쏟아졌고…… 나는 토했다. ……그리고 나는 울었다. ……자책감과 수치심이 들었다. 바보같이 "미안해" 하고 중얼거렸던 것이 기억난다. 그리고 나서 바로 토해 버렸다.

우리는 앞서 이 모든 인용문을 보았다. 이 고통과 공포의 콜라주는 더 이상의 설명을 필요로 하지 않는다. 어떤 참전 용사들은 그것이 피해자의 인간성을 향한 동일시와 공감에서 기인한다고 느낀다. 몇몇은 이러한 감정에 심리적으로 압도되어, 다시는 살해하지 않겠다고 굳게 결심하게 되고 결국 그다음 전투에 임할 수 없게 된다. 하지만 현대의 참전 용사들 대부분은 이 단계에서 아주 강한 감정을 느끼면서도, 자신이 느낀 감정을 부인하고, 내적으로 냉정하고 거칠어진다. 그 결과 이후에 더 쉽게 살해를 하게 된다.

살해자가 자신이 느낀 양심의 가책을 부인하든 맞서든, 혹은 이러한 감정에 압도되든, 그것은 거의 언제나 존재한다. 살해자가 느끼는 양심의 가책은 실제로 존재하고, 일반적으로 일어나며, 아주 강렬하다. 그리고 살해자는 남은 인생 동안 그러한 감정을 상대하며 살아야 한다.

합리화와 수용 단계: "무슨 수를 써서든 합리화가 필요했다"

직접 살해 이후에 일어나는 다음 단계는 살해자가 자신이 저지른 일을 합리화하고 수용하려는 평생의 과정이다. 이 과정은 결코 진정으로 완료되지 못할 수도 있다. 살해자는 결코 모든 양심의 가책과 죄책감을 벗어던질 수 없지만, 보통 자신이 한 일이 필요한 일이었고 올바른 일이었다는 사실을 받아들일 수 있게 된다.

존 포스터가 들려주는 다음 이야기는 살해한 직후에 발생할 수 있는 합리화 과정의 상당 부분을 보여 준다.

마치 배구 경기를 하듯이, 그가 쏘고 난 다음 내가 쏘고, 또 그가 쏘고 나면 내가 쏘았다. 내 서브 차례가 되었을 때, 나는 탄창에 남아 있던 전부를 그에게 털어 넣었다. 소총이 그의 손에서 떨어졌고 그는 쓰러졌다. ……

어릴 때 하던 전쟁놀이와는 확실히 달랐다. 그때 우리는 서로 몇 시간에 걸쳐 사격을 주고받곤 했다. 비명을 지르기도 하고 고함도 많이 쳤다. 총에 맞으면 의무적으로 고통을 참을 수 없다는 듯이 땅바닥에 누워 온몸을 비틀어야 했다.

……나는 몸을 뒤집었다. 몸이 움직임을 멈췄을 때, 내 눈은 그의 얼굴에 고정되었다. 볼의 일부분이 그의 코와 오른쪽 눈과 함께 사라지고 없었다. 남아 있는 얼굴은 흙과 피로 범벅이 되어 있었다. 그의 입술은 뒤틀려 있었고 이를 꽉 물고 있었다. 내가 그에게 막 미안함을 느끼는 순간, 한 해병대원이 그 구크가 우리에게 쏘았던 총을 보여 주었다. 그 총은 미 정부 재산인 M-1 카빈 소총이었다. 그는 미제 타이멕스 시계도 차고 있었고, 미제 테니스화도 자랑스레 신고 있었다. 이제 그에게 미안해할 필요는 없었다.

이러한 서술은 직접 살해를 합리화하는 과정의 초기 국면들을 놀라울 정도로 잘 보여 준다. 여기서 합리화 과정은 거의 무의식적으로 일어나고 있다. 글쓴이가 "그가", "그에게", "그의"라는 말을 쓰면서 살해자의 인간성을 인식했다는 점을 주목하라. 하지만 적군이 어떤 무기를 지녔는지 알게 되면서부터 합리화 과정이 시작되고, "그"는 "몸"이 되고, 궁극적으로 "구크"가 된다. 이 과정에 따라 비합리적이고 무관한 단서들이 모이게 되고, 미제 신발과 시계를 갖고 있었다는 사실은 동일시보다는 비인격화의 원인이 되고 만다.

독자들에게 이러한 살해에 대한 합리화와 정당화는 완전히 불필요한 부분이다. 하지만 글쓴이에게 자신의 살해에 대한 이러한 합리화와 정당화는 자신의 정서적, 심리적 건강에 절대적으로 필요한 필수 부분이고, 그래서 그의 이야기 속에서 무의식적으로 전개되고 있다.

때로 살해자는 합리화의 필요성, 그리고 자신이 합리화하고 있다는 사실을 인식하기도 한다. 정찰 헬리콥터 조종사 브레이의 의식적인 합리화와 정당화에 주의하자.

우리는 점차 아주 효율적인 처형 집행자가 되어 갔다. 우리 중에 이러한 역할에 자부심을 느끼는 자는 아무도 없었지만 말이다.

살해에 대한 내 감정은 복잡했다. 그러나 이게 아무리 나쁜 짓이라 해도, 북베트남 군인을 살려 두어 결국 그들이 나중에 어디에선가 미군 부대를 공격하도록 내버려 두는 것보다는 나았다. 종종 이러저러한 지역에서 북베트남군 병사를 찾아내…… 심문하기 위해 포획해 오라는 명령이 내려오는 경우도 있다.

그러면 우리는 언덕을 오르내리며, 그들의 흔적을 추적하고 말 그대로 큰 바위들 밑을 뒤지게 된다. 땅 속에 웅크리고 숨어 있는 몇몇 북베트남 병사들을 찾아 낼 때까지 말이다. 우리는 로켓탄 공격을 가해도 될 만큼 충분히 뒤로 물러선 다음 사령부에 무전으로 상황을 알릴 것이다. 그러면 다음과 같은 명령이 뒤따른다. "기다려라, 확인 중이다." 그리고 나서 대개 나쁜 소식이 온다. "거긴 아니야, 픽서. 그들이 항복하겠다는 의사를 보내고 있나?"

우리는 이렇게 대답하게 될 것이다. "아니다." 그러면 이런 말이 되돌아온다. "가능하면 죽여라."

"제기랄, 포로로 잡아가도록 누군가 보내 주면 안 되는가?"

"보낼 사람이 없다. 쏴라!"

"알았다." 우리는 대답을 하고 나서 무전기를 끊는다. 때때로 북베트남 병사들은 상황을 알아 채고는 숨기 위해 도망치기도 하지만, 대개 우리가 로켓탄을 쏠 때까지 구멍 속에 웅크리고 있을 것이다. 상식에 비추어 생각해 보면 선배 장교들의 말은 옳다. 서너 명의 무장한 적을 잡기 위해 1개 소대를 보내는 건 바보 같은 짓이다. 하지만 내가 하고 있는 일을 받아들이기 위해서는 무슨 수를 써서든 합리화가 필요했다.

……불쾌한 일이었지만, 되돌아보면 우리가 취한 방법은 결국 그토록 작은 단위로 움직이는 북베트남 군인의 전술에 맞설 방법 중 유일하게 효율적인 방법이었다. 그들을 뒤쫓는 데 그 이상 효율적인 방법은 없었다.

이 모든 것은 브레이가 명령에 따르지 않았던 상황에 관해 쓴 잡지 기사의 서문이다. 그는 명령에 따르지 않고 그의 작은 2인승 헬리콥터를 착륙시켰다. 그는 자신과 동료 조종사를 큰 위험에 노출시키면서까지 한 명의 북베트남 군인을 죽이지 않고 생포한 후, 동료 조종사의 감시 속에서 포로를 데리고 오게 된다.

이 기사 역시 독자에게 깊은 이해를 촉구하는 것 같다. 평범한 독자는 아마도 이러한 살해를 정당화할 필요성을 찾지 못할 것이다. 그러나 살해자는 그 필요성을 찾아낸다. 여기에서 중요한 점은 브레이가 이 사건을 자랑스럽게 여기고, 이 사건을 전국적 포럼에서 말하고 싶어 했다는 것이다. 그것은 아마도 자신을 정당화하기 위해서였을 것이다. 그가 전하고

자 했던 메시지는 베트남 전쟁에 관한 다음과 같은 이야기 속에서 반복적으로 나타난다. "보라, 우리는 우리가 해야 할 일을 했고, 그것도 아주 잘 했으며, 우리가 원치는 않았지만 해야 할 필요가 있었다. 또한 가끔씩은 우리는 사람을 죽이지 않기 위해, 우리에게 정해진 한계를 뛰어넘어야 했다." 그리고 아마도 이러한 글을 써 잡지에 게재하면서 그는 우리에게 "그때, 아무도 죽이지 않아도 되었던 그때, 그때를 나는 말하고 싶다. 나는 그때를 통해 기억되고 싶다"고 말하는 것 같다.

때로 합리화는 꿈을 통해 발현될 수 있다. 1989년 미국의 파나마 침공 당시 근접전을 벌였던 군인들 가운데 한 명인 레이는 근접전에서 자신이 죽였던 젊은 파나마 군인과 대화하는 꿈을 계속 꾸었다고 내게 말했다. 꿈에서 그 군인은 매번 이렇게 물었다. "왜 나를 죽였죠?" 꿈속에서 레이는 피해자에게 왜 자신이 그를 죽였는지 설명하려 했을 테지만, 사실상 그는 자기 자신에게 살해 행위를 설명하고 합리화하고 있었다. "글쎄, 자네가 내 입장에 있었다면 자네도 나를 죽이려 하지 않았을까? ……자네가 죽지 않았다면 우리가 죽었겠지." 그리고 최근 몇 년간에 걸쳐 레이가 꿈속에서 합리화 과정을 이루어 내자, 그 병사와 그의 질문은 사라졌다.

여기에서 합리화와 수용이 작용하는 몇몇 국면들을 살펴보았지만, 우리는 이것이 평생에 걸친 과정의 일부 국면들일 뿐이라는 점을 기억할 필요가 있다. 이 과정에 실패하면 결국 외상후 스트레스 장애를 일으킬 것이다. 베트남에서 일어난 합리화와 수용 과정의 실패, 그리고 그것이 미국에 미친 영향은 7부 〈베트남에서의 살해〉에서 보게 될 것이다.

2
모델의 적용
살해자의 자살, 낙선, 그리고 미쳤다는 생각

적용: 살해자의 자살과 공격 반응

살해 반응 단계들을 이해하고 나면 전투 외적인 상황에서 발생하는 폭력에 대해 개인들이 보이는 반응들에 대해 이해하는 것도 가능해진다. 예를 들어, 이제 우리는 살해자가 살인을 저지른 뒤 자살을 하게 되는 심리의 상당 부분을 이해할 수 있을 것이다. 살인자, 특히 폭력적인 열정에 사로잡혀 여러 피해자를 죽이는 자는 살해의 도취 단계에 고착되어 있을 가능성이 아주 높다. 하지만 열정이 시들해지고 나면, 살인자는 자신이 저지른 일에 대해 숙고할 기회를 가지게 되고, 자살로 이어지는 경우가 아주 많을 만큼 강력한 혐오 단계에 들어서게 된다.

이러한 반응들은 공격성이 그날그날을 살아가는 평시의 삶을 어지럽힐 때에 일어나기도 한다. 이러한 반응들은 근접전에서 사람을 죽일 경우에 훨씬 더 강렬하게 일어나지만, 단순한 주먹다짐에서도 이 같은 반응들이 일어날 수 있다. 심리학자이자 합기도 고수이기도 한 리처드 헤클러는 차를 몰고 집으로 들어가는 길에서 자신을 공격한 일단의 십대들과 싸움을 벌이는 와중에 이러한 반응 단계들 전부를 경험했다.

등을 돌리자, 누군가가 뒷좌석에서 튀어나와 내 팔을 잡더니 나를 휘감았다. 아드레날린이 분출되어 내 온몸을 휩쓸며 지나갔고, 주저할 새도 없이 나는 그의 얼굴을 손등으로 가격했다.

순식간에 나는 모든 제약에서 벗어났다. 나를 공격한 자들이 있었기 때문에, 이제 내게는 처음부터 느꼈던 분노를 풀어 낼 권리가 있었다. 그 차를 운전하던 자가 내게 다가와 나를 움켜잡으려 했을 때, 나는 그를 차 쪽으로 밀친 다음 숨통을 조였다. ……내게 맞은 아이는 얼굴을 움켜쥔 채 이리저리 비틀거리고 있었다. 이때쯤 내 정당한 분노는 완전히 폭발 직전에 도달해 있었다. 스스로에게서 정의를 바로잡아도 좋다는 허락을 단단히 받아낸 후에, 나는 내 손아귀에서 꼼짝 못하고 있던 아이와의 문제를 해결하려 했다.

하지만 나는 오싹한 기분을 느끼며 하려던 일을 그만두었다. 그 아이는 완전히 공포에 질린 얼굴로 나를 쳐다보았다. 눈은 공포에 짓눌려 희번덕거렸고, 몸은 부들부들 격하게 떨고 있었다. 타는 듯한 통증이 내 가슴과 심장 속으로 퍼져 갔다. 별안간 내 머릿속에서는 복수를 하겠다는 생각이 싹 사라졌다. ……내 손에 멱살을 잡힌 아이의 공포를 보자 나는 니체가 했던 말을 이해할 수 있을 것 같았다. "증오하고 두려워하느니 차라리 사멸하라, 스스로를 증오하게 하고 두려워하게 하느니 차라리 그 배로 사멸하라."

먼저 우리는 무의식중에 반사적으로 일어난 최초의 공격을 볼 수 있다. "주저할 새도 없이 나는 그의 얼굴을 손등으로 가격했다." 그러고 나서 도취와 쾌감의 단계가 발생한다. "순식간에 나는 모든 제약에서 벗어났다. ……내게는 느꼈던 분노를 풀어 낼 권리가 있었다." 그리고 급작스럽게 혐오 단계가 시작된다. "하지만 나는 오싹한 기분을 느끼며 하려던 일을 그만두었다. ……타는 듯한 통증이 내 가슴과 심장 속으로 퍼져 갔다."

이러한 과정은 전시 살해에 대한 국가의 반응을 설명하는 데 도움이 될 수도 있다. 걸프전 이후, 부시 대통령은 미국 현대사에서 가장 유명한 대통령이 되었다. 도취 단계의 미국은 행진을 하고 승리를 자축했다. 그리고 혐오 단계와 매우 유사하게 일종의 도덕적 후유증이 찾아왔고, 이는 시기상 부시 대통령의 낙선을 가져왔다. 이 모델을 지나치게 적용하는 것일까? 그럴 수 있지만, 제2차 세계대전 이후에 처칠에게도 같은 일이 일어났고, 그것은 1948년 트루먼에게도 일어날 뻔한 일이었다. 트루먼은 운좋게도 전후 3년이 지나고서야 선거를 치르게 되었다. 국가가 합리화와 수용 단계를 시작할 수 있을 만큼 시간을 얻은 상태였던 것이다. 이는 모델을 너무 지나치게 확장해서 적용하는 것일지도 모르지만, 미래의 정치인들은 전쟁을 고려하면서 이러한 점을 생각해 보는 것이 좋을 것이다.

"나는 내가 미친 줄 알았다": 도취와 양심의 가책 사이에서 일어나는 상호작용

살해 반응 단계들에 대해 참전 용사들과 이야기를 나누다 보면, 나는 이들이 보이는 반응에 항상 놀라게 된다. 좋은 연설가나 교사들은 자신의 말이 어떤 부분에서 청중의 심금을 울리는지 알고 있다. 하지만 내가 살해 반응 단계, 특히 도취와 양심의 가책 사이에서 일어나는 상호작용에 대해 말할 때 참전 용사들이 보인 반응은 내가 이제까지 살아오면서 한 번도 경험해 보지 못했을 만큼 아주 폭발적인 것이었다.

전투에 투입된 병사들 사이에서 일어나는 것으로 보이는 일들 가운데 하나는, 그들이 도취 단계에서 아주 고양된 감정을 느끼다가 양심의 가책 단계에 들어서면 자신들이 그러한 감정을 아주 강렬하게 즐긴 것에 대해 자신들이 뭔가 '잘못되었다'거나 '병들었다'고 믿게 되는 것이다. 가장 일반적인 반응은 이렇다. "세상에, 내가 방금 사람을 죽이고 그걸 즐거워했어. 내가 어떻게 된 거지?"

권위자가 내린 명령이나 적군의 위협이 군인이 살해에 대한 거부감을 떨쳐 낼 만큼 아주 강렬할 경우에만, 그는 자신이 만족감을 느꼈다는 사실에 대해 수긍할 수 있다. 그는 자신의 목표물을 맞혔고, 친구들을 구했으며, 자기 목숨 또한 구했다. 그는 갈등을 성공적으로 해결했다. 그는 이겼다. 그는 살아남았다! 하지만 이어지는 양심의 가책과 죄책감의 상당 부분은 이처럼 아주 자연스럽고 보편적인 도취 감정에 충격을 받고 일어나는 반응인 것으로 보인다. 미래의 군인들은 이것이 전투라는 비정상적인 상황에 대한 매우 자연스럽고 보편적인 반응이라는 점, 그리고 살해에 대한 만족감은 전투에서 비교적 흔하고 자연스럽게 나타나는 측면이라는 점을 이해할 필요가 있다. 나는 이것이 살해 반응 단계들을 이해함으로써 얻을 수 있는 가장 중요한 통찰이라고 생각한다.

반복해서 말하건대, 나는 모든 전투원들이 모든 단계를 거치지는 않는다는 점을 강조하고 싶다. 미 해병대 참전 용사인 에릭은 자신의 전투 경험에서 이러한 단계들이 어떻게 일어났는지 묘사했다. 베트남에서 그가 처음으로 죽인 사람은 막 길가에 서서 소변을 보는 모습을 봤던 적군이었다. 소변을 누고 나서 그가 자기가 있는 방향으로 다가오자, 에릭은 그를 쏘았다. 에릭은 이렇게 말했다. "기분이 좋지 않았어. 아주 안 좋았다고." 여기에서는 도취감의 흔적을 전혀 찾아볼 수 없었고, 만족감조차 없었다. 하지만 나중에 총격전 중에 "철조망을 넘어 다가오는" 적군 병사들을 죽였을 때, 그는 "만족감, 분노의 만족감" 같은 것을 느꼈다.

에릭의 사례는 두 가지 사실을 보여 준다. 첫 번째는 피해자를 자신과 동일시할 수 있는 요인이 있을 때(즉 피해자가 소변을 보거나 식사를 하거나 담배를 피우는 등 그의 인간성을 드러내는 행위를 하는 모습을 볼 때), 그를 죽이기가 훨씬 더 힘들고, 피해자를 죽일 당시에 그가 자신과 동료들에게 직접적 위협이 될 경우라도 살해와 관련된 만족감은 훨씬 줄어든다는 것이다. 두 번째는 살해는 거듭될수록 점점 더 쉬워지며, 두 번째 살해 경험 이후에 만족감이나 도취감을 느끼는 경향은 훨씬 더 커지고, 양심의 가책을 느끼는 경향은 줄어든다.

자신이 직접 살해할 경우에만 이러한 반응 단계들, 즉 도취감과 양심의 가책 사이에서 일어나는 상호작용을 겪게 되는 것은 아니다. 제2차 세계대전에서 해전에 참전했던 솔은 자신이 탄 배가 일본군이 점령한 섬에 포격하는 것을 보고 흥분을 느꼈다. 그는 나중에 까맣게 타버린 토막난 일본군 시신을 보고는 양심의 가책과 죄책감을 느꼈고, 평생토록 자신이 느꼈던 즐거움을 합리화하고 수용하기 위해 애써야 했다. 나와 대화를 나눈 수천 명의 다른 사람들과 마찬가지로, 솔은 유사한 경험을 했던 다른 군인들도 자신과 다르지 않은 깊고 어두운 비밀을 간직하고 있다는 것을 깨달았을 때 깊이 안도할 수 있었다.

잭 톰슨의 글 〈전투 중독〉을 읽고 나서 한 참전 용사가 편집자에게 보낸 편지에는 이러한 과정에 대한 이해를 절박하게 원하는 마음이 드러나고 있다.

잭 톰슨의 통찰은 언제나 나를 놀라게 해왔지만, 이번 글은 정말 색달랐다. ……전투 중독 부분은 정말 핵심을 정확히 짚은 것 같다. 나는 아주 오랜 시간 동안 내가 미쳤다가 제정신으로 돌아왔다 하는 줄 알았다.

이러한 감정들을 느끼는 것이 보편적으로 일어나는 현상임을 이해함으로써, 한 참전 용사는 자신이 정말로 미친 게 아니라 비정상적인 상황을 겪은 인간이 일반적으로 드러내는 반응을 보였을 뿐임을 이해할 수 있었다. 거듭 말하지만, 이 연구의 목적은 판단하고 비난하는 데 있지 않고 단지 이해가 가져다주는 놀라운 힘을 얻는 데 있을 뿐이다.

7부

베트남에서의 살해

우리는 군인들에게 무슨 짓을 저질렀는가?

새로운 대통령이 내뿜는 숨결이 차가운 공기에 얼어붙어 그의 얼굴을 안개처럼 감쌌다. 그는 이렇게 선언했다. "트럼펫 소리가 우리를 부르고 있습니다. ……인간의 공적인 폭정, 가난, 질병, 그리고 전쟁 그 자체에 맞서 새로운 새벽을 여는 기나긴 싸움을 해야 할 때입니다."

　　그로부터 정확히 12년 후인 1973년 1월, 파리에서 서명된 협정을 통해 베트남에 대한 미국의 군사적 개입은 종식될 것이었다. 트럼펫은 고요해지고 음침한 기운이 돌 것이었다. 미국의 전투원들은 이기지 못한 전쟁을 끝낼 것이었다. 미합중국은 더 이상 어떤 대가도 치르고자 하지 않을 것이었다.

— 데이브 파머, 《트럼펫의 소환Summons of the Trumpet》

베트남에서 무슨 일이 벌어졌는가? 무엇 때문에 그 비극적인 전쟁에 참전한 40만에서 150만 명에 달하는 베트남 참전 용사들이 외상후 스트레스 장애로 고통받고 있는가?[1] 도대체 우리는 군인들에게 무슨 짓을 저질렀는가?

1

베트남에서의 둔감화와 조건 형성
살해에 대한 거부감을 극복하다

"아무도 이해하지 못했다": 해외참전용사회 회관에서 벌어진 사건

1989년 여름, 내가 이 연구를 위해 플로리다 주에 있던 해외참전용사회 회관에서 인터뷰를 진행하고 있을 때, 로저라는 이름의 베트남 참전용사가 맥주를 마시며 자기 경험에 대해 이야기하기 시작했다. 아직 이른 오후였지만, 바 끝에 앉아 있던 한 노부인이 그를 공격하기 시작했다.

"흥, 그깟 시시한 전쟁 얘기를 하면서 질질 짤 자격은 없어. 제2차 세계대전이야말로 진짜 전쟁이지. 자네, 그때 태어나기나 했나? 응? 난 제2차 세계대전에서 내 형제를 잃었다고."

우리는 그녀를 무시하려고 했다. 그녀는 성격이 특이할 뿐이었다. 하지만 마침내 로저는 한계에 이르고 말았다. 그는 그녀를 쳐다보며 침착하고 냉정한 어조로 이렇게 말했다.

"누군가를 죽여야 했던 적이 있소?"

"당연히 없지!" 그녀는 호전적으로 대답했다.

"그럼 무슨 권리로 내게 말하는 거요?"

길고 고통스러운 침묵이 회관 전체를 휘감았다. 마치 집에서 부부가 집안 문제로 다투다가 손님에게 그 광경을 들켰을 때처럼 말이다.

나는 넌지시 물었다. "로저, 지금처럼 부아가 치미니까 베트남에서 죽여야 했다는 사실을 끄집어내는군요. 그것이 당신이 겪은 최악의 일이었습니까?"

그가 대답했다. "그렇소. 절반은 될 거요."

나는 꽤 오랜 시간을 기다렸지만, 그는 말을 잇지 않았다. 그저 맥주잔만 뚫어져라 쳐다볼 뿐이었다. 결국 내가 "다른 절반은 뭐죠?" 하고 물어야 했다.

"다른 절반은 우리가 집으로 돌아왔을 때, 아무도 그 고통을 이해하지 못했다는 거요."

그곳에서 일어난 일, 그리고 여기에서 일어난 일

앞서 논의한 바대로, 인간의 내면에는 같은 인간을 죽이는 것에 대한 깊은 거부감이 있다. 제2차 세계대전 당시 소총수의 80에서 85퍼센트는 자신 또는 전우의 목숨을 구해야 하는 상황에서 적군을 보고도 무기를 쏘지 않았다. 그 이전 전쟁에서도 총을 쏘지 않는 병사의 비율은 유사했다.

베트남에서 총을 쏘지 않는 군인의 비율은 5퍼센트에 가까웠다.

그렇지만 이러한 사격 비율의 증가에는 숨겨진 대가가 있다. 이처럼 대규모로 심리적 안전장치들이 무효화되면 몇몇 심리적 트라우마가 발생할 가능성이 현저히 증가한다. 과거에 치러진 전쟁에서 살해 행위에 적극적으로 가담할 의사를 보이지 않았거나 아예 가담하지 못했던 것으로 보이는 일단의 군인들에게 심리적 조건 형성 과정이 일제히 적용되었다. 가슴속에 살해 경험을 담아 둠으로써 이미 정신적으로 큰 충격을 받은 이 군인들이 귀환한 이후 조국에서 사람들의 비난과 공격을 받았을 때, 그것은 종종 더 심각한 정신적 트라우마와 장기적인 정신적 손상으로 이어지는 결과를 초래했다.

살해에 대한 거부감을 극복하기: 문제

하지만 보병 부대에 있어서, 병사들을 살해에 나서도록 설득하는 문제는 이제 중대한 사안이 되었다. ……제2차 세계대전 당시 자신이 지닌 무기를 쓸 생각을 가진 군인은 전 장병들 가운데 7분의 1에 불과했지만, 보병 부대가 보여 준 엄청난 파괴력은 현대의 화력이 얼마나 치명적인 결과를 낳을 수 있는지를 잘 드러낸다. 하지만 군 당국은 전 장병들 가운데 자신의 화기를 사용한 자가 극소수에 불과했다는 사실을 인식하자마자, 즉각 평균을 끌어올리려는 작업에 착수했다.

군인들은 죽이는 방법을 아주 구체적으로 배워야 했다. 1947년에 마셜은 "사람들은 전쟁이 본질적으로 사람을 죽이는 일과 관련되어 있다는 점을 인정하려 하지 않고 있다"고 썼지만, 오늘날 사람들 대부분은 전쟁의 본질이 그러한 데 있음을 흔쾌히 인정하고 있다.

— 그윈 다이어, 《전쟁》

제2차 세계대전 종전 무렵, 문제는 명확해졌다. 사람은 사람을 쉽사리 죽이지 못한다는 것이다.

군인들의 사격 비율이 15에서 20퍼센트라는 것은 문장 교정자들 가운데 15에서 20퍼센트만이 글을 읽고 이해할 줄 안다는 것과 다를 바 없다. 정책을 결정하는 요직에 앉아 있는 사람들이 이러한 문제의 존재와 그 심각성을 깨닫게 되자, 문제 해결은 그저 시간의 문제일 뿐이게 되었다.

해결책

그리하여 제2차 세계대전 이후, 현대전의 새로운 시대가 열렸다. 심리전의 시대가 밝아온 것이다. 이 심리전은 적군을 향한 것이 아니라, 아군 부대를 향한 것이었다. 선전전과 같은 여러 가지 노골적 심리적 도발은 늘 전쟁에 있어 왔지만, 20세기 후반부터 심리학은 기술이 현대 전장에 미치는 것만큼이나 막대한 영향력을 행사해 왔다.

마셜이 제2차 세계대전에서 수행했던 것과 같은 종류의 조사를 위해 한국 전쟁에 파견되었을 때, 그는 (자신의 초기 연구 결과에 따라 도입된 새로운 훈련 기법 덕택에) 보병 중 55퍼센트가 자신이 지닌 무기를 쏘고 있으며, 방어선이 뚫릴 수도 있는 위기 상황에서는 거의 전 부대원이 사격을 하고 있음을 알게 되었다. 훈련 기법은 이후 더욱 완벽해져, 베트남에서 사격 비율은 90에서 95퍼센트에 이르렀던 것으로 보인다.[2] 이렇듯 살해 비율을 놀라우리만치 높이기 위해 활용된 세 가지 기법은 둔감화desensitization, 조건 형성conditioning, 부인 방어 기제denial defense mechanism다.

둔감화: 생각할 수 없는 것을 생각하기

최고조에 달했을 때, 베트남 전쟁은 알다시피 사람을 죽이는 일에 미친 듯이 몰두했다. 매일 아침 PT[체력단련]를 받았는데, 우리는 매번 왼발이 갑판에 닿을 때마다 "죽여, 죽여, 죽여, 죽여" 하고 구호를 외쳐야 했다. 그 구호가 정신 속에 얼마나 깊이 각인되었던지 실제 그러한 상황이 벌어지더라도 전혀 개의치 않을 것 같았다. 무슨 말인지 알겠는가? 물론 처음으로 사람을 죽을 때는 괴롭기 마련이지만, 죽이는 일은 점점 더 쉬워지는 것처럼 보인다. 물론 실제로 쉬워지지는 않는다. 누구나 자신이 실제로 죽이고, 또 죽였다는 것을 알고 괴로워하기 때문이다.

— 미 해병대 하사관으로 있는 베트남 참전 용사, 1982년
그윈 다이어의 《전쟁》에서 인용

다이어의 책에서 인용한 이 인터뷰는 과거의 훈련 프로그램과는 분명하게 다른 현대 훈련 프로그램의 한 측면을 보여 준다. 적군은 자신과 다르고, 가족이 없으며, 인간도 아니라고 굳게 믿도록 하기 위한 여러 기제들이 늘 활용되어 왔다. 많은 원시 부족들은 자기 부족에는 결국 '사람'이나 '인간' 정도로 번역되는 여러 이름들을 붙이고, 다른 부족들은 그저 사냥하거나 죽일 수 있는 다른 동물의 종으로 정의했다. 우리도 적을 잽(일본인), 크라우트(독일인), 구크(동남아시아인), 슬롭(아시아인), 딩크(북베트남인), 코뮈(공산주의자)라고 부르면서 똑같은 짓을 저질렀다.

다이어와 홈스 같은 저자들은 시간이 갈수록 신병훈련소에서 살해가 신성화된다는 사실을 관찰해 왔다. 제1차 세계대전 당시에는 살해를 신성하게 여기는 경향은 거의 없었고, 제2차 세계대전 때에도 드물었다. 그

러나 한국 전쟁 때는 이러한 경향이 점차 증가했고, 베트남 전쟁 당시에는 완전히 관행화되었다. 다이어는 베트남 전쟁 당시의 관행이었던 폭력적 사고와 이전 세대의 경험 사이의 차이점을 다음과 같이 설명했다.

> 패리스 섬*에서 사람을 죽이는 즐거움을 묘사하기 위해 사용했던 대부분의 언어는 잔인하지만 의미 없는 과장법을 사용한 것들이었다. 신병들은 그런 언어를 즐기면서도 이 점을 인식하고 있었다. 그럼에도, 이는 '적'의 고통에 둔감해지는 데 도움을 주고, 동시에 가장 노골적인 방식으로 자신을 세뇌시킬 수 있었다. 자기들의 목적은 단지 용감해지거나 잘 싸우는 것만이 아니라 사람을 죽이는 데 있다고 말이다. 이는 이전 세대에서는 볼 수 없는 현상이었다.

조건 형성: 생각할 수 없는 것을 행하기

그러나 둔감화만으로는 평범한 개인의 마음속 깊이 자리하고 있는 살해에 대한 거부감을 극복하기 어려울 것이다. 사실 이 둔감화 과정은 내가 현대 훈련의 가장 중요한 측면이라고 믿는 것을 가리는 연막에 불과하다. 다이어를 비롯한 많은 연구자들이 놓친 부분은 현대 훈련에서 (1) 파블로프의 고전적 조건 형성과 (2) 스키너의 조작적 조건 형성이 맡은 역할이다.

1904년, 파블로프는 개의 조건 형성과 연합 개념을 발전시키면서 노벨상을 수상했다. 가장 단순하게 설명하자면, 파블로프가 한 일은 개에

---

* 미 해병대 신병훈련소가 있다.

게 먹이를 주기 전에 종을 울린 것이다. 시간이 경과하면서, 개는 종소리와 먹는 것을 연관 짓는 법을 학습했고, 먹이가 주어지지 않을 때조차 종소리를 들으면 침을 흘리게 되었다. 조건 형성된 자극은 종소리였고, 조건 형성된 반응은 침 흘리기였다. 개는 종소리를 들으면 침을 흘리도록 조건 형성된 것이었다. 특정 행동을 보상과 연결 짓는 이러한 과정은 가장 성공적인 동물 훈련법의 기반을 이루고 있다. 20세기 중반에 스키너는 이러한 과정을 자신이 행동주의 공학behavioral engineering이라고 부르는 것으로 더욱 정교하게 다듬었다. 스키너와 행동주의 학파는 심리학 내에서 가장 과학적이고 강력한 잠재력을 지닌 분야들 가운데 하나에 속한다.

오늘날, 그리고 베트남 시대에 미 육군과 해병대 군인들을 훈련시키는 데 사용된 방법은 반사적인 '속사quick shoot' 능력을 키우기 위해 조건 형성 기법을 응용한 것에 지나지 않는다. 미 육군과 해병대 군인들을 훈련시키기 위해서 조작적 조건 형성이나 행동 수정 기법을 의도적이고 계획적으로 사용하고 있는 사람은 아무도 없다는 판단은 전적으로 가능하다. 내가 20년간 군 복무를 하는 중에 그 어떤 병사나 하사관, 장교도 공적인 자리나 사적인 자리에서 사격술 훈련을 통해 조건 형성이 일어나고 있다고 말한 적은 없었다. 하지만 심리학자인 동시에 역사학자이자 직업군인이기도 한 내 관점에서 볼 때, 군인들이 훈련을 통해 습득한 것은 바로 이러한 조건 형성이라는 확신은 시간이 지날수록 더욱 분명한 사실로 드러났다.

풀밭에 엎드려 침착하게 원형 표적지를 향해 총을 쏘는 대신, 현대의 군인들은 완전 무장을 한 채 숲이 우거진 구릉지를 바라다보며 참호 속에서 많은 시간을 보낸다. 그러다가 짙은 황록색의 사람 모양을 한 표적 한두 개가 짧은 시간 동안 일정한 간격으로 서로 다른 거리에서 튀어 올라오면, 군인은 즉각 이 표적을 겨누고 쏘아야 한다. 표적을 맞추면, 그것은 마치 살아 있는 표적처럼 곧바로 뒤로 넘어지며 즉각적인 피드백을 제공한다. 만족을 느낄 만하게 말이다. 솜씨를 발휘해 표적을 쓰러뜨리는 데 성공한 군인은 두둑한 보상과 인정을 받는다. 반대로 빠르고 정확하게 표적과 '교전engage'('살해'를 가리키는 완곡어법)하는 데 실패한 군인은 가벼운 처벌(재훈련, 동료 압력, 신병훈련소 수료 불가 등)을 받게 된다.

현대 전장에서 일어나는 살해 행위를 매우 정교하게 모방한 이러한 훈련 환경에서는 전통적 사격 훈련에서 가르치는 사격술은 물론 반사적이고 즉각적으로 사격하는 능력 또한 학습시킨다. 행동주의 개념으로 볼 때, 군인의 사격권 안에서 튀어 오르는 사람 형태의 과녁은 '조건 형성된 자극conditioned stimulus'이고, 즉각적으로 표적을 맞추는 행위는 '목표 행동target behavior'이다. '정적 강화positive reinforcement'*는 명중된 표적이 쓰러지는 즉각적 피드백의 형태로 주어진다. 명중률이 높으면 특등사수 휘장이 주어지고, 여기에는 통상 특전이나 보상(칭찬과 공식적 인정, 3일 휴가 등)이 뒤따른다. 일종의 '토큰 경제token economy'**의 형식을 따르고 있는 셈이다.

전장에서 있을 법한 살해의 모든 측면이 예행 연습되고, 시각화되고, 조건 형성된다. 특별한 경우 보다 실감나고 복잡한 표적을 활용하기도 한다. 살상 지대에 서 있는 풍선을 넣은 군복(풍선을 터뜨리면 땅에 떨어진다), 빨간 페인트가 담긴 우유병 등 여러 가지 교묘한 장치들이 다수 활

---

* 어떤 행동이 일어난 직후에 그가 좋아하는 것을 주어 그 행동의 빈도 또는 확률이 높아지도록 하는 특정 자극. 우리가 흔히 사용하는 상賞이라는 말의 의미와 유사하다.
** 토큰 프로그램은 조작적 조건 형성의 원리에 근거한 행동 치료 방식이다. 토큰 경제는 원하는 목표 반응을 설정하고 그러한 행위를 했을 때 명확하게 대가를 지불하는 것을 말한다.

용된다. 이는 훈련을 보다 흥미롭게 해주며, 더 실감나는 조건 형성 자극을 주고, 다른 여러 환경에서도 조건 형성 반응을 보증해 준다.

저격수들은 이러한 기법을 더욱 광범위하게 활용한다. 베트남에서 한 명의 적군을 죽이는 데는 평균 5만 발의 탄환이 쓰였다. 그러나 베트남 전쟁에 파견된 미 육군과 해병대 저격수들은 한 명을 죽이는 데 오직 평균 1.39발을 썼다. 93명의 공인 사살 기록을 가진 카를로스 해스콕은 전후에 경찰과 군대의 저격수 훈련에 참여하게 되었다. 그는 저격수들은 원형 표적지가 아니라 사람처럼 보이는 표적을 가지고 훈련해야 한다고 굳게 믿었다. 그의 교육생들이 사용한 표적은 여자 머리에 권총을 겨누는 실물 크기의 남자 사진으로, 그들은 이 표적을 100야드 거리에서 사격해야 했다. 그가 교육생들에게 내리는 명령은 "저 악당의 오른쪽 눈 안쪽 모서리에 세 발을 쏴라" 같은 식이었다.

이와 마찬가지로, 이스라엘 방위군의 대테러리스트 저격수 훈련 과정 교관인 척 크레이머는 자신의 훈련 과정을 최대한 실전과 비슷하게 꾸미려 했다. 크레이머는 "나는 표적을 되도록 인간과 비슷해 보이도록 만들었다"고 말했다.

나는 표준형 사격 표적을 없애고, 그 대신 해부학적으로 정확한 실물 크기의 인형을 표적으로 사용했다. 왜냐하면 가슴팍에 숫자가 적힌 커다란 하얀 네모판을 달고 돌아다니는 시리아인은 없기 때문이다. 나는 표적에 옷을 입히고 폴리우레탄으로 만든 머리를 달았다. 나는 양배추를 갈라 그 안에 케첩을 부은 다음 다시 붙였다. 나는 교육생들에게 "나는 자네들이 스코프를 통해 표적의 머리가 터지는 모습을 보기 바란다"고 말했다.
— 데일 다이, 〈척 크레이머: 이스라엘 방위군의 명사수〉

전 세계에서 가장 뛰어난 부대들은 보통 이런 식으로 훈련을 받고 있다. 대부분의 현대 보병 지휘관들은 군인에게 즉각적 피드백이 주어지는 실감 넘치는 훈련법이 효과가 좋을 뿐 아니라, 이것이 현대전에서 생존하고 승리하는 데 아주 중요한 영향을 미친다는 점을 알고 있다. 그러나 군대는 늘 그래왔듯이 특별히 자기반성적인 기관이 아니다. 내 경험상 이러한 훈련을 명령하고, 실행하고, 참여하는 군인들은 (1) 무엇이 이러한 훈련 과정을 효과적인 것으로 만들어 주는지, 그리고 (2) 이러한 훈련 과정으로 인해 어떠한 심리적, 사회적 부작용이 생겨날 수 있는지에 대해 이해하지 못하고 있고, 생각조차 하지 않으려 드는 경향이 있다. 효과만 있다면 문제 될 게 없다는 식이다.

이러한 훈련 과정을 효과적으로 만들어 주는 것은 파블로프의 개가 침을 흘리고 B. F. 스키너의 쥐들이 손잡이를 누르게 하는 것과 동일하다. 훈련 과정을 효과적으로 만들어 주는 것은 심리학 영역에서 발견했던 단일 행동 수정 기법 중 가장 강력하고 확실한 행동 수정 기법인 조작적 조건 형성이다. 그것이 이제는 전쟁의 영역에까지 적용되고 있다.

부인 방어 기제: 생각할 수 없는 것을 부인하기

이러한 훈련 과정에서 추가로 고려해야 할 국면은 부인 방어 기제의 전개 과정이다. 부인과 방어 기제는 정신적 외상을 일으킬 만한 경험을 다루는 무의식적 방식들이다. 현대 미 육군의 훈련법은 덤으로 부인 방어 기제도 놀라울 만큼 철저하게 확립했다.

기본적으로 군인은 살해 과정을 수도 없이 예행 연습하므로 실전에서 사람을 죽일 때 자신이 다른 인간을 죽였다는 사실을 어느 정도 부인할 수 있게 된다. 살해를 신중히 예행 연습하고 또한 실감나게 모방하게 되면서, 군인은 자신이 단지 또 다른 표적과 '교전'했을 뿐이라고 생각할 수 있게 된다. 현대적 기법으로 훈련받은 후 포클랜드 전쟁에 참전했던 한 영국군 참전 용사는 홈스에게 자신은 "적군이 제2형 표적(인간 모양 표적) 그 이상도 이하도 아니라고 생각했다"고 말했다. 이와 마찬가지로 미군 병사는 자신이 인간이 아니라 E형 표적(사람 모양의 짙은 황록색 표적)의 실루엣을 겨냥해 쏘고 있다고 생각할 수 있다.

치안 전문가이자 노련한 미국 국경순찰대원으로 수많은 총격전을 치른 빌 조던Bill Jordan은 젊은 경찰관들에게 조언하는 다음과 같은 글에서 부인 과정과 둔감화를 결합시킨다.

총구가 한 인간을 향하고 있을 때, 방아쇠를 당기는 것에 거부 반응이 일어나는 것은 당연한 일이다. ……심지어 자기 목숨이 위태로울 때조차 대다수 경찰관들은 처음으로 가담한 총격전에서 이러한 거부 반응을 겪었다고 보고한다. 상대를 단지 표적일 뿐 인간이 아니라고 생각할 수 있다면, 이러한 거부감을 극복하는 데 도움이 될 것이다. 여기에서 더 나아가, 표적의 특정 지점을 겨냥할 필요가 있다. 이는 집중력을 높여 주고 나아가 상대의 인간적인 면모를 머릿속에서 지우게 해준다. 이러한 시도가 효과를 보이면, 양심의 가책이 비집고 들어오지 못하도록 계속해서 다음과 같은 생각을 하도록 하라. 무기를 지닌 경관에게 저항하는 자는 예의 바른 유순한 사람들을 다스리는 데 쓰는 법의 존중을 받을 자격이 없다. 그는 이 세계에 설 자리가 없는 범법자다. 그를 없애는 것은 아주 정의로운 일이기에, 냉정하게 그리고 아무런 미련 없이 곧바로 실행되어야 한다.

조던은 이러한 과정을 만들어진 경멸maunfactured contempt이라고 부른다. 피해자의 사회적 역할에 대한 부인과 경멸(둔감화)을 피해자의 인간성에 대한 심리적 부인과 경멸(부인 방어 기제의 전개)과 결합시키는 것은 경찰관이 표적에 총을 한 방 쏠 때마다 결부되고 강화되는 일종의 정신적 과정이다. 그리고 경찰도 군인과 마찬가지로 원형 표적지에 대고 쏘지 않는다. 그들은 사람 모양의 사물을 대상으로 '연습'한다.

조건 형성과 둔감화가 성공을 거두었다는 사실은 부인할 수 없을 정도로 명백하다. 이는 개인을 통해서, 그리고 여러 국가와 군대가 거둔 성과를 통해서 확인되고 인식될 수 있다.

조건 형성의 효과

미 육군 대령인 밥은 마셜의 연구에 관해 알고 있었고, 마셜이 주장한 제2차 세계대전 당시의 사격 비율이 정확할 것이라고 인정했다. 그는 어떤 메커니즘으로 인해 베트남에서 사격 비율이 증가했는지는 확실히 알지 못했지만, 어쨌든 사격 비율 자체가 증가되었다는 것은 알았다. 내가 현대식 훈련에는 조건 형성 효과가 있다고 말하자, 그는 곧바로 자기에게서 바로 그러한 조건 형성이 일어났음을 인식했다. 그는 다소 놀란 표정을 지으며 이렇게 말했다. "두 발을 쐈어. 팡, 팡. '퀵 킬'에서 훈련받은 대로 말이야. 죽일 때, 나는 그대로 했어. 훈련받은 대로. 생각할 틈도 없었어."

미 육군 특전부대(그린베레) 장교로 캄보디아에 6개월씩 6번 파견되었던 또 다른 참전 용사 제리는 어떻게 그 임무를 수행할 수 있었느냐는 질문을 받자, 자신이 살해하도록 '프로그래밍'되어 있었음을 선선히 인정했고, 그것을 자신의 생존과 승리에 필요했던 일로 받아들였다.

나는 꽤 유명한 항공우주 관련 기업에서 보안 담당 중역으로 일하고 있는 듀안이라는 이름을 가진 한 전직 CIA 요원과 인터뷰를 한 적이 있었다. 그는 일생 동안 놀라울 정도로 많은 심문을 성공적으로 수행했고, 스스로를 일반에 세뇌라고 알려진 과정에 대한 전문가로 여겼다. 그는 자신이 CIA에 의해 "상당한 수준까지 세뇌"되었으며, 현대적인 전투 훈련을 받는 군인들도 비슷하게 세뇌 과정을 거친다고 생각했다. 나와 이 문제를 가지고 대화를 나누었던 다른 모든 참전 용사들처럼, 그는 이러한 내 의견에 전혀 이의를 제기하지 않았고, 심리적 조건 형성 과정이 자신의 생존에 필수적인 것이었을 뿐 아니라 임무를 완수하는 데도 효과적인 방법이었음을 이해하고 있었다. 그는 이와 아주 유사하고 똑같이 강력한 힘을 미치는 과정이 연방 정부와 주 정부의 수사 기관들을 통해 전국적으로 실시되고 있는 표적 선별 프로그램shoot-no shoot program에서도 일어나고 있다고 생각했다. 이 프로그램에서 수사관들은 다양한 전술 상황을 묘사하는 영화 스크린의 빈 화면에 선택적으로 총을 쏘게 되며, 따라서 언제 죽이고 죽이지 않을지 결정하는 과정을 따라하고 연습할 수 있다.

현대 훈련 기법의 믿기지 않을 정도로 놀라운 효과는 포클랜드 전쟁 당시 영국군과 아르헨티나 군 사이에, 그리고 1989년 파나마 침공 당시 미군과 파나마 군 사이에 나타난 불균형한 근접 전투 살해 비율에서 확인될 수 있다.[3] 포클랜드 전쟁에 참전한 영국군 병사들과 인터뷰를 하는 동안, 홈스는 제2차 세계대전에 관한 마셜의 관찰을 설명하고 나서 그들 부대 안에서도 총을 쏘지 않는 유사한 경우가 있었느냐고 물었다. 그러자 그들은 자기 편 군인들에게서는 그러한 일이 일어나는 것을 본 적이 없다는 반응을 보이면서도, "이러한 질문을 아르헨티나 군에 적용하면서, 저격수들과 기관총 사수들은 아주 효과적으로 싸운 반면 소총수들은 그렇지 못했다는 사실을 즉각적으로 떠올렸다." 여기서 우리는 가장 현대적인 방법으로 훈련을 받음으로써 자신의 임무를 효율적이고 능숙하게 수행한 영국의 소총수들과 제2차 세계대전 당시의 재래식 훈련밖에 받지 못함으로써 현저히 임무 수행 능력이 떨어지는 아르헨티나의 소총수들을 비교한 탁월한 사례를 보게 된다.

이와 마찬가지로, 1970년대에 세계에서 가장 훌륭한 훈련을 받은 군대 중 하나였던 로디지아Rhodesia* 군은, 장비는 잘 갖추고 있었지만 받은 훈련의 질은 형편없었던 반란군과 맞서 싸웠다. 로디지아 보안군은 모든 게릴라 전투에서 약 8 대 1이라는 월등한 살해 비율을 유지했다. 그리고 잘 훈련받은 로디지아 보안군 소속 특공대의 살해 비율은 35 대 1에서 50 대 1에 육박했다.

최근 미국의 역사에서 가장 두드러진 사례들 가운데는 UN이 수배 중이던 소말리아 군벌 지도자 모하메드 아이디드를 체포하러 갔다가 매복 공격을 당했던 미 육군 레인저 중대의 사례가 있다. 이 전투에서는 포격이나 공습은 이루어지지 않았다. 그리고 미군 부대는 전차나 장갑차, 기타 중화기도 사용할 수 없었다. 따라서 이 사례는 현대적인 소화기 사격 훈련 기법의 상대적 효과를 평가하기에 아주 좋은 사례다. 어떤 결과가 나왔을까? 그날 밤에 전사한 미군은 18명이었던 반면 소말리아 측 전사자는 364명이었다.

또한 우리는 미군이 베트남에서 벌인 주요 교전에서 단 한 차례도

---

* 현재의 짐바브웨. 1965년 영국의 식민지였던 남로디지아에서 소수 영국계 지배 계층은 영국으로부터 일방적으로 독립을 선언하며 로디지아라는 국명을 채택했다.

패배한 적이 없었다는 사실을 떠올려 볼 수도 있다. 해리 섬머스Harry Summers*가 전후에 한 북베트남 장성에게 이 점을 지적했을 때, 다음과 같은 답변이 되돌아왔다. "그 말은 맞을지 모르지만, 어쨌든 승패와는 무관한 일이오." 아마도 그럴 것이다. 하지만 이는 베트남에서 미군 병사들 개개인이 근접 전투에서 탁월한 임무 수행 능력을 발휘했음을 보여 준다.

무의식적으로 실수를 저지르거나 고의적으로 사태를 과장한 측면이 있었다고 가정하더라도, 베트남과 파나마, 아르헨티나, 로디지아 등에서 확인할 수 있는 이러한 훈련 방식의 우수성과 살해 능력은 전장에서 이루어진 과학 기술 혁명이라 부를 만한 것이었다. 그것은 근접전에서 완전한 우위를 보장해 주는 혁명적인 일이었다.

조건 형성의 부작용

전직 CIA 요원 듀안은 이러한 조건 형성 혹은 세뇌 과정에서 부작용이 일어날 수 있음을 보여 주는 한 사건에 대해 내게 말해 주었다. 그는 1950년대 중반 서독의 한 안전가옥에서 공산주의자 망명자를 지키고 있었다. 망명자는 덩치가 아주 크고 힘이 센 자로, 무엇보다 당시 권력을 잡고 있던 스탈린 치하에서 살인을 일삼던 자였다. 모든 정황을 고려해 볼 때, 그는 전혀 제정신이 아니었다. 소비에트 지도자들의 총애를 잃고 망명할 수밖에 없었던 이 남자는 자신의 새로운 지도자들에 대해 딴 생각을 품기 시작했고, 그래서 안전가옥 탈출을 시도하고 있었다.

창살로 된 집 안에 이 남자와 함께 며칠 동안 머무르며 그를 감시하

---

* 미국의 군사전략 전문가.

는 임무를 맡은 이 젊은 CIA 요원은 수차례에 걸쳐 망명자의 공격을 받았다. 이 망명자는 몽둥이나 집기를 들어 그를 공격하려 했고, 듀안이 그에게 무기를 겨누는 마지막 순간에 가서야 공격을 중단하곤 했다. 상관들에게 전화를 걸었을 때 듀안은 다음과 같은 명령을 받았다. 바닥에 상상의 선을 그은 다음, 그자가 선을 넘어올 시에는 (아주 적대적인 태도를 보이는 위험한 인물이긴 했지만) 전혀 무장을 갖추고 있지 않은 이 남자를 쏘라는 것이었다. 듀안은 상대방이 반드시 이 선을 넘어설 것이라고 느꼈고, 그 모든 조건 형성의 결과를 끌어 모았다. "그는 죽은 목숨이었소. 나는 내가 그자를 죽일 거라는 걸 알았소. 정신적으로 나는 이미 그자를 죽인 상태였기 때문에, 육체를 죽이는 것은 점점 더 쉬워지고 있었소." 하지만 그 망명자(분명 겉보기만큼 미치지 않았거나 필사적으로 덤빌 필요가 없었던)는 결코 그 선을 넘지 않았다.

하지만 거기에는 여전히 살해로 인해 생겨나는 트라우마의 어떤 측면이 남아 있었다. 듀안은 내게 이렇게 말했다. "내 마음속에는 내가 그자를 죽였다는 느낌이 늘 있어 왔소." 대부분의 베트남 참전 용사들은 직접 살해를 하지 않아도 되었다. 그러나 그들은 훈련을 받으며 적을 비인간화하는 데 가담했고, 그들 가운데 대다수는 실제로 총을 쏘았거나 마음속으로 쏠 준비가 되어 있었다는 걸 알았다. 그리고 그들이 쏠 준비가 되어 있었고 쏠 수도 있었다는 바로 그 사실("정신적으로 나는 이미 그를 죽인 상태였다")로 인해 그들은 전장에서 가지고 돌아온 책임의 짐을 벗어던질 수 있는 중요한 수단 하나를 잃었다. 사람을 죽인 것은 아니었지만, 그들은 생각조차 할 수 없는 것을 생각하라는 가르침을 받았고, 따라서 보통 일반적인 상황에서는 오직 살인자들만이 아는 자기 안의 또 다른 자아를 소개받기에 이르렀다. 요점은, 이러한 둔감화와 조건 형성, 부인 방어 기제 등의 프로그램이 이후 전쟁에 참여했다는 사실과 결합하게 되면 살해를 하지 않았더라도 살해를 했다는 죄책감을 공유하게 될 가능성이 있다는 것이다.

조건 형성의 안전장치

반드시 이해해야 할 부분은, 이러한 과정의 가장 중요한 측면들 가운데 하나는 군인들이 전투 중에 항상 권위의 지배를 받고 있다는 점이다. 어떤 군대도 무질서하거나 무차별적인 사격을 용납하지 않는다. 병사의 조건 형성에서 가장 중요하면서도 쉽게 간과되곤 하는 측면은 병사가 오직 명령으로 정한 시기에, 명령으로 정한 표적을 향해 총을 쏘도록 조건 형성된다는 점이다. 군인은 오직 자신보다 계급이 높은 권위자가 명령했을 때, 그리고 자신이 속한 사격 대열 내에 있을 때에만 총을 쏜다. 잘못된 시점에, 혹은 잘못된 방향으로 무기를 쏘는 것은 아주 심각한 군기 위반이기 때문에 평범한 군인은 이를 거의 생각조차 할 수 없다.

군인들은 훈련을 받는 동안, 그리고 오직 권위자가 군대에서 쏘도록 허락하는 동안에만 사격하도록 조건 형성되어 있다. 총을 쏘는 행위는 결코 쉽게 은폐할 수 있는 일이 아니다. 소총 사격장이나 야전 훈련 시에 부적절한 사격이 이루어지면, 설령 공포탄을 쐈다 하더라도 그 사격이 왜 필요했는지를 증명할 수 있어야 하며, 증명할 수 없을 때는 즉각적으로 혹독한 처벌을 받게 된다.

이와 마찬가지로, 대부분의 경찰관들은 훈련을 받는 동안 무고한 행인들과 총을 든 범죄자들이 동시에 등장하는 여러 표적을 보게 된다. 그리고 잘못된 표적에다 쏠 경우 심한 제재를 받게 된다. FBI의 표적 선별 프로그램에서 수사관이 사격해야 할 때와 사격하면 안 될 때를 구별할 수 있는 능력을 제대로 보여 주지 못할 경우, 그는 무기 소지 권한을 박탈당할 수도 있다.

수많은 연구들은, 20세기 들어 발발한 전쟁에 참전했다가 다시 미국으로 돌아온 군인들이 사회에 눈에 띌 만큼 폭력적인 위협을 가한 경우는 단 한 번도 없었음을 입증해 왔다. 폭력 범죄를 저지르는 베트남 참전 용사들도 있지만, 통계적으로 참전 용사들의 폭력 범죄율은 일반인들의 폭력 범죄율보다 결코 높지 않다.[4] 사회에 잠재적으로 위협이 되는 것은 현대적인 인터랙티브 비디오 게임, 폭력적인 텔레비전과 영화 등이 제공되는 규제받지 않는 둔감화, 조건 형성과 부인 방어 기제다. 나는 이 책의 마지막 부인 〈미국에서의 살해: 우리는 아이들에게 무슨 짓을 저지르고 있는가?〉에서 이에 대해 다룰 것이다.

2

우리는 군인들에게 무슨 짓을 저질렀는가?
살해의 합리화와 베트남에서 합리화에 실패한 이유

살해의 합리화와 수용

> 그러나 불길과 천벌이 지난 뒤에
> 그러나 구함과 고통이 지난 뒤에
> 그의 자비로움이 우리에게 길을 열어 주어
> 다시 우리와 함께하리
>
> — 루디야드 키플링, 〈선택The Choice〉

우리는 앞서 염려, 실제 살해, 살해에 대한 도취, 자책, 합리화와 수용으로 이어지는 살해 반응 단계들을 검토했다. 이제 이 모델을 베트남 참전 용사들에게 적용하여 어떻게 해서 베트남에서 살해에 대한 합리화와 수용의 과정이 실패하게 되었는지를 이해해 보자.

합리화 과정

베트남 참전 용사들이 활용한 합리화 과정에는 뭔가 독특한 일이 일어났던 것 같다. 과거에 미국이 참전한 전쟁들과 비교해 볼 때, 베트남 전쟁에서는 전통적으로 살해 경험의 합리화와 수용을 용이하게 하는 데 이용되었던 과정들 대부분이 전도된 형태로 일어났던 것으로 보인다. 전통적 과정에는 다음이 포함되어 있다.

- 그가 "옳은 일을 했다"는 동료와 상관들의 끊임없는 칭찬과 보증(이러한 확증을 물리적으로 드러내 주는 가장 중요한 요소들 가운데 하나는 메달과 훈장을 수여하는 것이다.)
- 전투 환경에서 역할 모델과 안정화 성격 요인으로 기능하는 (20대 후반과 30대의) 원숙한 고참 동료의 존재
- 교전 당사국들이 민간인 살상이나 잔학 행위를 자제하게 만드는 (1864년에 처음 체결된 제네바 협정 같은) 교전 수칙과 협약에 대한 존중
- 파병 근무를 하는 동안 군인이 긴장의 끈을 풀고 압박감에서 벗어날 수 있는 후방이나 명확하게 정의된 안전지대
- 훈련 기간과 실전을 치르는 내내 함께하는 신뢰할 만한 가까운 친구의 존재
- 전쟁에서 귀환하는 안정화 시기
- 자기편이 종국에 거둔 승리와 자신들이 희생을 치른 대가로 얻게 된 소득과 업적에 대한 지식
- 퍼레이드와 기념비

살해 반응 단계

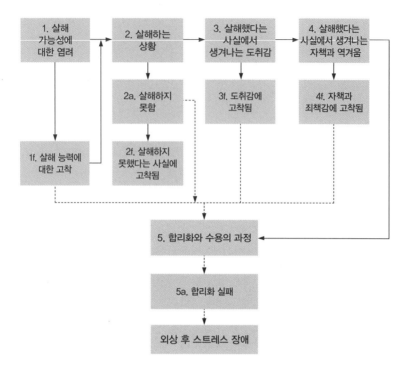

- 실전을 치르면서 유대감을 형성한 전우들과의 모임과 (방문, 편지 등을 통한) 지속적인 의사소통
- 전쟁과 그의 개인적 행동은 정당하고 올바르며 필요한 일이었다는 것을 끊임없이 말해 줌으로써 심리적 안정을 찾게 해주는 친구와 가족, 이웃, 사회의 조건 없이 주어지는 따뜻한 갈채와 환영
- 훈장의 자랑스러운 전시

왜 베트남은 달랐는가

베트남 참전 용사들의 경우, 첫 번째 항목을 제외하고는 이 모든 합리화 과정이 대부분 부재했을 뿐 아니라 많은 것들이 거꾸로 이루어져 참전 용사들에게 엄청난 고통과 트라우마의 원천이 되었다.

십대 전쟁

사람들을 젊을 때 군대로 데려갈 수 있다면 일은 한결 쉬워진다. 물론 나이 든 사람들을 군인으로 훈련시킬 수는 있다. 국가는 중대한 전쟁이 터질 때마다 그렇게 해왔다. 하지만 절대로 나이 든 사람들이 군대를 좋아하게끔 만들 수는 없는데, 군대가 20세가 되지 않은 신병들을 모집하려는 이유는 바로 여기에 있다. 물론 군대가 어린 신병들을 좋아하는 데는 다른 이유들도 있다. 그들은 우수한 신체적 조건을 가지고 있고, 부양해야 할 가족이 없으며, 그다지 돈을 밝히지도 않는다. 하지만 십대들에게 기초 군사 훈련을 받게 하려는 가장 중요한 이유는 그들이 쉽게 열광에 빠지면서도 순진하기 때문이다.

……모든 국가의 군대는 젊은 남성 시민을 단 몇 주 만에 적절한 반사 반응과 태도를 갖춘 군인으로 만들어 버릴 수 있다. 이들 신병들은 보통 세상 구경을 20년도 해보지 못했고, 그마저도 대부분 어린 시절로 채워져 있지만, 역사상 모든 군대는 이들을 훈련시켜 기술을 완벽히 습득하도록 해왔다.

― 그윈 다이어, 《전쟁》

모든 전쟁의 전투원들은 아주 어리지만, 베트남 전쟁에 참전한 미국 전투원들은 미국 역사의 그 어떤 전쟁에서보다 눈에 띄게 어렸다. 전투원 대부분이 열여덟 살에 징집되어 인생에서 가장 예민하고 상처받기 쉬운 시기에 전투를 경험했다. 이 전쟁은 미국이 처음으로 벌인 "십대 전쟁"이었다. 평균적으로 전투원들은 아직 스무 번째 생일도 맞이하지 않은 상태였고, 과거의 전쟁에는 늘 있어 왔던 원숙한 고참병들의 도움도 받지 못했다.

발달 심리학자들의 일치된 견해에 따르면, 이 시기는 청소년의 심리적, 사회적 발달 단계에서 개인이 안정적이고 지속적인 성격 구조와 자의식을 확립하게 되는 아주 중대한 시기다.

과거의 전쟁들에서는 고참병들이 아직 청소년기에서 벗어나지 못한 나이 어린 병사들의 모델과 멘토 역할을 맡으면서 전투가 이들에게 미치는 영향을 줄여 줄 수 있었다. 하지만 베트남에서는 의지할 만한 고참병들이 거의 없었다. 전쟁이 막바지에 이르자, 많은 하사관들이 '단기 속성' 하사관학교를 통해 배출되었고, 이들은 기껏해야 동료들보다 몇 달 더 훈련을 받은 풋내기들일 뿐이었다. 심지어 상당수 장교들은 그 어떤 정규 훈련 과정도 받은 바 없는 장교 후보 과정OCS: Officer Candidate School 출신들이었고, 이들이 받은 훈련의 질과 군대 경험은 휘하 사병들과 별반 차이가 없었다.

그들은 십대를 이끄는 십대였다. 소규모 작전이 끝없이 이어지는 전쟁 속에서 그들은 총을 든 채 《파리 대왕The Lord of the Flies》*이 묘사하고 있는 것을 현실 세계에서 재연해야 하는 상황에 빠져들었고, 인생에서

---

* 1983년 노벨문학상을 수상한 윌리엄 골딩의 대표작. 무인도에 표류한 소년들을 통해 법과 도덕 질서가 사라진 곳에서 인간이 보여 줄 수 있는 야만을 잘 묘사하고 있다.

가장 상처받기 쉽고 예민한 시기에 전투의 공포를 내면화하는 운명을 받아들일 수밖에 없었다.

'더러운' 전쟁

동시에 모두가 그에게 총을 겨누고 쐈다. '제기랄!' 그의 몸이 다시 숲을 향해 떨어지는 것을 바라보면서, 내 뒤의 누군가가 놀랐는지 숨을 급히 몰아쉬었다. 살덩어리들과 뼛조각들이 허공으로 날아올라 거대한 바위들에 들러붙었다. 우리가 쏜 총알 중 한 발이 적병이 갖고 있던 수류탄을 격발시켰고, 그의 몸은 피를 비처럼 쏟아내며 완전히 박살났다.

비록 공산주의자이긴 했지만, 그 젊은 베트콩은 훌륭한 군인이었다. 그는 자신이 믿는 바를 위해 몸을 바쳤다. 그는 하노이를 위해 싸우는 총잡이가 아닌 베트콩이었다. 그는 북베트남인이 아니라 남베트남인이었다. 그의 정치적 신념은 사이공 정부와 맞지 않았고 그래서 그에게는 인민의 적이라는 꼬리표가 붙었다…….

한 베트남 소녀가 난데없이 나타나 죽은 베트콩 한 명 옆에 앉았다. 아이는 그 자리에 앉아 무기 더미를 노려보았고, 천천히 몸을 앞뒤로 흔들었다. 한 번도 우리 쪽을 바라보지 않았기 때문에, 아이가 울고 있었는지는 알 수 없었다. 아이는 그저 거기 앉아 있었다. 파리가 아이의 볼 위를 기어갔지만, 아이는 꿈쩍도 하지 않았다.

아이는 그저 거기 앉아 있었다.

아이는 베트콩 병사의 일곱 살 난 딸이었다. 나는 아이가 죽음과 전쟁과 슬픔을 받아들이는 것에 익숙해졌을지도 모르겠다는 생각이 들었다. 이제 아이는 고아였고, 나는 그 아이의 마음이 혼란으로, 아니 슬픔이나 아무도 이해할 수 없는 공허함으로 가득 차 있지 않을까 생각했다.

나는 그 아이에게 다가가 위로하고 싶었지만, 어느새 내 몸은 다른 이들과 함께 언덕 아래를 내려가고 있었다. 나는 결코 뒤돌아보지 않았다.

— 닉 우어닉, 〈피의 전투〉

플로리다에서 열린 베트남 참전용사연합회 모임에서, 한 참전 용사는 역시 참전 용사였던 그의 사촌이 자신에게 했던 말을 내게 들려주었다. 그 말은 이러했다. "그들은 나를 살인하도록 훈련시킨 다음 베트남으로 보냈어. 내가 아이들과 싸우게 될 거라는 말 따위는 하지도 않았다고." 많은 이들에게, 이것이 바로 베트남에서 벌어진 일들이 일으킨 공포의 정수다.

살해는 언제나 트라우마를 일으킬 만큼 대단히 충격적인 일이다. 하지만 여자와 아이들을 죽여야 할 때, 혹은 그들의 집 안에서 그들의 아내와 아이들이 지켜보는 가운데 남자들을 죽여야 할 때, 그리고 2만 피트 떨어진 곳에서가 아니라 그들이 죽어 가는 모습을 지켜볼 수 있을 만큼 가까운 거리에서 살해해야 할 때, 이때 느끼게 되는 공포감은 묘사나 이해를 허락하지 않는 것으로 보인다.

베트남 전쟁은 대부분 비정규군을 상대로 한 것이었다. 미군은 자기 가정을 지키고자 했던 민간인 복장을 한 남자, 여자, 아이들과 맞서 싸워야 했다. 이러한 상황은 전통적인 관례의 실종, 민간인 사상자와 잔학 행위의 급증, 그리고 전쟁 트라우마를 초래했다. 전쟁을 치러야 할 이데올로기적 이유도, 맞서야 할 상대도 과거의 전쟁들과는 완전히 달랐다.

적군의 아이가 나타나 자기 아버지의 시신에 엎드려 비통해하거나 적군이 수류탄을 던지는 아이일 경우에, 현장 합리화on-the-scene rationalization의 표준적인 방법은 실패할 수밖에 없다. 그리고 북베트남군과 베트콩은 이를 알고 있었다. 알 산톨리Al Santoli의 책 《짐을 진다는 것 To Bear Any Burden》에는 개별 인터뷰를 통해 얻은 놀라운 이야기들이 다수 등장하는데, 이 가운데 메콩 삼각주에서 활동했던 전직 베트콩 요원 쭈엉 '밀리'의 이야기가 들어 있다. 밀리는 이렇게 말했다. "아이들은 수류탄을 던지는 훈련을 받았다. 단지 테러라는 목적만이 있었던 것이 아니었다. 그렇게 하면 남베트남 정부군이나 미군이 그들을 쏠 수밖에 없다. 그러고 나면 미국인들은 아주 수치스러워한다. 그리고 그들은 자책을 하면서 자국 군인들을 전범으로 취급한다."

그리고 실제로 그런 일들이 벌어졌다.

수류탄을 던지는 아이를 쏘게 되면, 아이가 지니고 있던 수류탄이 폭발하게 되고, 산산조각난 아이의 시신만 가지고 합리화를 시도해야 한다. 피해자가 얼마나 치명적인 위협을 가했으며 살인자에게는 아무 잘못이 없다는 것을 세상에 한 치의 의심 없이 말해 줄 만큼 편리한 무기는 존재하지 않는다. 공포감과 잃어버린 결백에 대해서 아무것도 말해 줄 수 없는 죽은 아이만이 있을 뿐이다. 천진난만한 어린 시절, 군인들, 국가들, 이 모든 것을 끝없이 이어진 10년이라는 기간 동안 무수히 반복해서 일어난 단독 행위 속에서 잃어버린 후에야, 지쳐 버린 국가는 마침내 공포와 당혹감에 사로잡힌 가운데 기나긴 악몽으로부터 물러났다.

피할 수 없는 전쟁

실질적인 분계선은 없었다. 어느 지역에서나 적의 공격을 받을 수 있었다.

……그것은 보이지 않는 적과 싸우며 아무런 소득도 얻지 못한 끝없는 전쟁이었다. 단지 부대들이 그 나라를 들락날락할 뿐이었다. 눈에 보이는 결과라고는 끝없이 생산되는 불구자들과 시신들밖에 없었다.

— 짐 굿윈, 《외상후 스트레스 장애》

《전쟁의 얼굴Face of Battle》에서 존 키건은 여러 세기 동안 일어난 무수한 전쟁들을 분석하는 가운데, 특히 전투의 지속 기간과 전장의 면적이 해를 거듭할수록 늘어났다는 사실을 지적했다. 중세에는 단지 수백 야드에 불과한 전장에서 몇 시간 동안 지속되었던 전투는 20세기 들어 그 면적이 위험 지대에서부터 후방까지 몇 마일에 이를 정도로 확장되었고, 수개월 동안 전투가 지속될 수 있었다. 심지어 또 다른 분쟁과 얽혀 전투가 이어지면서 수년에 걸쳐 지속되기도 했다.

제1차 세계대전과 제2차 세계대전에서 우리는 이 끝없는 전투가 전투원들에게 끔찍한 심리적 대가를 치르게 한다는 점을 알았고, 군인들을 주기적으로 후방에 재배치하면서 이 끝없는 전투에서 파생되는 문제에 대처할 수 있었다. 하지만 베트남에서 위험 지대는 기하급수적으로 증가했고, 십 년 동안 우리는 과거에 한 번도 경험해 못한 전쟁을 치러야 했다. 베트남에는 도망칠 수 있는 후방도 없었고, 전투 스트레스로부터 벗어날 수 있는 방법도 없었다. 지속적으로 '전선'에 있었다는 사실에서 생겨난 심리적 스트레스는 나중에 엄청난 대가를 치르게 했다.

고독한 전쟁

베트남 전쟁 이전에, 처음으로 참전하게 되는 미군 병사는 전투에 투입되기에 앞서 한 부대의 일원으로서 함께 훈련받으면서 유대감을 형성한 전우들과 같이 전장에 나갔다. 전쟁에 참전하는 군인들은 자신이 전쟁이 벌어지는 내내, 아니면 일정한 기준에 비추어 봐서 충분히 전투에 참여했다는 사실이 드러날 때까지 전장에 머무르게 될 거라는 걸 알았다. 어느 쪽이든, 자신이 장래 어느 시점에 전투를 그만두게 될지는 알 수 없었다.

베트남 전쟁은 우리가 과거에 치렀던, 혹은 미래에 치르게 될 전쟁과 확연히 달랐다. 베트남 전쟁은 문자 그대로 개인들의 전쟁이었다. 극소수 예외를 제외하고는, 미군의 모든 전투원들은 베트남에 부대가 아닌 개인 단위로 파견되어 12개월(해병대는 13개월)을 복무한 후 본국으로 귀환했다.

군인들은 그 지옥 같은 복무 기간 동안 살아남기만 하면 되었다. 이는 신체적 사상자 혹은 정신적 사상자가 되지 않아도 전투에서 벗어날 수 있는 깔끔한 방법으로, 베트남 전쟁 때 처음으로 도입된 제도였다. 이러한 환경 속에서 군인들이 동료 전우들과 어울리지 않고 거리를 두며 지낼 가능성은 훨씬 더 높아졌고, 심지어 그러한 태도가 당연한 것처럼 받아들여졌다. 그렇기 때문에 군인들 사이의 유대감은 결코 과거 전쟁들에서처럼 완전하고 성숙한 평생의 관계로 발전할 수 없었다. (정신적 사상자가 발생할 경우 전투 지대에서 최대한 가까운 곳에서 치료한다는 근접성의 원칙을 유지하고, 그들에게 끊임없이 전투에 복귀하기를 기대한다는 메시지를 전달하는 기대의 원칙을 확립하며, 약물 치료를 병행하여 실시한 끝에) 이러한 정책은 베트남에서in vietnam 발생한 정신적 사상자 수가 역대 최저라는 결과를 가져다주었다.

군 정신과 의사들과 지휘관들은 이로써 전장에서 발생하는 정신적 사상자라는 해묵은 문제, 즉 제2차 세계대전의 특정 시점에서는 보충병을 채워 넣는 속도보다 더 빠른 속도로 사상자가 늘어나게 만들었던 문제의 해결책을 찾았다고 믿었다. 제2차 세계대전 때보다 트라우마가 덜 발생했다는 점을 고려할 때, 이러한 시스템은 받아들일 만한 것이었다고 생각할 수 있을지도 모르겠다. 하지만 실제로 베트남에서 일어난 실상을 들여다볼 필요가 있다. 베트남에서 많은 전투원들은 자신의 비통한 감정과 죄책감을 받아들이기 위해 애쓰기를 거부함으로써 정신에 손상을 일으킬 만큼 충격적인 경험(그렇게 하지 않으면 달리 참아 낼 도리가 없었을 경험)을 견디어 내며, "단기 근무자 달력"을 들여다보며 현실도피를 하고 "45일만 더 버티면 이 악몽에서 벗어날 수 있다"는 약속에 기대었다.

이러한 순환 복무 정책(정신과적으로 자가 처방된 약물의 광범위한 활용과 결합된)으로 인해 전장에서의 정신적 사상자 발생률은 20세기의 그 어떤 전쟁보다 훨씬 낮아졌다. 그러나 이러한 정책은 비극적이고 장기적인 대가를 요구했으며, 그 대가는 단기적 이득을 위해 치러야 할 대가치고는 너무나 비싼 것이었다.

제2차 세계대전 당시의 군인들은 전쟁 기간 내내 함께했다. 개별 보충병으로 전쟁에 참전하는 병사들도 있었지만, 그는 자신이 전쟁이 끝날 때까지 자기 부대와 함께하리라는 것을 알았다. 그는 새로이 소속된 부대에 동화되기 위해 최선을 다했고, 기존 부대원들도 그와 유대감을 가져야 할 똑같은 이유가 있었다. 그들은 전쟁이 끝날 때까지 그와 동료로 지내야 한다는 것을 알았다. 이들은 매우 성숙하고 만족스러운 관계를 발전시켰고 그들 대부분은 이를 평생토록 지속했다.

베트남에서 대부분의 군인은 두려움을 느끼며 친구들도 없이 홀로 전장에 도착했다. 그는 FNG, 즉 빌어먹을 신병Fucking New Guy이라는 말을 들어가며 부대에 합류했다. 그의 미숙함과 무능은 기존 부대원들이 지속적으로 살아남는 데 위협 요소가 될 수 있었기 때문이다. 불과 몇 개월 만에 그는 가깝게 지내는 친구들을 사귀고 전투에서 제 구실을 할 수 있는 노련한 병사가 된다. 하지만 그의 친구들은 얼마 지나지 않아 죽거나 다쳐서, 혹은 파견 근무 기간이 종료되어 그의 곁을 떠났다. 그리고 금세 그 역시 제대를 기다리는 군인이 되어 오로지 살아남는 데만 관심을 기울이게 되었다. 부대의 사기와 응집력, 결속력은 엄청나게 손상되었다. 부대는 아무리 잘 봐줘도 단지 끝없이 들어왔다 나가는 사람들의 모임에 불과했고, 병사들이 전투에서 자신이 해야 할 일을 하도록 해주는 유대 감이라는 신성한 과정은 갈가리 찢기고 해져 과거 미국의 참전 용사들이 경험했던 지지 구조는 잔해만이 남게 되었다.

그렇다고 해서 어떠한 유대감도 만들어지지 않았다는 것은 아니다. 왜냐하면 사람들은 죽음과 마주하게 될 때 언제나 타인과 강력한 유대감을 구축하려 들기 때문이다. 하지만 유대감은 아주 극소수 병사들하고만 이루어졌고, 그마저도 결코 1년 이상 지속될 수 없는, 그리고 대개 그보다 훨씬 짧은 기간 동안만 유지되는 덧없는 것이었다.

최초의 약물 전쟁

심리적 트라우마를 억제하고 지연시키기 위해 순환 복무 정책과 함께 사용된 주요 요소들 가운데는 강력한 약물의 사용도 들어 있다. 과거 전쟁에 참여했던 군인들은 종종 인사불성 상태가 될 때까지 술을 마셨고, 베트남도 예외는 아니었다. 하지만 베트남은 또한 전장 군인들의 힘을 강화하기 위해 현대 약리학의 힘을 빌린 최초의 전쟁이었다.

전선의 병사들에게 진정제와 페노티아진을 투약한 것은 베트남이 최초였다. 정신적 사상자가 된 군인들은 대개 전투 지대와 매우 근접한 곳에 위치한 정신과 보호시설에 들어가 의사들로부터 약물 처방을 받았다. 그들의 보호 아래 있던 군인들은 선뜻 '약'을 먹었고, 이 프로그램은 정신적 사상자의 후송이 급격히 줄게 된 주요 요인으로 홍보되었다.[5]

이와 마찬가지로, 많은 군인들은 자신들이 직면하고 있는 스트레스를 다스리고자 마리화나를 '자가 처방'했고, 정도는 덜했지만 아편과 헤로인을 복용하기도 했다. 처음에는 이 불법 약물의 광범위한 사용에 정신과적으로 부정적인 효과가 없을 것처럼 보였으나, 나중에 사람들은 이 약물이 합법적으로 처방된 진정제와 유사한 효과가 있다는 것을 알게 되었다.

합법이든 불법이든 이들 약물들은 1년 파견 근무 제도와 (그리고 살아남기 위해서는 12개월 동안 참아야 한다는 인식과) 결합되어 전투 스트레스 반응을 은폐하거나 지연시키는 결과만을 낳았다. 진정제는 심리적 스트레스를 유발하는 요인들을 완치하지 못한다. 진정제의 역할은 당뇨병에서 인슐린이 하는 역할과 같다. 증상은 치료하지만 질환은 그대로다.

약물은 특정 치료가 더 잘 듣게 하는 데 도움을 줄 수 있다. 치료를 할 수 있다면 말이다. 하지만 스트레스 요인들이 여전히 잔존해 있는 상황에서 약물이 주어질 경우, 오히려 약물은 효과적인 대처 기제가 발전하지 못하도록 저지하거나 대처 기제를 대체하여, 스트레스로 인한 만성적 트라우마를 증가시킬 뿐이다. 마치 총상을 입은 군인을 국소 마취한 다음 다시 전장으로 돌려보내는 것과 같은 비도덕적인 행위가 베트남 전쟁에서 저질러진 것이다.

결국 이 약물들은 아무리 좋게 봐도, 베트남 참전 용사들이 내면 깊이 억압하고 묻어 두었던 고통과 괴로움, 비탄, 죄책감과 언젠가 마주할 수밖에 없는 대면 시기를 늦추는 데 일조했을 뿐이다. 그리고 나쁘게 보면, 이 약물들은 군인이 겪은 트라우마의 고통을 실질적으로 증가시켰다.

죄책감을 씻어 내지 못한 참전 용사

부대 단위로 귀환하는 안정화 시기cooldown period는 일종의 집단 치료 효과를 낳는다. 하지만 베트남 참전 용사들은 그렇게 할 수 없었다. 이 또한 귀환하는 참전 용사의 정신 건강에 필수적인 부분이지만 미국의 베트남 참전 용사들에게는 이마저도 허용되지 않았다.

《스트로 자이언트Straw Giant》라는 탁월한 책을 쓴 아서 해들리Arthur Hadley는 군사 심리전 분야의 대가이자 20세기의 위대한 군사학자 가운데 한 명이다.[6] 해들리는 제2차 세계대전에서 군사심리전 사령관으로 복무한 후(그 공로를 인정받아 두 차례에 걸쳐 은성 훈장을 수여받았다), 전 세계의 주요 전사 사회에 관한 심도 있는 연구를 수행했다. 이 연구에서 그는 모든 전사 사회와 부족, 국가는 귀환하는 군인들을 위해 정화 의례를 만들었고, 이 의례는 귀환하는 전사들뿐 아니라 사회 전체의 건강에 매우 중요한 것으로 보인다고 결론지었다.

게이브리얼은 이러한 정화 의례의 역할에 대해 설명하면서 이것이 부재할 때 치르게 되는 대가를 강력하게 보여 준다.

사회는 전쟁이 사람을 바꾸어 놓으며, 귀환한 사람이 예전과 같을 수 없음을 늘 인식해 왔다. 때때로 원시 사회에서 군인들이 공동체로 다시 합류하기 전에 그들에게 정화 의례를 수행하도록 요구한 이유도 바로 여기에 있다. 이러한 의례들은 흔히 세신 혹은 다른 유형의 의식적인 정화 행위를 수

반했다. 심리적으로 이러한 의례들은 전쟁 이후 반드시 따라오는 스트레스와 끔찍한 죄책감에서 벗어나는 방법을 군인들에게 제공했다. 또한 이는 전사들이 자신의 심신이 쇠약해졌다거나 비난받을 위험에 노출되어 있다는 생각을 갖게 하지 않으면서 자신의 공포감을 떨치고 덜어 낼 수 있게 해주는 기제를 제공함으로써 죄책감을 다루는 방식이기도 했다. 마지막으로, 이것은 그가 행한 일이 옳았으며, 그가 지킨 공동체가 그에게 깊이 감사하며, 그리고 무엇보다 온전하고 정상적인 사람들로 구성된 그의 공동체가 그의 귀환을 환영함을 군인에게 말해 주는 방식이었다.

현대의 군대도 유사한 정화 기제를 가지고 있다. 제2차 세계대전에서 군인들은 집으로 돌아가면서 수송선에서 함께 며칠을 보내는 경우가 많았다. 전사들은 그들끼리 서로 감정들을 풀어 내고, 잃어버린 동료에 대한 슬픔을 표현하고, 서로에게 두려움을 말하고, 그리고 무엇보다 동료 군인들로부터 격려를 받았다. 그들은 다른 사람들에게 자신의 이야기를 들려줌으로써 자신의 정신을 온전히 지킬 수 있었다. 일단 고향에 돌아오면 군인들은 퍼레이드나 다른 사회적 찬사의 형태로 영예를 누렸다. 군인들의 부모나 아내는 군인들을 자랑스러워했고, 그들의 경험을 아이들과 친척들에게 이야기하면서 공동체의 존경을 받았다. 이는 모두 과거의 의례와 같은 정화의 목적을 지녔다.

군인들에게 이러한 의례가 주어지지 않을 때는 정서적 고통이 찾아올 수 있다. 그들은 죄책감을 제거하거나 그들이 행한 일이 옳았다는 확신을 받지 못한 채 감정을 안으로 삭이게 된다. 베트남 전쟁에서 돌아온 군인들은 이러한 방임의 피해자들이었다. 동료들과 서로 털어놓을 수 있는 긴 수송선 여행도 그들에게는 없었다. 대신, 파견 근무를 마친 군인들은 적군과 마지막 전투를 치른 지 며칠 만에, 때로는 몇 시간 내에 '다시 세상 속으로' 들어가도록 집으로 보내졌다. 그들을 만나 그들의 경험을 들어 줄 동료 군인들도 없었다. 그들 자신이 옳다는 것을 확신시켜 줄 이가 아무도 없었다.

베트남 전쟁 이후, 귀환하는 군대는 이 절대적인 교훈을 받아들였다. 포클랜드에서 귀환하는 영국군 부대는 비행기로 돌아올 수 있었지만, 그렇게 하는 대신 해군과 함께하는 남대서양 항해를 선택했다. 항해는 길고 지루했지만 병사들의 정신은 치유의 기회를 얻을 수 있었다.

이와 유사하게, 이스라엘은 국제 사회의 비난을 받은 1982년 레바논 침공에서 귀환한 군인들에게 안정화 시기가 필요하다는 것을 인식했다. 그들은 미국에서 베트남 전쟁과 그 도덕적 쟁점을 결론지으려 할 때 소위 "침묵의 공모"라고 불리는 것이 일어났음에 주목했다. 이 문제와 더불어 심리적 부담을 덜어 줄 필요성을 인식한 이스라엘은 "이스라엘판 베트남"에 참전했던 자들의 정신적 복지를 위해서 가급적 타당한 행동을 했다. 셜리트에 따르면, 철수하는 이스라엘 군인들은 부대 단위로 모였고 수개월 만에 처음으로 그 안에서 긴장을 풀 수 있었다. 그 안에서 그들은 군사 행동과 전략의 실패에서부터 불필요했던 인명 손실과 완전한 실패감에 관한 감정, 질문, 의심, 비판 등 모든 쟁점을 쏟아 내는 길고긴 과정을 거쳤다.

그리고 그라나다, 파나마, 이라크에 배치된 미군 부대는 부대 안에서 이 모든 갈등을 해결했다. 이런 부대들이 전투 지대에서 떠난 뒤에도 안정을 지속한다는 것은, 구체적이고 심리적으로 중요한 작전 후 브리핑과 사후 검토가 본국 기지에서도 실시될 수 있다는 것을 확신시켜 주었다.

패배한 참전 용사

목적의 정당성과 행위의 필요성에 대한 베트남 참전 용사의 신념은 계속 도전받다가 1975년 북베트남이 남베트남을 붕괴시켰을 때 결국 파산하고 말았다. 제1차 세계대전에서도 이러한 트라우마의 어두운 전조가 나타났다. 제1차 세계대전은 적군의 무조건적 항복 없이 끝났으며, 많은 참전 용사들은 전쟁이 진정한 의미에서는 끝난 것이 아님을 쓰라리게 느꼈다.

소비에트 연방이 붕괴하고 냉전이 종식된 지금, 베트남 전쟁의 손실이 발지 전투의 손실보다 심하지는 않다는 주장은 일견 타당할 수도 있다. 한동안 밀려 있기는 했지만, 궁극적으로 전쟁에서 이겼으니 말이다. 하지만 오늘날 이러한 주장은 베트남 참전 용사들에게 위안이 되지 못한다. 베트남 참전 용사들에게는 플랜더스 필드의 행진도, 노르망디 상륙작전 재현 행사도, 인천 상륙작전 기념일도, 미국의 피와 땀과 눈물 덕택에 평화와 번영을 누렸던 국가들의 감사와 축하도 없다. 너무나 오랜 시간 동안, 베트남 참전 용사들은 그들이 고통스럽게 싸워 지키고자 했던 국가의 패배와 죽음의 위협을 무릅쓰고 대항할 만큼 악하고 해롭다고 생각했던 정권의 승리에 대해서만 알았다.

궁극적으로 그들은 자신들이 취한 행위의 정당성을 인정받았다. 그들이 하나의 도구로 활용된 봉쇄 정책은 성공적이었다. 이제 러시아인들도 마지못해 공산주의의 악한 측면을 인정한다. 수십만 명에 이르는 보트 피플이 북베트남 정권의 비참한 본질을 증명하고 있다. 이제 냉전은 승리로 끝났다. 그리고 어떤 관점에서 보면 미군은 필리핀과 발지 전투에서 패배한 것이 아니었듯이 베트남에서도 패배한 것이 아니다. 그들은 전투에서는 졌지만 전쟁에서는 이겼다. 그리고 그 전쟁은 싸울 가치가 있었다. 우리는 이제 베트남을 그러한 관점에서 볼 수 있고, 나는 그 관점에 진실과 치유가 담겨 있다고 믿는다. 그러나 대부분의 베트남 참전 용사들에게 이 '승리'는 20년이나 뒤늦게 찾아왔다.

환영받지 못한 참전 용사들과 애도 받지 못한 죽음

군인들에게 자신들이 대중의 인정과 확신을 받았다는 느낌을 주는 두 가지 원천은 전투에서 돌아오는 군인들을 환영하기 위해 전통적으로 행해지는 퍼레이드와 죽은 동료들을 추념하고 애도하는 기념식과 기념비다. 바르 미츠바bar mitzvah*와 견진성사, 졸업식, 결혼식 등이 일반인들에게 인생의 중대한 시기에 치러야 할 필수적인 통과 의례이듯이, 퍼레이드는 귀환하는 군인들에게 없어서는 안 될 통과 의례다. 기념식과 기념비는 사랑하는 사람이 죽었을 때 치르는 장례식과 비석과 같은 의미를 지닌다. 그러나 사회가 훈련시키고 명령한 대로 행했던 베트남 참전 용사들을 맞이한 것은 퍼레이드나 기념식이 아니라 군인들의 매우 중요한 부분인 군복과 훈장을 착용하는 일조차 수치스러울 만큼 적대적인 환경이었다.

20년이나 늦게 세워진 베트남 참전 용사 기념비도 그동안 참전 용사들이 너무도 오랜 세월 동안 견뎌야 했던 불명예와 오해의 시선을 받아야 했다. 처음에 그 기념비에는 기념비의 전통적인 부속물이던 깃발이나 동상을 세울 계획이 없었다. 미국의 가장 긴 전쟁을 기리는 이 기념비는 그저 쓰러진 자들의 이름이 새겨진 "수치심의 검은 상처"가 되고 말 뻔

---

* 유대교의 13세 남자 성인식.

했다. 길고 힘든 싸움을 벌인 끝에 참전 용사 집단은 기념비에 동상과 성조기가 달린 깃대를 달 수 있었다.

베트남 참전 용사들은 그들에게 아주 큰 의미를 지녔던 깃발조차 기념비에 마음대로 달지 못했고, 그 깃발을 달 권리를 쟁취하기 위해 싸워야 했다.

전후 20년이나 지나고서 '벽the wall*' 앞에서 흐느꼈던, 그리고 귀환 퍼레이드에서 눈물로 범벅이 된 얼굴로 행진했던 수천의 참전 용사들은 대부분의 미국인들이 존재하는지조차 몰랐던 진심 어린 슬픔과 진정한 고통을 보여 주었다. 그러나 무엇보다도, 그것은 화해와 치유를 상징했다.

이 화해를 일축하고 "필요한 것은 미국 재향군인회에서 받으면 된다"고 하는 참전 용사들은 자신을 가둔 껍질 속에 가장 깊이 고립되어 있던 자들일 수 있다. 외상후 스트레스 장애를 관찰하면서 볼 수 있겠지만 그 대가는 상당하다. 하지만 그들은 껍질 속에 남아 있을 권리가 있기도 하며, 그들을 그 안에 가둔 사회는 그들로부터 화해나 용서를 받을 권리가 없을지 모른다.

고독한 참전 용사

베트남 참전 용사들은 과거 다른 미국 전쟁에 가담했던 참전 용사들과는 확연히 다른 경험을 했다. 파견 근무를 마치고 나면 베트남 참전 용사들은 대개 부대와 동료로부터 철저히 단절되었다. 참전 용사들은 여전히 전투 중인 동료들에게 편지를 쓰는 일이 거의 없었다. 그리고 베트

---

* 베트남 참전 용사 기념비의 별칭.

남 전쟁 종전 후 10년 넘게 두 명 이상의 참전 용사가 함께 만나는 일은 더더욱 없었다. (이는 제2차 세계대전 참전 용사들이 전쟁 후에도 계속해서 만나는 것과는 확연히 대비되는 일이었다.) 《외상 후 스트레스 장애: 임상가를 위한 핸드북PTSD: A Handbook for Clinicians》에서 베트남 참전 용사 짐 굿윈Jim Goodwin은 "베트남의 알 수 없는 운명 속에 동료를 남겨 두었다는 죄책감은 너무나 강렬해서, 많은 참전 용사들은 남겨진 자들에게 무슨 일이 일어났는지 알아보는 일조차 두려워했다"고 가정한다. (나는 그의 가정이 정확하다고 생각한다.) 전후 20년이 지난 지금에 와서야 베트남 참전 용사들은 이러한 생존자 죄책감survivor guilt을 극복하고 참전용사협회와 연합회를 구성하기 시작했다.

베트남 참전 용사들에게, 전후의 시간은 길고 고독한 것이었다. 그러나 그들의 명예를 기리는 베트남 참전 용사 기념식과 기념일 퍼레이드는 그들을 고무시키고 정화했고, 마침내 그들은 오래도록 헤어졌던 형제들과 결합하고 서로의 귀환을 환영하기 위한 힘과 용기를 찾아가기 시작하고 있다.

비난받은 참전 용사

오른팔을 잃고서 베트남에서 돌아오던 중에 두어 사람이 말을 걸었다. ……그들은 이렇게 물었다. "팔은 어디서 잃었죠? 베트남?" 나는 "그렇다"고 대답했다. 그들의 반응은 이랬다. "그래요. 당해도 싸군요."

— 제임스 W. 워겐바크, 밥 그린의 《귀향》에서 인용

퍼레이드와 기념식보다 더 중요한 것은 귀환하는 참전 용사들을 대하

는 일상의 기본 태도다. 모란 경은 귀환하는 참전 용사들에 대한 공적 지지는 군인들의 심리적 건강에 매우 중요한 요인이라고 생각했다. 그는 제1차 세계대전과 제2차 세계대전의 군인들이 원하는 만큼 그들을 지지해 주지 못했던 영국은 많은 심리적 문제를 일으켰다고 믿었다.

모란 경은 제1, 2차 세계대전 이후의 영국에서조차 배려와 수용이 부족해 참전 용사들의 심리적 복지에 심각한 악영향을 미쳤다는 점을 알아 냈는데, 영국보다 훨씬 적대적인 환경에 돌아온 베트남 참전 용사들이 받은 악영향은 얼마나 컸을까?

리처드 게이브리얼은 그 경험을 이렇게 설명한다.

군복을 입은 베트남 참전 용사가 고향에 가면 사람들은 곧 그를 사나운 눈초리로 쏘아보며 비난해 댔다. 그는 잘 싸웠다는 말을 듣지 못했다. 또한 그는 조국과 동료 시민들이 자신에게 하라고 요구했던 것을 자신은 행동으로 옮겼을 뿐이라는 점도 확인받지 못했다. 확인을 받기는커녕 흔히 영아 살해범, 살인자라는 비난만을 들어야 했다. 그리하여 그 또한 자신이 했던 일들에 대해 의문을 품게 되었고, 결국 자신의 정신이 과연 온전한지에 대해서도 확신하지 못하게 되었다. 그 결과 최소 50만 명에서 최대 150만 명에 이르는 베트남 참전 용사들이 외상후 스트레스 장애라고 불리는 일종의 정신적 쇠약증으로 고통받게 되었다. 국민들은 이러한 질환이 베트남 전쟁에 보내진 모든 군인과 연관이 있다고 인식하게 되었다.

이러한 일들이 벌어진 결과, 게이브리얼은 베트남 전쟁에서 미국 역사상 그 어떤 전쟁보다 많은 정신적 사상자가 발생했다고 결론짓는다.

수많은 심리학 연구는 전투에서 귀환하는 참전 용사들에 대한 사회적 지지 체계의 존재, 혹은 그 부재가 참전 용사들의 심리적 건강에 핵심적인 요인임을 알아냈다. 정신과 의사, 군 심리학자, 베트남 재향군인회의 정신건강 전문가, 사회학자들이 수행한 대규모 연구에 의해 전쟁 이후 사회가 보내는 지지는 전투의 강도 자체보다 더 중요한 요인이라는 사실이 드러났다.[7] 베트남 전쟁이 관심을 받지 못하게 되자, 그 전쟁에서 싸웠던 군인들은 집으로 돌아오기도 전에 심리적 대가를 치르기 시작했다.

군인이 스스로 고립되었다고 느낄 때, 정신적 사상자의 수는 급격히 증가한다. 가정과 사회로부터의 심리적, 사회적 고립은 미국에서 일어난 반전 정서가 낳은 결과들 중 하나였다. 게이브리얼처럼 여러 저자들이 지적하고 있듯이, 이들이 고립 상태에 빠져 있음을 보여 주는 현상들 가운데 하나는 절교를 알리는 편지의 증가였다. 베트남 전쟁에 대한 미국인들의 관심은 점점 사그라졌고, 이에 따라 고국의 여자친구, 약혼녀, 심지어 부인들이 그들만을 의지하던 군인을 차 버리는 일이 점점 흔해졌다. 이들이 보내 주는 편지는 그들이 싸워 지키고 있다고 믿었던 상식과 품위의 탯줄과 같은 것이었다. 그러한 편지들이 다른 심리적, 사회적 고립 형식들과 함께 크게 증가한 것은 아마도 이 전쟁의 막바지에 정신적 사상자가 급증했던 현상과 무관치 않을 것이다. 게이브리얼에 따르면, 전쟁 초기에는 정신 건강 상태를 이유로 한 후송은 전체 의료 후송의 6퍼센트에 불과했지만 1971년 무렵에는 이 수치가 50퍼센트까지 치솟았다. 이러한 정신적 사상자 비율은 국내 전쟁 지지율과 비슷한 수준이었다. 따라서 정신적 사상자의 수는 대중의 반감에 영향을 받을 수 있다는 주장이 성립할 수 있다.

엄청난 수모가 귀향하는 군인들을 기다리고 있었다. 사람들은 참전 용사들에게 모욕적인 언사를 퍼부으며 폭행을 마다하지 않았고, 심지어 침을 뱉기도 했다. 여기서 무엇보다 돌아온 군인들에게 침을 뱉는 현상에 주목해 볼 필요가 있다. 많은 미국인들은 그러한 사건이 일어났다고 믿지 (혹은 믿으려 하지) 않는다. 칼럼니스트 밥 그린Bob Green도 이러한 사건이 아마도 실제로는 일어나지 않았을 거라고 믿었던 사람들 중 하나였다. 그린은 칼럼을 통해 이러한 사건을 실제로 경험한 사람은 글을 써서 보내 달라고 했다. 그는 수천 통이 넘는 답장을 받았고, 이는 그의 책 《귀향》에 수록되어 있다.

더글러스 데트머의 사례는 전형적인 경우다.

나는 샌프란시스코 공항에 앉아 있었다. 내게 침을 뱉은 자는 내 뒤쪽 왼편에서 달려와 침을 뱉고는 얼굴을 돌려 나를 바라보았다. 내 왼쪽 어깨와 왼편 가슴 주머니 위에 달린 훈장들 위로 침이 튀었다. 그러고 나서 그는 내게 "염병할 살인마"라고 소리쳤다. 나는 큰 충격을 받고는 그저 그를 노려보기만 했다……

수개월 동안 전쟁을 하고 돌아온 참전 용사들이 이러한 행위에 폭력으로 대응하지 않았다는 사실은 그들이 어떠한 정서 상태에 처해 있었는지를 잘 보여 준다. 그들은 마침내 살아 돌아왔다는 데 기뻐하고 있었다. 많은 이들은 수일에 걸친 여행으로 지쳐 있었다. 수개월 동안 밀림 속에서 전투를 벌이느라 전쟁 신경증과 탈수증을 앓아 쇠약해진 상태였고, 수개월 간 외국 땅에서 문화 충격도 입었다. 게다가 이들은 "군복의 명예를 훼손할" 그 어떤 행위도 해서는 안 된다는 명령을 받은 상태였고, 다음 비행 편을 놓칠까 봐 걱정하고 있었다. 이들이 쉽게 상처받는다는 사실을 경험적으로 터득한 반전 운동가들은 이처럼 외로이 홀로 귀환하는 참전 용사들을 찾아내 굴욕감을 안겨 주었다.

괴롭히는 자들의 비난 대상은 언제나 살해 행위였다. 살해 행위에 어떤 방식으로든 가담한 자들은 영아 살해범이나 살인자로 불렸다. 그들은 국가 대신 고통을 겪고 희생했는데, 그들이 돌아왔을 때 국가는 그들을 적대하고 비난했다. 이는 참전 용사들에게 깊은 충격과 두려움을 안겼다. 참전 용사들을 위한 유일한 공식 귀환 환영 행사는 기껏해야 누군가가 그린에게 보낸 편지에 썼듯이, "무관심에 가까운 중립"이었고, 심하면 공개적인 적대감 표출과 침 세례였다.

살해 행위에 가담하거나 공모했던 사람들 가운데 심리적으로 약간이라도 건강한 자들은 모두 자신의 행위가 잘못된 나쁜 행위라고 생각했으며 자기 행위를 합리화하고 받아들이기 위해 수년을 보내야 했다. 그린에게 편지를 썼던 많은 참전 용사들은 편지를 통해 이 사건에 대해 누군가에게 처음 말하게 되었다고 진술했다. 귀환한 참전 용사들은 수치스럽게 침묵하면서 동료 시민들의 비난을 받아들였다. 그들은 궁극적인 금기를 깨뜨렸다. 그들은 살해를 했고, 어느 정도까지는 침을 맞거나 처벌을 받아 마땅하다고 느꼈다. 공개적으로 모욕이나 굴욕을 당했을 때, 이들의 트라우마는 증폭되었고 이러한 사건을 무력하게 받아들임으로써 트라우마는 강화되었다. 이러한 행위를 받아들임과 함께 그들의 가장 깊은 두려움과 죄책감도 확증되었다.

외상후 스트레스 장애를 보이는 베트남 참전 용사들(그리고 외상후 스트레스 장애 증상을 보이지 않는 많은 사람들)의 합리화와 수용 과정은 실패하여 부인으로 대체된 것으로 보인다. 과거의 전쟁들에서 싸웠던 참전 용사에게 "전쟁 때문에 괴로웠나요?"라고 물으면, 전형적으로 나오는 답변은 어느 제2차 세계대전 참전 용사가 해비거스트Havighurst에게 건넨

답변과 비슷할 것이다. "당연합니다. ……전쟁의 영향을 받지 않은 채 전쟁에서 살아남을 수는 없습니다." 하지만 베트남 전쟁에서는 얘기가 달랐다. 자신을 영아살해범이자 살인자라고 비난했던 국가를 향해 베트남 참전 용사는 방어적으로 응답했다. "아니오. 전쟁은 나를 진정으로 괴롭히지는 않았소. ……다 적응하기 마련이오." 만텔도 이런 대답을 들었고, 나 역시 이런 대답을 수없이 들었다. 이렇듯 방어적인 정서 억압과 부인은 외상후 스트레스 장애의 주요 원인 중 하나로 알려져 있다.

수없는 공격의 고통

과거 전쟁에서도 미국의 참전 용사들은 이 모든 요인들을 한두 번씩은 대면했었지만, 미 역사상 귀환하는 전사 집단에게 이토록 한꺼번에 강렬한 심리적 공격이 가해진 적은 없었다. 남북 전쟁 당시의 남부동맹군은 전쟁에서 졌지만, 보통 귀환 길에 국민들로부터 따뜻한 환영과 지지를 받았다. 한국 전쟁 참전 용사들은 기념식을 치르지 못했고 귀환 퍼레이드도 몇 번에 지나지 않았지만, 그들은 게릴라가 아니라 정식 군대의 침공에 맞서 싸웠고, 그들이 싸워 준 덕택에 자유롭고 번영하며 건강한 나라가 된 대한민국은 그들의 희생에 감사했다. 아무도 돌아온 그들에게 침을 뱉지 않았고 살인자나 영아살해자라고 부르지도 않았다. 베트남 참전 용사들만이 미국인이 합의하고 조직한 심리적 공격을 견뎌야 했다. 더글러스 데트머는 이러한 공격의 조직력과 깊이를 놀랍도록 잘 드러내고 있다.

전쟁을 반대하는 사람들은 전쟁 수행 노력을 무력화하기 위해 가용한 모든 수단을 활용했다. 이러한 수단 중에는 전쟁의 여러 전통적 상징들을 빼앗아 그것이 그들 자신의 것이라고 주장하는 것도 있었다. 이들은 승리를 표시하는 두 손가락의 브이V 표시를 평화의 상징이라고 주장했다. 전몰장병 추모일에 비추는 헤드라이트는 종전을 바라는 메시지로 둔갑했다. 낡은 군복은 군복무의 자랑스러운 상징이 아니라 반전운동가의 옷차림으로 애용되었다. 용맹스러운 적법한 공적은 살인을 저지른 범죄 행위로 격하되었고, 귀환 퍼레이드는 내가 경험한 그것으로 대체되었다.

미 역사상, 아니 아마도 전 서구 문명사상, 이만큼 자국민으로부터 수없이 공격당하는 고통을 겪은 군대는 절대로 없을 것이다. 그리고 오늘날 우리는 그 공격의 대가를 거두어들이고 있다.

3

외상후 스트레스 장애와
베트남에서 살해한 대가

베트남의 유산: 외상후 스트레스 장애

캣스킬 산 위의 오래된 호텔에서 열린 뉴욕시 유대인 재향군인회의 리더십 강연에 앞서, 보르스치 스프 한 그릇을 두고 나는 외상후 스트레스 장애의 의미를 알고 있는 클레어를 만났다. 그녀는 제2차 세계대전 당시 미얀마에서 간호사로 일했고 그 누구보다 고통받는 인간을 많이 봐 왔다. 그것이 그녀를 괴롭혔던 적은 없었으나, 걸프전이 시작될 무렵 그녀는 악몽을 꾸기 시작했다. 찢겨지고 난도질당한 시신이 끝없이 나오는 악몽이었다. 그녀는 외상후 스트레스 장애로 고통받고 있었다. 경미한 수준이었지만, 틀림없는 외상후 스트레스 장애였다.

뉴욕에서 다른 발표가 끝나고, 한 참전 용사의 아내가 자기와 자기 남편과 함께 대화를 나눠 주기를 요청했다. 그는 미국에서 두 번째로 높은 무공훈장인 수훈 십자 훈장을 안치오에서 받았고, 제2차 세계대전에서도 계속 싸웠다. 5년 전 그는 퇴역하여, 이제 그가 하는 일이라고는 집에서 전쟁 영화를 보는 것 말고는 아무것도 없었다. 그는 자신이 겁쟁이라는 생각에 사로잡혀 있었다. 그는 외상후 스트레스 장애로 고통받고 있었다.

외상후 스트레스 장애는 늘 우리 곁에 있었지만, 긴 잠복 기간과 산만한 형태의 발병 때문에 마치 섹스와 임신 사이의 연결고리를 이해하지 못했던 고대 켈트족처럼 우리는 이 장애의 원인과 결과 사이를 알지 못했다.

외상후 스트레스 장애란 무엇인가?

베트남 참전 용사들에게 베트남 전쟁이라는 악몽은 아직도 끝나지 않았다. 미국의 가장 긴 전쟁이 되었던 대실패를 망각하려는 성급함 속에서, 미국은 희생양을 만들어 낼 필요가 있다는 것을 알게 되었고, 베트남 참전 용사들의 어깨 위에 비난이라는 무거운 짐을 얹어놓았다. 그 짐은 참전 용사들이 감당하기에는 너무나 무거웠다. 자신들을 전장으로 내보낸 국가로부터 거부당한 참전 용사들은 죄책감과 분노로 괴로워했고, 이는 과거 전쟁의 참전 용사들에게는 알려지지 않은 정체성의 위기를 만들어 냈다.

— D. 앤드레이드

미국정신의학회의 《정신 장애 진단 및 통계 편람》은 외상후 스트레스 장애를 "일반적인 경험의 범주를 넘어서는 심리적으로 충격적인 사건에 대한 반응"이라고 설명하고 있다. 외상후 스트레스 장애의 발현에는 경험과 관련된 반복적이고 침투적인 꿈과 회상, 정서적 둔화, 사회적 고립, 친밀한 관계를 시작하고 유지하지 못하는 어려움과 망설임, 그리고 수면 장애가 포함된다. 이러한 증상은 민간 생활에 적응하는 데 심각한 곤란을 가져올 수 있으며, 알코올 중독, 이혼, 실직 등의 결과를 초래할 수 있다. 증상은 트라우마 이후 수개월에서 수년까지 지속되며, 때로는 그 발생이 지연되기도 한다.

외상후 스트레스 장애로 고통받는 베트남 참전 용사 수의 추정치는 미국 장애인 참전용사협회에 따르면 50만 명, 1980년 해리스 앤 어소시에이츠에 따르면 150만 명이며, 이는 베트남에서 복무한 280만 명의 병사들 중 18퍼센트에서 54퍼센트에 해당된다.

외상후 스트레스 장애와 살해는 어떤 관련이 있는가?

군인들에게 싸워 달라고 요청할 때, 사회는 그들의 행동에 어떤 결과가 뒤따를지 알아야 한다.

— 리처드 홈스, 《전쟁 행위》

1988년, 컬럼비아 대학의 진 스텔먼Jeanne Stellman과 스티븐 스텔먼 Steven Stellman의 연구는 외상후 스트레스 장애의 발현과 살해 과정에 가담하는 군인과의 관계를 탐구했다. 무작위로 선발된 6,810명의 참전 용사들을 대상으로 한 이 연구는 전투 수준을 계량화하여 측정한 최초의 연구다. 두 연구자는 외상후 스트레스 장애 피해자들의 대부분은 아주 격렬한 전투 상황에 참여한 참전 용사들이었음을 밝혀냈다. 이들 참전 용사들은 심각한 이혼, 결혼 문제, 진정제 사용, 알코올 중독, 실직, 심장 질환, 고혈압, 궤양으로 고통받았다. 베트남에서 전투 상황이 아닌 곳에서 복무했던 군인들의 외상후 스트레스 장애 증상 수준은 전체 복무 기

외상후 스트레스 장애 원인과 관련된 트라우마 수준과 사회적 지지 수준의 관계

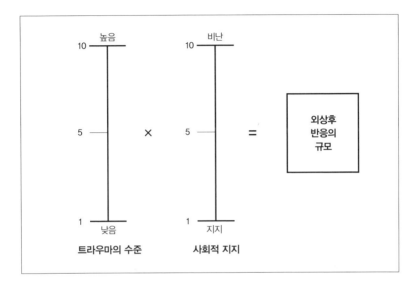

간을 미국에서 보냈던 사람들의 증상 수준과 통계적으로 구분되지 않는 것으로 밝혀졌다.

베트남 시대 동안 수백만 명의 미국 청소년들은 그들이 매우 강력한 거부감을 가진 행위에 가담하도록 조건 형성되었다. 이러한 조건 형성은 사회가 이들을 배치한 환경에서 군인이 성공하고 생존하는 데 필수적인 부분이다. 전쟁의 승리와 국가의 존립은 전투에서 적군을 죽이는 것을 필요로 할 수 있다. 군대가 필요하다는 사실을 받아들인다면, 우리는 할 수 있는 한 군대가 살아남을 수 있도록 해야 한다는 점도 받아들여야 한다. 하지만 사회가 군인으로 하여금 살해에 대한 거부감을 극복하도록 만든 다음 그를 살해를 저지를 수 있는 환경에 놓아두었다면, 그때 사회는 심리적 사건과 그것이 군인과 사회에 미치는 파급 효과를 솔직히 인정하고 도덕적으로 올바른 방향으로 현명하게 대처할 의무가 있다. 하지만 이러한 과정과 관련 함의들에 대한 무지로 인해, 미국 사회는 베트남 참전 용사들에게 그 의무를 다하지 않았다.

외상후 스트레스 장애와 살해하지 않은 자: 그들은 살인의 공범인가?

내가 어떤 주州의 베트남 참전용사연합회 임원들에게 이 책의 핵심 가설을 발표하고 난 뒤에, 참전 용사들 가운데 한 명이 내게 이렇게 말했다. "당신의 전제[살해 트라우마가 조건 형성으로 인해 생길 수 있고, 사회로 '귀환'하면서 증폭된다는 전제]는 살해한 사람들뿐 아니라 살해를 지원한 자들에게도 해당됩니다."

데이브라는 이름을 가진 이 변호사는 그 주의 올해의 참전 용사였고, 조직 내에서 정력적인 리더로 활동하며 할 말은 할 줄 아는 자였다. 그는 그 이유를 이렇게 설명했다. "군수품을 배달했던 트럭 운전병은 사체들도 운반했습니다. 베트남에서 방아쇠를 당긴 자와 그를 도왔던 자를 명확히 나눌 방법은 없습니다."

다른 참전 용사 한 명이 거의 속삭이듯이 말했다. "그리고 사회도 사람을 구분해 가며 침을 뱉지는 않았지요."

데이브는 말을 이었다. "누군가가 이 방에 들어와 우리 가운데 한 명을 공격한다면 그것은 우리 모두를 공격한 것이나 다를 바 없습니다. ……사회와 이 나라는 우리 모두를 공격했습니다."

그의 논점은 타당하다. 그 방에 있던 모든 사람들은 데이브가 베트남의 비전투 상황의 참전 용사에 대해 말하고 있는 것이 아님을 알고 있었다. 진 스텔먼과 스티븐 스텔먼에 의하면, 비전투 상황에 있던 이들 참전 용사들은 미국에서 전 복무 기간을 보냈던 사람들과 외상후 스트레스 장애 증상에서 통계적으로 유사한 수준을 보였다.

데이브는 아주 격렬한 전투 상황에 참여했던 참전 용사들에 대해 말하고 있었다. 그들은 살해를 하지는 않았을지 모르지만 살해가 이루어지는 전장의 한복판에 있었고, 자신들이 전쟁에 기여하여 일어난 결과들에 빠짐없이 직면했다.

여러 연구를 통해서 두 가지 요인이 외상후 반응의 규모에 핵심적인 요인으로 작용한다는 사실이 드러났다. 명백하게 드러나는 첫 번째 요인은 초기 트라우마의 강도다. 명백하게 드러나지는 않지만 아주 핵심적으로 작용하는 두 번째 요인은 트라우마를 입은 개인이 이용할 수 있는 사회적 지지 체계의 본질이다. 강간 사건 재판의 경우, 우리는 법정에서 피해자를 비난하는 방어 전략이 피해자에게 얼마나 큰 트라우마를 유발하는지를 이해하기 시작했고 피고 측 변호사가 피해자를 공격하지 못하도록 예방하고 억제하는 법적 조처를 취해 왔다. 전투에서, 트라우마의 본질과 사회적 지지 체계의 본질 사이에 놓여 있는 관계는 이와 똑같다.

제2차 세계대전 참전 용사의 외상후 스트레스 장애

트라우마의 수준과 사회적 지지의 수준은 일종의 곱셈 관계 속에서 서로를 증폭시키는 작용을 한다. 이를테면, 두 명의 제2차 세계대전 참전 용사를 가정해 보자. 한 명은 대규모로 벌어진 전투에 참전하여 근거리에서 적군들을 죽이기도 하고 근거리에서 적군의 소화기에 공격당한 전우가 자신의 품 안에서 죽어가는 것도 보았던 스물세 살의 보병이다. 그가 견뎌 낸 트라우마는 아마도 트라우마 수준 척도에서 아마도 가장 높은 지점에 자리하고 있을 것이다.

다른 또 한 명의 제2차 세계대전 참전 용사는 자신에게 주어진 임무를 훌륭하게 수행하기는 했지만 실제로 전선까지 나아간 적은 한 번도 없는 스물다섯 살의 트럭 운전병(포병대원, 전투기 정비사, 혹은 해군 군수 지원함의 갑판병으로 바꿔도 무방하다)이다. 그는 가끔 포탄(또는 폭탄이나 어뢰)이 날아오는 지역에 있기도 했지만 누군가를 쏴야 하는 상황에 처해 본 적도 없고, 적군의 총이 그를 겨눈 적도 없었다. 그러나 포탄(또는 폭탄이나 어뢰)에 아는 사람이 맞아 죽은 적이 있었고, 진격하는 연합군을 따라 이동하면서 끊임없는 죽음과 학살의 잔재를 보았다. 그의 트라우마는 아마도 트라우마 수준 척도에서 아주 낮은 지점에 자리하고 있을 것이다.

전쟁이 끝나고 귀향할 때, 이들 제2차 세계대전 참전 용사들은 전장에서 생사고락을 같이한 전우들과 함께 부대 단위로 돌아갔다. 조국으로 돌아가는 몇 주에 걸친 항해 중에 이들은 배 위에서 농담을 주고받으며 웃고 떠들고 카드놀이를 하며 자신들이 겪은 놀라운 상황들을 때론 과장도 섞어 가며 대화를 나누었다. 긴 귀향 항로에서 이들의 마음은 한결 차분해지고 가벼워졌다. (심리학자라면 이들이 아주 우호적인 집단 치료 환경에 놓여 있었다고 말했을 것이다.) 이들은 자신이 했던 일에 대해 의구심을 갖기도 하고 미래에 대한 불안감도 느꼈지만, 이들에게는 함께 대화를 나누며 공감해 줄 집단이 있었다. 짐 굿윈은 자신의 책 속에서 어떻게 리조트 호텔이 징발되어 재배치 기지로 활용되었는지에 대해 설명한다. 참전 용사들은 생각할 수 있는 최선의 조건에서, 즉 여전히 동료 참전 용사들로 둘러싸여 있는 상황에서 아내들을 맞이해 2주 동안 지내면서 가족과 적응하는 기간을 가졌다. 굿윈은 또한 참전 용사들을 맞이하게 될 민간인들은 〈회색 양복을 입은 사나이The Man in the Gray Flannel Suit〉, 〈우리 생애 최고의 해The Best Years of Our Lives〉, 〈해병의 자부심Pride of the Marines〉 같은 영화들을 통해 귀환하는 참전 용사들을 돕고 이해할 준비가 되어 있었다고 말한다. 참전 용사들은 승리를 거두었고, 그들은 스스로에게 자부심을 느낄 만했으며, 그들의 국가는 그들을 자랑스러워하며 조국이 자신을 자랑스러워한다는 사실을 느끼게 해주었다.

앞서 언급한 우리의 보병은 색종이 테이프들이 휘날리는 뉴욕의 퍼레이드에 참여한 몇 안 되는 참전 용사들 가운데 한 명이었다. 모두들 자신이 진짜 바라는 것은 이 모든 "군대에 관한 헛소리들"을 잊어버리는 것이라고 투덜댔다. 하지만 그들은 수만 명의 환호하는 민간인들 앞에서 행진하던 때가 자기 인생에서 최고의 순간 중 하나였고, 오늘날까지도 그때를 생각하면 자부심으로 가슴이 부풀어 오르는 느낌이 든다는 것을 남몰래 인정했을 것이다.

우리의 트럭 운전병은 대다수 귀환 참전 용사들처럼 색종이 퍼레이드에는 참여하지 못했지만, 그는 참전 용사들이 존중받는 것을 보면 기분이 좋아진다고 말했을 것이다. 그리고 이듬해 종전 기념일에 그는 자기 고향에서 미국 재향군인회가 주최한 기념행사의 일환으로 열린 퍼레이드에 참가했다. 그에게 퍼레이드에게 참가할 것을 강요한 사람은 아무도 없었지만, 그는 퍼레이드에 참가했다. 다른 이유는 없었다. 단지 그러고 싶었기 때문이다. 그리고 그는 자신이 나고 자란 그곳에서 제1차 세계대전 참전 용사들이 매년 그래 왔듯이 계속해서 퍼레이드에 참가할 것이다.

우리의 참전 용사들은 일반적으로 제2차 세계대전 당시의 동료들과 연락을 주고받으며 지냈고, 공적인 모임이나 사적인 자리에서 옛 전우들과 만나 관계를 유지했다. 그리고 그것은 기분 좋은 일이었다. 하지만 참전 용사라는 사실에 정말로 더할 나위 없이 만족스러웠던 것은 어디에서나 당당한 태도를 취할 수 있고, 자신의 가족과 친구, 이웃, 국가가 자신을 존경하며 자랑스러워한다는 것을 알 수 있었기 때문이다. 제대군인원호법GI Bill이 통과되었고, 정치인이나 관료 혹은 국가 기관이 참전 용사들에게 그들이 마땅히 받아야 할 존중을 보이지 않을 경우, 미국 재향군인회와 해외참전용사회는 영향력과 투표로 이들이 똑바로 처신하도록 본때를 보여 줄 터였다.

사회적 지지 척도로 볼 때, 이 두 참전 용사에게 제공된 사회적 지지는 아주 우호적이었다고 볼 수 있다. 귀환하는 모든 제2차 세계대전 군인들이 이러한 지지를 받은 것은 아니고, 최선의 상황에서 전투에서 복귀하더라도 안락한 신분이 보장되어 있는 것도 아니었지만, 국가는 일반적으로 그들에게 되도록 최선을 다했다.

트라우마 수준 척도와 사회적 지지 척도가 곱셈 관계를 지닌다는 점을 기억하라. 이 두 요인은 서로를 증폭시킨다. 우리가 가정한 제2차 세계대전 참전 용사에게 있어서, 그것은 아주 강한 그의 트라우마 경험이 그를 맞이한 아주 우호적인 사회 구조에 의해 크게 (완전히는 아니겠지만) 완화되었다는 것을 의미한다. 또 트라우마를 일으킬 만한 일을 별로 겪지도 않았지만 사회로부터 아주 우호적인 대우를 받았던 트럭 운전병은 아마도 자신의 전투 경험을 잘 다룰 수 있을 것이다. 우리의 보병은 미국 재향군인회가 운영하는 바에 앉아 시름을 달랠지도 모르지만, 아마도 그는 대부분의 참전 용사들처럼 아주 건강한 삶을 영위해 나갈 것이다.

베트남 참전 용사의 외상후 스트레스 장애

이제 두 명의 베트남 참전 용사를 가정해 보자. 한 명은 열여덟 살의 보병이고, 또 한 명은 열아홉 살의 트럭운전병이다. 보병은 베트남 전쟁에 참전했던 다른 대부분의 군인들과 마찬가지로, 아는 사람이 전혀 없는 부대에 개별 보충병으로 전입한 후 전투 지대에 도착했다. 결국 그는 대규모 근접 전투에 가담했고, 적군 몇 명을 죽였다. 하지만 힘든 부분은 그들이 민간인 복장을 하고 있었다는 것, 그리고 빌어먹게도 그중 한 명이 기껏해야 열두 살밖에 안 되어 보이는 아이였다는 점이다. 그리고 총격전을 치르는 중에 가장 친한 친구가 자기 품 안에서 죽었다. 그가 견딘 트라우마는 분명히 척도에서 가장 높은 곳에 위치한다. 민간인 복장을 한 아이와 싸웠기 때문에, 그리고 후방도 없고, 한 번도 휴식을 취하거나 전투에서 멀어질 기회가 없었기 때문에, 아마도 그가 견딘 트라우마는 제2차 세계대전 참전 용사의 트라우마보다 더 컸을 것이다. 하지만 트라우마 척도의 꼭대기에 있다는 점에서, 둘 사이의 경중을 따진다는 것은 마치 검정색 가운데 어떤 것이 더 검어 보이는지를 따지듯이 별 의미가 없을 것이다.

트럭 운전병 또한 혼자 도착했다. 그가 맡은 임무는 제2차 세계대전의 트럭 운전병이 맡았던 임무와 다르지 않았지만, 그가 임무를 수행하는 환경은 바뀌었다. 그에게는 후방 지대가 없었고, 심지어 임무를 수행하지 않을 때조차 경계를 늦출 수가 없었다. 그리고 적의 매복 공격이나 지뢰 때문에 호송대는 지옥같이 긴 두려움을 겪었다. 마치 내내 발지 전투를 치르는 것과 같았다. 베이스캠프에 들어서는 호송대는 마치 바스토뉴의 한복판에 들어서는 것과 같았고, 그는 장갑판과 모래주머니로 트럭의 방어력을 높였다. 제2차 세계대전의 트럭 운전병이라면 절대로 상상하지 못했을 방식이었다. 다행히 그는 한 번도 누군가를 쏠 일이 없었지만, 가능성은 늘 있었기 때문에 항상 장전된 무기를 지니고 다녔고, 그를 향해 총알이 날아온 적도 여러 번 있었다. 이 베트남 시대의 트럭 운전병은 트라우마 척도가 낮다. 제2차 세계대전에 참전했던 운전병보다는 다소 높을 것이지만, 감당할 수 없을 정도는 아닐 것이다.

우리의 두 베트남 참전 용사는 전장에 도착했던 방식 그대로 떠났다. 혼자서 떠난 것이다. 그들은 살아 돌아간다는 기쁨과 동료를 두고 간다는 수치심이 섞인 복잡한 감정으로 떠났다. 그들은 돌아가 퍼레이드를 하는 대신 반전 행진을 발견했다. 그들은 호화로운 호텔 대신 보초를 세운 폐쇄적인 군 기지로 보내졌고 그곳에 며칠 머물지도 못하고 민간인 신분으로 돌아갔다. 참전 용사들과 그들의 투쟁, 민간인 생활로 다시 돌아가는 참전 용사들의 상처받기 쉬운 감정 상태를 다룬 영화들은 없었다. 대신 대중매체는 귀환하는 참전 용사들을 "타락한 악마"와 "사이코패스 살해자"라고 부르며 이들에 대한 적대감을 부추겼고, 아름답고 젊은 영화배우들은 국가를 비난하는 노래를 불렀다. 참전 용사들을 "영아 살해범, 살인마, 도살자"라고 부르는 그 노래의 가사들은 참전 용사들의 마음속에서 지워지지 않았다.

여자친구들은 절교를 선언하고, 생면부지의 사람들이 이들에게 침을 뱉고 욕설을 퍼부었다. 마침내 이들은 가까운 친구들에게조차 자신이 참전 용사임을 밝히기를 주저했다. 그들은 (유행에 뒤떨어진) 전몰장병 추모일 퍼레이드에도 모습을 드러내지 않았고, 해외참전용사회나 미국 재향군인회에 가입하지 않았으며, 옛 동료들과의 공적, 사적 모임에도 전혀 참여하지 않았다. 그들은 자신들이 한 일을 부인했고 자신들의 고통과 슬픔을 가슴속에 묻었다.

몇몇 베트남 참전 용사들에게는 자신들을 이러한 비난으로부터 보호해 주는 가족과 공동체가 있었지만, 대다수 참전 용사들은 텔레비전을 틀기만 해도 자신들이 공격받고 있다는 사실을 깨달았다. 평범하기 그지없는 베트남 참전 용사들조차 전례 없는 수준의 사회적 비난을 견뎌야 했다. 사회적 지지 척도에서, 두 참전 용사는 척도의 한쪽 끝인 "비난"에 자리해 있었다.

트라우마와 사회적 지지의 곱셈 관계를 기억하라. 트럭 운전병에게 있어서, 베트남에서 겪은 제한된 전투 트라우마와 이후에 견뎌야 했던 사회적 비난이 상호작용한 결과는 제2차 세계대전에서 근접 전투를 치른 참전 용사들이 경험한 것보다 더 큰 외상후 스트레스로 이어졌을 가능성이 아주 높다. 베트남에 보병으로 참전한 참전 용사가 경험한 전체 트라우마 규모는 측정이 불가능할 정도로 크다.

전투에서 발생하는 책임은 서로 주고받는 관계 속에서 희석된다. 명령을 내린 지휘관들과 탄약을 싣고 왔다가 시신들을 거두어 간 트럭 운전병들에게 책임의 일부를 나누면서, 살해자는 자신의 죄책감을 덜게 된다. 하지만 살해자의 줄어든 죄책감은 다른 사람들에게 전가되어, 그들은 살해자가 감당해야 하는 만큼 이러한 죄책감에 시달려야 한다. 이들 전투 살해의 '공범'들이 죄인으로 취급되며 비난받는다면, 이때 이들의 트라우마와 죄책감, 책임감은 증폭되어 그들의 영혼을 충격과 공포로 몰아넣을 것이다.

살해를 한 적이 없는 평범한 베트남 참전 용사는 죄책감으로 괴로워하며 사회의 비난에 시달리고 있다. 베트남 전쟁이 벌어지는 동안, 그리고 전쟁이 끝난 직후 우리 사회는 귀환하는 수백만 명의 참전 용사들을 살인자의 공범으로 판결하고 비난했다. 이들 공포에 질려 혼란에 빠진 많은 참전 용사들, 아니 대다수 참전 용사들은 어떤 식으로든 사회의 미디어가 주도한 이러한 인민재판식 유죄 판결을 정당한 판결로 받아들였으며, 자신들을 최악의 감옥이라 해도 무방할 마음의 감옥에 가두었다. 그 감옥의 이름은 외상후 스트레스 장애였다.

나는 이 사람들, 즉 우리의 '가설적인' 두 제2차 세계대전 참전 용사들과 두 베트남 전쟁 참전 용사들을 알고 있다. 그들은 절대 가설적인 인물들이 아니다. 그들은 실재한다. 그들의 고통은 진짜다. 군인들에게 자신을 위해 싸울 것을 요구하는 사회는 그 요구에 어떤 결과와 대가가 따를지 알아야 한다.

4

인내심의 한계와 베트남의 교훈

외상후 스트레스 장애와 베트남: 사회에 미치는 영향의 연쇄 작용

앞 장에서 사례로 든 베트남 참전 보병에게 있어서, 귀환한 그에 대한 비난은 전투 경험에서 비롯된 그의 공포를 증폭시켜 믿기지 않을 만큼 큰 공포를 야기했다. 역사적 인과관계가 워낙 특수하기 때문이기도 했지만, 서구 문명사에서 그렇게 많은 개인이 그러한 상황에 놓였던 적은 단 한 차례도 없었다.

이 책에서 내가 제시한 모델은 실제로 벌어진 일들을 거칠게 반영하고 있을 뿐이지만, 이후에 벌어진 사태를 설명하는 데 설득력을 갖는다.[8] 베트남 참전 용사들의 자살률과 노숙자 발생률, 이혼율, 약물 사용률 등에 관한 끔찍하고 비극적인 통계는 무언가 심각한 사태가 벌어졌었음을 증언하고 있다. 그 사태는 제2차 세계대전이나 다른 어떤 전쟁 이후에 일어난 일들과는 놀라울 정도로 달랐다. 국가는 이러한 사태에 직면한 적이 단 한 차례도 없었다.[9]

적군의 죽음과 반전운동가의 침 뱉는 행위는 사건들의 연쇄 작용과

인과관계를 통해 이후 미국의 여러 세대에 걸쳐 나타날 자살과 노숙, 정신병, 이혼의 양상에 영향을 미칠 것이다.

1978년 대통령 직속 정신건강위원회는 대략 280만 명의 미군이 동남아시아에서 복무했으며, 그중 거의 100만 명이 전투에 적극적으로 가담했거나 생명이 위협받는 적대적인 상황에 놓여 있었다고 밝혔다. 베트남 참전 용사들 가운데 15퍼센트에게서 외상후 스트레스 장애가 발생했다는 재향군인회의 보수적 통계를 받아들인다 해도, 미국에서 40만 명 이상이 외상후 스트레스 장애로 고통받고 있는 것이다. 또 다른 수치는 베트남 전쟁의 결과로 외상후 스트레스 장애를 앓고 있는 참전 용사들의 수를 150만 명 이상으로 보고 있다. 그 수가 얼마이든 간에, 수십 만 명에 이르는 베트남 참전 용사들이 외상후 스트레스 장애로 고통받고 있다는 것은 분명한 사실이다. 그리고 그들이 이혼하거나 별거할 확률은 일반인의 4배에 달하며(이혼하지 않은 사람들도 결혼 생활에 문제가 있을 가능성이 아주 높다), 그들은 미국 노숙 인구의 상당 부분을 차지하고 있다. 그리고 해를 거듭할수록 그들이 자살할 가능성은 점점 더 높아지고 있다.

그러므로 베트남 전쟁이 남긴 장기적 유산은 힘든 생활을 하고 있는 수십만의 참전 용사들이 다가 아니다. 또한 수십만의 문제 많은 결혼생활이 아내와 아이들, 그리고 미래 세대에 영향을 미치고 있기 때문이다. 우리는 붕괴된 가정의 아이들이 신체적으로나 성적으로 학대당할 가능성이 훨씬 높고, 이혼 가정의 아이들은 성인이 되어 이혼할 가능성이 더 높으며, 아동 학대의 피해자들은 또한 아동을 학대하는 어른이 될 가능성이 아주 높다는 것을 알고 있다. 그리고 이는 베트남의 정글 속에서 벌어진 직접 살해에 대해 이 나라가 치르게 될 대가의 일부에 지나지 않는다.

정말 전쟁을 벌이는 것이 필요할 수도 있다. 하지만 우리는 그런 시도에는 잠재적으로 장기적인 대가가 뒤따른다는 사실을 이해해야 한다.

유산과 교훈

인간은 삶의 직물을 짜지 못한다. 인간은 단지 직물의 한 올에 불과하다. 직물에 손상을 입히면 인간은 그 대가를 고스란히 돌려받게 된다.

— 테드 페리

우리는 훈련(즉 조건 형성)을 통해 일반 병사들의 살해 역량을 향상시켰을 것이다. 하지만 그것은 어떤 대가를 치르고 이룬 것일까? 베트남에서 적의 시체를 숫자를 세듯 헤아리는 짓에 몰두하면서 치른 대가는 거기에 쏟아 부은 돈과 잃어버린 병사들의 목숨만이 아니다. 우리는 여전히 계속해서 그 대가를 치르고 있다. 우리는 군인들을 살해하도록 길들일 수 있고, 또 그렇게 해왔다. 성실하고 적극적인 군인들은 우리의 판단을 믿고 있다. 하지만 우리는 그들이 살해에 익숙해지도록 길들이면서도, 그들이 이러한 행위들에 뒤따르는 도덕적, 사회적 짐을 다룰 수 있도록 만들지 못했다. 우리에게는 우리가 내린 명령이 미칠 장기적 효과들을 고려해야 할 도덕적 책임이 있다. 전투 훈련을 실시하고 병력을 배치할 때는 살해에 수반되는 과정들에 대한 확고한 이해를 바탕으로 한 도덕적 방향 제시와 철학적 지침이 반드시 뒤따라야 한다.

끔찍한 대가를 치르고 나서야 현대 전쟁의 잠재적인 사회적 대가에 대한 인식이 국가 전략 수준에서 생겨났다. 이러한 경험으로부터 얻게 된 도덕적, 철학적 지침의 한 형식은 와인버거 독트린(이 독트린의 명칭은 레이건 정부에서 국무장관으로 재임했던 캐스퍼 와인버거Caspar Weinberger의 이름에서 따온 것이다)에서 확인될 수 있다. 이 독트린은 베트남의 교훈에 기초해 도덕적 방향과 철학적 지침을 제시하려는 최초의 시도를 보여 준다. 와인버거 독트린은 다음과 같은 내용을 담고 있다.

- "미국은 자국의 핵심 국익이 걸린 문제가 아닐 경우 파병해서는 안 된다."
- "승리를 위한 충분한 병력과 지지가 확보되어야만 파병한다."
- "우리는 정치적, 군사적 목표를 명확히 정의해야 한다."
- "이길 생각이 없는 전쟁에 파병하는 일은 결단코 없어야 한다."
- "미국 정부는 해외로 군대를 파병하기 전에, 미국 국민과 그들이 선출한 의회의 대표자들이 파병을 지지하는지를 충분히 확인해야 한다. ……의회가 반대하는 상황에서 파병된 군대가 전쟁에서 승리하기를 기대하는 것은 있을 수 없는 일이다. 미국 국민들 또한 미국 군대가 외교라는 거대한 체스판 위에서 소모적인 졸로 취급되는 상황을 좌시하지만은 않을 것이다."
- "마지막으로, 미군 부대의 파병은 최후의 수단이 되어야 한다."

더 깊은 이해를 위한 탐구

여기서 와인버거 독트린은 병사들을 죽이는 일을 하라고 해외로 내보내는 국가는 그러한 결정을 내릴 때 궁극적으로 치르게 될 대가를 고려해야 한다는 인식을 부분적으로나마 드러내고 있다. 병사들의 살해 행위는 겉보기에는 멀리 떨어진 나라들에서 다른 일들과는 무관하게 벌어지는 독립적 행위로 보일 수 있지만, 실상은 전혀 다르다. 와인버거 독트린과 그것이 표명하고 있는 정신이 사람들 사이에 확산된다면, 다시 베트남과 같은 사태가 재연되는 일은 없을 것이다. 하지만 와인버거 독트린은 다른 여러 수준들에서 사회에 엄청난 충격과 손실을 야기하는 현대전의 성격을 이해하기 위해 이제 겨우 걸음마를 뗀 것에 불과하다.

지휘관과 가족, 사회는 군인들이 얼마나 절박한 마음으로 이해와 인정을 바라는지, 얼마나 쉽게 상처받을 수 있는지, 얼마나 필사적으로 자신들이 한 일이 필요하고 정당한 일이었음을 지속적으로 확인하려 드는지, 그리고 이들이 필요로 하는 확인과 수용이라는 전통적인 행위를 해주지 못할 때 사회가 얼마나 값비싼 대가를 치러야 하는지 이해할 필요가 있다. 이러한 일들이 필요함을 인식하고, 참전 용사들이 "가슴에 묻은 침 자국을 닦을" 수 있도록 베트남 전쟁 기념비를 세우고 참전 용사 퍼레이드를 벌이는 데 무려 20년이 걸렸다는 것은 국가적으로 수치스러운 일이다.

군대는 또한 전투 중은 물론 전투 후에도 부대 단위의 관리가 필요하다는 사실을 이해해야 한다. 우리는 새로운 군 인사 체계(전투에 개인 단위가 아니라 부대 단위로 배치하고 교체하는)를 통해 이를 이해하기 시작했음을 보여 주고 있다. 우리는 이러한 이해를 지속적으로 실행에 옮겨야 한다. 그리고 포클랜드 전쟁에서 길고 느린 항해를 통해 군인들을 귀향길에 오르게 했던 영국의 경우처럼, 우리는 전쟁에서 귀환하는 취약한 시기 동안 안정화 기간과 퍼레이드, 부대 단위의 관리가 필요하다는 사실을 이해해야 한다. 1991년 걸프전이 벌어졌을 때, 우리는 이러한 일들을 대체로 잘 다루었던 것 같다. 하지만 우리는 앞으로도 항상 그렇게 해야 한다.

심리학, 정신의학, 의학, 상담학, 사회학 분야의 연구자들은 전투 살해가 군인에게 미치는 영향을 이해해야 하며, 이 책에서 제시된 합리화와 수용의 과정을 더 깊이 이해하고 이를 강화하기 위해 노력해야 한다. 1988년에 수행한 외상후 스트레스 장애에 관한 연구에서, 진 스텔먼과 스티브 스텔먼은 전투 경험과 외상후 스트레스 장애 사이의 관계를 분석하면서 최초로 이들 사이의 상관성을 밝혀냈다. 그들은 정신 건강과 관련해 치료를 받고 있는 참전 용사들 중 "대다수"가 치료 중 자신들의 직접 살해 경험은커녕 전투 경험에 대해서 말해 본 적이 없었다고 보고했다.

마지막으로, 우리는 전투 중 살해뿐 아니라 우리 사회 전반에서 일어나는 살해 행위 자체를 이해하려 해야 한다.

덧붙이는 말

"제기랄, 기관총을 든 저 신물 나는 두 녀석은 도대체 뭐야?"

나는 절벽 끝에서 다시 조심스레 뒤로 물러서며 물었다.

"이 멍청아, 쟤들은 찰리잖아. ⋯⋯엿 먹이고 달아나자고."

그들은 내가 있다는 사실을 몰랐다. 절벽 위로 낮게 자란 덤불이 그들의 시선을 가리고 있었다. 하지만 나는 똑똑히 그들을 보았다. 딱딱한 땅에 팔꿈치를 기대고 누워 있을 때, 내 몸은 발작을 일으키기라도 한 것처럼 부들부들 떨렸다. 나는 총열을 아래쪽으로 내리고 가늠쇠를 한 녀석의 가슴팍에 겨냥했다. 그가 기관총에 더 가까이 앉아 있었기 때문이다. 그는 단지 그 때문에 죽을 터였다.

……나는 방아쇠를 부드럽게 당기면서 생각했다. 이건 정말 개죽음이야.

총알이 격발하는 소리는 포성처럼 울렸다. 내 목표물은 쓰러졌고, 잠시 동안 나는 그가 피했는지 맞았는지 알 수가 없었다. 죽기 전 그의 발과 몸이 부르르 떠는 모습을 보고 의심은 사라졌다.

나는 그의 최후의 몸부림에 놀란 나머지, 남쪽의 빽빽한 덤불 속으로 달아나는 다른 녀석은 쏠 생각도 하지 못했다. 나는 절벽을 건너 뛰어 그자에게로 달려 내려갔다. 그를 도울 생각이었는지 아니면 끝장을 내려는 것이었는지는 분명치 않았다. 이유는 알 수 없었지만, 나는 그가 어떻게 생겼는지, 어떻게 죽어 가는지를 보고 싶었다.

그의 목숨이 흙먼지가 이는 땅바닥으로 새나가고 있을 때 나는 그의 곁에 무릎을 꿇고 앉았다. 한 발의 총탄이 그의 왼편 가슴을 맞추었고 그의 등을 찢고 나갔다. 나머지 정찰대원들이 절벽으로 몰려와 소리를 치고 있었지만, 내 귀에 들리는 소리는 오직 죽은 자의 피가 흙 속으로 젖어들면서 나는 부드러운 거품소리뿐이었다. 그는 눈을 뜨고 있었고, 얼굴은 아직 어렸다. 그는 끔찍할 만큼 평화로워 보였다. 그의 전쟁은 끝났지만 나의 전쟁은 이제 시작이었다.

그의 상처에서는 검붉은 피가 계속 흘러나와 둥근 원을 그리며 넓게 퍼져 갔고, 그의 생명이 그를 저버렸듯이 나는 내 결백이 나를 저버렸음을 느꼈다. 나는 베트남까지 왔다. 언제쯤 빠져나갈 수 있을 런지 도무지 알 수가 없었다. 여전히 그렇다.

나머지 소대원들이 고원에 도달했을 때, 나는 모닥불 옆의 덤불에 대고 거칠게 구역질을 했다.

— 스티브 뱅코, 〈신병, 결백을 잃다〉

이 책의 관점에서 이 이야기를 되돌아보면, 고려할 만한 요소들이 많음을 알 수 있다. 그동안 살펴본 살해에 대한 분석을 통해 우리는 여기서 살해를 명령해야 할 필요성(권위자의 명령과 책임의 희석), 기관총과 가장 가까운 위치에 있는 적군의 선정(표적 인력과 전혀 직접적인 위협이 되지 않는 두 명의 적군 가운데 잠재적으로 더 큰 위협이 될 수 있는 자를 선정함으로써 진행되는 합리화 과정), 살해 행위에 대한 격렬한 혐오감이 일으키는 정서적 반응 같은 핵심적인 과정들을 확인할 수 있다. 이것이 새로이 개척된 살해학의 성과다.

하지만 나의 뇌리에 박힌 것은 바로 다음 구절이다. "언제쯤 빠져나갈 수 있을런지 도무지 알 수가 없었다. 여전히 그렇다." 이 말들이 나를 괴롭힌다.

여기에 람보 같은 남자다움은 없다. 이것은 자기 생애에서 가장 몸서리 처지는 사건들 가운데 하나를 겪은 젊은 미군의 생생한 정서적 반응이다. 그가 이해심 많고 호의적인 베트남 참전 용사들의 한 전국적 토론의 장에서 이 글을 발표하게 될 때, 그뿐만 아니라 그와 비슷한 경험을 가진 많은 사람들은 자신들이 살해로 인해 병들었다고 자유로이 말할 수 있게 된다. 이들이 글을 쓰고 이를 발표하게 될 때, 그것은 이들에게 필수적인 카타르시스를 일으키게 된다. 나는 이들이 이러한 글을 쓴다고 해서 그 전쟁이 잘못되었다거나 자신들이 한 행동을 후회한다고 말하고 있는 것이 아니라고 믿는다. 그들은 단지 이해받고 싶은 것이다.

아무 생각 없이 살인을 저지른 자나 징징 대며 온갖 불평을 늘어놓는 불만분자로서가 아니라 한 인간으로서 말이다. 국가는 이들에게 도무지 납득하기 어려운 일을 하라고 시켰다. 이들은 그 일을 자랑스럽게 잘 해냈지만, 그들이 한 일에 감사하는 사람은 거의 없었다.

연구 기간 동안 참전 용사들을 인터뷰하면서, 내 안의 군인, 심리학자, 인간은 언제나 이해와 인정을 바래 왔던 이 말해지지 못한 절박한 욕구에 감동을 받았다. 그들은 국가와 사회가 시킨 것, 즉 200년간 미국의 참전 용사들이 영예롭게 행한 것 그 이상도 이하도 하지 않았다는 것을 이해받고, 그리고 그들이 선한 인간이라는 인정을 받기 원했다.

이미 거듭 반복하여 말해 왔지만, 마지막 부인 8부 〈미국에서의 살해〉로 넘어가기 전에 다시 한 번 말하고 싶다. 나는 나에게 자신들의 이야기를 들려준 당신들이 자랑스럽다. 당신들은 그 누구라도 당신들에게 요청했을 법한 일들을 했을 뿐이다. 나는 당신들을 알게 된 것에 자부심을 느낀다. 그리고 나는 내가 당신들의 언어를 활용해 사람들의 이해를 도와줄 수 있게 되기를 희망한다.

1
폭력 바이러스

우리 선조들이 동굴 밖에 서서 포식자의 이빨과 발톱에 대항했던 것도 여기에 비하면 아주 단순한 것처럼 보인다. 우리가 경계해야 하는 악은 마치 바이러스와 같다. 그것은 우리 안의 깊은 곳에서부터 시작하여, 안에서부터 잡아먹으면서 겉으로 뚫고 나와, 결국 우리는 그 광기에 의해 무참히 먹힌 광기 그 자체가 된다.

— 리처드 헤클러, 《전사의 정신을 찾아서》

문제의 규모

1957년 이후 미국의 살인, 가중 폭행, 감옥 수감자 수 사이의 상관관계를 보여 주는 도표를 살펴보면, 우리는 놀라운 사실을 알 수 있다.

이 자료의 출처인 《통계 대요Statistical Abstract》에서 "가중 폭행"은 "사람을 죽이거나 신체에 중대한 위해를 가할 목적으로 총을 쏘거나 베거나 찌르거나 신체의 일부를 자르거나 독극물을 먹이거나 화상을 입히는 행위를 하는 것, 또는 산성 화학물이나 폭발물 또는 기타 수단을 사용하는 것"으로 정의되어 있다. 또한 우리는 가중 폭행에서 "단순 폭행은 제외된다"는 것을 알고 있다.[1]

가중 폭행 비율은 미국인들이 서로 죽이려 한 사건이 얼마만큼 일어났는지를 나타내는 지표다. 그런데 이 비율이 놀라울 정도로 계속 상승하는 추세에 있다. 두 가지 요인이 살인자의 수가 가중 폭행 비율만큼 증가할 경우 일어날 출혈을 막아 주는 압박 붕대 역할을 하고 있다. 첫 번째 요인은 감옥에 수감되어 있는 폭력 전과자들의 수가 꾸준히 증가하는 추세에 있다는 사실이다. 미국에서 감옥 수감자 수는 1975년 이후 네 배로 폭증했다(1975년에는 20만 명이 약간 상회하는 수준이었지만 1992년 현재 감옥 수감자 수는 80만 명이 넘는다. 거의 100만 명에 가까운 미국인들이 감옥에 있는 것이다!). 프린스턴 대학의 존 J. 디울리오 교수는 "여러 신뢰할 만한 경험적 분석들을 살펴봤을 때…… 감옥의 활용도를 높임으로써 수백만 건의 강력 범죄가 미연에 방지되었다는 데는 의심할 여지가 없다"고 단호히 말한다. 엄청난 수감률(전 세계의 산업 국가들 가운데 가장 높다)이 없었더라면, 가중 폭행 비율과 살해율은 훨씬 더 높았을 것이다.

살해 시도의 성공을 막는 다른 주요 요인은 의학 기술과 방법론의 계속적인 발전에 있다. UCLA의 제임스 Q. 윌슨 교수는 오늘날의 의료 처치, 특히 외상 치료 및 응급 치료 기술의 질적 수준이 1957년 당시의 수준과 유사하다면, 현재 살인 사건으로 죽는 사람의 수는 아마도 세 배로 늘어날 것이라고 추정한다. 구급 헬리콥터, 911 대원, 긴급 의료원, 외상 센터 등은 가중 폭행 사건이 급증하는 가운데서 목숨을 살리는 기술적이고 방법론적인 혁신들에 속한다. 피해에 더 신속하고 효율적으로 대처하고, 피해자를 대피시키고 치료하는 것은 현재의 살해율이 몇 배 더 높

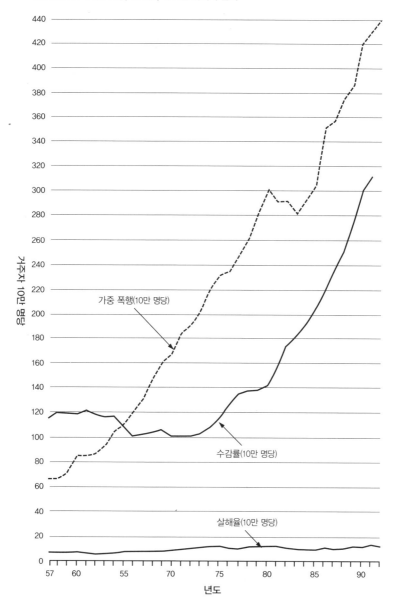

1957년 이후 가중 폭행, 살해율, 수감률 사이의 관계

가중 폭행(10만 명당)

수감률(10만 명당)

살해율(10만 명당)

년도

아지지 못하게 막고 있는 결정적인 요인이다.

1980년과 1983년 사이에 일어난 가중 폭행 비율의 급락은 흥미로운 일이다. 어떤 이들은 이것을 베이비붐 세대의 성숙과 미국의 전반적 고령화가 반영된 결과로 보며, 앞으로 몇 년간 폭력 범죄는 계속 감소할 것이라고 믿었다. 그러나 그런 일은 일어나지 않았다. 우리 사회의 고령화가 폭력 감소에 기여한 부분도 있겠지만, 주요 요인은 그 당시에 감옥 수감률이 급증한 데 있었던 것으로 보인다.

하지만 인구통계학자들은 고령화 사회가 다시 보다 젊어질 것으로 예견하고 있다. 베이비붐 시대에 태어난 사람들의 자녀들이 벌써 십대 청소년들이 되었기 때문이다. 그렇다면 점점 더 많은 사람들을 감옥에 집어넣는 상황에서 미국은 과연 얼마나 더 오랫동안 버틸 수 있을까? 그리고 의학 기술은 얼마나 더 오랫동안 가중 폭행 비율의 증가와 보조를 맞추어 발전할 수 있을까?

이상한 나라의 앨리스처럼, 우리는 현재의 자리에 계속 머무르기 위해 할 수 있는 한 빨리 달리고 있다. 미국의 엄청난 수감률과 의학 발전의 필사적인 응용은 폭력의 아수라장에서 죽음에 이르기까지 피를 흘리지 않도록 막아 주는 기술적 지혈대다. 그러나 이는 뿌리의 원인보다는 문제의 증상들을 다루는 데 그친다.

문제의 원인: 국가의 안전장치를 밀어젖히다

우리가 살아있다는 것을 아는 만큼, 우리는 전 인류가 무덤의 가장자리에서 춤을 추고 있다는 것 역시 확실히 알고 있다.

우리가 가장 쉽게 범하는 최악의 실수는 현재 우리가 처해 있는 딜레마의 원인을 그저 전쟁 기술에만 돌리는 것이다. ……우리가 진정 관심을 가져야 할 부분은 전쟁을 향한 우리의 태도와 그것을 이용하는 방식이다.

— 그윈 다이어, 《전쟁》

이처럼 우리 사회에 폭력이 만연해 있는 근원적인 원인은 무엇인가? 여기에 전투 살해를 분석하는 과정에서 얻은 교훈들을 적용한다면, 우리는 평시의 폭력을 억제하고 통제하는 방법을 배우는 데 많은 도움을 받을 수 있을 것이다. 베트남으로 징집되어 간 청소년들을 살해할 수 있도록 만들기 위해 군대가 아주 효과적으로 사용했던 것과 동일한 절차들이 이 나라의 민간인들에게 무분별하게 적용되고 있는 것은 아닐까?

폭력을 실행 가능하게 하는 일에 작용하는 세 가지 주요 심리적 과정은 고전적 조건 형성(파블로프의 개와 같은), 조작적 조건 형성(스키너의 쥐와 같은), 그리고 사회 학습 이론에서 등장하는 대리 역할 모델에 대한 관찰과 모방이다.

우리의 청소년들은 일종의 고전적 조건 형성 과정인 〈클락워크 오렌지Clockwork Orange〉를 역으로 경험하고 있다. 청소년들은 전국의 영화관이나 가정의 텔레비전 앞에서 인간의 끔찍한 고통과 살해를 구체적으로 보고 있고, 이러한 살해와 고통을 오락과 쾌락, 그들이 가장 좋아하는 음료수, 가장 좋아하는 군것질거리, 애인의 친밀한 스킨십과 연합하는 학습을 하고 있다.

튀어 오르는 표적과 즉각적 피드백으로 현대 군대에서 군인들을 훈련시키는 데 사용되었던 조작적 조건 형성 사격술은 오늘날 아이들이 가지고 노는 인터랙티브 비디오 게임에서도 찾아볼 수 있다. 하지만 우리의 어린 베트남 참전 용사들이 오직 권위자의 명령이 있을 경우에만 사격을 하게 되는 자극 식별 장치를 지녔던 데 반해 이러한 비디오 게임을 하며 노는 청소년들의 조건 형성 속에는 이러한 안전장치가 구축되어 있지 않다.

그리고 마지막으로, 아이들은 완전히 새로운 역동적 대리 역할 모델을 관찰하고 모방하면서 사회 학습을 하고 있다. 이러한 대리 역할 모델에는 끝없이 속편이 만들어지고 있는 〈13일의 금요일〉과 〈엘름 가의 악몽〉에 등장하는 제이슨과 프레디, 혹은 여러 다른 끔찍하고 가학적인 살인마들이 포함된다. 법을 수호하는 전형적인 형사들처럼 좀 더 고전적인 영웅들조차 오늘날에는 법의 테두리를 벗어나 활약하며 살인을 서슴지 않는 정서적으로 불안한 인물로 그려진다.

여기에 수반되는 요인들은 더 있다. 이는 전투에서 살해를 가능하게 하는 모든 요인들을 포함하는 복잡한 상호작용의 과정이다. 갱단의 우두머리와 조직원들은 폭력이나 살해와 같은 행동을 요구하며 개인의 책임을 희석시킨다. 그리고 갱단 가입, 종교적 유대 관계, 인종주의, 계급 차이, 무기의 사용 가능성 등은 살해자와 피해자 사이에 물리적, 정서적 거리를 제공한다. 우리의 살해 가능 요인 모델을 살펴보고 이를 민간인 살해에 적용해 보면, 이 모든 요인들이 미국에서 폭력이 일어나도록 상호작용하는 방식을 볼 수 있다.

이러한 요인들 모두가 중요하다. 약물, 조직 폭력, 가난, 인종주의, 총 등은 미국 사회에서 폭력 비율을 급격히 높이는 데 매우 중요한 역할을 하고 있는 요소들이다. 하지만 전투 중에 술 등의 약물이 늘 사용되어 왔던 것처럼, 약물은 아주 오래전부터 존재해 오던 문제였다. 전투가 조직된 부대들 사이에서 벌어지듯이, 갱단들도 아주 오래전부터 존재해 왔다. 전투 중에 선전과 계급 차이, 인종주의가 늘 조작의 대상이었듯이, 가난과 인종주의는 언제나 우리 사회의 일부였다(오늘날 빈부격차와 인종주의는 흔히 과거보다 더 심하게 나타나기도 한다). 그리고 미국의 전쟁에서 늘 있어 왔듯이, 총은 언제나 미국 사회에 있어 왔다.

1950년대와 60년대의 고등학생들은 학교에 칼을 들고 갔던 반면, 오늘날 고등학생들은 22구경 총을 학교에 가지고 간다. 하지만 이 22구경 총은 늘 가정에 있던 것이었다. 그리고 신무기들이 등장하고 있기는 하지만, 15분만 할애해 쇠톱으로 이중 총열 산탄총의 총열과 개머리판을 자르면 오늘날 전 세계의 그 어떤 무기보다 근접 전투에 더 효과적인 권총을 만들어 낼 수 있다. 이는 100년 전에도 사실이었고, 오늘날에도 사실이다.[2]

우리가 자문해 봐야 하는 것은 총이 어디에서 났느냐 하는 물음이 아니다. 총은 집에서 가져온 것일 수도 있고 거리에서 산 것일 수도 있다. 집에는 언제나 총이 있었고, 마약 문화 덕택에 불법 마약을 쉽게 살 수 있듯이 불법 무기도 쉽게 구할 수 있다. 정말 우리가 물어야 할 것은 부모 세대는 그러지 않았는데 왜 오늘날의 아이들은 학교에 총을 가지고 오게 되었느냐 하는 물음이다. 그리고 이러한 질문에 대한 답은 아마도 현대전에서, 그리고 현대 미국 사회에서 살해를 가능하게 하는 데 핵심적인 역할을 하는 중요한 요소들이 과거와는 다른 새로운 요인들로 구성되어 있다는 것이다. 그리고 그것은 자기 종을 향해 폭력적이고 해로운 행위를 하지 못하게 만드는, 정상적인 개인들의 심리에 아주 오래전부터 간직되어 오던 금기를 파괴하는 체계적 절차다. 총의 안전장치를 확실하고 쉽게 밀어젖혔듯이, 현재 우리는 국가의 안전장치를 밀어젖히고, 총의

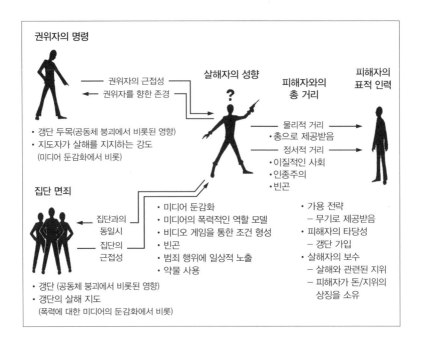

안전장치를 밀어젖혔을 때 초래되었던 것과 똑같은 결과를 맞이하고 있는 것은 아닐까?

1985년과 1991년 사이에 15세에서 19세 사이 남성의 살인율homicide rate은 154퍼센트 증가했다. 의료 기술이 양적으로나 질적으로 지속해서 발전을 거듭하고 있는데도 불구하고, 살인은 15세에서 19세 남성들의 사망 원인 중 2위를 차지하고 있다. 흑인 남성들 사이에서는 사망 원인 1위다. AP 통신사는 이러한 데이터를 보도하는 기사를 타전하며 다음과 같은 헤드라인을 달았다. "십대 세대를 지워 버리는 살인율." 여기에 언론 특유의 과장은 없었다.

베트남에서 체계적으로 이루어진 둔감화와 조건 형성, 훈련의 과정은 제2차 세계대전에서 15에서 20퍼센트 수준에 불과하던 개인의 사격 비율을 역사상 가장 높은 수준인 95퍼센트까지 끌어 올렸다. 오늘날 체계적 둔감화와 조건 형성, 대리 학습이라는 유사 과정은 미국에 폭력 바이러스라는 질병을 마구 퍼뜨리고 있다.

베트남에서 사격 비율을 네 배 이상 끌어 올린 것과 동일한 도구들이 이제 민간인들 사이에서도 광범위하게 사용되고 있다. 군인들은 자신들이 그들 스스로와 휘하 병사들에게 무슨 짓을 저질렀었는지를 이제 막 이해하고 받아들이고 있다. 전투원들의 생존과 승리를 보장하기 위해 이러한 기제를 군사적으로 활용하는 것에 대해서도 의구심을 가지게 된 마당에, 우리의 아이들에게 동일한 과정들을 무분별하게 적용하고 있는 상황이 어찌 우려되지 않을 수 있겠는가?

2
영화를 통한 둔감화와 파블로프의 개

나는 목이 쉴 때까지 "죽여, 죽여" 하고 소리 질렀다. 우리는 총검술 훈련과 백병전 훈련에 임할 때 이런 소리를 질러 댔다. 그리고 행진할 때에도 이와 비슷한 구호를 외쳤다. "나는 공수 레인저가 되고 싶어. ……나는 베트콩을 죽이고 싶어." 나는 열여섯 살 때 사냥을 그만두었다. 다람쥐에게 상처를 입히고 난 후였다. 내가 안락사를 통해 다람쥐의 고통을 멈춰 주었을 때, 다람쥐는 그 커다랗고 부드러운 갈색 눈망울로 나를 올려다보았다. 나는 다람쥐를 쏜 총을 닦고 나서 단 한 번도 총을 꺼내 보지 않았다. 나는 1969년에 징집되었고 전쟁에 대해 확실히 아는 것은 없었다. 나는 베트콩에게 아무 감정이 없었다. 그러나 기초 군사 훈련이 끝나갈 무렵, 나는 그들을 죽일 준비가 되어 있었다.

— 잭, 베트남 참전 용사

군대의 고전적 조건 형성

왓슨의 책 《전쟁을 생각하다》가 폭로하고 있는 놀라운 내용들 가운데 하나는 미국 정부가 암살자를 훈련시키기 위해 조건 형성 기법을 활용하고 있다는 내용에 관한 것이었다. 1975년 미 해군 정신과 의사이던 나룻 중령은 왓슨에게 군 암살자들이 살해에 대한 거부감을 극복할 수 있도록 고전적 조건 형성과 사회 학습 방법론이 활용되는 기법들을 자신이 미국 정부의 의뢰를 받고 개발하고 있다고 말했다. 나룻에 따르면, 여기서 사용된 방법은 훈련생들에게 "폭력적으로 죽거나 다친 사람들을 보여 주기 위해 특별히 고안된 영상"을 사용해 "상징적 모델링"에 노출시키는 것이었다. 이러한 영상에 익숙해지면서 훈련생들은 점차 아무 감정 없이 그러한 상황을 접할 수 있게 되었다.

나룻은 계속해서 이렇게 말했다. "그들은 총 쏘는 법을 배웠고 또한 살해할 때 갖게 될지도 모를 자책감을 억누를 수 있도록 특별한 '클락워크 오렌지' 훈련을 받았다. 소름끼치는 일련의 영상들을 이들에게 보이며, 영상이 일으키는 공포의 강도를 점점 더 높이고 있다. 훈련생들이 고개를 돌리지 못하도록 죔쇠로 머리를 단단히 고정시켜 놓고, 특수 장치를 이용해 눈을 감지 못하게 해 놓았기 때문에 이들은 꼼짝없이 화면을 볼 수밖에 없다." 이러한 단계적 거부감 감소 절차는 고전적(파블로프 식) 조건 형성의 한 유형으로, 심리학적 용어로 체계적 둔감화systematic desensitization라고 불린다.

〈클락워크 오렌지〉에서 이러한 조건 형성은 폭력에 대한 혐오감을 발달시키는 데 사용되었다. 폭력적인 필름을 보게 될 때 혐오감을 유발하는 약물을 먹게 되어, 혐오가 폭력 행위와 연합되도록 만든 것이다. 하지만 나롯 중령이 현실 세계에서 실시한 훈련에서는, 구토를 유발하는 약물이 빠지고 대신 타고난 혐오감을 극복할 수 있었던 자들에게 보상을 해줌으로써 스탠리 큐브릭의 영화에서 묘사된 것과는 반대되는 효과를 얻었다. 미국 정부는 나롯 중령의 주장을 부인하고 있지만, 왓슨은 한 외부인으로부터 나롯 중령이 자기한테서 폭력적인 영상을 주문해 사갔다는 진술을 획득할 수 있었고, 이후 나롯의 이야기는 〈런던 타임스〉에 발표되기에 이르렀다.

현대 전투 훈련 프로그램에서 활용되는 살해 강화 기법 중 둔감화가 핵심적인 측면임을 기억하라. 이 부의 서두에서 참전 용사 잭과 관련된 경험은 전투 훈련에서 점점 더 큰 비중을 차지해 온 둔감화와 살해에 대한 찬미의 한 예다. 1974년에 내가 기초 군사 훈련을 받을 당시에도, 우리는 그런 구호를 많이 외쳤다. 아래 소개하는 구호는 우리가 구보를 하면서 외쳤던 구호들 가운데 그저 조금 더 극단적인 구호들 가운데 하나일 뿐이었다(이 구호는 왼발이 땅에 닿을 때마다 힘주어 외치게 되어 있었다).

하자
강간
살해
약탈
방화
죽은
아기를
먹자

하자

강간

살해……

우리 군대는 더 이상 이런 유형의 둔감화를 허용하지 않지만, 수십 년
간 이는 기초 군사 훈련으로서 남자 청소년들을 둔감화하고 이들에게 폭
력 숭배를 주입하는 핵심 기제였다.

영화의 고전적 조건 형성

나롯 중령의 기법이 효과가 있다고 믿으면서도, 그리고 미 정부가 우
리 군인들에게 그런 짓을 저질렀다는 것을 생각하는 것만으로도 끔찍해
하면서도, 왜 우리는 이와 동일한 과정이 이 나라의 수백만에 이르는 아
이들에게 일어나고 있는 상황을 수수방관하고 있을까? 아이들에게 갈수
록 더 생생하게 묘사되는 고통과 폭력을 오락으로 보이는 것을 허락할
때, 우리가 하는 짓은 이와 다를 바가 전혀 없는 데도 말이다.

처음에는 순수하게 만화로 시작했다가, 아이는 자라면서 텔레비전에
서 묘사되는 헤아릴 수 없이 많은 폭력 행위를 접하게 되며, 폭력 수위를
높이고자 하는 쟁탈전은 갈수록 텔레비전에서 허용 가능한 폭력의 한계
치를 꾸준히 끌어 올린다. 아이들이 특정 나이에 도달하게 되면, 피 튀
기는 짧은 장면들, 절단된 사지 혹은 총상 장면으로 인해 PG-13 등급을
받을 만큼 폭력적인 영화를 보기 시작한다. 그리고 나면 부모들은 방임
을 통해서든 아니면 봐도 좋다는 허락을 통해서든 칼이 몸을 찌르고 튀

어나오는 장면, 손상된 사지에서 피가 뿜어지는 긴 장면, 총알이 몸을 찢고 바깥으로 터져 나오면서 피와 뇌수가 쏟아지는 장면이 생생하게 묘사되는 R등급의 영화를 아이들이 보는 것을 허용하기 시작한다.

결국, 우리 사회는 어린 청소년들이 열일곱 살이 되면 합법적으로 이러한 R등급 영화들(대부분의 청소년들이 그 나이쯤이면 대부분 다 봤을)을 볼 수 있으며, 열여덟 살에는 R등급보다 높은 등급의 영화들도 볼 수 있다고 말한다. 눈알을 파내는 장면쯤은 생생하게 묘사된 공격 장면 중 비교적 얌전한 편에 속한다. 그래서 아동기부터 체계적으로 둔감화된 미국 젊은이들은 가장 영향을 받기 쉬운 열일곱 살과 열여덟 살의 나이, 즉 군대에서 새로 뽑아 살해 사업에 투입하는 신병의 나이가 되면 폭력 숭배 속으로 또 다른 발걸음을 떼게 된다.

청소년과 어른들은 이 섬뜩하고 점차 더 끔찍해지는 '오락 산업' 속에 스스로를 흠뻑 물들여 놓는다. 여기에 등장하는 한니발, 제이슨, 프레디 같은 반영웅들은 병들어 있고 죽지 않는 말할 수 없이 악한 반사회적 범죄자들이다. 이들은 프랑켄슈타인이나 늑대인간 등 과거 공포 영화의 이상하고 비밀스러우며 이해할 수 없는 괴물과는 전혀 닮은 구석이 없다. 과거에는, 실재하지만 의식 아래에 있는 두려움은 오래된 공포 이야기나 영화에서 드라큘라처럼 신화적이고 비현실적인 괴물로 상징화되었고, 이들은 심장에 말뚝이 박히는 등의 특이한 방식으로 내쫓겼다. 그러나 오늘날 공포 영화에서 공포는 이웃의 모습으로 의인화되어 있다. 심지어 의사를 닮은 악당도 있다. 또한 중요한 점은 한니발, 제이슨, 프레디는 절대 죽지도 않고 내쫓기지도 않는다는 것이다. 그들은 반복해서 다시 나타난다.

살인자가 명백한 사회병질자가 아닌 영화들조차 악인이 무고한 사람들에게 끔찍한 짓을 저지르는 광경에 대한 생생한 묘사로 도입부를 시작하면서 폭력적인 복수 행위를 정당화하는 것을 일반적인 공식처럼 사용하고 있다. 이 피해자들은 어떤 식으로든 영웅과 관련이 되고, 이는 이후 생생하게 묘사되는 영웅의 복수 행위를 정당화해 준다.

우리 사회는 남녀노소 모든 미국인의 살해 능력을 강화하는 강력한 비법을 찾아냈다. 프로듀서, 감독, 배우는 상상할 수 있는 한 가장 폭력적이고 섬뜩하고 끔찍한 영화, 무고한 남자와 여자와 아이를 찌르고 쏘고 학대하고 고문하는 행위가 구체적으로 섬세하게 묘사된 영화를 만들어서 당당하게 상을 받는다. 이 영화들은 재미있고도 폭력적으로 만들어져, 대개는 청소년인 관객들에게 사탕, 음료, 집단의식, 남자친구나 여자친구의 친밀한 스킨십과 함께 제공된다. 그렇게 되면 이 청소년 관객들은 자신이 보고 있는 것과 이 보상들을 함께 연합시키는 법을 배우게 된다.

강력한 집단 과정 때문에 섬뜩한 장면에서 눈을 감거나 시선을 돌리는 관객들은 종종 모욕과 경멸의 대상이 된다. 청소년 또래 집단은 그러한 폭력 앞에서도 단련되고 흔들리지 않는 할리우드의 전형을 나타내는 자들에게 존중과 감탄이라는 보상을 준다. 여기에 영향을 받은 많은 관객들은 고개를 돌릴 수 없도록 자기 머리를 심리적 집게에 고정시키고, 사회적 압력은 눈을 감을 수 없게끔 만든다.

웨스트포인트의 심리학 수업에서 이러한 영화들과 영화를 보는 가운데 일어나는 심리적 과정에 관해 논하면서, 나는 악인이 무고한 젊은 피해자를 아주 끔찍한 방식으로 살해할 때 관객이 어떤 반응을 보이는지 생도들에게 반복해서 물어 왔다. 그때마다 한결같이 나오는 대답은 "관객들이 환성을 지른다"는 것이었다. 사회는 이런 영화의 해로운 본질을 부인하고 있다. 그러나 효율, 질, 기회의 측면에서 볼 때 〈클락워크 오렌지)와 미 정부의 미약한 노력은 이런 영화들 앞에서 명함도 못 내민다. 우리는 나룻 중령이 꿈도 꾸지 못한 방식을 사용하여 시민들을 더욱 효율적으로 둔감화하고 살해를 학습시키고 있다. 만약 한 세대 전체를 권위자나 피해자의 특성에 얽매이지 않는 암살자와 살해자로 길러 낸다는 명확한 목표가 있다면, 그 목표를 이보다 더 효과적으로 수행하는 방법을 찾기도 아주 어려울 것이다.

비디오 가게의 공포물 코너에서 우리는 나체 상태의 가슴(피가 흐르는 경우도 많다), 뚫린 눈구멍, 절단된 신체 부위 등을 볼 수 있다. X등급을 받은 영화들은 일반적으로 비디오 가게에서 구하기가 쉽지 않고, 설령 있다고 해도 별도로 독립된 성인용 방에 전시되어 있다. 하지만 공포물은 모든 아이들이 볼 수 있도록 전시되어 있다. 살아있는 여성의 가슴을 보여 주는 것은 금기이지만, 절단된 시신의 가슴은 보여 줘도 괜찮다는 것일까?

무솔리니와 그의 정부情婦가 공개 처형된 뒤 거꾸로 매달렸을 때, 정부의 드레스가 뒤집어져 그녀의 다리와 속옷이 드러나자 모여 있던 군중 가운데서 한 여성이 시신의 드레스를 다리 사이에 고정시켜 죽은 여성에 대한 예의를 차렸다. 무솔리니의 정부는 죽어 마땅했을지 모르지만, 죽은 다음에도 그토록 비하되어야 할 이유는 없었기 때문이다.

우리는 죽음을 고귀하게 다루는 예의를 어디서 잃어버린 걸까? 우리는 어쩌다 이토록 무정한 인간이 되어 버렸을까?

그 대답은 이렇다. 하나의 사회로서 우리는 체계적인 과정을 통해 타인의 고통과 아픔에 둔감해졌다. 우리는 타블로이드 신문들과 타블로이드 텔레비전들이 피해자들의 이야기를 전파하며 우리로 하여금 타인의 고통을 굉장히 의식하게 해주었다고 믿을지도 모르겠다. 하지만 실상은 전혀 다르다. 이들 미디어들은 우리를 둔감화하고 있고 이러한 문제들을 하찮은 일로 만들고 있다. 점차 싫증을 내는 독자들과 시청자들을 만족시키기 위해 매년 더 기이한 이야기들을 찾아내야 할 정도로 말이다.

우리는 고통과 아픔을 가하는 것이 오락의 소재가 될 정도의 둔감화 단계에 도달하고 있다. 고통과 아픔을 가하는 것에서 우리는 혐오감을 느끼기는커녕 대리 만족을 느끼는 지경에 이른 것이다. 우리는 살해하는 법을 배우고 있고, 그것을 좋아하는 법까지 배우고 있다.

3
스키너의 쥐와 오락실의 조작적 조건 형성

신병훈련소에 입소해 각개전투 훈련을 받을 때, 그들은 우리에게 적의 매복에 걸리게 되면 너희들은 단지 우향우만을 바랄 거라고 말했다. 오른쪽이든 왼쪽이든 총알이 날아오면 그 방향으로 몸을 돌려 돌격하게 된다는 뜻이었다. 나는 그때 이렇게 말했다. "말도 안 돼, 그건 미친 짓이에요. 그럴 일은 절대 없을 겁니다. 그건 바보 같은 짓이에요."

라오스에서 벌어진 '아름다운 계곡 작전' 중 1044고지에서 처음 공격을 받았을 때, 우리는 자동적으로 그렇게 했다. 마치 몇 시인지 확인하려고 시계를 볼 때처럼 말이다. 우리는 매복 지점, 즉 콘크리트 벙커가 설치되고 기관총과 자동화기가 있는 요새진지로 돌격해 적을 죽였다. 추정컨대, 이번 공격에서 35명의 북베트남 군인이 죽었고, 아군 전사자는 3명뿐이었다. ……

하지만 그들이 가르친 내용은 그걸 정작 써먹어야 할 때가 오기 전까지는 절대 쓸데없이 튀어나와 사람을 당황시키지 않는다. 그 내용은 뒤통수에 잘 숨겨져 있다. 정지 신호를 받은 운전자가 반사적으로 차를 멈추듯이, 뒤통수에 숨겨진 지식은 사람을 자동적으로 반응하게 만든다.

— 베트남 참전 용사, 그윈 다이어의 《전쟁》에서 인용

군대에서 이루어지는 살해자의 조건 형성

세계 주요 국가들의 신병훈련소에서는 청소년들을 살인자로 만들기 위해 노력하고 있다. 병사다운 정신 상태를 만들기 위한 이러한 노력은 일방적으로 이루어진다. 군대는 수천 년간 그 기능을 발달시켜 온 반면, 그들의 실험 대상자들은 인생 경험이 20년도 되지 않는다. 이는 기본적으로 오래된, 있는 그대로의 상호작용으로, 특히 모두가 지원병으로 이루어진 오늘날의 미 육군에서 현저하게 나타난다. 군인들은 자신이 어떤 일을 하게 될지를 직관적으로 이해하고 일반적으로 "정정당당하게 처신하면서" 협조적인 태도를 보이며 자신의 개성과 젊은 혈기를 억제한다. 군대는 국가의 자원과 기술을 체계적으로 휘둘러 군인이 전장에서 살해하고 생존할 수 있도록 역량을 강화하고 모든 준비를 갖추게 한다. 가장 현대적인 각국 군대에서 이러한 기술의 적용은 전통적인 조작적 조건 형성의 혁신들을 훈련 기법에 통합시키는 새로운 단계에 도달했다.

조작적 조건 형성은 고전적 조건 형성보다 높은 단계에 있는 학습이다. 이는 B. F. 스키너가 개척했고 대개 비둘기나 쥐의 학습 실험과 관련되어 있다. 이 영역에 대한 스키너의 연구는 먹이를 얻기 위해 막대를 누르는 법을 학습하는 스키너 상자 속의 쥐라는 고전적 이미지를 남겼다. 스키너는 성격 발달에 관한 프로이트와 인본주의 이론을 거부하고 모든 행동은 과거의 보상과 처벌의 결과라는 입장을 견지했다. 스키너에게 아동은 타불라 라사tabula rasa, 즉 '빈 서판'으로, 아주 어린 시절부터 환경을 충분히 통제한다면 무엇이든 될 수 있는 존재다.

현대의 군인들은 원형 표적지에 사격하지 않고 그 대신 지정된 사로에서 단시간 동안 튀어 올라오는 사람 모양의 실루엣에 대고 총을 쏜다. 군인들은 표적을 맞출 시간이 매우 짧다는 것을 학습하게 되고, 제대로 사격하여 표적이 쓰러지면 이들의 행동은 즉각적으로 강화된다. 충분한 수의 표적을 쓰러뜨린 군인에게는 특등사수 휘장과 3일 휴가가 주어진다. 소총 사격장에서의 훈련이 끝나면 이런 식으로 자동성이라고 불리는 자동적이고 조건 형성된 반응이 들어서고, 군인은 적절한 자극에 기대되는 방식으로 반응하도록 조건 형성된다. 이 과정은 단순하고 간단명료해 보이지만, 이것이 제2차 세계대전에서 15에서 20퍼센트에 불과하던 사격 비율을 베트남 전쟁에서 90에서 95퍼센트까지 끌어올린 기법의 핵심 요소들 가운데 하나임을 보여 주는 증거가 있다.

오락실에서 이루어지는 조건 형성

전자오락실의 오락기에 달린 기관총 뒤에 서서 비디오 화면에 튀어 오르는 전자 표적에 대고 사격을 하는 아이들은 입을 헤 벌리고 있지만 분명한 목적을 갖고 있다. 방아쇠를 당기면 무기는 손 안에서 떨리면서 총탄을 쏘아 댄다. 그리고 총에 맞은 적은 땅에 쓰러지고, 그러면서 공중으로 살점이 날아다닐 때도 있다.

살해를 가능하게 한다는 점에서 오락실에서 일어나는 과정과 군대에서 일어나는 과정은 동일하다. 하지만 중대한 차이점이 하나 있다. 그것은 군대에서 살해를 가능하게 하는 과정은 적군에 초점을 맞추고 있으며, 오직 권위자의 명령이 있을 경우에만 행동해야 한다는 것을 특별히 강조한다는 점이다. 하지만 이러한 안전장치에도 불구하고, 이러한 폭력적인 집단에 모인 군인들이 미래에 미라이 학살과 같은 일을 일으킬 위험성을 간과해서는 안 된다. 때문에 우리가 5부 〈살해와 잔학 행위〉에서 보았듯이 미군은 강도 높은 수단을 사용해 미래의 분쟁에서 발생할지 모를 폭력을 통제하고 억제하고 조정하고 있다. 그러나 우리 아이들에게 전투 훈련을 시키는 비디오 게임에서는 맞추지 말아야 할 대상에 사격을 가해도 어떤 실질적인 제재도 주어지지 않는다.

모든 비디오 게임을 공격하려는 것은 아니다. 비디오 게임은 상호작용형 매체다. 게임을 통해 시행착오를 겪으면서 체계적인 문제 해결 능력을 기를 수 있고, 계획성, 시각화 능력, 만족 지연 능력을 배울 수 있다. 아이들이 게임을 하면서 이웃집 아이와 상호작용하는 것을 보라. 영화와 시트콤만 보고 자란 부모들은 몇 시간이고 슈퍼마리오 게임을 하는 아이를 보면 못마땅해할 테지만, 바로 그 점이 중요하다. 놀면서 아이들은 문제를 해결하고 일부러 부적절하고 모호하게 만든 지시를 따른다. 아이들은 놀이 전략을 변화시키고, 경로를 외우고, 지도를 만든다. 아이들은 결국 이기는 데서 오는 만족감을 얻기 위해 오래도록 열심히 게임한다. 거기에는 광고도 없다. 설탕의 유혹도 없고, 폭력적인 장난감의 유혹도 없고, 멋진 신발과 옷을 착용하지 않으면 사회적으로 실패한다는 메시지도 없다.

우리는 아마도 아이들이 책을 읽거나 운동을 하거나 바깥에서 놀면서 실제 세계와 상호작용하기를 바랄 테지만, 그나마 비디오 게임들이 텔레비전보다는 대체로 낫다. 그러나 비디오 게임의 장점은 여기에서 그치지 않는다. 바로 폭력, 즉 현대 군인들의 사격 비율을 네 배 이상 증폭시킨 것과 똑같은 형태로 구축된 폭력을 가르치는 데 유용하다는 것이다.

내가 말하는 폭력을 가능하게 하는 게임이란 괴물의 머리를 터뜨려 이기는 게임이 아니다. 혹은 기사와 궁수를 훈련시켜 괴물과 싸우게 하는 게임을 말하는 것도 아니다. 조이스틱으로 화면상의 조준기를 움직이면서 갑자기 튀어 올라 공격하는 갱단을 죽이는 게임 정도라면 폭력을 가능하게 하는 게임의 경계선상에 있다고 할 수 있다. 그다음 확실히 폭력을 가능하게 하는 유형의 게임들은 무기를 실제로 손에 들고 화면 속 인간 모양의 표적들을 쏘는 게임들이다. 이러한 게임들은 가정의 오락기에서도 할 수 있지만, 대개는 오락실에서 많이 보인다.

게임의 실감은 폭력을 가능하게 하는 정도와 직접적 관계가 있으며, 이러한 게임들 중 적을 쏠 때 엄청난 핏덩어리들이 날아오르는 게임들이 가장 실감이 넘친다.

서부 시대를 모티프로 한 다른 유형의 게임들도 있다. 이는 커다란 비디오 화면 앞에 서서 실제 촬영된 '범죄자'들이 화면에 등장할 때 권총을 쏘는 게임들이다. 이는 FBI에서 개발하고 전국의 경찰 기관에서 경찰관들이 무기를 쏘게끔 훈련시키는 표적 선별 프로그램과 동일하다.

표적 선별 프로그램은 거의 20년 전 우리 사회에 급증하던 폭력으로 인해 실전 상황에서 총 쏘기를 주저하던 경찰관들이 사망하는 경우가 잦아지자 이에 대응하기 위해 도입되었다. 물론 이 프로그램은 수사 기관의 경찰들과 무고한 시민들의 목숨을 구하는 데 성공한 조작적 조건형성 유형으로 인정받고 있다. 경찰관이 부적절한 상황에서 총을 쏠 경우에는 심각한 제재를 받게 되기 때문이다. 그러므로 표적 선별 프로그램은 경찰관의 정당한 폭력을 가능하게 할 뿐 아니라 부당한 폭력을 억제하는 데도 성공적으로 기여했다. 그러나 오락실의 유사품에는 폭력을 억제하게 만드는 그 어떤 규제도 없다. 오직 가능하게만 한다.

최악의 상황은 아직 닥치지 않았다. 영화와 마찬가지로 비디오 게임도 폭력과 죽음을 더욱 실감 넘치게 묘사하는 데 성공했다. 우리는 이제 가

상현실의 시대로 들어서고 있고, 앞으로 우리는 눈앞에 비디오 화면이 펼쳐지는 헬멧을 쓰게 될 것이다. 머리를 돌리면 마치 비디오 게임 세상 안에 있는 것처럼 화면이 바뀌고, 손에 든 총으로 주변에서 튀어나오는 적을 쏘거나 칼로 주변의 적들을 난도질하고 찌르게 될 것이다.

《미래 쇼크Future Shock》의 저자인 앨빈 토플러Alvin Toffler는 이렇게 말한다. "이러한 실재의 조작은 우리에게 더욱 신나는 게임과 오락을 제공할 수 있다. 그러나 미묘하게 사람을 속여 공공의 의심과 불신을 사회가 감내할 수 있는 수준 이상으로 높일 수 있는 이 기술이 구현하는 것은 가상현실virtual reality이 아니라 허위현실pseudo reality이다." 이 새로운 '허위현실' 속에서는 인기 높은 폭력 영화의 모든 유형과 폭력이 그대로 펼쳐진다. 단 하나 영화와 다른 점이 있다면, 당신이 이제 스타이면서 살해자이고, 수천 명을 학살한 자가 되는 것이다.

스키너는 어떤 아이라도 조작적 조건 형성을 통해 어떤 인간형으로든 개조될 수 있다고 주장했다. 베트남 전쟁에서 미군은 조작적 조건 형성을 활용하여 청소년들을 사상 유례가 없을 만치 효율적인 전투 부대로 탈바꿈시키는 데 성공함으로써, 스키너가 최소한 부분적으로는 옳았음을 증명해 냈다. 그리고 미국은 우리 사회를 유별나게 폭력적인 사회로 뒤바꾸기 위해 스키너의 기법을 의도적으로 활용하고 있는 것처럼 보인다.

4

미디어에서 이루어지는
사회적 학습과 역할 모델들

신병훈련소는 신병들이 지녔던 과거의 모든 개념과 신념, 시민적 가치를
침식시키고, 그들의 자기 개념을 변화시켜 그들이 전적으로 군 체계에 복종
하도록 설계되어 있었다.

— 벤 셜리트, 《분쟁과 전투의 심리학》

고전적(파블로프식) 조건 형성은 지렁이에, 조작적(스키너식) 조건 형성
은 쥐나 비둘기에 적용될 수 있다. 그러나 오직 유인원과 인간만이 수행
할 수 있는 3차 수준의 학습이 있는데, 그것은 바로 사회적 학습이다.

이 3차 수준의 학습은 가장 강력한 형태로서 기본적으로 역할 모델을
관찰하고 모방하면서 이루어진다. 조작적 조건 형성과 달리, 사회적 학
습에서는 학습자를 직접 강화하는 것이 학습 진행에 별로 중요하지 않
다. 사회 학습에서 중요한 것은 특정 개인을 역할 모델로 선택하게 하는
특징을 이해하는 것이다. 누군가가 적당한 역할 모델이 되는 과정은 다
음을 포함한다.

- 대리 강화: 역할 모델이 강화되는 것을 보면서 대리 학습하게 된다.
- 학습자와의 유사성: 역할 모델이 자신과 유사한 핵심 특질을 가지고 있음을 지각한다.
- 사회적 권력: 역할 모델은 보상을 해줄 수 있는 권력을 갖는다(그러나 반드시 보상을 해줄 필요는 없다).
- 지위 시기: 역할 모델이 다른 이들로부터 보상받는 것을 시기한다.

이러한 과정들을 분석하면 군사 훈련에서 폭력을 가능하게 하는 역할 모델로서 훈련 하사관이 맡고 있는 역할을 이해하는 데 도움을 줄 수 있고, 미국 젊은이들 사이에서 새로운 유형의 폭력적인 역할 모델이 왜 그토록 인기 있는지를 이해하는 데에도 도움을 받을 수 있다.

기초 군사 훈련에서 이루어지는 폭력과 역할 모델, 훈련 하사관

이제부터 내가 너의 엄마, 너의 아버지, 너의 누이, 너의 형제가 될 것이다. 내가 너의 가장 절친한 친구이자 최악의 적이 될 것이다. 내가 아침에 너를 깨울 것이고, 내가 밤에 너를 재울 것이다. 내가 "개구리"하면 너는 뛰게 될 것이다. 알겠나?

— 1974년 캘리포니아 포트 오드, 훈련 하사관 G

모든 군인은 자신을 가르친 훈련 하사관들을 죽을 때까지 생생하게 떠올리며 잊지 못한다. 많은 세월 동안 수백 명의 상관, 선생, 교수, 교관, 하사관, 장교 들이 내 삶의 다양한 측면을 지도해 왔지만, 1974년의 어느 차가운 아침 날 훈련 하사관 G가 내게 미쳤던 것 이상으로 영향을 준 사람은 아무도 없었다.

전 세계의 군대는 군인들의 공격성을 키우기 위해 오래전부터 사회적 학습의 역할을 이해해 왔다. 이를 위한 출발지는 기초 군사 훈련이 되어 왔고 그들의 도구는 훈련 하사관이었다. 훈련 하사관은 역할 모델이다. 그것도 절대적인 역할 모델이다. 그는 공격성과 복종이라는 군사적 가치를 훈련병들에게 주입하기 위해 신중하게 선발되어 훈련을 받아 준비된 역할 모델이다. 또한 그는 혜택 받지 못한 환경의 방황하는 젊은이들에게 군대가 늘 긍정적인 선택이 되어 왔던 이유이기도 하다.

모든 훈련 하사관은 훈장을 받은 고참 군인이다. 그가 누리는 영광과 인정은 훈련병들이 깊이 시기하면서도 원하는 것들이다. 훈련 하사관은 젊은 군인들이 처한 새로운 환경 안에서 다양한 범위에 걸쳐 절대적인 권위를 지니며 이는 그에게 사회적 권력을 부여한다. 또한 훈련 하사관은 자신이 책임지는 병사들과 같은 모습을 하고 있다. 그도 훈련병들과 같은 군복을 입고, 똑같은 머리 모양을 하고 있으며, 훈련병들과 마찬가지로 명령에 복종한다. 하는 일도 훈련병들과 똑같다. 그러나 그는 그 모든 것을 매우 잘한다.

훈련 하사관은 훈련병들에게 신체적 공격성이 바로 남성성의 핵심이며, 군인이 전장에서 직면하게 되는 문제들에 대한 가장 효율적이고 적절한 해결책은 폭력이라는 교훈을 가르친다. 그러나 훈련 하사관이 복종도 가르친다는 것을 아는 것이 아주 중요하다. 훈련 기간 내내 훈련 하사관은 명령 없이 자행된 단 한 번의 주먹질이나 단 한 발의 사격도 허용하지 않을 것이며, 빈 무기일지라도 잘못된 방향으로 들거나 잘못된 순간에 주먹을 든다면 혹독한 처벌을 가할 것이다. 전장에서 명령에 복종하지 않는 군인을 허용할 국가는 하나도 없으며, 전투에서 명령에 복종하지 않는 것은 패배와 몰락에 이르는 가장 확실한 길이 된다.

아마도 수백 년 혹은 수천 년 넘게 이루어진 이러한 과정은 전투에서 군인들의 생존과 복종을 보장하는 가장 핵심적인 과정이다. 베트남 전쟁 당시의 훈련 하사관은 살해와 폭력 행위를 전례 없이 높은 수준으로 미화했다. 우리는 의도적으로, 그리고 계산적으로 그랬다. 우리에게 군대가 존재하는 한, 그리고 우리의 아들딸들이 미래의 전장에서 생존하기를 원하는 한, 우리는 적절한 역할 모델을 계속 제공해야 한다.

역할 모델과 영화, 그리고 새로운 유형의 영웅

"감수성이 예민한 십대들의 정신을 조작하는" 것은 필요악으로써 오직 군인을 양성하기 위해 마지못해 받아들이는 것이다. 그러나 이 나라의 민간인 십대들에게 이러한 조작을 무분별하게 적용하는 모습을 우리는 과연 어떤 시각으로 봐야 할까? 이러한 조작은 오늘날 오락 산업이 제공하는 역할 모델들을 통해 이루어지고 있다. 훈련 하사관이 가르치고 시연하는 공격성은 어디까지나 법과 권위의 테두리 내에 있다. 그러나 할리우드의 새로운 역할 모델이 가르치는 공격성은 법적인 구속을 일체 받지 않는다. 또한 훈련 하사관은 깊지만 일시적인 영향력을 지닐 뿐이다. 하지만 미디어는 평생에 걸쳐 영향을 미치기 때문에 그 영향의 총합은 훈련 하사관이 신병들에게 미치는 영향력보다 분명 훨씬 클 것이다.

영화가 역할 모델 과정을 통해서 사회에 부정적인 영향을 미칠 수 있다는 점은 오래전부터 알려져 왔다. 예를 들어, 〈국가의 탄생Birth of a Nation〉이라는 영화는 KKK단의 재등장에 크게 기여했다. 그러나 전성기를 누리던 할리우드는 자신들이 사회에 해로움을 끼칠 수 있다는 사실을 직관적으로 알아차렸고 사회를 위한 긍정적인 역할 모델을 제공하면서 이에 책임감 있게 대응해 왔다. 과거의 전쟁 영화, 서부 영화, 탐정 영화에 등장하는 영웅들은 오로지 법적인 정당성이 부여될 경우에만 살해했다. 그렇지 않을 경우, 그들은 처벌받았다. 악당은 아무리 폭력을 휘둘러도 절대 이득을 얻지 못했으며, 범죄는 항상 정의의 심판을 받았다. 이러한 영화들이 가진 메시지는 간단했다. 법을 넘어서는 인간은 없고, 범죄는 보상을 제공하지 않으며, 폭력은 법이 허락하는 한도 내에서만 가능하다는 것이다. 영웅은 법을 지키고, 복수의 욕망을 법의 권위에 따라 조율하는 데서 보상을 받았다. 관객은 영웅과 자신을 동일시하고 영웅이 보상받을 때 대리 체험을 했다. 관객은 스스로에 대해 기분 좋게 생각하고, 정의로운 법치 세계의 존재를 느끼면서 극장 문을 나섰다.

하지만 오늘날 영화 속에는 새로운 유형의 영웅들, 즉 법의 테두리 밖에서 활약하는 영웅들이 있다. 복수는 법보다 더 오래되고, 더 어둡고, 더 원시적이며 더 원초적인 개념이고, 이 새로운 반영웅antihero들은 법보다는 복수의 신에 복종하면서 동기를 얻고 보상받는 것으로 묘사된다. 이 새로운 복수 찬양이 미국 사회에 가져온 결과는 오클라호마 시 폭탄 테러에서 볼 수 있다. 우리는 텔레비전 화면이라는 거울 속에서 법치 사회에서 폭력과 보복, 복수가 판을 치는 사회로 퇴행하는 미국의 반영을 본다.

미국에 폭력을 제어하지 못하는 것처럼 보이는 경찰 조직이 있고, (로드니 킹과 LA 경찰이 나오는 비디오*를 봄으로써) 경찰을 두려워하게 된 시민들이 있다면, 그 이유는 오락 산업에서 찾을 수 있다. 오락 산업에서 제공하는 역할 모델, 경찰관들을 키워 온 전형들을 보라. 클린트 이스트우드의 〈더티 해리〉는 법에 의해 규제받지 않는 새로운 경찰관 세대의 전형이 되었고, 할리우드의 새로운 경찰들이 복수를 법의 테두리 밖에 둘 때, 관객들 또한 이 같은 행동에 대리 보상을 받는다.

이러한 영화들은 이렇게 법을 무시하며 복수하는 역할 모델을 통해 관객들에게 지속적인 대리 강화의 흐름을 제공하면서, 진정으로 불쾌하고 반사회적인 역할 모델을 받아들이도록 우리 사회를 조장한다. 이 새로운 유형의 역할 모델은 가혹한 살인마로, 초자연적인 힘을 가진 경우가 많다. 이들은 극중에서 무고한 피해자를 고문하고 살인하는 자로 묘사된다.

이러한 영화들에서는 절대 피해자들을 범죄자로 묘사하려 하지 않는다. 피해자들이 속물이고 타인에게 모욕을 가했다는 이유로(그 좋은 예는 공포 영화의 고전 〈캐리Carrie〉다. 이 영화는 많은 아류작들을 낳았다), 혹은 젊은 관객층이 경멸하는 사회 집단이나 계층의 구성원이라는 이유로 그들의 죽음은 정당화된다. 이러한 영화들에서 관객은 자기 인생에서 자신을 사회적으로 모욕했거나 무시했던, 또는 존중을 표하지 않았던 사람들을 대리로 살해하면서 강화된다. 그리고 실제 삶에서 미국의 젊은이들과 조직 폭력배들은 스스로가 만든 법에 따라, 자신들을 '무시하는' 자들에게 '정의'의 응징을 내리는 법을 배우면서 미국 사회의 폭력을 증가시킨다.

---

* 1991년 3월 과속운전으로 도주하던 흑인 청년 로드니 킹을 백인 경찰관들이 붙잡아 무차별 구타한 사건. 이 사건은 인근 주민이 구타 장면을 비디오로 촬영해 세상에 알려졌지만 기소된 백인 경찰들은 백인이 다수였던 배심원단으로부터 무죄 평결을 받았다. 그리고 이에 분노한 흑인들은 폭동을 일으켜 50여 명이 사망하고 LA경찰국장이 사임하는 사태를 불러와 미국 사회에 큰 충격을 줬다.

정당화의 시늉조차 내지 않으면서 살해하는 더욱 저급한 대리 역할 모델들도 있다. 앞서 말한 종류의 영화들을 통해 둔감화되면서, 우리 중 일부는 아무런 이유 없이 살해를 일삼는 역할 모델들을 받아들이려 한다. 여기에서 일어나는 대리 강화는 사회적 모욕의 가능성에 대한 복수도 아니고, 그 자신과 궁극적으로는 권력을 위한 학살과 고통일 뿐이다.

대리 역할 모델의 질이 점점 낮아지는 과정에 주목하라. 우리는 법의 규제 아래에서 살해하는 자들로부터 시작한다. 그러다가 어느 지점에서 우리는 '죽어 마땅하다'고 여기는 범죄자들을 죽이기 위해 법망 바깥으로 '나갈 수밖에 없었던' 역할 모델을 받아들이기 시작하고, 그다음에는 청소년기에 겪은 사회적 모욕에 앙갚음하기 위해서 살해한 대리 역할 모델을 받아들이며, 또 그다음에는 그 어떤 원인이나 목적 없이 살해하는 역할 모델들을 받아들이게 된다.

우리는 그 길의 모든 걸음에서 가장 어두운 환상을 충족시키면서 대리 강화되어 왔다. 이 새로운 유형의 역할 모델들은 또한 사회 권력을 갖는다. 그 권력은 벌 받아 마땅한 악한 사회 안에서 하고 싶은 것은 무엇이든 할 수 있는 권력이다. 이 역할 모델들은 사회 규범을 초월하며, 그 결과 얻은 '지위'는 이 새로운 유형의 스타를 동경하는 사회 일부에서 선망의 대상이 된다. 또한 우리는 역할 모델의 분노와 학습자의 분노 사이에 유사성이 있음을 알 수 있다. 사회가 그들에게 가하는 모욕과 범죄를 향해 대부분의 인간이 느끼는 분노, 그리고 특히 청소년기의 강렬한 분노 말이다.

우리 사회의 경향 속에서 미국의 아이들이 새로운 유형의 폭력적인 역할 모델에 더 노출되기 쉬워졌다는 것은 잘 알려지지 않은 부작용이다. 전통적인 핵가족에는 어린 남자아이들에게 역할 모델이 되어 왔던 안정적인 아버지가 있었다. 하지만 안정적인 남성상 없이 자신의 삶을 살아온 남자아이들은 절박하게 역할 모델을 찾는다. 그래서 영화나 텔레비전이 제공하는 힘세고, 강하고, 지위가 높은 역할 모델이 이들 삶의 빈 공간을 채운다. 결국 우리는 그들의 아버지를 빼앗고 모든 상황에서 폭력적으로 반응하는 새로운 역할 모델로 대체했다. 그리고 나서 우리 아이들이 왜 이토록 폭력적이 되었는지 의아해하는 것이다.

5

감성의 회복을 위하여

책 전반에 걸쳐 우리는 군사 훈련과 관련된 요인들을 관찰해 왔다. 군인들은 심리적으로 감수성이 예민한 나이에 신병이 된다. 그들은 심리적으로 적군과 거리를 두고, 그를 혐오하고 비인간화하도록 교육받는다. 그들은 권위자의 위협과 집단 면죄, 압력을 겪는다. 그럼에도 이들은 살해하는 데 저항하고 어려움을 겪는다. 그들은 허공에다 대고 총을 쏘고 몰두할 만한 비폭력적인 과제들을 찾는다. 그리하여 여전히 조건 형성시킬 필요가 생겼다. 조건 형성은 놀라울 정도로 효과적이었지만, 치러야 할 심리적 대가가 있었다.

이 책의 마지막 부에서 우리는 '사회에서의 살해'를 이해하기 위해 '전장에서의 살해'를 통해 배운 것들을 적용했다. 폭력적인 영화의 주된 시청자들은 젊은 남성과 여성이며, 이들은 바로 군대가 살해 목적에 가장 적합하다고 판단한 자들이다. 폭력적 게임을 통해 젊은이들은 인간에게 총을 쏠 수 있는 자로 변해 간다. 오락 산업은 군대와 정확히 똑같은 방식으로 젊은이들을 조건 형성한다. 민간 사회는 군대의 훈련과 조건 형성 기법들을 위험하게 흉내 냈다.

게다가 가족이 해체되었다. 경제 수준의 고하를 막론하고 모든 아이들은 더 이상 검열관, 상담자, 역할 모델을 가정 안에서 찾을 수 없다. 대신 그들은 또래 집단에서 권위적 인물을 찾는다. 어떤 경우에는 조직 폭력 집단에서 가족을 찾기도 한다.

그리고 우리 사회 안에는 심리적 거리를 제공하는 요인들이 있다. 미국 사회는 점차 인종, 성별 등등에 따라 나뉘고 있다. 미국은 구획화되고 있다. 빈민가의 사람들이 자기 지역을 벗어나는 일은 거의 없다. 그 외의 영역은 그들에게 낯선 땅이다. 중산층과 상위 계층에서는 그 반대 현상이 일어난다. 그들은 모든 곳을 여행한다. 다만 빈민가에는 가지 않는다. 가면 불안하기 때문이다. 이러한 거리를 유지하는 것은 아주 쉬운 일이다. 그들은 자동차를 타고 다니며 교외에서 살고 좋은 레스토랑에서 밥을 먹는다. 이러한 분리는 적군을 동물로 생각하거나 '구크'라고 부르도록 학습하는 군인들만큼 공격적인 것은 아니지만, 거리는 엄연히 존재한다.

우리 사회에서 유일한 연결 지점은 미디어다. 미디어는 우리를 하나로 뭉치게 하는 데 힘써야 하지만, 실제로는 서로를 떨어뜨려 놓고 있을 뿐이다. 미디어는 폭력을 조건 형성하고 가르치며, 우리의 가장 어두운 본능을 키우고, 우리의 가장 깊은 두려움을 조장하는 폭력적인 전형들을 공급하고 있다.

우리는 틀림없이 파멸에 이르는 길에 들어서 있다. 우리는 스스로 걸어 들어온 이 어둡고 두려운 곳에서 집으로 돌아가는 길을 절박하게 찾고 있다.

파멸에 이르는 길

> 자연 상태에는 예술도, 문자도, 사회도 없다. 그리고 무엇보다 나쁜 것은
> 비명에 죽을지도 모른다는 두려움과 위험이 계속된다는 것이다. 그 속에서
> 인간의 삶은 고독하고 가난하고 가혹하고 잔인할 뿐 아니라 오래 가지도 못
> 한다.
>
> ― 토머스 홉스, 《리바이어던》

여기서 살펴보았던 오늘날 가장 폭력적인 영화와 그에 맞먹는 비디오
게임물들이, 폭력과 전쟁이 악용되지 못하도록 해줄 일종의 승화로 작용
할 것이라고 주장하는 사람들도 있다. '승화Sublimation'는 지그문트 프로
이트가 만들어 낸 용어로, 받아들여질 수 없는 욕구와 욕망을 사회적으
로 바람직한 무엇으로 전환하는 것을 의미한다. 이드의 어둡고 받아들여
질 수 없는 충동들을 숭고한 무엇으로 돌리는 것이다. 그리하여 신체를
갈라 보고 싶은 욕망이 있는 사람은 외과의가 될 수 있고, 폭력을 향한
받아들여질 수 없는 욕구가 있는 사람은 운동선수, 군대, 수사관이 되면
서 욕구를 조율할 수 있다. 그러나 영화를 보는 것은 승화가 아니다.

오락 산업은 사회가 용인하는 방식으로 에너지를 조율하는 법을 제공
하지 않는다. 텔레비전과 영화를 수동적으로 받아들일 때는 보통 아주
적은 수준의 에너지만 소모된다. 법의 권위 바깥에서 살해하거나 무고한
사람을 죽이는 것이 사회적으로 바람직한 행위가 되지 않는 한, 이런 시
청 행위를 사회적으로 용인될 수 있는 바람직한 방식으로 에너지를 쓰
는 것이라고 보기는 힘들다. 그러나 오락 산업의 어긋난 세계에서는 이러
한 행위는 사회적으로 바람직한 행위다.

텔레비전과 영화 속에 등장하는 폭력이 승화의 한 유형이라면, 그리고 이것이 매우 효과적이라면, 1인당 폭력 발생 비율은 낮아져야 했다. 하지만 그렇기는커녕 이 이른바 '승화'가 이루어졌던 세대가 태어나서 죽을 때까지 폭력은 거의 일곱 배나 늘어났다. 그것은 승화도 아니고, 중립적인 오락도 아니다. 그것은 고전적 조건 형성, 조작적 조건 형성, 사회적 학습이며, 이 모든 것은 사회 전체가 폭력을 행사하는 것을 가능하게 하는 방향으로 초점이 맞추어져 있다.

1992년 올림픽에 출전한 미국 하키 팀이 과거의 경기에서는 절대로 볼 수 없었던 높은 무법성과 폭력성, 공격성을 나타냈을 때 우리는 이를 이상하게 여겼어야 했다. 어느 고등학생 치어리더의 어머니가 딸의 경쟁자를 살해하기 위해 살인 청부업자를 고용했을 때, 어느 올림픽 피겨 스케이트 선수의 경호원이 경쟁 선수에게 상해를 입혀 경기에서 탈락시키려 했을 때, 우리는 미국이 점점 폭력을 통해 모든 문제를 해결하려 하는 사회로 변질되고 있다는 사실을 깨달았어야 했다.

집으로 돌아가는 길: 감성의 회복을 위하여

남성 권력, 남성 지배, 남성성, 남성 섹슈얼리티, 남성의 공격성은 전부 생물학적으로 결정된 것이 아니다. 그것은 조건 형성되어 있다. ……조건 형성된 것은 탈조건 형성될 수 있다. 사람은 변할 수 있다.

— 캐서린 잇진, 《포르노그래피: 여성, 폭력, 그리고 시민의 자유》

그렇다면 해결책은 무엇인가? 우리가 지나 온 이 어둡고 두려운 곳으로부터 집으로 돌아가는 길은 어디에 있는가?

이제 미국의 감성을 회복시킬 때가 된 것 같다.

미국의 헌법을 제정했던 자들이 무기를 휴대할 권리를 보장한 수정헌법 제2조를 썼을 때, 그들은 언젠가는 이 '무기'의 개념에 도시 전체를 사라지게 만들 수 있는 대량 살상 무기가 포함되리라고는 꿈에도 생각하지 못했다. 이와 마찬가지로 20세기 말까지만 해도, 표현의 자유에 관한 권리가 집단적 조건 형성과 둔감화의 기제를 포함하게 되리라고 생각했던 사람은 아무도 없었다. 1930년대에 미국 사회는 처음으로 폭발성 무기 보유를 규제할 필요성을 의식하기 시작했고, 오늘날 수정헌법 제2조를 가장 과격하게 옹호하는 자들조차 폭탄, 야포, 신경가스, 핵무기가 잔뜩 탑재된 임대용 트럭을 개인이 보유해야 한다고 주장하지는 않는다. 이와 마찬가지로, 아마도 미국 사회는 수정헌법 제1조의 권리를 위해 기술을 사용한 대가를 곧 치러야 할지도 모른다.*

사냥칼, 손도끼, 화승총을 규제하지 않아도 되는 것처럼 인쇄 매체를 규제할 필요는 없다. 그러나 인쇄 매체나 화승총을 넘어서는 기술을 규제하는 것은 정당할지 모른다. 기술이 발전할수록 규제의 필요성은 커진다. 무기 기술 영역의 규제는 폭발물, 야포, 기관총에 대한 규제를 의미하며, 이는 자동소총이나 권총에 대한 규제도 고려할 때가 되었음을 의미할 수 있다. 미디어 기술 영역에서는 텔레비전, 영화, 비디오 게임을 규제하도록 고려할 때가 되었음을 의미할 수 있다.

기술은 다양한 방식으로 비약적인 발전을 거듭하여 사회에서 일어나는 폭력의 맥락 자체를 변화시켰다. 오늘날의 기술은 과거에 비해 훨씬

---

* 미국의 수정헌법 제1조는 종교·언론·출판·집회의 자유를, 제2조는 무기 휴대의 권리를 규정하고 있다.

다양한 오락에 사용되고 있다. 영화, 텔레비전, 비디오, 비디오 게임, 멀티미디어, 인터랙티브 텔레비전, 전문 잡지, 인터넷 등이 이에 속한다. 그 결과 오락은 이제 사적인 행위가 되었다. 이는 좋은 경우도 많지만, 개인의 병리를 발달시키고, 키우고, 유지할 가능성도 지닌다. 우리는 표현의 자유와 무기 휴대 권리를 보호하는 전통을 200년간 유지해 왔다. 하지만 헌법을 제정한 자들은 헌법을 쓸 때 이러한 요인은 물론 조작적 조건 형성을 분명 감안하지 못했다.

미디어 비평가인 마이클 메드베드Michael Medved는 검열(자체 검열이든 일정한 형식을 갖춘 법적 검열이든)이 하나의 해결책이고, 할리우드에서 검열을 시작한 시기에 또한 〈바람과 함께 사라지다〉나 〈카사블랑카〉와 같은 위대한 작품이 등장했다고 지적하면서, 검열이 그리 나쁘지는 않을 것이라고 믿는다. 사이먼 젠킨스Simon Jenkins는 〈런던 타임스〉 사설에서 다음과 같이 주장했다.

검열이란 외부에서 오는 규제이기 때문에 프로들은 이를 아주 싫어한다. 하지만 그러한 제재 조치는 사회악을 유발시키는 불량 식품이나 위험한 약물, 총이나 영화 등 공동체의 안녕을 위협할지 모르는 것들에 대해 공동체가 보이는 자연스러운 반응이다. 영화 제작자들은 다른 예술가들과 마찬가지로 그러한 제재 조치들에 구속받지 않을 면허를 달라고 한다. 그들은 사회 바깥에서 그 안을 들여다보는 관찰자들이다. 하지만 면허는 빌릴 수 있는 것이지 소유할 수 있는 것이 아니다. 또한 그것은 취소될 수도 있다.

하지만 감성의 회복을 위한 길이 형식적인 검열을 통해서 열리지는 않을 것 같다. 장래 새로운 법과 법적 규제들을 통해 합법적인 제재 조치들이 있게 될지 모르지만, 하나의 억압은 다른 형식의 억압을 통해 결코 진정으로 완화될 수 없다. 따라서 오늘날의 비디오 사회에서 폭력을 가능하게 하는 모든 표현을 완전히 억누르기는 어려울 것이다. 그렇지만 우리는 서로의 권리를 존중하면서 우리 대부분이 원하는 유형의 사회가 되는 길로 되돌아갈 절충안을 찾을 수는 있다. 우리에게 필요한 것은 검열이 아니다. 적어도 그 어떤 법적 혹은 입법상의 검열은 아닐 것이다.

수정헌법 제1조의 권리에 대한 관점과 그 권리를 적용하는 방식을 바꾸는 것에 대한 격렬한 논쟁이 있지만, 나는 이를 지지하지 않는다. 그러나 나는 우리 사회가 자신의 이익을 위해 폭력을 써먹는 자들에게 검열이 아닌 질책을 해야 할 때가 왔다고 믿는다. A. M. 로젠탈이 말했듯이, 우리는 "그 추한 인간들로부터 완전히 등을 돌리고, 그들에게 관용과 존중을 베풀기를 거부함으로써 그들을 이겨야 한다."

우리는 우리 사회가 폭력과 파괴의 순환 속으로 강하게 끌어당기는 매개체들의 병리적인 소용돌이에 사로잡혀 있다는 것을 인식해야 한다.

감성의 회복을 위한 처방은 이 어두운 상태로 걸어 들어온 경로처럼 복잡하고 상호적이다. 총, 약물, 가난, 조직 폭력, 전쟁, 인종주의, 성차별주의, 핵가족의 파괴는 인간 삶의 가치를 떨어뜨리는 여러 요인들 중 일부에 지나지 않다. 안락사, 낙태, 사형제도 등을 둘러싼 현재의 논쟁은 삶과 죽음의 윤리를 대하는 우리의 의견이 분열되어 있다는 것을 보여 준다. 크거나 작은 정도의 차이는 있지만, 이 각각의 요인들은 우리를 파멸에 이르게 하는 데 자신의 힘을 보태고 있다. 따라서 범죄에 맞서 전면전을 벌이기 위해서는 이 모든 요인을 고려할 필요가 있다. 하지만 이러한 요인들은 과거에도 늘 있어 왔다. 오늘날 작용하고 있는 새로운 요인은 제2차 세계대전에서 15에서 20퍼센트에 불과하던 사격 비율을 베트남 전쟁에서 90에서 95퍼센트까지 끌어올렸던 것과 동일한 요인이다. 이 요인은 미디어의 둔감화와 살해 조장이다.

마이클 메드베드에 따르면, 텔레비전 프로그램 제작자들은 언제나 아주 모순적인 주장을 해왔다. 텔레비전 방송국의 중역들은 지난 수년간 텔레비전 프로그램들이 우리의 행동에 영향을 끼치거나 변화를 가져오지 못한다고 주장해 왔다. 그러나 미국의 주요 기업들은 텔레비전을 통해 인간의 행동을 변화시키기 위해, 방송국에 몇십 년간 수십억 달러에 이르는 거금을 지불해 가며 불과 몇 초나 몇 분의 방송 시간을 얻어 왔다. 사실 여기에 새롭거나 의미심장한 주장은 전혀 없다. 방송국의 중역들은 기업의 마케팅 담당자들에게 잘 만들어진 몇 초의 영상만 있으면 미국인들이 어렵게 번 돈을 기업이 원하는 방식으로 쓰게 할 수 있다고 말한다. 하지만 그들이 국회나 감독 기관에 가서 하는 말은 이와 정반대다. 그들은 폭력적인 상황에 정서적으로 반응하는 방식에서 일어난 시청자들의 눈에 띄는 변화에 자신들은 아무런 책임이 없다고 주장한다. 1994년까지만 해도 텔레비전과 폭력의 상관관계를 설명하는 연구가 200편 넘게 발표된 상황에서 말이다.[3]

미디어의 주장을 반박하는 과학적 증거는 무수히 많다. 1994년 3월, 영국의 노팅엄 대학 아동발달학 과장인 엘리자베스 뉴슨Elizabeth Newson 교수는 25명의 심리학자들과 소아과 의사들이 서명한 보고서를 발표했다. 그 내용은 다음과 같다.

우리 중 많은 사람들은 표현의 자유는 소중한 것이라는 자유주의적 이상을 여전히 간직하고 있다. 하지만 이제 그동안 너무 순진한 생각에 빠져 있던 게 아닌가 하는 생각이 든다. 해로운 자료들을 아이들이 자유로이 이용할 수 있게 될 때 일어날 수 있는 심각한 사태를 전혀 예견하지 못했을 정도로 말이다. 사회는 가정에서 아이들이 이러한 자료들을 보는 것을 법적으로 규제함으로써 이러한 자료들로부터 그들을 보호할 책임을 다해야 한다. 다른 형식의 아동 학대로부터 아이들을 보호하듯이 말이다.

"쓰레기 같은 비디오 영화"에 대한 접근을 제한하는 법 제정을 요구한 뉴슨 교수와 그의 동료들의 주장은 영국에서 격렬한 논쟁을 불러일으켰다. 이는 단지 가장 최근의 사례일 뿐, 이들이 이러한 주장을 펼치기 전부터 미디어의 폭력과 폭력 범죄의 관계에 대한 연구를 통해 이들이 서로 연관되어 있다는 확신을 공개적으로 표명한 과학자들은 수없이 많았고, 그 수는 갈수록 불어나고 있다.

《퍼블릭 인터레스트The Public Interest》 1993년 봄호의 기사에서 워싱턴 대학의 역학疫學 전공 교수 브랜든 캔터월Brandon Cantawall 박사는 이처럼 무수히 드러난 증거들을 간명하게 요약했다. 이 잡지에 실린 캔터월의 보고서는 캐나다의 고립된 시골 공동체에 처음 텔레비전이 소개되었을 때, 그리고 1975년 아프리카어만 사용하던 남아프리카 정권이 영어 사용 텔레비전 방송을 해금했을 때 나타난 영향을 주제로 삼고 있다. 각 사례에서 아이들의 폭력 범죄는 비약적으로 증가했다.

캔터월은 대부분의 인간 현상과 마찬가지로 공격 충동은 종형鐘形 곡선에 따라 분포되어 있으며, 모든 변화의 의미 있는 결과는 항상 극단에서 발생한다고 지적한다. 그는 다음과 같이 언급한다.

평균 지점의 작은 변화가 극단 지점에서 중대한 변화를 야기하는 것은 '종형 곡선' 분포 고유의 효과다. 따라서 텔레비전에 노출된 결과 전체 인구 중

8퍼센트의 사람들에게서 공격성이 평균 이하 수준에서 평균 이상 수준으로 이동하게 될 때, 살인 사건 발생 비율은 두 배에 이르는 결과가 발생한다.

통계적인 의미로 볼 때, 전체 인구 중 8퍼센트에서 공격적 기질이 증가했다는 것은 아주 작은 변화에 불과하다. 더구나 인구 중 5퍼센트 미만의 사람들에게서 공격적 기질이 증가했다면, 이는 통계적으로 의미 있게 고려될 만한 상황조차 아니다. 하지만 인간적인 의미에서 볼 때, 살인율이 두 배로 늘어날 경우 그 충격은 어마어마하다. 캔터월은 다음과 같이 결론짓는다.

이러한 증거는 만약 텔레비전 기술이 개발되지 않았다면 미국에서 매년 1만 건의 살인 사건과 7만 건의 강간 사건, 70만 건의 폭행 사건은 일어나지도 않았을 거라는 점을 시사한다. 폭력 범죄 발생 건수가 현재에 비해 절반 수준으로 떨어졌을 거라는 얘기다.

증거는 압도적일 만큼 많다. 1993년 미국심리학협회의 청소년폭력위원회는 "텔레비전에서 접하는 폭력의 수준이 높아질수록, 공격적 태도를 받아들이고 공격적으로 행동할 여지가 높아진다는 데는 의심할 여지가 없다"고 결론지었다.

이 모든 증거를 접한 상황에서, 미디어에서 미화하여 제시하는 폭력의 수용을 거부하고 이를 비난하는 것은 당연한 일이다. 이는 어디까지나 자기방어 행위일 뿐이다. 사회가 우리의 삶과 도시, 문명을 파괴하는 폭력 범죄를 조장하는 자들에 맞서 들고일어난 것이다. 실제로 이러한 일이 벌어진다면, 그 과정은 거의 마찬가지 이유로 최근 몇 년간 약물과 담배를 미화하는 것에 반대하며 나타난 현상들과 유사할 것이다.

역사적으로 국가와 기업, 개인은 국가의 권리, 생존 공간Lebensraum*, 자유 시장 경제, 수정헌법 제1조, 제2조와 같은 고상한 개념들로 자신들의 행위를 위장해 왔지만, 궁극적으로 그들이 하고 있는 행위는 사적인 이득을 위한 것이고, 그 결과는 — 의도적이든 아니든 — 무고한 남자와 여자, 아이들을 죽이는 것이다. 그들은 스스로를 '담배 산업', '오락 산업'이라고 부르면서 책임을 희석하는 과정에 참여하고, 우리는 이를 허용한다. 하지만 그들은 궁극적으로 동료 시민들을 파멸에 이르게 하는 일에 참여하겠다는 도덕적 결정을 내린 개인들에 불과하다.

우리 사회는 갈수록 그 수위가 높아지는 폭력의 물결을 막아야 한다. 각각의 폭력 행위는 더 높은 수준의 폭력을 불러오고, 어느 시점에 이르면 폭력이라는 이름의 이 정령을 다시 호리병 안으로 불러들이는 것은 불가능한 일이 되고 말 것이다. 전투 살해에 관한 연구는 친구나 친척이 전투 중에 다치거나 죽었을 때 살해에 가담하여 전쟁 범죄를 범할 가능성이 훨씬 더 높아진다는 것을 가르쳐준다. 폭력 범죄에 의해 다치거나 죽임을 당한 개인은 친구나 가족을 통해 추후의 폭력을 유발하는 구심점이 된다. 모든 파괴적인 행위는 다른 인간의 억제력을 갉아먹는다. 각각의 폭력은 우리 사회의 조직을 마치 암세포처럼 먹어치우고, 끝없이 확장하는 공포와 파괴의 순환 속에 스스로를 퍼뜨리고 재생산한다. 폭력의 정령은 절대로 다시 호리병 속으로 들어갈 수가 없다. 폭력은 바로 지금 여기에서만 단절될 수 있으며, 그리고 나서야 치유와 감성의 회복을 위한 느린 과정이 시작될 수 있다.

---

* 나치의 이념 가운데 하나로, 나치는 자신들의 정복 전쟁을 생존 공간을 확보하기 위한 것으로 정당화했다.

이것은 할 수 있는 일이다. 과거에도 이와 같은 일을 한 적이 있었다. 리처드 헤클러가 보여 주듯이, 폭력을 부추기는 기술을 제한한 선례가 있다. 고대 그리스인들이 그 시초로, 그들은 페르시아 궁수들에 의해 가장 불쾌한 방식으로 전래된 이래 무려 4세기 동안 활과 화살의 실제 사용을 거부했다.

《총을 포기하라Giving up the Gun》에서 노엘 페린Noel Perrin은 16세기에 포르투갈인들에 의해 총기가 전래되었을 때 일본인들이 총기 사용을 규제한 방식에 대해 말하고 있다. 일본인들은 군대가 화약을 사용하게 되면 자신들의 사회적, 문화적 구조의 근간이 흔들릴 것이라는 점을 재빠르게 간파했고, 자신들의 생활양식을 지키기 위해 공격적으로 나섰다. 일본의 봉건 영주들은 기존의 모든 화기를 파괴하고 새로운 총을 생산하거나 수입하는 자에게는 사형을 내렸다. 그로부터 3세기가 지나 페리 준장이 일본에 개항을 강요했을 때, 그들에게는 화기를 만들 기술조차 없었다. 이와 비슷하게, 중국인들은 화약을 발명했지만 전쟁에서는 그것을 사용하지 않기로 결정했다.

그러나 살해 기술 규제에 가장 큰 힘을 실어 준 사례는 모두 20세기의 것이다. 제1차 세계대전에서 독가스의 사용이라는 비극적 경험을 한 이후, 세계 각국은 그 이래로 줄곧 일반적으로 독가스의 사용을 거부해 왔다. 대기권 핵실험 금지 조약이 거의 30년 동안 지속되고 있고, 위성 공격 무기 배치에 대한 금지는 20년 동안 강하게 유지되고 있으며, 미국과 구소련이 십여 년에 걸쳐 꾸준히 핵무기를 감축해 온 전례가 있다. 대량 파괴에 이용되는 수단들을 단계적으로 줄여 왔듯이, 우리는 대량 둔감화의 수단들 역시 단계적으로 줄일 수 있다.

헤클러는 "거의 주목받지는 못했지만 도덕적 이유로 군사 기술을 줄이려는 일련의 선례들"이 있어 왔다고 지적한다. 이러한 선례들은 전쟁과 살해, 그리고 사회 속 인간 생명의 가치에 관해 생각하는 방식에 대한 선택권이 우리에게 있음을 보여 주었다. 최근 몇 년간 우리는 핵 파괴의 낭떠러지로부터 벗어나는 선택을 실천해 왔다. 이와 마찬가지로 우리 사회는 살해를 가능하게 하는 기술로부터 빠져나올 수 있다. 그 첫걸음은 교육하고 이해하는 것이다. 그래야 우리는 이 어두운 시절에서 벗어나 더 건강하고 의식 있는 사회로 나아가리라는 희망을 품을 수 있다.

이에 실패한다면 우리를 기다리고 있는 결과는 다음 두 가지뿐이다. 하나는 몽고 제국과 제3제국의 길을 가는 것이고, 또 하나는 레바논과 유고슬라비아의 길로 가는 것이다. 다음 세대들이 동료 인간들의 고통에 갈수록 둔감해지며 자라난다면, 이와 다른 결과를 기대한다는 것은 불가능한 일이다. 우리는 우리 사회의 안전장치를 제자리로 돌려놓아야 한다.

예전에 우리는 왜 인간들이 서로 싸우고 죽이는지, 그리고 왜 앞으로도 계속 그러해서는 안 되는지에 대해 전혀 이해하지 못했다. 그러나 이제는 이해해야 한다. 오직 인간 행동에 대한 이해를 바탕으로 해야만 우리는 변화를 꿈꿀 수 있다. 인간의 마음속에는 자기 목숨이 달려 있는 상황에서조차 살해를 거부하게 만드는 힘이 있다는 것, 이것이 바로 이 책이 전달하고자 하는 핵심 내용이다. 이 힘은 유사 이래 인간의 마음속에 늘 존재해 왔고, 어찌 보면 군의 역사는 사회가 그 구성원들로 하여금 살해에 대한 거부감을 저버리게 함으로써 전투에서 보다 효율적으로 살해할 수 있도록 시도한 결과들이 누적된 역사로 해석될 수 있다.

하지만 생의 힘, 즉 프로이트의 에로스는 죽음의 힘인 타나토스와 균형을 이루고 있다. 그리고 우리는 이제껏 이 두 힘 사이의 전투가 유사

이래 아주 광범위한 영역에서 지속적으로 벌어져 왔음을 봐 왔다.

우리는 타나토스를 가능하게 하는 방식을 배웠다. 무기의 스위치를 '안전'에서 '발사'로 전환하는 일처럼, 우리는 아주 손쉽게 인간의 심리적 안전장치를 밀어젖히는 법을 알고 있다. 우리는 그러한 심리적 안전장치가 어디에 있고, 그것이 무엇인지, 어떻게 작동하는지, 그리고 어떻게 다시 제자리로 되돌려놓을 수 있는지를 이해해야 한다. 이것이 살해학의 목적이고, 이 책이 추구하는 목적이다.

주

서문 — 살해와 과학

1 뛰어난 책 《복고 문화Retroculture》를 쓴 역사가 빌 린드Bill Lind처럼, 내 친구들 중 일부는 여기서 내가 제시한 빅토리아 시대의 성 억압 양상에 대한 표현에 동의하지 않는다. 그러나 중요한 점은 여기서 내가 제시한 현대적 억압에 대한 분석에 동의하지 않는 사람은 아직 보지 못했다는 것이다.

2 살해를 연구하는 분야에는 이름조차 없다. '사망학Necrology'은 죽은 자들을 위한 연구일 터이고, '살인학homicidology'이라는 용어는 불가피하게 불법적인 살인murder만을 의미하게 될 것이다. '자살학suicidology'이나 '성관계학sexology'이라는 말이 해당 분야의 적절한 연구를 위해 최근 만들어졌던 것처럼, 이러한 연구를 위해 간단명료하게 '살해학killology'이라는 용어를 쓰는 것이 좋을 것 같다.

1부 — 살해와 거부감의 존재

1 이 영역에 대한 마셜 연구의 신빙성에 관해서는 많은 논란이 있다. 《K중대 병사들The Men of K Company》의 저자인 해럴드 라인바우Harold Leinbaugh 같은 여러 현대 저술가들은 제2차 세계대전의 사격 비율은 마셜이 발표했던 것보다 훨씬 높았다고 끈질기게 주장한다. 그러나 앞으로도 살펴보겠지만, 내 연구에서는 마셜이 제시한 정확한 사격 비율까지는 아니더라도 그의 기본적인 주장을 뒷받침하는 정보가 곳곳에 나오고 있다.

나폴레옹 시대와 남북 전쟁 당시 보병 연대의 살해 비율에 관한 패디 그리피스의 연구, 아르당 뒤피크의 조사, 다이어 대령, 게이브리얼 대령(박사), 홈스 대령(박사), 키너드 장군(박사)과 같은 군인 신분 학자들의 연구, 메이터 대령과 루펠 중위 등 제1, 2차 세계대전에 참전했던 군인들의 관찰 등은 모두 마셜 장군의 결론을 뒷받침한다.

물론 이 주제에 관해서는 더 많은 연구와 고찰이 요구된다. 그러나 이러한 연구자와 작가, 참전 용사 들에게 진실을 왜곡하려는 의도가 있었다는 것은 상상조차 할 수 없는 일이다. 또한 한편으로 나는 과거에 조국을 위해 너무나 큰 희생을 치렀던 보병들의 영예를 훼손하는 것처럼 보이는 모든 것을 불쾌하게 받아들이는 사람들의 고귀한 정서 역시 이해하고 받아들일 수 있다.

현재진행형인 이 싸움에서 현재 공격권은 마셜 편에 있다. 그의 손자인 존 더글러스 마셜John Douglas Marshall은 《화해의 길Reconciliation Road》이라는 저서에서 가장 흥미롭고 확증적인 근거를 제시했다. 존 마셜은 베트남 전쟁 당시 양심적 병역 거부를 했으며 자신의 할아버지와 완전히 의절한 상태였다. 그가 할아버지를 사랑할 이유는 없었건만, 그는 "할아버지가 살아온 방식은 비판받을 여지가 크지만, 그의 저술 대부분은 여전히 유효하다"고 밝히면서 자신의 책을 결론지었다.

2 한 명을 죽이는 데 이렇게나 많은 탄환이 소요된 이유는 아마도 자동 화기가 일반화되었기 때문일 것이다. 자동 화기 사격은 대부분 제압 사격이나 화력 정찰 용도로 이루어졌다. 또한 자동 화기의 상당수는 공용 화기, 즉 분대 기관총, 헬리콥터 탑재 기관총, 1분에 수천 발을 발사하는 항공기 탑재 미니건 등이었다. 이러한 공용 화기들은 거의 언제나 사격을 해댔다. 그러나 이 모든 요인을 감안하더라도 베트남에서 수많은 사격이 일어났고, 수많은 개별 군인들이 자발적으로 사격하고자 했던 것은 이 전쟁에서 뭔가 다른 범상치 않은 상황이 발생했다는 점을 나타낸다. 이에 대해서는 7부 〈베트남에서의 살해〉에서 다시 논의하겠다.

3 이는 매우 중요한 개념이다. 1부와 이 책 전반에서 살해 과정을 해부하면서 우리는 (죽이지 않는 자들을 포함한) 집단과 상급자의 핵심적 역할을 관찰하게 될 것이다.

4 또한 마셜은 상급자가 개인에게 가까이 다가가 발포를 명령할 경우 사격하게 된다는 점을 발견했다. 그러나 복종을 명령하는 권위자가 사라지게 되면 사격도 멈춘다. 물론 1부에서 초점을 맞추고 있는 대상은 전장에서 사람을 죽일 의지가 분명히 없는 소총으로 무장한 평범한 군인이다. 복종을 명령하는 권위자가 압박을 가하거나, 여러 명이 다루며 계속 사격을 가할 수 있는 기관총과 같은 공용 화기

를 쏘는 경우, 그리고 현대전에서 흔히 쓰이는 화염방사기나 자동소총 등 주요 화기의 경우는 4부 〈살해의 해부〉에서 다루어지고 있다.

5 나 또한 신병 기본 훈련, 주특기 훈련, 제18공수군단 하사관학교, 사관후보생 학교, 보병 초군반, 레인저 학교, 보병 고군반, 제병 협동 참모학교, 포트 리븐워스 지휘 및 일반 참모대학까지 모든 미 육군의 군사학교를 다녀 봤지만 이 문제가 단 한 번이라도 언급되는 것을 본 기억이 없다.

2부 — 살해와 전투 트라우마

1 이 부의 대략적인 정보는 게이브리얼의 《더 이상 영웅은 없다》를 통해 구성했다. 이 책은 또한 그가 편집한 《군 정신 의학: 비교적 관점》과 미 정신의학회의 《정신 장애 진단 및 통계 편람》을 참고했다.

2 외상후 스트레스 장애의 발생은 기본적으로 전장에서 사회로 돌아오면서 받는 지원 체계의 특성에 달려 있다. 이 부에서는 전쟁 중에 발생하는 정신적 손상의 본질과 원인에 초점을 둔다. 외상후 스트레스 장애는 이와는 다른 유형의 정신 장애로서 7부 〈베트남에서의 살해〉에서 구체적으로 다루게 될 것이다.

3 의무요원들에게서 정신적 사상자가 발생하는 경우는 매우 드물었다는 사실은 내가 자료를 보유하고 있는 모든 전쟁들에서 확인되었다. 그러나 유독 베트남 전쟁에서만큼은 의무요원들에게도 외상후 스트레스 장애가 높게 나타났음을 언급할 필요가 있다. 내 생각에, 이는 참전 용사들이 전쟁에서 돌아온 뒤에 겪었던 일의 독특한 특성에서 기인한 것이다. 이는 7부 〈베트남에서의 살해〉에서 자세히 다룰 것이다.

4 프랭클(1959년), 베텔하임(1960년), 데이비슨(1967년)은 이러한 환경의 심리적 영향력에 관해 연구한 많은 사람들 가운데 일부일 뿐이다.

5 예를 들면, 와인버그(1946년), 바인슈타인(1947, 1973년), 슈피겔(1973년) 등이 있다.

6 1차 세계대전 참전 용사인 제임스 H. 나이트 애드킨의 시 〈무인 지대No Man's Land〉에서 발췌했다. 이 강력한 시는 군인이 겪는 무시무시한 딜레마를 잘 전달하고 있다.

무인 지대는 등골 오싹한 풍경
이른 새벽 창백한 회색 광경
살아 있는 영혼은 절대로 그곳을 거닐지 못하고
아침 공기의 상쾌함을 맛보지 못하네
썩은 진창만이
어제의 친구이자 적이었네

무인 지대는 도깨비의 풍경
독일군이나 영국군, 벨기에군이나 프랑스군 정찰대가
한밤중에 포복해 들어갈 때
참호를 건널 때에는 사신과 주사위 놀이를 하네
속사는 어둠 속에서 반딧불처럼
불꽃을 피우며 연이어 흉벽을 스쳐 가네.
그럴 때면 숨을 곳을 찾아 고개를 숙이고
얼굴은 넉 달 전에 죽어 버린 가슴에 묻네

무인지대에 정렬하는 이는
양편의 그림자에 시달리네
오성 조명탄의 불꽃이 머리 위로 터질 때
시체를 먹고 사는 회색 쥐가 놀라네
폭탄의 폭발과 총검 공격이
네가 안전장치를 해제하는 소리에 응답하리라
손 안에 목숨을 쥔 고독한 정찰대는
무인지대에서 피를 쫓아 사냥한다

3부 — 살해와 물리적 거리

1 나치와 아시리아인들이 스펙트럼의 '극단'에서 살해하는 것이 가능했던 이유를
  알려면 5부 〈살해와 잔학 행위〉를 참고하라.

2 R. K. 브라운의 글에서 인용. 이는 아델버트 F. 월드론 중사의 활동에 관한 교전 후 보고서에서 발췌했다. 베트남 전쟁에 참전한 그는 스타라이트 야간투시경과 소음기를 장착한 경기용 M-14 소총을 사용해 5개월 동안 113명을 공인 사살했다. 시신이 발견되지는 않았으나 혈흔이 남은 기록도 10건이나 되었다. 월드론은 명성을 날리게 되었고, 전장에서는 대니얼 분이라는 별칭으로 통했다. 당연히 베트콩들도 그의 능력을 인식하고 그의 목에 5만 달러의 현상금을 걸었다. 육군은 정보국을 통해 월드론의 머리 가죽에 5만 달러가 걸려 있다는 사실을 알게 된 지 12시간 만에 그를 항공기 편으로 출국시켰다.

3 앞에서도 언급한 내용이지만, 한 명을 죽이는 데 이렇게 많은 탄환이 필요했던 이유는 아마도 자동 화기가 일반화되었기 때문일 것이다. 자동 화기 사격은 대부분 제압 사격이거나 화력 정찰 용도로 이루어졌다. 또한 자동 화기의 상당수는 공용 화기, 즉 분대 기관총, 헬리콥터 탑재 기관총, 1분에 수천 발을 발사하는 항공기 탑재 미니건 등이었다. 이러한 공용 화기들은 거의 언제나 사격을 해댔다. 그러나 이 모든 요인을 감안하더라도 베트남에서 수많은 사격이 일어났고, 수많은 개별 군인들이 자발적으로 사격하고자 했던 것은 이 전쟁에서 뭔가 다른 범상치 않은 상황이 발생했다는 점을 나타낸다. 이에 대해서는 7부 〈베트남에서의 살해〉에서 다룰 것이다.

4 살해 단계에 관한 구체적인 분석은 6부 〈살해 반응 단계〉에서 찾을 수 있다.

5 스튜어트의 글 마지막 문장이야말로, 그가 이 이야기를 쓴 목적이자 클라이맥스다. 이 긴 글의 핵심은 글쓴이가 피해자에게 감정이입하는 정도를 보여 주고 스스로에게 작은 평화를 부여하는 다음 문장에 있는 것 같다. "강렬했던 증오의 눈빛은 그가 죽기 전에 자취를 감추었다." 여기서 우리는 죽어 가는 베트콩이 그를 어떻게 생각하는지를, 그리고 독자가 자신을 어떻게 생각하는지를 그가 깊이 고심했음을 알 수 있다. 우리가 이 살인 이야기를 반복해서 곱씹는다면 자신의 살해 행위에 번민하며 독자들이 이 행위를 어떻게 생각할지에 대해 깊이 염려하는 이 글의 바탕에 깔려 있는 글쓴이의 생각을 읽어 낼 수 있을 것이다. 우리는 7부 〈베트남에서의 살해〉에서 이러한 욕구를 보다 구체적으로 다룰 것이다.

6 그러나 그리스인은 "남자답지 못한" 발사 무기의 사용을 거부했다. 반면 로마군은 독특하게 설계된 재블린과 필름 등의 창을 일제히 집어던짐으로써 그리스 팔랑크스 시민군을 격퇴할 수 있었다. 이에는 찌르기 방식을 중점적으로 가르친 로

마 군의 우월한 훈련법과 전장에서의 높은 기동성, 지휘관의 용병술도 한몫했다.

7 그러나 찌르기를 통한 상해를 끊임없이 강조했음에도 불구하고, 로마 군단과 맞닥뜨린 적군이 베인 상처로 고통스러워한 이야기들이 수없이 나오는 것을 볼 때, 로마 군인들도 여전히 적군을 찌르기보다는 베고 자르는 것을 선호했음을 알 수 있다. 카이사르는 《갈리아 전기》에서 전투 끝에 적군이 "결국에는 상처로 지쳐…… 후퇴하기 시작했다"고 언급한다.

8 흥미롭게도 미 육군의 신형 M-16 소총용 총검은 굉장히 크고 위험해 보이게 생겼고, 칼등에 톱날이 장착되어 있다.

9 혹자는 비밀스러운 살해 방법을 이렇게 공적인 자리에서 밝히게 되면 이제 누구라도 그 살해 방법을 생각할 수 있게 되므로 그것은 부적절한 짓이라고 주장할지도 모른다. 어떤 격투 기관에서는 이러한 '비밀스러운' '고급' 살해 기법들을 누설할 경우 징계나 비난을 받을 수 있다. 폭력을 모델화하고 생각할 수 없는 것을 생각하게 만드는 것과 관련해서는 8부 〈미국에서의 살해〉에서 다루고 있다. 실제로 두개골이나 눈구멍의 구조는 뇌 속으로 침입하기 어렵게 되어 있다는 것을 밝히고 싶다. 또한 잠재적 독자들을 고려할 때, 나는 이 맥락에서 이러한 예시를 쓰는 데서 오는 이득은 그 어떤 잠재적 해로움보다 훨씬 더 크다고 생각한다.

10 조금 더 덧붙이자면, 프로이트는 커다란 시가를 피우는 동성애 취향이 잠재된 남성에 대해 유사한 관찰을 수행했다. 그러나 프로이트 자신도 시가 애호가였고, 그는 얼마 못가 "때로는 시가는 그저 시가일 뿐이다"라고 덧붙였다. 똑같은 방식으로 나 또한 군인이자 총기 소지자로서 덧붙이자면, 때때로 총은 그저 총일 뿐이다.

4부 — 살해의 해부

1 이러한 상황에서 참전 용사를 돕기 위해서는 그의 경험을 같이 나누고, '살해'라는 말에 직면하며, 살해에 관한 성경이나 토라의 관점을 논하도록 격려할 수 있다.
＊배우자에게 자신의 경험을 나누도록 격려하기.

　이 사례에서 나는 참전 용사의 부인에게 윌리엄 맨체스터의 《어둠이여 안녕》을 읽도록 권유하고, 이 책에 등장하는 놀랍도록 유사한 상황을 활용해 자신이 겪은 경험을 논해 보도록 그에게 제안했다. 참전 용사가 자신의 경험을 배우자와 함께 나눌 필요성과 그 시작의 역할을 하는 책의 가치는 이러한 상담에서 반복적으로 등장하는 주제다. 이 책의 초안은 이러한 용도로 여러 차례 사용되었다.

＊'살해'라는 말을 사용하도록 격려하기

그것은 살해가 아니라 자기방어였고, 바로 내일 길거리에서 똑같은 일을 저질렀다고 해도 아무도 그에게 죄를 묻지 않는다. 참전 용사들이 이러한 상황을 억압하고 절대로 말하려 하지 않는 것과 마찬가지로, 그의 대답도 "한 번도 그런 식으로 생각해 본 적이 없소"였다. 이러한 상담에서 이는 반복적으로 등장하는 일반적인 주제다.

＊살해에 대한 성경이나 토라의 관점을 논하기

이 문제를 더 깊이 공부하고 그가 가진 종교의 성직자와 함께 논해 보라고 격려했다. 이는 중요하고 일반적인 또 하나의 주제다. 미국인들은 군인이 '선하지' 않다고 믿는 경향이 있다. 이런 반군적 편견은 "죽이지 말라"는 계율에서 발견되지만, 기독교계 안에서도 이 문제에 관한 의견 불일치가 크기 때문에, 그렇게 단순한 문제는 아니다. 나는 군인들을 치료하기 위해 살해에 관한 신학적 논의의 이면을 살펴보는 것이 큰 가치가 있음을 알게 되었다.

〈출애굽기〉 20장에는 십계명이 나와 있다. 약 400년 전의 흠정역판(킹 제임스 버전)에서는 제6계명을 '죽이지 말라Thou shalt not kill'고 번역했다. 번역자들이 이러한 번역을 했을 때, 아무도 '하느님의 언어'가 이토록 맥락에서 벗어나 전쟁터의 살해나 사형이 잘못된 것이라는 의미로 해석될 줄 몰랐다. 20세기에 들어 단 하나의 역본만 제외하면, 모든 현대의 주요 역본이 이 계율을 [불법적으로] 살인하지 말라Thou shall not murder"로 번역하고 있다. 〈출애굽기〉 21장(대부분의 성경에서는 이 장이 십계명과 같은 페이지에 나와 있다)에서는 "사람을 쳐 죽인 자는 반드시 죽일 것이나"(〈출애굽기〉 21장 12절)라는 사형을 명하는 구절이 있다. 제6계명의 원어에 쓰인 히브리어는 개인적인 이득을 위한 살인을 의미하며, 정당한 권한에 의한 살인과는 아무런 관련이 없다. 하느님이 사형을 명하는 것은 이 부분이 처음도 아니고 마지막도 아니다. 〈창세기〉 9장 6절에서 방주에서 내린 노아도 다음과 같은 하느님의 명을 받았다. "다른 사람의 피를 뿌린 자는 그 역시 사람에 의해서 자기 피를 뿌리게 될지어다."

다윗 왕은 "하느님의 마음에 합한 자"로, 또한 군인이기도 했다. 성경은 전투에서 골리앗을 죽인 다윗을 칭송하며, 그는 왕으로서 칭송받는다.

"사울이 죽인 자는 천천이요. 다윗이 죽인 자는 만만이로다." 성경에서는 정당한 명령하에 전쟁에서 죽이는 것을 허용할뿐더러, 영광스러운 일로 여기고 있다. 다윗 왕이 개인적인 이득을 위해 살인을 저지른 것은 우리아를 죽였을 때로, 그는 결국 하느님의 벌을 받는다. 구약 성서에는 이렇듯 정당한 전사이자 지휘관들이 얼마든지 있다. 다윗, 여호수아, 기드온은 전시의 공로를 통해 하느님의 눈에 든 구약 성서의 수백 병사들 중 일부일 뿐이다. 〈잠언〉 6장 17절에서 성경은 하느님이 "죄 없는 피를 흘리는 것을…… 증오하신다"고 말하고 있다. 그러나 성경에서는 전투에서 사람을 죽이는 군인에게는 명예를 준다.

신약 성서에서도 마찬가지다. 젊은 부자가 예수에게 다가갔을 때 그는 예수를 따르기 위해서 가진 모든 것을 버려야 한다는 말을 들었다. 그러나 〈마태복음〉 8장 10절에서 로마 백인대장이 예수에게 다가갔을 때 예수는 "나는 지금까지 이 같은 큰 믿음을 가진 사람을 이스라엘에서 본 적이 없다"고 말했다. 〈사도행전〉 10장에서 하느님이 선택한 첫 비유대 기독교인은 고르넬리오(개역 한글판 표기로는 고넬료), 즉 로마군 백인대장이었다. 하느님은 베드로를 보내어 그가 개종하게 했다. 베드로는 물론 다른 모든 사도들은 유대인이 아닌 자가 기독교인이 될 수 있다는 점에 큰 충격을 받았던 것 같지만, 그는 군인이 첫 영예를 얻는 데 의문을 표한 적은 없다. 〈사도행전〉 10장에서는 대부분 고르넬리오 백인대장에 대한 베드로의 설교와 기독교인으로서의 안내로 채워져 있지만, 베드로나 그 어떤 누구도, 성경의 그 어느 부분에서든지 단 한 번도 군인이자 기독교인인 것이 용납될 수 없다고 말하지 않는다. 반면 그 반대의 메시지는 반복적으로 표현되고 있다.

〈누가복음〉 22장 36절에서 예수는 억류되고 십자가에 못 박히기 몇 분 전, 사도들에게 "검이 없는 자는 겉옷을 팔아 살지어다"라고 명한다. 그들은 세 개의 검을 가지고 있었고, 군인들이 예수를 억류하러 왔을 때 베드로는 그의 검을 꺼냈다. 그러나 예수는 그것을 거두라고 하면서 "검으로 사는 자는 검으로 죽을지어다"라고 했다. 만약 검이 인간을 다스리는 법이라면 인간은 검에 의해, 즉 지배자의 대리인이 휘두르는 검으로 죽어야 한다는 뜻이다. 〈로마서〉 13장 4절에서 바울은 지배자는 "공연히 칼을 가지지 아니했으니"라고 썼다. 그러므로 (1) 십계명 제6계명을 "죽이지 말라"고 번역한 것은 맥락에서 크게 벗어난 잘못된 번역이며, (2) 이 번역이 우리 참전 용사들에게 커다란 정서적 해를 가한 책임이 있다는 논의는 타당하다. 앞서 기술한 입장은 대부분의 천주교와 개신교 교단에서 2천년 동안 받아들여져 왔고 앞으로도 받아들여질 입장이다. 이는 남북 전쟁에서 노예를 해방시키는 싸움과 제2차 세계대전에서 독일과 일본에 맞선 싸움을 지지했던 교회의 철학적 명분이 되어 왔다. 오늘날 많은 교회에서는 국가를 위해 죽은 자들은 우리 모두를 향한 예수의 사랑과 희생의 본보기라는 입장을 취한다. 예수는 "친구를 위해 목숨을 바치는 것처럼 큰 사랑은 없다"고 말했다.

2 퇴역 후 경찰관으로 일하던 한 참전 용사와의 인터뷰를 통해서, 나는 도덕적 거리가 경찰 조직의 폭력을 가능하게 하고 정당화해 주는 절대적인 요인이라는 점을 알게 되었다. 그에게 거리의 작용 과정을 설명해 주었을 때, 그는 내가 말하는 도덕적 거리를 확립하고 유지하는 것이 경찰관의 정신 건강에 대단히 중요하며, 선한 편에 서는 것이야말로 경찰관이 직무를 수행하는 데 아주 중요한 과정이라고 지적했다. 그러나 한편으로 문화적 거리에 의한 인종적, 문화적 혐오가 여기에 들어서게 되면 문제가 발생한다. 왜냐하면 그로 인해 일종의 도덕적 부패가 발생해 경찰 조직의 영혼을 좀먹을 수 있기 때문이다.

3 이러한 '처벌' 동기 중 얼마나 많은 것들이 정당성을 결여하고 있었는지 거슬러 관찰하는 것은 흥미로운 일이다. 아직도 우리는 메인 호의 침몰 원인이 무엇인지 알아내지 못했다. 아마도 그것은 사고에 불과했을지 모른다. 루시타니아 호는 군수품을 싣고 있었고, 독일군은 정당한 경고를 주기도 했다. 그리고 통킹 만 사건은 존슨 대통령에 의해 거의 완전히 조작된 것으로 드러났다. 대부분의 사건에서, 정치인들은 이러한 사건을 대중들의 호기심을 부추기는 불씨로 사용함으로써, 자신들이 도덕적으로 정당하다고 생각했던 전쟁에 참전하고자 했다.

위대한 영국의 정치인 벤저민 디즈레일리는 이처럼 "열정"을 불러일으키는 사건이 늘 민주주의 국가가 전쟁을 시작하는 데 핵심적 역할을 수행했다는 사실에 주목했다. 디즈레일리는 이렇게 말한다.

민주주의를 확립하면, 언젠가 민주주의의 열매를 수확해야 한다. ……때가 오면 이성이 아닌 열정에 따라 전쟁에 참가해야 하며, 때가 오면 권한이 줄어들고 주권을 위협받는 한이 있더라도 평화를 추구해야 할 것이다. 때가 오면, 민주주의 때문에 당신의 재산 가치가 하락하고, 당신의 자유가 줄어들어 있는 것을 발견하게 될 것이다.

4 B. F. 스키너의 조작적 조건 형성 이론이 살해에 적용되는 바는 다음 장에서 더욱 구체적으로 살펴볼 것이다. 흔히 심리학 하면 사람들은 막대기를 눌러 먹이를 얻도록 훈련된 실험실 쥐를 생각하는데, 스키너의 이론이 바로 그것이다. 스키너의 연구는 거대한 심리학적 사고와 이론을 탄생시켰으며 이는 아마도 프로이트의 영향력과 견줄 만할 것이다.

5 현대의 저격수들은 집단 과정에 의해 살해가 가능한데, 왜냐하면 항상 상호 책임을 제공하는 관측병과 팀을 이루어 저격수가 공용 화기로 탈바꿈되기 때문이다. 게다가 저격수들은 (1) 사격하는 물리적 거리, (2) 장치를 통해 적을 보면서 발생하는 기계적 거리, (3) 명령에 의한 신중한 선별과, 그러한 임무에 자원하는 의지라는 자기-선별에서 기인하는 저격수 임무의 특성에 의해 살해가 가능하다.

6 물론 로디지아인들은 모든 전투에서 이겼지만 전쟁에서는 졌다. 마치 미군이 베트남에서 그랬던 것처럼 말이다. 양쪽 사례에서 '적군'은 이러한 끔찍한 손실을 받아들일 준비가 되어 있었지만, 미국이나 로디지아는 그러한 손실을 견딜 수 없었기 때문일 것이다. 이것은 어느 정도까지는 도덕적 거리의 영향력이 반영된 문제이지만, 또한 정치적 의지의 문제이기도 하고 전쟁을 하는 민주주의적 정권 대 전체주의적 정권의 영향력의 문제이기도 하다. 그리고 그것은 이 연구가 고려하는 영역을 벗어난 요인이다.

7 대부분의 성격 장애와 마찬가지로, 이 또한 진단 기준을 완전하게 만족시키지 않고 반사회적 성격 장애의 경계에 있는 많은 개인들이 포함된 연속 개념이다. 《정신 장애 진단 및 통계 편람》은 "장애의 몇 가지 특징을 지니지만 확진을 내리기에는 충분하지 않은 사람들은 정치적, 경제적 성공을 달성한다"고 말해 주며, 성공적인 전투원들도 아마 이 범주에 해당될 것이다.

8 테리 프래챗Terry Prachett은 자신의 책 《세계의 마녀Witches Abroad》에서 융이 좋아할 만한 은유로 원형적 역할이 가진 힘의 본질과, 인생을 사로잡고 왜곡하는 능력을 포착했다.

   이야기는 등장인물과는 상관없이 존재한다. 그것을 알고 있다면, 그 앎은 곧 힘이다.
   이야기, 즉 공간-시간의 형태를 하고 휘날리는 거대한 리본은 태초부터 우주 안에서 흩날리고 풀려 왔다. 그리고 진화해 왔다. 가장 약한 것은 죽었고 가장 강한 것은 살아남아 여러 사람의 입을 거치며 크게 자랐다. ……이야기는 어둠 속에서 꼬이고 흩날리며 움직여 왔다.

그리고 그 존재는 혼돈에 희미하지만 눈에 띄는 무늬를 새겨 역사를 만들었다. 새겨진 이야기는 깊이 파여 마치 물이 산허리의 길을 따라 흘러가듯이 사람들은 그 이야기를 따랐다. 그리고 매번 새로운 배우가 이야기의 길을 걸어 나갈 때마다 이야기의 골은 더욱 깊어진다.

프래챗은 이를 '내러티브 인과관계 이론theory of narrative casualty'이라고 부른다. 가장 극단적인 형태의 원형, 혹은 '이야기'가 삶에 역기능적 영향을 끼칠 수 있다고 지적한 그의 시각은 매우 정확하다. 프래챗은 이렇게 말한다. "이야기는 그 안에서 누가 어떤 역할을 맡든지 상관하지 않는다. 중요한 것은 단지 이야기가 전달된다는 것, 그리고 반복된다는 것이다. 혹은 다음과 같이 생각할 수도 있다. 즉 이야기는 기생적인 생명 형태로, 이야기 자체만을 위해서 삶을 왜곡하는 것이다."

이론은 (1) 사회가 개인에게 어떤 역할만, 예를 들어, '용'을 죽이면서 피와 핏덩이를 뒤집어쓰는 영웅의 역할만을 부여하고 그 역할 속에 가두어 둘 때, 그리고 (2) 사회가 이야기를 잘라 버림으로써 귀환한 전사의 이야기를 상연하기를 거부할 때 특히 잘 들어맞는다. 미국은 귀환한 베트남 참전 용사들에게 이와 같은 일을 했다. 그러나 이는 다음 장에서 자세히 다루도록 하겠다.

9 다양한 모델과 변인을 하나의 패러다임에 종합하면, 군인이 전시 살해 상황에 나타내는 반응을 더욱 구체적으로 이해할 수 있다. 또한 특정 살해 상황과 관련된 총 거부감을 나타내는 공식까지 유도할 수 있을 것이다.

우리의 공식에서 드러나는 변인에는 다음이 포함된다.

• 직접 살해의 가능성 = 특정 직접 살해를 실행할 총 확률(이는 특정 상황에서 특정 직접 살해를 실행할 수 있게 하는 심리적 힘의 총합 추정치다)
• 권위자의 명령 = (살해 명령의 강도) × (복종을 명령하는 권위자의 적법성) × (복종을 명령하는 권위자의 근접성) × (복종을 명령하

는 권위자에 대한 존경심)

• 집단 면죄 = (살해를 지지하는 강도)×(일차 살해 집단의 인원수)×(살해 집
단과의 동일시)×(살해 집단과의 근접성)

• 피해자와의 총 거리 = (피해자와의 물리적 거리)×(피해자와의 문화적 거
리)×(피해자와의 사회적 거리)×(피해자와의 도덕적
거리)×(피해자와의 기계적 거리)

• 피해자의 표적 인력 = (피해자의 타당성)×(가용 전략의 타당성)×(살해자의
이익이라는 보수 + 피해자의 손해라는 보수)

• 살해자의 공격적 성향 = (살해자의 훈련 및 조건 형성)×(살해자의 과거 경
험)×(살해자의 개인적 기질)

이 모든 요인을 엮어 특정 직접 살해에 대한 저항을 결정해 주는 공식은 다음과
같을 것이다.

> 직접 살해의 가능성 = (권위자의 명령)×(집단 면죄)×(피해자와의 총거리)×
> (피해자의 표적 인력)×(살해자의 공격적 성향)

이 모든 요인의 기저선은 1로 하는 것이 적당하다. 왜냐하면 곱셈식에서는 이
숫자가 중립적이기 때문이다. 어떤 요인이 1 이하일 때에는 다른 모든 요인을 감
소시키는 영향을 줄 것이고, 어떤 요인이 1 이상일 때에는 다른 모든 요인을 증가
시키는 영향을 주도록 상호작용할 것이다. 이 모든 과정이 모두 곱셈이기 때문에
어떤 한 영역에서 극도로 낮은 요인(예를 들어 공격적 성향이 0.01인 경우)이 발
생할 경우, 다른 요인이 매우 높게 측정되어야 이를 넘어설 수 있을 것이다. 반면,
다른 모든 요인들이 동등할 때, 권위자의 명령에서 극도로 높은 측정치가 나오거
나(밀그램의 연구에서 그랬듯이) 높은 공격적 성향(예를 들어 최근에 '적'에 의
해 살해자의 친구나 가족 구성원이 살해당한 경우) 측정치가 나오면, 직접 살해

의 경향이 높아지고 심지어 전쟁 범죄나 잔학 행위 같은 억제되지 않은 살해를 일으킬 수 있다.

다른 요인 분석과 마찬가지로, 이것 또한 이러한 상황에 영향을 미칠 모든 요인을 다 제시하지는 못할 것이다. 그러나 내가 아는 한 이 모델은 이전의 그 어떤 모델보다 효율적이다. 이러한 요인들을 완전히 계량화하기 위해서는 더 많은 연구가 필요하지만, 전시 직접 살해의 역치는 평시의 역치보다 낮을 것이라는 가설이 가능해진다. 평시의 살해(살인)에서 역치는 아마도 전시보다 상당히 높게 나오겠지만, 이 기본 요인들을 일반적으로 적용할 수는 있을 것이다. 분명 이 모델을 조직폭력배의 살인이나 무분별한 거리 폭력에 적용할 수 있을 테지만, 가장 일반적인 유형의 살인은 아는 사람과 가족 구성원들 사이에서 발생하는 것으로, 그러한 유형의 살인의 심리적 기제는 여기에서 연구하는 바와는 꽤 다를 것이라고 생각한다.

5부 — 살해와 잔학 행위

1 내가 이러한 과정에 관해서 들은 적은 이 외에는 한 번밖에 없다. 그 말을 한 사람은 걸프 전쟁에 참전했던 매우 기민하고 드물게 자기 반성적인 영국 공군 중령이었다. 그의 비행 중대를 지원했던 영국 공군 지상 근무원들은 자신들이 호텔에서 살며 직접 적군을 만나지 않고, 이제껏 단 한 번의 이라크 스커드 미사일 공격도 받지 않기 때문에 스스로를 '사기꾼'으로 여기게 되었다고 한다. 그러나 그들로부터 몇 백 미터 떨어진 미국 주 방위군 부대는 얼마 후 스커드 공격을 받아 많은 인명 피해를 입었다. 그는 이렇게 말했다. "미국인들이 공격을 받았을 때 우리 지상 부대원들은 스스로를 조금은 더 나은 존재로 생각하게 되었다. 이를 오해하지 않았으면 한다." 여기에서도 동료를 잃었지만 그들의 사기는 떨어지지 않았으며, 오히려 그들의 힘은 이상하게도 증폭되고 강화되었다.

2 이는 이 책을 통틀어 픽션에 각주를 단 유일한 부분이다. 콘래드가 만든 커츠라는 캐릭터는 잔학 행위의 힘에 사로잡힌 인간의 표본 그 자체이기 때문이다. 그는 〈지옥의 묵시록〉에서 말론 브랜도가 분한 커츠 대령으로 훌륭하게 각색되고 형상화되었다. 이 영화에서 베트콩이 활용하던 잔학 행위의 힘에 사로잡힌 커츠

의 모습은 잔학 행위의 어두운 마력을 단적으로 보여 준다.

6부 — 살해 반응 단계

1 살해 트라우마의 뿌리에 놓인 '복종과 동정심', 그리고 '문화적 규범과 생물학적 규범 간의 갈등'은 아이블 아이베스펠트Eibl-Eibesfeldt가 탐색한 바 있다. 그는 이 영역을 깊이 파고들어, 총살 집행 부대의 군인들이 예로부터 술에 절어 살았던 이유를 여기에 관련짓고, 무작위로 공포탄을 나누어 주는 방식으로 일종의 부인을 시도하는 것을 쟁점화했다. 그럼에도 나중에 그들은 심리 상담을 필요로 하기도 했다. 또한 아이블 아이베스펠트는 원시 부족에서 적군을 죽인 뒤에 전통적으로 속죄 의례를 행했다고 말한다.

　　그러나 아이블 아이베스펠트는 현대전에서의 직접 살해로 인해 생긴 트라우마를 없애는 속죄 의례의 필요성과 질을 탐구하지는 않는다. 현대의 속죄 과정, 그리고 베트남에서 그것이 어떻게 실패했는가는 우리가 반드시 탐구하고 이해해야 할 중요한 부분이다. 그러나 우리는 우선 직접 살해 단계에 관한 분석을 마쳐야 할 것이다.

2 고착이란 특정 자극에 지나친 고통과 쾌락이 연관 지어진 상태로 정의되는 경우가 많다. 프로이트의 고착에 관한 전통적 예시에는 보살피는 즐거움과 젖 떼는 트라우마(구강기 고착)가 있는 사람들, 혹은 과도한 배변 훈련에 고착된 사람들(항문기 고착)이 포함되어 있다.

3 많은 참전 용사들은 살해하는 동안 자기감정을 완전히 차단시켜 버린다. 그들은 내게 지금도 그렇지만 그 당시에도 아무것도 느끼지 못했다고 말했다. 나는 이들의 말이 진심에서 우러나온 것이라고 생각한다. 다른 데서도 논의했지만, 이 시점에서 감정을 부인하고 억압한 사람들과 이후에도 아무런 자책 없이 실제로 살해를 즐기는 사람들을 구분하는 것은 매우 중요하다.

4 그러나 그의 동료들의 포럼에서는, 모두가 그는 자신의 방식대로 전쟁을 솔직하게 표현할 권리가 있다고 옹호할 것이다. 이러한 옹호 성향은 이 글이 실린 《솔저 오브 포춘》이라는 잡지의 제작진들에게서 가장 강하게 나타난다. 이 잡지는 20년 동안 베트남 참전 용사들이 상당히 인기 없던 전쟁의 기억, 그리고 자신의 깊

은 감정에 대해 공개적으로 말할 수 있던 유일한 전국적 포럼이었다. 편집자들은 글의 제목에 "(?)"를 덧붙여 저자의 진술과 그들 자신들을 거리 두려는 의도를 미묘하게 전했지만, 그건 내버려 두자. 모든 전투 트라우마는 합리화와 수용을 통해서만 회복될 수 있으며, 내가 "합리화와 수용"이라고 이름 붙인 이 평생 동안의 자기 탐색 과정은 참전 용사들이 이렇게 1인칭 진술을 쓰고 읽을 때 발생한다. 나는 이러한 진술을 쓰고 읽는 것이 이들에게 아주 강력한 치료책이 될 것이라고 믿는다. 그리고 지난 20년간 이러한 기록을 공개적으로 발표하는 데 들였던 그들의 용기와 의지를 깊이 존중해야 할 것 같다.

"살해의 전율"이 "친구를 잃는 끔찍한 슬픔"보다 먼저 제시되었음에 주목하라. 트라우마로서의 후자는 글쓴이가 전투에서 얻은 쾌감에 비해 일부러 상대적으로 경시되고 있다. 이러한 고착이 이 개인을 '악한' 사람으로 만들지 않았음을 지적할 필요가 있다. 반대로, 그는 모험에 목마르고 흥분에 중독된 사람으로, 이 나라를 개척했고, 전시에는 이 나라가 의존할 군사력의 기간이 될 사람이다. 또한 여러 타당한 연구에서는 귀환하는 참전 용사들을 대표하는 위협이 사회의 기존 위협보다 더 크지는 않다고 설명하고 있다. 늘 그렇듯이, 목표는 판단하는 데 있는 것이 아니라 이해하는 데 있다.

7부 — 베트남에서의 살해

1 1978년 대통령 직속 정신건강위원회가 발표한 바에 따르면, 동남아시아에서 종군한 미국인의 수는 약 280만 명이다. 미국 보훈청에 따르면 베트남 참전 용사 중 15퍼센트에서 외상후 스트레스 장애가 발병했다. 이마저도 상당히 적게 잡은 편이기는 하지만, 이러한 수치를 수긍한다 해도, 미국에서 40만 명이 넘는 사람들이 외상후 스트레스 장애에 고통 받고 있다는 얘기다. 베트남 참전 용사들 가운데 외상후 스트레스 장애로 고통받고 있는 환자의 추정치는 집계 기관별로 차이가 있다. 미국 장애인 참전용사협회에서는 50만 명으로 보고 있으며, 1980년 해리스 앤 어소시에이츠의 조사에 따르면 이는 150만 명에 달한다. 이 수치는 베트남에서 복무한 280만의 군인들 중 18에서 54퍼센트 정도가 외상후 스트레스 장애로 고통받고 있다는 것을 의미한다.

2 이러한 증가는 너무나 놀라운 일이었기 때문에 현대의 몇몇 연구자들은 마셜의 제2차 세계대전 당시의 연구 결과에 대놓고 의문을 제기했다. 그러나 이를 의문시하려면 한국 전쟁과 베트남 전쟁에 대한 그의 연구 결과 역시 의문시해야 한다(이러한 연구의 타당성은 스콧에 의해 증명되었다). 또한 이를 의문시한다는 것은 이 문제를 깊이 들여다본 다른 모든 저자들, 즉 홈스, 다이어, 키건, 그리피스의 연구 결과에 반박하는 것이나 마찬가지다. 이들 현대 저자들은 그들과 '그들의' 군인들이 조건 형성되지 않고서는 할 수 없을 만큼 공격적이고 끔찍한 일을 수행하기 위해 존재한다는 것을 아마도 어느 정도는 믿고 싶지 않았을지 모른다. 이 주제에 관한 보다 구체적인 논의를 위해서는 1부 〈살해와 거부감의 존재〉를 참조하라.

3 걸프 전쟁에서는 근접 전투가 거의 벌어지지 않았기 때문에 이러한 결론을 내리기가 쉽지 않다.

4 《제2차 세계대전에 대한 사회심리학적 연구Studies in Social Psychology in World War II》 제2권에 실려 있는 논문 〈미군: 전투와 그 여파American Soldier: Combat and Its Aftermath〉에서 스토퍼는 이렇게 말한다. "이 연구에 참여한 [제2차 세계대전] 참전 용사들을 통해 다양한 강도로 나타나는 개인적 재적응 문제가 드러났다. 하지만 일부에서 묘사하듯이 고약하고 냉담한 사람들이라는 참전 용사들의 전형성은 이 조사를 통해 드러나지 않았다." 찰스 C. 모스코스 주니어Charles C. Moskos Jr.는 《미군 사병The American Enlisted Man》에서 제대한 베트남 참전 용사들이 입대 직후보다 더 성숙해졌으며, 사회에 공헌하는 데 더욱 적합한 인물이 되어 민간 생활로 돌아왔다고 밝혔다.

하지만 상황이 그렇게 단순하지만은 않다. 스토퍼와 모스코스의 연구를 통해, 우리는 외상후 스트레스 장애가 베트남 참전 용사들에게 미치는 영향에 주목하게 되었다. 전쟁에 참전하지 않은 동 연령대의 사람들과 비교해 볼 때, 베트남 참전 용사들이 일반적으로 살인이나 폭행, 강도짓을 벌일 가능성이 더 크다는 것을 보여 주는 증거는 전혀 없는 것으로 보인다. 오히려 베트남 참전 용사들 사이에서 외상후 스트레스 장애가 유행병처럼 번지면서 일어난 일들은 자살과 약물 남용, 알코올 중독, 이혼율의 증가였다.

5 약물과 약물이 육체와 정신에 미치는 영향에 관한 더욱 상세한 정보는 리처드 게이브리얼의 《더 이상 영웅은 없다》를 참조하라. 또한 게이브리얼은 이러한 약

물이 살해에 미친 잠재적 영향과 그것이 다시 살해 트라우마에 미친 잠재적 영향을 평가하는 데 오랜 시간을 들였다. 베트남에서 정신 약리학이 미친 영향에 대해 보다 상세한 평가를 살펴보고 싶다면, 게이브리얼이 편집하고, 또한 《더 이상 영웅은 없다》에서 광범위하게 인용하고 있는 《군 정신의학: 비교적 관점》을 참조하라.

6 '스트로 자이언트'라는 말은 굳이 모순 어법이라고 할 것까지는 없다.

7 프라이와 스톡튼(1982년), 킨과 페어뱅크(1983년), 스트레치(1985년), 리프턴(1974년), 브라운(1984년), 에겐도르프, 카두신, 라우퍼, 로스바르트, 슬론(1981년), 레베트만(1978년) 외에도 전투에서 귀환 시 사회적 지지의 부재가 외상후 스트레스 장애를 유발하는 데 핵심적인 요인임을 확인한 정신과 의사, 군 심리학자, 재향군인회 정신건강 전문가, 사회학자들은 얼마든지 있다.

8 이 영역의 연구는 발전하고 있으며, 앞으로 이 수치를 실제로 측정할 수 있게 될 것이다. 1992년 웨스트포인트의 미 육군사관학교에 재학 중인 열두 생도들은 보스턴의 재향군인회 의료 센터에서 여름 한철을 보냈다. 이들은 내 감독 아래 개별 학과 발전 프로그램의 일부에 참여했고, 이들의 임무는 살해 과정과 특별히 관련된 정보 및 인터뷰 데이터베이스를 구축하기 위해 참전 용사들과 전투 경험에 관해 인터뷰하는 것이었다. 생도들은 그러고 나서 개별 연구 과정의 일부로 당시 인터뷰들에서 수집한 정보를 나의 감독하에 측정하고 평가했다.

이 데이터베이스의 규모는 계속 커지고 있으며, 이 책이 등장한 덕택에 다행스럽게도 더 많은 참전 용사들이 입력한 정보를 바탕으로 확장되고 있다. 이 연구의 장기적 목표는 살해 관련 과정을 상세히 분석할 수 있도록 만드는 것이다. 살해 가능 모델의 다양한 요인들이 지니는 중요성과 영향력의 수준, 살해 반응 단계의 타당도, 전투 트라우마(특히 살해 경험)와 사회적 지지의 상호작용, 그에 따르는 결과인 외상후 스트레스 반응 강도와의 관계 등이 분석 대상이다. 이 연구에 정보를 제공하고자 하는 사람들이 출판사를 통해 저자에게 연락해 준다면 매우 고맙겠다.

9 앞서 언급했듯이, 스토퍼와 모스코스의 연구는 귀환하는 참전 용사들이 사회의 평범한 구성원들보다 더 나은 사람들임을 보여 준다. 베트남 참전 용사들이 일반인들보다 범죄나 폭력 행위를 저지를 가능성이 더 높다고 볼 만한 증거 또한 전혀 없다. 베트남 참전 용사들 사이에서 외상후 스트레스 장애가 유행병처럼 번지

면서 야기된 현상은 자살과 약물 남용, 알코올 중독, 이혼율 등이 통계적으로 두드러질 만큼 증가했다는 것이다.

하지만 대다수 베트남 참전 용사들은 그럭저럭 잘 버텨 왔다는 점을 지적하고 넘어갈 필요가 있다. 그래서 아무런 어려움 없이 잘 지내고 참전 용사들(아마도 이들은 자신들의 경험을 억누르고 부인하는 데 성공한 자들이거나 자신들이 겪은 스트레스를 감내하는 데 무리가 없을 만큼 강한 정신력을 갖춘 상태에서 사회적으로 강한 지지 또한 받은 예외적인 사람들일 것이다)은 사회가 자신들에게 붙인 꼬리표에 진력이 난 나머지 반동적인 움직임마저 보이고 있다. 이들은 문제를 가지고 있는 참전 용사들을 참을 수 없어 한다.

현재 참전 용사들 사이에서 일어나고 있는 이러한 갈등을 보고 있노라면, 나는 그들의 세계가 너무나 넓고, 아주 다양한 입장을 가진 사람들로 이루어져 있으며, 아마도 두 가지 입장 다 틀린 주장은 아니라는 생각을 하게 된다.

8부 — 미국에서의 살해

1 미국의 범죄 보고에는 몇 가지 혼란스러운 점이 있는데, 이는 대개 미국 정부에서 발표하는 범죄 보고서가 두 가지인 데서 기인한다. 한 보고서는 전국의 수사 기관에서 보고된 범죄를 바탕으로 FBI에서 수집한다. 최근 몇 년간 이 보고서는 이 책의 8부 맨 앞부분에 실려 있는 도표에서 나타나듯이 범죄 전반의 점진적 감소와 폭력 범죄의 점진적 증가를 반영하고 있다.

1994년에 발표된 FBI 보고서에는 1인당 가중 폭행 비율이 0.4퍼센트 감소되어 나타났다. 이 영역에서 근 10년 만에 보이는 최초의 감소다. 그러나 똑같은 보고서는 살인 비율은 1인당 2.2퍼센트 증가했다고 밝혔고, 범죄학자들은 폭력 범죄의 장기적인 감소 추세에 대해서는 별로 희망을 갖지 않고 있다. "앞으로 10년간 일어날 청소년 문제는 아직 시작조차 되지 못했다"고 보스턴 소재 노스이스턴 대학의 사회학자이자 범죄학자인 잭 레빈Jack Levin 박사는 말한다. "다음 세대에 청소년 인구는 23퍼센트 증가할 것이고, 그 결과 우리는 살인 비율의 급증을 보게 될 것이다."

다른 연례 범죄 보고서는 범죄 피해자에 관한 전미 설문 조사에 기반을 두고 그 결과를 한 가구당 발생하는 범죄 수에 따라 보고한다. 최근 몇 년간 이 보고서 역시 폭력 범죄의 꾸준한 증가 추세를 보여 주었다. 하지만 몇몇 전문가들은 이러한 설문 조사의 결과에 대해 의문을 제기했다. 그 이유는 아마도 핵가족의 와해로 인해 미국의 '가정' 수가 증가한 것을 반영하지 않으면서, 이 보고서가 범죄를 과소 보고하고 있다고 보기 때문일 것이다. 이를 고려하지 않더라도 이 보고서의 데이터에는 오류가 나타날 가능성(아마도 과소 보고하는 방향으로)이 상존해 있다. 이 데이터들이 이처럼 조사의 대상이 되는 것에 신물이 나 있는 사람들의 주관적 평가에 바탕을 두고 있기 때문이다. 그럼에도 불구하고 1944년에 이 조사 보고서는 폭력 범죄가 5.6퍼센트 증가했다고 보고했다.

FBI가 폭력 범죄에 작은 감소가 일어났다고 보고한 같은 해에 범죄 피해자 설문 조사가 폭력 범죄의 두드러진 증가 추세를 보고했다는 사실은 FBI 보고서가 점차 범죄를 과소 보고해 왔을 것이라고 보는 자들의 생각이 틀리지 않다는 것을 반증한다. 이들은 폭력 범죄 사건이 증가할수록 수사 기관들이 수렁에 빠지게 될 것이라고 주장한다. 이러한 사태가 벌어지면, 지쳐 버린 수사 기관과 조사 대상이 된다는 것에 짜증이 난(그리고 범죄자들의 보복에 대한 두려움이 커진) 사람들은 경범죄는 범죄로 치지도 않는 태도를 보이게 될 것이다. 폭력 범죄 발생률이 높은 많은 지역에서, 30년 전이라면 바로 주목의 대상이 되었을 폭행 사건들(이를테면 총에 맞은 사람이 아무도 없는 차량을 이용한 충격 사건과 사망자가 발생하지 않은 구타 사건)이 오늘날 일상적으로 무시되고 있음을 보여 주는 증거가 있다.

도심 지역들이 계속해서 무법과 무정부 상태 속에 빠져 있게 되면, 폭력 범죄에서 증가된 비율은 계속해서 보고되지 않거나 알려지지 않을 것이다. 이렇게 될 경우, 두 범죄 보고서는 점차 미국에서 일어나고 있는 폭력 범죄 문제의 실체를 완전히 반영하는 데 실패하고 말 것이다.

2 이러한 논의의 초점을 흐리는 주장 가운데 하나는 현대 소화기의 '치명성'이 커졌다는 것이다. 하지만 이는 신화적인 이야기에 불과하다.

예를 들어, 오늘날 총기를 이용한 범죄에 많이 사용되는 소구경 고속탄(5.56mm/0.223인치 구경)을 사용하는 화기(예를 들면 M-16, AR-15, 미니-14 등)는 상대방을 죽이기보다는 상처를 입히기 위해서 설계되었다. 죽이는 것보다 상처를 입히는 것이 더 나은 이유는 적을 죽일 경우 전장에서 사라지는 병사는 한 명에 불과하지만 적군 병사에게 부상을 입힐 경우 이론적으로 부상당한 병사와 그를 후송하는 두 명의 병사 등 총 3명의 병사가 전장에서 사라지기 때문이다. 이런 소총은 엄청난 상처를 입히지만, 신속하고 효과적으로 죽이는 데는 비효율적이므로 미국 대부분의 주에서는 이런 총을 사슴 사냥에 사용하지 못하도록 법으로 규제하고 있다.

이와 마찬가지로, 제2차 세계대전 직후 범죄자들이 사용하던 권총은 대개 45구경 자동권총이었는데, 이 권총은 제2차 세계대전 당시 여러 군내의 부무장이었다. 최근 군대에서는 45구경 자동권총을 9mm 권총으로 교체했다. 9mm 탄은 탄두가 45구경탄보다 작고 총구 초속이 빠르지만, 많은 전문가들은 9mm 탄의 살상력은 45구경탄보다 약하다고 지적하고 있다. 최근 몇 년간 9mm 권총은 범죄자들이 선호하는 무기로 대두되고 있다.

이 새로운 소화기(5.56mm 소총과 9mm 권총)들은 탄창 하나에 장탄되는 탄환의 수도 기존의 총기들보다 많다. 이는 어떻게 보면 무기의 위력을 증가시켰지만, 어떻게 보면 위력을 감소시키기도 했다.

요컨대, 현대에 들어와서도 사용 가능한 무기의 효율성은 눈에 띄게 증가하지 않았다. 산탄총은 여전히 누군가를 근거리에서 살해하는 데 가장 효과적인 무기이고, 100년간 써 왔으면서도 기본적인 부분은 바뀌지 않았다. 의료 기술과 컴퓨터 기술, 오락 기술은 모두 크게 진전했지만, 근거리 살해 기술은 지난 한 세기 동안 본질적으로 변화하지 않았다.

3 그러나 상황은 보다 복잡하다. 상관관계는 인과관계를 증명해 주지 못한다. 텔레비전이 폭력을 일으킨다고 증명하기 위해서는 잘 통제된 이중 은폐 실험(참가자와 실험자 모두 참가자에게 노출된 독립 변인의 수준을 모르게 하여 오염 변인을 최소화하기 위한 방법)을 수행해야 한다. 만약 가설의 증명에 성공한다면 결국 연구자는 피험자가 살인을 저지르도록 조장한 격이 된다. 인간을 상대로 그러한 실험을 수행하는 것은 명백히 비윤리적이고 대개의 경우 불가능하다. 이와 똑같은 상황이 담배가 암을 '유발'한다는 것을 '증명'한 사람은 아무도 없다는 담배 산업의 지속적인 주장의 토대를 이루고 있다.

이러한 유형의 추론에도 불구하고, 우리는 결국 담배가 암을 유발한다는 사실을 받아들였다. 이와 마찬가지로 217개의 상관관계 연구의 판단을 받아들여야 할 때가 올 것이다.

참고문헌

단행본

Appel, J. W., and G. W. Beebe. Aug. 18, 1946. Preventive psychiatry: an epidemiological approach. *Journal of the American Medical Association* 131, 1469-75.

Ardant du Picq, C. 1946. *Battlestudies*. Harrisburg, Pa.: Telegraph Press.

Aurelius, M. 1964. *Meditations*. Trans. M. Staniforth. New York: Viking Penguin Books. (Original work completed 180.)

Bartlett, F. C. 1937. *Psychology and the soldier*. Cambridge: Cambridge University Press.

Berkun, M. 1958. Inferred correlation between combat performance and some field laboratory stresses. Research Memo (Fighter II). Arlington, Va.: Human Resources Research Office.

Bettleheim, B. 1960. *The informed heart*. New York.

Blackburn, A. B., W. E. O'Connell, and B. W. Richman. 1984. Post-traumatic stress disorder, the Vietnam veteran, and Adlerina natural high therapy. *Individual Psychology: Journal of Adlerian Theory, Research & Practice* 40 (3), 317-32.

Bolte, C. G. 1945. *The new veteran*. NewYork: Reynal and Hitchcock.

Borowski, T. 1962. *This way for the gas, ladies and gentlemen*. New York, Viking/ Penguin.

Brennan, M. 1985. *Brennan's war*. New York: Pocket Books.

Broadfoot, B. 1974. *Six war years* 1939 — 1945. New York: Doubleday.

Brooks, J. S., and T. Scarano, 1985. Transcendental meditation in the treatment of post-Vietnam adjustments. *Journal of Counselling and Development* 64 (3), 212-15.

Clausewitz, C. M. von. 1976. *On war*. Ed. 2nd trans. M. Howard and P. Paret. Princeton, N. J. : Princeton University Press.

Cooper, J. 1985. *Principles of personal defense*. Boulder, Colo.: Paladin Press.

Crump, L. D. 1984. Gestalt therapy in the treatment of Vietnam veterans experiencing PTSD symptomatology. *Journal of Contemporary Psychotherapy* 14 (1), 90-98.

Davidson, S. 1967. A clinical classification of psychiatric disturbances of Holocaust survivors and their treatment. *The Israel Annals of Psychiatry and Related Disciplines* 5, 96-98.

Dinter, E. 1985. *Hero or coward: pressures facing the soldier in battle*, London: Frank Cass and Company.

Dyer, G. 1985. *War*. London: Guild Publishing.

Eibl-Eibesfeldt, I. 1975. *The biology of peace and war*: men, animals, and aggression. New York: Viking Press.

Fromm, E. 1973. *The anatomy of human destructiveness*. New York: Holt, Rinehart and Winston.

Fussell, P. 1989. *Wartime*. New York: Oxford University Press.

Gabriel, R. A. 1986. *Military psychiatry: a comparative perspective*. New York: Greenport Press.

_____. 1987. *No more heroes: madness and psychiatry in war*. New York: Hill and Wang.

Geer, F. C. 1983. Marine-machine to poet of the rocks: poetry therapy as a bridge to inner reality: some exploratory observations. *Arts in Psychotherapy* 10 (1), 9-14.

Glass, A. J. 1957. *Observations on the epidemiology of mental illness in troops during warfare*. Symposium on Prevention and Social Psychiatry. Washington, D. C.: Walter Reed Army Institute of Research.

_____. 1953. Psychiatry in the Korean campaign. A historical review. *U.S. Armed*

Forces Medical Journal 4 (11), 1563-83.

Gienn, R. W. Apr. 1989. Men and fire in Vietnam. *Army: Journal of the Association of the United States Army*, 18-27.

Goodwin, Jim. 1988. *Post-traumatic stress disorders: a handbook for clinicians*. Disabled American Veterans.

Gordon, T. 1977. *Enola Gay*. New York: Simon and Schuster.

Gray, J. G. 1970. *The Warriors: Reflections on Men in Battle*. London.

Greene, B. 1989. *Homecoming: When the soldiers returned from Vietnam*. New York: G. P. Putnam's Sons.

Griffith, P. 1989. *Battle tactics of the civil war*. New Haven, Conn.: Yale University Press.

Grossman, D. A. May 1984. Moral approach only the start: the bottom line in P. O. W. treatment. *Army: Journal of the Association of the United States Army*, 15-16.

Harris, F. G. 1956. Experiences in the study of combat in the Korean theater. Vol II. Comments on a concept of psychiatry for a combat zone. *WRAIR Research Report* 165-66. Washington, D. C.: Walter Reed Army Institute of Research.

Havighurst, R. J., W. H. Eaton, J. W. Baughman, and E. W. Burgess. 1951. *The American veteran back home*. New York: Longmans, Green and Co.

Heckler, R. S. 1989. *In search of the warrior spirit*. Berkeley, Calif.: North Atlantic Books.

Hendin, H. 1983. Psychotherapy for Vietnam veterans with posttraumatic stress disorders. *American Journal of Psychotherapy* 37 (1), 86-99.

Holmes, R. 1985. *Acts of war: the behavior of men in battle*. New York: Free Press.

Hooker, R. D. 1993. *Maneuver warfare: an anthology*. Novato, calif.: Presidio Press.

Ingraham, L., and F. Manning. Aug. 1980. Psychiatric battle casualties: the missing column in the war without replacements. Military Review 21.

Junger, E. 1929. *The storm of steel*. London.

Keegan, J. 1976. *The face of battle*. Suffolk, England: Chaucer Press.

Keegan, J., and R. Holmes. 1985. *Soldiers*. London: Guild Publishing.

Keillor, G. 1994. "Hog Slaughter." *A Prairie Home Companion*. Prod. Minnesota Public Radio.

Kupper, H. I. 1945. *Back to life*. New York: American Book—Stratford Press.

Lawrence, T. E. 1926. *Seven pillars of wisdom*. New York: Doubleday.

Leonhard, R. 1991. *The art of maneuver: maneuver-warfare theory and air land battle*. Novato, Calif.: Presidio Press.

Lind, W. S. 1985. *Maneuver warfare handbook*. Boulder, Colo.: Westview Press.

____. Retro-culture. Unpublished manuscript.

Lord, F. A. 1976. *Civil war collector's encyclopedia*. Harrisburg, Pa.: The Stackpole Co.

Lorenz, K. 1963. *On aggression*. New York: Bantam Books.

McCormack, N. A. 1985. Cognitive therapy of posttraumatic stress disorder: a case report. *American Mental Health Counselors Association Journal* 7 (4), 151-55.

Manchester, W. 1981. *Goodbye, darkness*. London: Penguin Books.

Mantell, D. M 1974. *True Americanism: green berets and war resisters: a study of commitment*. New York: Teachers College Press.

Marin, P. Nov. 1981. Living in moral pain. *Psychology Today*, 68-80.

Marshall, J. D. 1994. *Reconciliation Road*. New York: Syracuse University Press.

Marshall, S. L. A. 1978. *Men Against fire*. Gloucester, Mass.: Peter Smith.

Masters, J. 1956. *Road past Mandalay*. New York: Viking Press.

Mauldin, B. F. 1945. *Upfront*. New York: H. Wolff.

McIntyre, B. F. 1963, *Federals on the Frontier*. Tilky, N. M, ed. Austin, Tex.: University of Texas Press.

Metelmann, H. 1964. *Through hell for Hitler: a dramatic first hand account of fighting for the Wehrmacht*. London: Harper Collins.

Milgram, S. 1963. Behavioral study of obedience. *Journal of Abnormal and Social Psychology* 67, 371-78.

Miller, M. J. 1983. Empathy and the Vietnam veteran: touching the forgotten warrior. *Personnel & guidance Journal* 62(3),149-54.

Montagu, A. 1976. *The nature of human aggression*. New York: Oxford University Press.

Moran, L. 1945. *Anatomy of courage*. London: Constable and Company.

Moskos, Charles C., Jr. 1970. *The American Enlisted Man*. New York: Russell Sage Foundation.

Murry, Simon. 1978. *My five years in the French Foreign Legion*. New York: Times Books.

Ryan, C. 1966. *The last battle*. New York: Popular Library.

Sager, G. 1968. *The forgotten soldier*. New York: Harper and Row.

Santoli, A. 1985. *To bear any burden*. New York: E. P. Dutton.

Shalit, B. 1988. *The psychology of conflict and combat*. New York: Praeger Publishers.

Spiegel, H. X. 1973. Psychiatry with an infantry battalion in North Africa. In *Neuropsychiatry in World War* II, ed. W. S. Mullens and A. J. Glass. Vol. 2, *Overseas theaters*. Washington, D. C.: U. S. Government Printing office, 111-26.

Stellman, J. M., and S. Stellman. 1988. Post traumatic stress disorders among American Legionnaires in relation to combat experience: associated and contributing factors. *Environmental Research* 47 (2), 175-210.

Stouffer, S. A., et al. 1949. *The American Soldier*. 5 vols. Princeton, N. J.: Princeton University Press.

Swank, R. L., and W. E. Marchand. 1946. Combat neuroses: development of combat exhaustion. *Archives of Neurology and psychology* 55, 236-47.

Waller, W. 1944. *The veteran comes back*. New York: Dryden Press.

Watson, P. 1978. *War on the mind: the military uses and abuses of psychology*. New York: Basic Books.

Wecter, D. 1944. *When Johnny comes marching home*. Cambridge, Mass.: Riverside Press.

Weinberg, S. K. 1946. The combat neuroses. *American Journal of Sociology* 51,

465-78.

Weinstein, E. A. 1973. The fifth U.S. Army Neuropsychiatric Center — "601 st." In *Neuropsychiatry in World War* II, ed. W. S. Mullens and A. J. Glass. Vol. 2, *Overseas theaters*. Washington, D. C.: U. S. Government Printing Office, 127-42.

_____. 1947. The function of interpersonal relations in the neurosis of combat. *Psychiatry* 10, 307-14.

《솔저 오브 포춘》 지에서 인용한 개인 진술들

Anderson, R. B. Nov. 1988. Parting shot: Vietnam was fun(?), 96.

Banko, S. Oct. 1988. Sayonara Chery-San, 26.

Barclay, G. Apr. 1984. Rhodesia's hand-picked professionals, 30.

Bray, D. Aug. 1989. Prowling for POWs, 35, 75.

Doyle, E. Aug. 1983. Three Battles, part 2: the war down South, 39.

Dye, D. A. Sept. 1985. Chuck Cramer: IDF's master sniper, 60.

Freeman, J. Summer 1976. Angola fiasco, 38.

Horowitz, D. Jan. 1987. From Left to Right, 103.

Howard, J. June 1979. SOF interviews Chris Dempster, 64.

John, Dr. Nov. 1984. American in ARDE, 70.

Kathman, M. Aug. 1983. Triangle tunnel rat, 44.

McKenna, B. Oct. 1986. Combat weaponcraft, 16.

McLean, D. Apr. 1988. Firestorm, 68.

Morris, J. May 1982. Killers in retirement, 29.

_____. Dec. 1984. Make Pidgin Talk, 44.

Norris, W. Nov. 1987. Rhodesia's fireforce commandos, 64.

Roberts, C. May 1989. Master sniper's one shot saves, 26.

Stewart, H. March 1978. Tet 68: rangers in action Saigon, 24.

Stuart-Smyth, A. May 1989. Congo horror: peacekeeper's journey into the heart of darkness, 66.

Thompson J. Oct. 1985. Combat weaponcraft, 22.

_____. June 1988. Hidden enemies, 21.

Tucker, D. Jan. 1978. High risk/low pay: freelancing in Cambodia, 34.

Uhernik, N. Oct. 1979. Battle of blood: near the end in Saigon, 38.

다음 책들을 인용할 수 있도록 허락해 주신 데 감사드린다.

Cooper, J. *Principles of Personal Defense*. Copyright © 1985 by Jeff Cooper. Reprinted with permission of Paladin Press.

Dyer, G. *War*. Copyright © 1986 by Gwynne Dyer. Reprinted with per-mission of the author.

Gabriel, R. A. *No More Heroes: Madness and Psychiatry in War*. Copyright © 1987 by Richard A. Gabrial. Reprinted with permission of Hill and Wang, a division of Farrar, Straus & Giroux, Inc.

Gray, J. G, *The Warriors: Reflections on Men in Battle*. Copyright © 1959 by J. Glenn Gray; © renewed 1987 by Ursula A, Gray. Reprinted with permission of Ursula A. Gray.

Griffith, P. *Battle Tactics of the Civil War*. Copyright © 1987 by Paddy Griffith. Reprinted with permission of the author.

Grossman, D. A. "Moran Approach Only the Start: The Bottom Line in P. O. W. Treatment" in *Army: Journal of the Association of the United States Army*. Copyright © 1984 by the Association of the U.S. Army. Reprinted with permission of *Army* magazine.

Heckler, R. S. *In Search of the Warrior Spirit*. Copyright © 1990, 1992 by Richard Strozzi Heckler. Reprinted with permission of North Atlantic Books.

Holmes, R. *Acts of War: The Behavior of Men in Battle*. Copyright © 1985 by Richard Holmes. Reprinted with permission of the author.

Keegan, J., *The Face of Battle*. Copyright © 1976 by John Keegan. Reprinted with permission of Shiel Land Associates.

Keegan, J., and R. Holmes. *Soldiers: A History of Men in Battle*. Copyright ©
1985 by John Keegan, Richard Holmes, and John Gau Productions. Reprinted
with Permission of Shiel Land Associates.

Keillor, G. "Hog Slaughter," from "A Prairie Home Companion," produced by
Minnesota Pubrlc Radio. Copyright © 1994 by Garrison Keillor. Re-printed
with permission of the author.

Moran, L. *Anatomy of Courage*. Copyright 1987, Constable & Company Ltd.,
London. Reprinted with permission of Constable Publishers, Constable and
Company Limited, 3 The Lanchesters, 162 Fulham place Palace Road, London
W6 9ER.

찾아보기

동료 압력 233, 332~333, 371

두려움 62, 74, 95~120, 123, 130, 135,
139, 143~145, 152, 157~158, 192,
204, 285, 324, 326, 333, 343, 392,
396, 405, 417, 446, 460, 465~466

두에, 줄리오 104~105

둔감화 247, 364~381, 440~449, 461,
468, 471

듀푸이, 트레버 248

듀피크, 아르당 45, 49, 62, 64, 178,
203~ 207, 210, 223~224, 233~234,
262, 478

드레스덴 폭격 170~171

디어덴, 해럴드 299

디울리오, 존 J. 434

딘터, E. 155, 232

라이언, 코넬리어스 315

라인바우, 해럴드 478

랜드 재단 106, 119

레마르크, 에리히 마리아 202

레빈, 잭 495

레오너드, 로버트 11, 139

로겔, 윌리엄 343

로드, F. A. 62

로디지아 50, 93, 152, 270, 377~378,
487

로렌스, T. E. 293

로렌츠, 콘라트 40, 235

로마 군 196, 227~228, 238, 483

로젠탈, A. M. 24, 470

로크스드리프트 전투 47

루펠, 조지 48, 478

르완다 67, 197

리, 로버트 E. 68

리처드슨, 프랭크 190

린드, 윌리엄 139

마르쿠스 아우렐리우스 84

마린, 피터 81~82, 154, 160

마셜, S. L. A. 34, 36, 53~54, 61~82, 220,
225, 233, 269, 273, 278, 283, 367,
375~376, 478~479, 493

마셜, 존 더글러스 479

마시, 피터 41

마우마우 봉기 249

마잘라니, 프레드 203

마크스, T. P 299

매복 정찰 112

매스터, 존 57

매케너, 밥 197

매킨타이어, 벤저민 46

맥아더, 더글러스 29, 123

맨체스터, 윌리엄 131, 149, 189, 270,
483

머천드, W. E. 90, 113, 272~274,

옮긴이 **이동훈** 중앙대학교 철학과를 졸업했다. 현재 국방, 역사, 과학 관련 자유 기고가 및 번역가로 활동한다. 저서로『영화로 보는 태평양전쟁』,『전쟁영화로 마스터하는 2차세계대전: 유럽 전선』,『전쟁 영화로 마스터하는 2차세계대전: 태평양 전선』등이 있으며,『영국 전투』,『그을린 대지와 검은 눈』,『히틀러의 하늘의 전사들』,『쿠르스크 1943』,『화성 탐사』,『전함·군함 백과사전』,『댐버스터』등을 우리말로 옮겼다.

살인의 심리학

발행일	2011년 6월 30일 초판 1쇄
	2022년 4월 15일 초판 9쇄
	2023년 8월 20일 2판 1쇄
	2023년 12월 5일 2판 2쇄

지은이 데이브 그로스먼
옮긴이 이동훈
발행인 홍예빈 · 홍유진
발행처 주식회사 열린책들

경기도 파주시 문발로 253 파주출판도시
전화 031-955-4000 팩스 031-955-4004
www.openbooks.co.kr

Copyright (C) 주식회사 열린책들, 2011, 2023, *Printed in Korea.*
ISBN 978-89-329-2346-8 03390